计算机科学与技术专业规划教材

（第二版）

计算机导论

主　编　姚爱国
副主编　林　馥　谭成予　林晓明
　　　　汪自云　袁　磊

图书在版编目(CIP)数据

计算机导论/姚爱国主编. —2 版. —武汉:武汉大学出版社,2010.8
(2014.7 重印)
计算机科学与技术专业规划教材
ISBN 978-7-307-08081-2

Ⅰ.计…　Ⅱ.姚…　Ⅲ.电子计算机—高等学校—教材　Ⅳ.TP3

中国版本图书馆 CIP 数据核字(2010)第 152851 号

责任编辑:林　莉　　　责任校对:黄添生　　　版式设计:支　笛

出版发行:**武汉大学出版社**　　(430072　武昌　珞珈山)
(电子邮件:cbs22@whu.edu.cn　网址:www.wdp.com.cn)
印刷:湖北省京山德兴印务有限公司
开本:787×1092　1/16　印张:25　字数:637 千字　插页:1
版次:2006 年 8 月第 1 版　　2010 年 8 月第 2 版
　　　2014 年 7 月第 2 版第 3 次印刷
ISBN 978-7-307-08081-2/TP·368　　　　定价:38.00 元

版权所有,不得翻印;凡购买我社的图书,如有质量问题,请与当地图书销售部门联系调换。

前 言

"计算机导论"作为计算机科学与技术和相关专业的一门专业基础课，旨在引导刚刚进入大学的新生对计算机科学技术的基础知识及专业研究方向有一个概括而准确的了解，从而为正规而系统地学习计算机专业的后续课程打下基础。

本书从我国的国情出发，内容上由浅入深、循序渐进，注重理论与实践相结合，注重与其他课程的联系，通过该课程的学习，使学生能对计算机学科的涵盖有一个正确认识，掌握使用计算机的基本技能，从而增加对专业的学习兴趣。

本书分为基础篇和应用篇两部分。基础篇包括计算机基础知识、计算机软件系统基础、多媒体技术基础、计算机安全知识与病毒防治基础、计算机网络基础和计算机学科的主要研究方向，重点在理论上对有关内容进行了阐述。应用篇包括 Windows XP 环境及应用、MS Office 2007 应用，包括文字处理系统 Word 应用、电子表格 Excel 应用、演示文稿制作软件 PowerPoint 应用、数据库基础和 Access 应用等，通过这一部分的学习和实践教学，使学生掌握使用计算机的基本技能，为以后的学习打下基础。

本书主要由姚爱国、林馥、林晓明、汪自云、袁磊、谭成予等编写，全书由姚爱国统稿。

本书在组稿和编写的过程中得到武汉大学计算机学院何炎祥教授、黄治国教授、黄竟伟教授、刘娟教授、杜瑞颖教授、李晶副教授、董文勇副教授、傅杰老师和赵老师等的指导和帮助，在此表示诚挚的谢意。

衷心感谢武汉大学出版社的林莉编辑在编写和修订本书的过程中给予的大力支持和协助。

由于作者水平有限，书中难免有不足之处，恳请读者不吝批评指正。

作 者
2010 年 7 月于
武昌珞珈山下

目 录

基 础 篇

第 1 章 计算机基础知识 ... 3
1.1 计算机的发展 ... 3
1.1.1 近代计算机阶段 ... 3
1.1.2 现代计算机阶段 ... 3
1.1.3 微机及网络阶段 ... 6
1.2 电子计算机的特点 ... 7
1.2.1 运算速度快 ... 7
1.2.2 计算精度高 ... 8
1.2.3 存储功能强 ... 8
1.2.4 具有逻辑判断力 ... 8
1.2.5 具有自动运行能力 ... 8
1.3 电子计算机的应用 ... 8
1.4 电子计算机的分类 ... 10
1.4.1 巨型计算机(Supercomputer) ... 11
1.4.2 小巨型计算机(Mini supercomputer) ... 11
1.4.3 大型主机(Mainframe) ... 11
1.4.4 小型机(Minicomputer) ... 11
1.4.5 工作站(Workstation) ... 12
1.4.6 微型机(Microcomputer) ... 12
1.5 计算机系统的基本组成 ... 13
1.6 计算机的工作过程 ... 14
1.7 计算机系统的组成 ... 16
1.7.1 硬件(Hardware)系统 ... 16
1.7.2 软件(Software)系统 ... 16
1.7.3 程序(Program)设计语言 ... 17
1.8 信息在计算机中的表示 ... 18
1.8.1 计算机中的数制 ... 19
1.8.2 不同进制之间的转换 ... 20
1.8.3 二进制数的算术运算 ... 23
1.8.4 二进制数的逻辑运算 ... 23

1.8.5　计算机中的数据 ……………………………………………………………… 24
　　1.8.6　计算机采用的常用码制 …………………………………………………… 24
习题 ……………………………………………………………………………………… 29

第2章　计算机软件系统基础 …………………………………………………………… 30
2.1　计算机软件概述 ………………………………………………………………… 30
　　2.1.1　计算机软件及特点 …………………………………………………………… 30
　　2.1.2　系统软件 ……………………………………………………………………… 31
　　2.1.3　应用软件 ……………………………………………………………………… 31
　　2.1.4　软件的开发过程 ……………………………………………………………… 32
　　2.1.5　软件开发技术的发展 ………………………………………………………… 34
2.2　计算机操作系统 ………………………………………………………………… 37
　　2.2.1　操作系统简介 ………………………………………………………………… 38
　　2.2.2　操作系统的发展与类型 ……………………………………………………… 39
　　2.2.3　操作系统的结构 ……………………………………………………………… 42
　　2.2.4　操作系统的组成 ……………………………………………………………… 42
　　2.2.5　DOS 操作系统 ……………………………………………………………… 51
　　2.2.6　Windows 操作系统 ………………………………………………………… 57
　　2.2.7　UNIX 操作系统 …………………………………………………………… 64
2.3　算法 ……………………………………………………………………………… 69
　　2.3.1　算法的概念 …………………………………………………………………… 69
　　2.3.2　算法的描述 …………………………………………………………………… 70
　　2.3.3　算法分析 ……………………………………………………………………… 72
　　2.3.4　不可计算问题 ………………………………………………………………… 73
2.4　程序设计语言与程序的运行 …………………………………………………… 74
　　2.4.1　程序设计语言的发展演变 …………………………………………………… 75
　　2.4.2　高级语言的基本元素 ………………………………………………………… 76
　　2.4.3　程序设计及设计风格 ………………………………………………………… 79
　　2.4.4　程序的翻译处理 ……………………………………………………………… 81
2.5　数据库管理系统 ………………………………………………………………… 83
　　2.5.1　数据库系统概述 ……………………………………………………………… 83
　　2.5.2　数据库管理系统的组成 ……………………………………………………… 85
　　2.5.3　数据库技术的发展 …………………………………………………………… 87
　　2.5.4　常见数据库管理系统简介 …………………………………………………… 89
2.6　软件工程 ………………………………………………………………………… 91
　　2.6.1　软件工程的诞生及发展 ……………………………………………………… 91
　　2.6.2　软件工程的概念 ……………………………………………………………… 93
　　2.6.3　软件生存期模型 ……………………………………………………………… 96
习题 ……………………………………………………………………………………… 98

第 3 章 多媒体技术基础 ... 101
3.1 多媒体概述 ... 101
3.1.1 多媒体的基础知识 ... 101
3.1.2 多媒体的组成 ... 101
3.2 常用多媒体设备 ... 106
3.3 Windows Media Player ... 106
习题 ... 110

第 4 章 计算机安全基础及计算机病毒防治 ... 111
4.1 计算机安全知识简介 ... 111
4.2 计算机病毒概述 ... 112
4.2.1 计算机病毒的概念 ... 112
4.2.2 计算机病毒的特性 ... 112
4.2.3 计算机病毒的危害 ... 113
4.3 计算机病毒结构与分类 ... 113
4.3.1 计算机病毒的结构 ... 113
4.3.2 病毒分类 ... 113
4.4 计算机病毒的防治 ... 114
4.4.1 如何判定计算机系统是否染有病毒 ... 114
4.4.2 计算机病毒的预防 ... 115
4.5 恶意软件实例分析 ... 115
4.5.1 蠕虫 ... 115
4.5.2 特洛伊木马 ... 116
习题 ... 117

第 5 章 计算机网络基础 ... 119
5.1 计算机网络概述 ... 119
5.1.1 计算机网络的定义 ... 119
5.1.2 计算机网络的拓扑结构 ... 119
5.1.3 计算机网络的分类 ... 119
5.1.4 计算机网络的功能 ... 121
5.1.5 计算机网络的应用 ... 122
5.1.6 计算机网络的组成 ... 122
5.2 计算机网络的协议与体系结构 ... 123
5.2.1 网络协议和体系结构 ... 123
5.2.2 几种典型的计算机网络体系结构 ... 124
5.3 Internet ... 125
5.3.1 Internet 的产生与发展 ... 125
5.3.2 TCP/IP ... 126
5.3.3 IP 地址 ... 126

  5.3.4 域名系统 ·················128
  5.3.5 World Wide Web ···········130
  5.3.6 Intranet ················130
 5.4 计算机网络的互联 ············131
  5.4.1 internet 与 Internet ··········131
  5.4.2 网络互联 ················131
 5.5 计算机网络安全 ············132
 习题 ····················132

第 6 章 计算机学科简介及主要研究方向 ·······133

 6.1 计算机科学技术的研究范畴 ······133
  6.1.1 计算机理论的研究内容 ·········134
  6.1.2 计算机硬件的研究内容 ·········134
  6.1.3 计算机软件的主要研究内容 ······134
  6.1.4 计算机网络的主要研究内容 ······135
  6.1.5 计算机应用的主要研究内容 ······135
 6.2 人—机工程 ···············136
  6.2.1 计算机学科的教育 ···········136
  6.2.2 技术的创新 ··············136
  6.2.3 发展较快的相关技术 ··········136
  6.2.4 技术进步与文化变迁 ··········137
  6.2.5 社会发展对计算机学科毕业生的基本要求 ·137
  6.2.6 知识、能力和素质 ···········137
  6.2.7 对人才的评价标准 ···········138
 6.3 信息化社会的挑战 ···········138
 6.4 计算机学科知识体系 ··········140
  6.4.1 知识体系结构 ·············140
  6.4.2 学科知识体系一览 ···········140
  6.4.3 离散结构（DS）············142
  6.4.4 程序设计基础（PF）··········142
  6.4.5 算法与复杂性（AL）··········142
  6.4.6 计算机组织与体系结构（AR）·····142
  6.4.7 操作系统（OS）············142
  6.4.8 网络及其计算（NC）··········142
  6.4.9 程序设计语言（PL）··········143
  6.4.10 人—机交互（HC）··········143
  6.4.11 图形学和可视化计算（GV）·····143
  6.4.12 智能系统（IS）············143
  6.4.13 信息管理（IM）···········143
  6.4.14 社会和职业问题（SP）········144

6.4.15 软件工程（SE）	144
6.4.16 数值计算科学（CN）	144
6.5 课程体系结构	144
6.6 计算机科学技术的研究前沿及相关技术	144
6.7 计算机科学技术人才的研究意识生成与成就	150
6.7.1 研究意识与知识获取的能力与效率	150
6.7.2 研究意识与研究意识生成	151
6.7.3 研究意识的一致性特征	152
6.7.4 研究意识迁移与成就	153
6.8 小 结	155

应 用 篇

第 7 章 Windows XP 环境及应用	**159**
7.1 Windows XP 基础知识	159
7.1.1 鼠标	159
7.1.2 桌面	159
7.1.3 窗口	160
7.1.4 快捷方式	161
7.1.5 切换应用程序	162
7.1.6 输入法选择	162
7.1.7 注销和关机	162
7.2 自定义桌面	163
7.2.1 设置桌面背景	164
7.2.2 设置屏幕保护程序	164
7.2.3 定义外观	164
7.2.4 调整显示设置	164
7.2.5 自定义任务栏	165
7.2.6 添加桌面快捷方式	166
7.3 应用程序和文档	167
7.3.1 启动应用程序	167
7.3.2 关闭应用程序	167
7.3.3 打开/创建文档	168
7.4 文件与文件夹	168
7.4.1 文件与文件夹概念	168
7.4.2 管理工具	169
7.4.3 文件与文件夹管理	170
7.4.4 查找文件和文件夹	172
7.4.5 查看文件和文件夹	172
7.4.6 设置文件夹常规选项	172

7.5 Windows XP 系统常用设置 ··· 174
   7.5.1 添加打印机 ··· 175
   7.5.2 管理用户账号 ··· 177
   7.5.3 添加/删除程序 ··· 178
   7.5.4 设备管理器 ··· 179
7.6 局域网和 Internet ··· 182
   7.6.1 网络基础知识 ··· 182
   7.6.2 建立 LAN ··· 182
   7.6.3 使用网上共享资源 ··· 185
   7.6.4 Internet ··· 188
7.7 磁盘管理和数据备份 ··· 200
   7.7.1 磁盘格式化 ··· 200
   7.7.2 磁盘清理 ··· 201
   7.7.3 磁盘碎片整理 ··· 202
   7.7.4 数据备份 ··· 203
7.8 注册表 ··· 204
   7.8.1 注册表的发展 ··· 205
   7.8.2 注册表基本结构和术语 ··· 205
   7.8.3 注册表的使用 ··· 206
   7.8.4 修改注册表实例——加快 Windows XP 的启动速度 ··· 208
习题 ··· 208

第8章 文字处理系统 Word 应用 ··· 209
8.1 概述 ··· 209
   8.1.1 Office 组件简介及安装 ··· 209
   8.1.2 Word 中文版的启动及退出 ··· 209
   8.1.3 Word 中文版的屏幕介绍 ··· 210
8.2 文档的编辑 ··· 213
   8.2.1 新建及打开文档 ··· 213
   8.2.2 文本输入 ··· 215
   8.2.3 选定文本 ··· 217
   8.2.4 插入、改写、撤销、恢复及重复 ··· 218
   8.2.5 查找和替换 ··· 219
   8.2.6 移动和复制 ··· 220
   8.2.7 文档间的复制 ··· 220
   8.2.8 选择性粘贴 ··· 221
   8.2.9 保存及关闭文档 ··· 221
8.3 排版 ··· 222
   8.3.1 字符格式化 ··· 222
   8.3.2 页面排版 ··· 225

8.4 表格 ··· 234
　8.4.1 建立表格 ·· 234
　8.4.2 编辑表格 ·· 235
　8.4.3 表格属性设置 ·· 237
　8.4.4 表格转换成文本 ·· 238
　8.4.5 打印设置 ·· 239
8.5 图文混排 ··· 240
　8.5.1 图片 ··· 240
　8.5.2 自选图形 ·· 242
　8.5.3 插入艺术字 ·· 244
　8.5.4 文本框 ··· 245
　8.5.5 公式编辑器 ·· 246
8.6 打印预览 ··· 247
8.7 其他 ·· 248
　8.7.1 模板 ··· 248
　8.7.2 超级链接 ·· 249
　8.7.3 博客的创建与编辑 ··· 249

第9章 电子表格 Excel 应用 ·· 252
9.1 Excel 概述 ··· 252
　9.1.1 Excel 的功能 ··· 252
　9.1.2 Excel 基础知识 ··· 253
9.2 使用工作簿和工作表 ·· 254
　9.2.1 创建和打开工作簿 ··· 254
　9.2.2 输入数据 ·· 255
　9.2.3 编辑单元格数据 ·· 258
　9.2.4 工作表的管理 ·· 259
　9.2.5 工作表的格式化 ·· 263
9.3 公式和函数 ·· 269
　9.3.1 单元格和区域的引用 ·· 269
　9.3.2 公式的编辑 ·· 272
　9.3.3 函数的使用 ·· 275
9.4 数据图表 ··· 278
　9.4.1 创建图表 ·· 278
　9.4.2 图表的结构 ·· 279
　9.4.3 图表的编辑与格式化 ·· 279
　9.4.4 数据图表的应用 ·· 281
9.5 Excel 数据库 ·· 283
　9.5.1 数据清单 ·· 283
　9.5.2 数据的管理和分析 ··· 285

9.6　页面设置和打印 ··· 294

第10章　演示文稿制作软件 PowerPoint 应用 ··································· 301
10.1　视图和演示文稿 ·· 301
10.1.1　演示文稿的种类 ·· 301
10.1.2　创建演示文稿 ·· 303
10.1.3　设置演示文稿的外观 ·· 305
10.2　Office 按钮菜单的操作 ··· 308
10.2.1　另存为 Web 页面 ··· 308
10.2.2　页面设置和打印 ·· 311
10.2.3　Office 按钮的发送菜单 ·· 314
10.2.4　Office 按钮的发布菜单 ·· 315
10.2.5　Office 按钮菜单中的其他命令 ·································· 317
10.3　开始工具集操作 ·· 320
10.3.1　开始工具集的常用命令 ·· 320
10.3.2　开始工具集的其他命令 ·· 322
10.4　幻灯片的操作 ·· 325
10.4.1　在 Windows 下播放幻灯片 ······································ 325
10.4.2　控制幻灯片的放映过程 ·· 327
10.4.3　设置幻灯片的放映方式 ·· 329
10.4.4　设置幻灯片的切换方式 ·· 332
10.4.5　设置幻灯片的动画效果 ·· 333
10.4.6　制作幻灯片插入插图 ·· 336
10.5　图表知识及操作 ·· 336
10.5.1　图表基本知识 ·· 336
10.5.2　在幻灯片中创建图表 ·· 337
10.5.3　输入和编辑图表数据 ·· 338
10.5.4　编辑图表类型布局样式 ·· 340
10.6　设计幻灯片主题 ·· 343

第11章　数据库基础及 Access 应用 ··· 347
11.1　数据库基础 ·· 347
11.1.1　数据库的基本概念 ··· 347
11.1.2　数据管理技术的发展 ·· 347
11.1.3　数据库领域中常用的数据模型 ·································· 348
11.1.4　关系数据库 ··· 350
11.2　Access 简介 ··· 351
11.2.1　运行环境 ·· 351
11.2.2　Access 的系统界面 ··· 351
11.2.3　Access 内部结构 ·· 351

11.3 创建数据库 ... 352
11.3.1 数据库的一般设计方法 ... 352
11.3.2 创建数据库 ... 353
11.3.3 打开数据库 ... 356
11.4 表的创建与使用 ... 356
11.4.1 表的组成 ... 356
11.4.2 创建表 ... 357
11.4.3 表的属性设置 ... 359
11.4.4 编辑数据 ... 361
11.4.5 创建索引 ... 362
11.5 查询的创建和使用 ... 363
11.5.1 查询的类型 ... 363
11.5.2 建立表间的关联关系 ... 364
11.5.3 创建选择查询 ... 366
11.5.4 创建操作查询 ... 367
11.5.5 创建参数查询 ... 367
11.5.6 创建 SQL 查询 ... 368
11.6 窗体的创建和使用 ... 369
11.6.1 窗体的组成 ... 369
11.6.2 窗体的视图 ... 370
11.6.3 创建窗体 ... 370
11.6.4 设置窗体属性 ... 371
11.6.5 窗体控件的使用 ... 372
11.7 报表创建与使用 ... 373
11.7.1 报表的组成 ... 373
11.7.2 报表的视图 ... 374
11.7.3 创建报表 ... 374
11.7.4 设计报表 ... 375
11.8 宏的创建与使用 ... 375
11.8.1 宏的定义 ... 375
11.8.2 创建宏 ... 376
11.8.3 使用宏或宏组 ... 377
11.9 Web 发布 ... 378
11.9.1 创建超级链接 ... 378
11.9.2 将窗体导出 HTML 文件 ... 379

附录一 典型微型计算机配置及特性 ... 380
附录二 BIOS（CMOS）设置 ... 384
主要参考文献 ... 388

基 础 篇

第 1 章 计算机基础知识

电子计算机（Computer）是一种能对信息自动高速存储并且加工的电子设备。

电子计算机的发展是当代科学技术最伟大的成就之一，它的出现有力地推动了其他科学技术的发展，并且在今后作为一种生产力将在信息交流和新技术革命中发挥关键作用，将会推动人类社会更快地向前发展。

1.1 计算机的发展

我们把计算机的发展历史大致划分为三个阶段。第一阶段是近代计算机或称为机械式计算机的发展阶段。第二阶段为现代计算机的发展阶段。第三阶段为计算机与通信相结合即微型机及网络的发展阶段。

1.1.1 近代计算机阶段

所谓近代计算机是指具有完整含义的机械式计算机或机电式计算机，用以区分现代的电子式计算机。

近代计算机经历了大约 120 年的发展历史（1822—1944 年），其中最重要的代表人物是英国数学家查尔斯·巴贝奇。巴贝奇是英国剑桥大学的数学教授，为了解决当时用人工计算"数学用表"所产生的误差，他于 1822 年设计了差分机，希望能用它计算多项式并能有 20 位有效数字。1834 年他又转向设计一台更完善的分析机，但是该分析机的设计思想超越了他所处的时代，在当时的技术水平下是很难实现的，该分析机的重要之处在于它已具有计算机硬件的五个基本组成部分：输入装置、处理装置、存储装置、控制装置以及输出装置。

1944 年美国哈佛大学的数学教授霍华德·艾肯在阅读过巴贝奇的文章后，根据其设计思想，在 IBM 公司赞助下，研究制造出代号为 Mark I 的计算机，并在哈佛大学成功地投入运行，从而使巴贝奇的梦想成为现实。

1.1.2 现代计算机阶段

现代计算机已经历了 50 多年的发展。英国科学家艾兰·图灵建立了图灵机的理论模型，发展了可计算性理论，奠定了人工智能（Artificial Intelligence，AI）的基础。

美籍匈牙利科学家冯·诺依曼（Von Neumann）确立了现代计算机的基本结构，即冯·诺依曼结构。按照冯·诺依曼原理构造的计算机又称冯·诺依曼计算机，其体系结构称为冯·诺依曼结构。目前计算机已发展到了第四代，基本上仍然遵循着冯·诺依曼原理和结构。冯·诺依曼原理如下：

- 计算机依靠执行程序来完成指定的任务，程序用二进制代码表示；
- 程序预先存放在计算机内部存储器中——存储程序；
- 计算机不需要人的干预而自动执行程序——控制程序；
- 计算机由运算器、控制器、存储器、输入设备、输出设备五大部分组成。

由于现代计算机连续进行了几次重大的技术革命，留下了鲜明的标志，因此人们通过划分时代来区分计算机的发展阶段。同时随着科学技术的发展和计算机应用范围的扩大，计算机也在不断地更新换代。到目前为止，计算机的发展已经历了四代，正向新一代过渡。

冯·诺依曼
（Von Neumann）

艾兰·图灵
（Allan Turing）

1. 第一代电子计算机（1946—1957年）

这个时期的电子计算机以电子管作为基本电子元件，称为"电子管时代"。主存储器使用延迟线或磁鼓，这时的程序主要用机器语言进行设计，主要用于进行数值计算。作为代表的是1946年美国宾夕法尼亚大学制造的世界上第一台电子数字计算机，取名为ENIAC（Electronic Numerrcal Integrator And Calculator），即电子数字式积分式计算机，如图1.1所示。

制造ENIAC的电子元件是电子管和继电器，全机共使用了1800多个电子管，重量达30吨，占地167平方米，耗电150千瓦，为了散热专门配备了一台30吨重的附加冷却器。ENIAC进行加法运算的速度为每秒5000次。

ENIAC的诞生标志着人类在长期的生产劳动中制造和使用的各种计算工具（如算盘、计算尺、手摇计算机、机械计算机及电动齿轮计算机等）的能力随着世界文明的进步发展到了一个崭新的阶段，使信息处理技术进入了一个崭新的时代。

第一代电子计算机的特点：
- 采用电子管元件，体积大、耗能高、可靠性差、维护困难。
- 速度慢，一般每秒进行1000~10000次运算。
- 使用机器语言，几乎没有系统软件。
- 由于采用磁鼓或小磁心体作为存储器，所以存储空间有限。
- 采用穿孔纸带或卡片作为输入输出设备，输入输出设备简单。
- 主要的功能是进行科学计算。

图 1.1　第一代计算机的代表 ENIAC

2. 第二代计算机（1958—1964 年）

晶体管的发明使得计算机技术有了飞跃性的发展。第二代电子计算机以晶体管作为基本元器件，称为"晶体管时代"。第二代计算机的主存储器以磁芯存储器为主，辅助存储器开始使用磁盘，软件开始使用高级程序设计语言和操作系统。由于晶体管比电子管平均寿命长数千倍，耗电却只有电子管的十分之一，体积比电子管小一个数量级，机械强度也较高，所以晶体管的出现很快取代了电子管，使计算机的体积和耗电大大减小，价格降低，计算速度加快，可靠性提高。计算机的应用得到进一步扩展，除应用于科学计算以外，已开始使用计算机进行数据处理和过程控制。这一期间的程序设计已初步采用 Fortran、Cobol 等高级语言编程。

3. 第三代电子计算机（1965—1970 年）

第三代电子计算机以中小规模集成电路 IC（Integration Circuit）作为基本电子元件，称为"集成电路时代"。第三代计算机的主存储器开始使用体积更小、性能更可靠的半导体存储器代替磁芯存储器，机种开始多样化、系统化，外部设备不断增多，操作系统进一步发展和完善。计算机的运行效率得到提高，也更便于使用。由于集成电路是通过半导体集成技术将大量的分离电子元件集成在面积只有几平方毫米的一块硅片上，从而使计算机的体积和耗电量进一步减小，可靠性更高，运算速度进一步加快。由于小规模和中规模集成电路的大量使用，第三代电子计算机的总体性能比第二代电子计算机提高了一个数量级，这时的电子计算机在科学计算、数据处理和过程控制方面得到更加广泛的应用。

4. 第四代电子计算机（1970 年以后）

这一代电子计算机的特点是以大规模集成电路 LSI（Large Scale Integration）和超大规模集成电路 VLSI（Very Large Scale Integration）作为基本电子元件，称为"大规模集成电路时代"。大规模集成电路的出现，不仅大大提高了硅片上电子元件的集成度，而且可以把电子计算机的运算器和控制器等核心部件制作在一块集成电路块上，这就使计算机朝大型化和微型化发展成为可能，而微型计算机的出现使得计算机更加普及并且日益深入社会生活的各个方面，同时为计算机的网络化创造了条件。微型计算机的出现和迅猛发展是计算机发展史上的重大飞跃。

这一代电子计算机的特点：
- 速度快，每秒可进行高达数万亿次运算。
- 软件系统理论化、工程化，程序设计实现部分自动化。
- 发展了多机系统和并行处理技术，微型计算机逐渐普及并且技术更新速度加快。
- 办公自动化、多媒体技术、语言识别技术、数据库技术和专家系统等技术有了飞跃性的发展。
- 计算机发展进入以计算机网络为特征的资源共享时代。

5. 未来的计算机

从 20 世纪 90 年代开始，日本、美国和欧洲纷纷进行新一代计算机的研制工作。目前尚未形成一致结论，新技术正在研究当中，有以下几种可能的发展方向：
- 神经网络计算机——模拟人的大脑思维；
- 生物计算机——运用生物工程技术，使用蛋白分子制作芯片；
- 光计算机——用光作为信息载体，通过对光的处理来完成对信息的处理。

新一代计算机与前四代计算机的本质区别是：计算机的主要功能将从信息处理上升为知识处理，使计算机具有人类的某些智能，所以又称为人工智能计算机。通常认为，新一代计算机具有以下几个方面的功能：

（1）具有处理各种信息的能力。除具有目前计算机能处理离散数据的功能外，新一代计算机还能对声音、文字和图像等形式的信息进行识别处理。

（2）具有学习、联想、推理和解释问题的能力。

（3）具有对人类自然语言的理解能力。即只需把要处理或计算的问题，用自然语言写出要求及说明，计算机就能理解其意，并按人的要求进行处理或计算，而不像现在这样，要使用专门的计算机语言把处理过程与数据描述出来。对新一代计算机来说，只需告诉它"做什么"，而不必告诉它"怎么做"。

总之，未来的计算机将采用多媒体技术把声音、图形、图像系统、人工智能、网络化、计算机系统和通信系统集成为一个整体，使计算机具有像人一样的能听、能看、能想、能说、能写的逻辑推理或模拟的"智能"，甚至研制生产出具有某些"情感"和"智力"的计算机产品，使之应用于日常生活（如电子导盲犬）以及某些特殊场合（探测狭隘地下空间用的电子蟑螂、进行空中探测甚至具备进攻能力的电子蜻蜓等）。

1.1.3 微机及网络阶段

尽管微型计算机（Micro Computer，MC）或称为"个人计算机"（Personal Computer，PC）的出现到现在才短短 20 多年，但是由于其易于普及和其性价比的优势，它的发展速度是惊人的。可以说，正是由于微机的发展和普及，才使得电子计算机的应用渗透到各个领域并且推动计算机网络的发展和应用。

1. 微型机的发展阶段

（1）第一代微型计算机

1981 年 IBM 公司推出了个人计算机 IBM-PC，接着又推出 PC/XT，在微型机市场取得了极大成功。它使用了 INTEL 8088/8086 芯片作为 CPU。由于 IBM-PC/XT 的性能远高于第一代大型主机，因此我们把 PC/XT 及其兼容机称为第一代微型计算机。

（2）第二代微型计算机

1984 年 IBM 公司又推出了 IBM-PC/AT，它使用了 INTEL 80286 芯片作为 CPU，它是完全 16 位的微处理器，采用工业标准体系结构 ISA 总线（即 AT 总线）。

286 及其兼容机的性能达到了 0.5~1 MIPS（Million Instruction Per Seconde，表示每秒处理几百万条指令），因此把 286 AT 及其兼容机称为第二代微型计算机。

（3）第三代微型计算机

1986 年 PC 兼容厂家 COMPAQ 公司率先推出 386 AT，开辟了 386 微型机的新生代。IBM 公司在 1987 年也推出了 PS/2-50 型机器，它使用 INTEL 80386 芯片作为 CPU，采用与 ISA 总线兼容的扩展工业标准体系结构 EISA 总线。

我们把 386 微型机称为第三代微型计算机，它分为采用与 ISA 总线兼容的扩展工业标准体系结构的 EISA 总线和采用微通道体系结构的 MCA 总线两大分支。

（4）第四代微型计算机

1989 年 PC 兼容厂家推出了使用 INTEL 80486 芯片为 CPU 的微型机。我们把 486 微型机称为第四代微型计算机，它又根据局部总线的不同分为 VESA 与 PCI 总线两大分支。

（5）第五代微型计算机

1993 年 INTEL 推出了 80586 芯片，开辟了"奔腾（Pentium）机"的新时代。根据这一档次 CPU 芯片的开发时间与相关技术指标，分别称为奔腾一代到奔腾四代，简记为 PI、PII、PIII、PIV。

此外，还有 IBM/AMD、POWER PC 以及 ALPHA 等公司或型号的 CPU 芯片，用它们组成的微型机性能有的已超过了早期的巨型机的水平。

2. 计算机网络技术

计算机网络技术是将分布在不同地方的孤立计算机运用通信线路和设备连接起来，在功能强大的网络软件的支持下共享信息资源。网络技术的意义在于：人们在任何地方都可以从计算机网络上获得人类有史以来的知识，工作及消费的地域得到巨大的延伸。

1.2 电子计算机的特点

为什么电子计算机自出现以来会发展得如此迅速？为什么电子计算机能在社会各个方面得到如此广泛的应用？这两个问题的答案与电子计算机所具有的特点是分不开的。计算机具有以下特点。

1.2.1 运算速度快

用电子线路组成的计算机采用高速电子器件，能以极高的速度工作，这是计算机最显著的特点之一。电子计算机的运算速度已从每秒几千次发展到现在最高达每秒几千万亿次。大量复杂的科学计算过去靠人工计算需要几年或几十年才能解决，现在只需几天甚至几秒钟就能完成。例如：外国的一位数学家花了 15 年时间把圆周率的值算到了小数点后 700 多位，而如果使用现代电子计算机，不到一个小时就能完成。电子计算机运算速度快的特点，不仅极大地提高了人们的工作效率，而且使许多纷繁复杂的计算问题（如天气预报等）得以解决。

1.2.2　计算精度高

科学技术的发展，特别是一些尖端科学技术（如人造卫星、宇宙飞船、深海探测）的发展，要求具有高度准确的计算结果。只要电子计算机内用以表示数值的位数足够多，就能使运算结果达到足够高的精度。一般的计算工具只有几位有效数字，而电子计算机的有效数字可达十几位、几十位甚至上百位，这样就能精确地进行数据计算。

1.2.3　存储功能强

电子计算机具有存储"信息"的装置即存储器，可以存储大量的数据，在需要时又能准确无误地取出来。随着存储容量的增大，电子计算机一般可以存储几百兆、几千兆甚至几万兆个数据，电子计算机的这种存储信息的"记忆"能力，使它能成为信息处理的有力工具。

1.2.4　具有逻辑判断力

电子计算机可以进行算术运算又可以进行逻辑运算，还可以对文字、符号进行判断和比较，进行逻辑和推理证明，这是任何其他工具都无法相比的。

1.2.5　具有自动运行能力

电子计算机不仅能存储数据，还能存储程序。由于计算机内部操作运算是根据人们事先编制的程序（解题方法和步骤）自动进行的，在运行过程中不需要人工操作和干预。这是计算机与其他任何计算工具最本质的区别。

应该说，以上五方面的特点，正是促进电子计算机迅速发展并获得极为广泛应用的根本原因所在。

1.3　电子计算机的应用

电子计算机的应用极其广泛，其应用领域已渗透到国民经济各个部门及社会生活的各个方面。根据其应用性质，大体上可以归纳为以下六个方面。

1. 数值计算

在近代科学和工程技术中常常会遇到大量复杂的科学问题，利用计算机的高速度、大存储容量和连续运算的能力，可实现人工无法实现的各种科学计算问题，甚至可对不同的计算方案进行比较，以选择出最佳方案。

2. 数据处理

数据处理是指人们利用计算机对原始数据进行收集、整理、合并、选择、存储以及输出等的加工处理过程，也称为信息处理。人类的发展是伴随着信息而存在的，没有信息就没有人类的发展，信息处理是计算机应用的一个重要方面。

据统计，世界上的计算机80%以上主要用于信息处理。这类处理量大面广，成为计算机应用的主流。现代社会是信息化社会，随着生产的高度发展，导致信息量急剧膨胀。信息是资源，人类进行各项社会活动，不仅要考虑物质条件，而且要认真研究信息。信息已经和物质能源、能量一起被列为人类社会活动的三大支柱。

目前，计算机信息处理已广泛地应用于办公自动化、电子政务、电子商务、企事业计算机管理信息系统、金融系统业务处理、出版业激光照排、电影电视动画设计、医疗诊断等各行各业，信息已经形成独立的产业。这类应用的特点是数据量大，而且要经常更新数据。

3. 过程控制

过程控制是指实时采集、检测数据，并进行处理和判定，按最佳值进行调节的过程。利用计算机实现诸如生产过程的控制，不仅能大大提高自动化水平，减轻劳动强度，更重要的是提高了控制的准确性，从而提高了产品质量及产品合格率。因此，近年来，计算机过程控制系统在机械、冶金、石油、化工、电力、建材以及轻工业等各个部门已得到广泛的应用并且获得了很高的效益。

过程控制的一个突出特点是要求实时性强，即计算机作出反应的时间必须与被控过程的实际时间相适应。在导弹的拦截、人造卫星的发射及回收等需要精确控制的各种任务中，没有计算机的快速反应和调整都是无法成功的。

4．计算机辅助设计及辅助教学（Computer Aided Design & Computer Aided Instruction，CAD & CAI）

计算机辅助设计CAD是指用计算机帮助工程技术人员进行设计工作。CAD是计算机技术和某项专门技术相结合的产物，采用CAD可以使设计工作半自动化甚至自动化，不仅使设计周期大大缩短，节省人力物力，从而降低了成本，而且保证了产品质量。当前，在机械制造、建筑工程、舰船、飞机、大规模集成电路、服装鞋帽以及高级电子产品的设计工作中，已广泛使用计算机进行辅助设计。如在建筑设计过程中，可以使用CAD技术进行力学计算、结构设计、绘制立体图形及建筑图纸等。CAD为工程设计自动化提供了广阔的前景，已得到世界各国的普遍重视。一些国家已经把计算机和计算机辅助制造（CAM）、计算机辅助测试（CAT）及计算机辅助工程（CAE）组成一个集成系统（CIMS），使设计制造、测试和管理有机地组成一体，形成了高度的自动化系统，这也意味着形成了所谓的"无人"生产线和"无人"工厂。

计算机辅助教学（CAI）是指用计算机来进行辅助教学工作。它可以利用图形和动画的方式，使教学过程形象化，还可以采用人机对话的方式，对不同学生可以采取不同的内容和进度，改变了教学的统一模式，不仅有利于提高学生的学习兴趣，而且有利于因材施教，还可以利用计算机网络来进行教学、辅导、答疑、批改作业以及编制考题等，这是深化教学改革，提高教学效果的重要手段。

5. 人工智能（Artificial Intelligence，AI）

人工智能是指用计算机来"模仿"人类的智能，使计算机具有识别语言文字及图形，进行"推理"和适应环境的能力。未来计算机的开发将成为人工智能研究成果的集中体现，具有某一方面专业知识的"专家系统"以及具有一定"思维"能力的机器人的大量出现，是人工智能研究不断取得进展的标志。如应用在医疗工作中的医学专家系统，能模拟医生分析病情，为病人开出药方，提供病情咨询等。在机器制造业中采用智能机器人，可以完成各种复杂加工，承担有害作业。

6. 系统仿真（System Emulation）

系统仿真是对设想的或实际的系统建立模型，并对模型进行实验并观察它的行为的一个过程。仿真用于了解一个系统的行为，或评估不同参数、运行策略的效果，是解决设计问题的一个有效手段。

比如，设计一座100多层楼高的商贸大厦，用计算机建立起大厦模型之后，通过计算机仿真，在设计布局上可观察各房间的透光性、过道的人群分流；在结构性能上可观察各楼层受挤压开裂情况，或大楼经受7级地震的震动情况。这样可以为设计人员提供很多有价值的参数，以缩短设计时间，并得出优化方案，同时可节省一笔昂贵的实验测试的费用。

7. 电子商务（Electronic Commerce）

电子商务是通过计算机网络技术的应用，以电子交易为手段完成金融、物品、管理、服务、信息等价值的交换，快速而有效地进行各种商务（事务）活动的最新方法，用于满足单位部门企业、商人和消费者（服务对象）提高产品和服务质量、加快服务速度、降低费用等各方面的要求，也可用于帮助企业和个人通过网络查询和检索信息以支持决策。

从涵盖范围方面可理解为：交易各方以电子交易为方式，而不是通过当面交换或直接面谈方式进行任何形式的商业交易；从技术方面可理解为是一种高技术的集合体，包括交易数据（电子数据交换 EDI）、电子邮件、获得数据（共享数据库、电子公告牌）以及自动捕捉数据等。

电子商务的目标是：增加消费者数量，加深商品销售者和服务提供者与用户之间的关系，提高市场收入；减少费用；减少产品流通时间；加快对消费者需求的响应速度；提高服务质量；在 Internet 上建立站点，树立形象，增强竞争力，从而在未来的竞争中占优势。

由此可见，电子计算机的作用已远远超出了"计算"的概念。电子计算机的发展和广泛应用，不仅促进了社会生产力的发展，大大提高了劳动生产率，对社会的发展产生了重大影响，而且也标志着人类已开始步入以计算机为主要应用工具的信息时代。如果说第一次工业革命是以蒸汽机为代表的动力革命，第二次工业革命是以电动机为代表的电气革命，那么第三次工业革命就是以电子计算机为代表的信息革命。

可以预见：在信息社会中，计算机技术对信息的产生、收集、处理、存储和传播将发挥越来越重要的作用，计算机作为一种崭新的生产力将推动信息社会更快地向前发展。

1.4 电子计算机的分类

电子计算机种类很多，可以从不同的角度进行分类。电子计算机从开始发展时起，就分为电子数字计算机（Digital Computer）和电子模拟计算机（Analogue Computer）两大分支，其主要区别在于计算机中信息的表示形式和对信息的处理方式不同。

电子数字计算机是直接对离散量数字进行运算的计算机，在机器内部进行运算的是二进制形式的数。电子数字计算机具有运算速度快、准确度高、存储量大等优点，因此适合科学计算、信息处理、过程控制和人工智能，具有最广泛的用途。

电子模拟计算机是对连续量进行运算的计算机，被运算量的大小是由电压、电流、角度等连续变化的物理量表示的，对这些物理量进行运算的结果仍为物理量。由于电子模拟计算机能模拟事物发展进程的物理量，并能按照预先确定的精度进行处理，如测量电压精确到 1/2000V，测量方位角精确到 1/700 度等，因此为模拟研究各种活动的实际过程带来方便。它解题速度快，适于求解高阶微分方程，在模拟计算和控制系统中应用较多。

电子计算机按用途可分为通用机（General Purpose Computer）和专用机（Special Purpose Computer）。

通用机具有功能多、配置全、用途广、通用性强等特点，市场上销售的电子计算机多属于通用机。专用机具有功能单纯、使用面窄，甚至专机专用的特点。专用机是为解决某一特定问题而专门设计制造的，通常增强了某些特定功能，忽略一些次要功能，所以专用机能高速度高效率地解决特定问题。模拟计算机通常都是专用机，在军事控制系统中广泛地使用专用机，例如各种兵器（如导弹等）的控制计算机。

由于电子模拟计算机通用性不强，其信息不易存储，计算机精度又受设备精度的限制，所以人们平常所用的绝大多数计算机都是电子数字计算机，我们往往把电子数字计算机简称为电子计算机或计算机。在本书中我们主要介绍通用电子计算机。

国际上根据计算机分类学的演变过程和近期可能的发展趋势，参照计算机运算速度的快慢、存储数据量的大小、功能的强弱以及软件和硬件的配套规模，又分为以下六大类，下面分别介绍它们的特点。

1.4.1 巨型计算机（Supercomputer）

目前，巨型机是指运算速度超过 1 亿次的高性能计算机。巨型机具有运算速度快、效率高、软件和硬件配套齐全和功能强等优点，主要用在军事技术和尖端科学研究方面。运算速度快是巨型机最突出的特点。例如，美国劳伦斯利弗莫尔国家实验室的 Blue Gene/L 能达到每秒 360 万亿次浮点计算的速度，我国的曙光"星云"系统的运算峰值为每秒 3000 万亿次，实测 Linpack 的性能达到了每秒 1271 万亿次的运算速度。

1.4.2 小巨型计算机（Mini supercomputer）

这是新发展起来的小型超级电脑，或称为桌上型电脑。它是对巨型机的高价格发出的挑战，其发展非常迅速。例如美国 CONVEX 公司的 C 系列、ALLIANT 公司的 FX 系列就是比较成功的小巨型机。

1.4.3 大型主机（Mainframe）

大型主机或称大型电脑，它包括通常所说的大型机和中型机。大型机在运算速度和规模上不如巨型机，结构上也比巨型机简单，而价格比巨型机便宜很多，因此使用的范围较巨型机而言更普遍，它是事务处理、商业处理、信息管理、大型数据库和数据通信的主要支柱型计算机，如 IBM370 系列，DEC 公司生产的 VAX8000 系列，日本富士通公司的 M-708 系列都是大中型机。

1.4.4 小型机（Minicomputer）

在微机出现以前，小型机是计算机中档次最低的机器，在运算速度和规模上都比大中型机差些，但在功能上却在向它们靠近。小型机有体积小、价格低、性价比高等优点，可在一般企业、事业和学校等单位中使用。比较典型的小型机是 1965 年由美国 DEC 公司研制成功，在世界具有很高声誉的 PDP/VAX 系列计算机，美国 IBM 公司的 AS/400 系列机，HP 公司 HP-3000 系列以及我国的浪潮系列都是使用较普遍的小型机。

这些小型机在当时对计算机的应用普及起了很大的推动作用，但后来受到微型机的严重挑战，其市场大为缩小，现在主要作服务器用。

1.4.5 工作站（Workstation）

这里所说的工作站不是指网络计算机系统中的工作站，而是指介于 PC 机和小型计算机之间的一种高档微型计算机，工作站的特点是：运算速度、存储容量介于现代小型机和 PC 机之间，专用性较强、兼容性较差，它主要用于特殊的专业领域，如图像处理、计算机辅助设计等。

工作站又可分为初级工作站、工程工作站、超级工作站以及超级图形工作站等，工作站的典型机器有 SGI 公司的 Indigo 系列工作站、HP-APPLO 工作站、Sun 公司的 SUN 工作站以及我国的华胜工作站。

1.4.6 微型机（Microcomputer）

简称微机，就是我们熟悉的个人计算机（PC 机），它是大规模集成电路发展的产物。微机的特点是体积小、功耗低、可靠性高、灵活性和适应性强、价格低、产量大，对使用环境要求不高，因此使计算机的应用社会化。微机是当今用途最广泛，产量最大的计算机。它的性能及其电路的集成度，几乎每 18 个月翻一番（此即计算机界有名的摩尔定理），产量每年增长数倍，其应用领域不断扩大，价格却每年降低约 30%。

当前流行的微机有：各种以 Pentium IV 档次芯片作为 CPU 的 IBM 兼容机和 APPLE 公司的 Macintosh 系列，我国生产的联想、金长城以及方正电脑等。它们的性价比高是受到用户欢迎的另一个原因。当前出现的便携式和笔记本型微机及更小的口袋型微机，由于体积和重量的进一步减小，具有更加广阔的应用前景。

如图 1.2 所示为几种比较个性化的微型计算机。

图 1.2 个性化的计算机

目前，由于计算机技术及微电子技术的飞速发展，上述六类机型的划分界限已越来越不明显，计算机正朝着巨型化、微型化、网络化和智能化这四个方向发展。

1.5 计算机系统的基本组成

计算机是人们用来完成某些工作的劳动工具，为了便于理解计算机的基本组成，我们用算盘操作来进行比较：算盘就相当于一个"运算器"（Arithmetic Unit）；人脑和手是用来指挥和操作算盘完成计算的，这就是"控制器"（Control Unit）；需要计算的题目、解题步骤、原始数据和所得结果往往记在一张纸上，这张纸就是一个存放信息的"存储器"（Memory）。计算机和算盘一样，只是由机器代替人，计算机也是由运算器、控制器和存储器组成的，为了实现信息的输入和输出，计算机通常还包括输入/输出设备（Input/Output Device）。

运算器（Arithmetic Unit）和控制器（Control Unit）合称为中央处理器 CPU（Central Processing Unit），是计算机的核心部件。

内存储器和中央处理器合称为主机。

输入设备、输出设备和外存储器是计算机的外围设备（外设）。

如图 1.3 所示为一台计算机系统的基本硬件组成，图中各方框之间用箭头线表示各部件之间的信息（包括控制信息和数据信息）传送方向。不管是数据还是控制命令，它们都是用 0 和 1 表示的二进制信息。

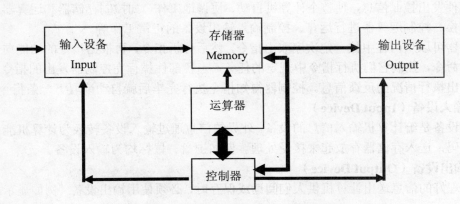

图 1.3　计算机系统的基本硬件组成

下面简要介绍五种部件的基本功能。

1. 存储器（Memory）

存储器是计算机存放原始数据、程序、中间结果及运算结果的部件。在计算机内部，程序中的指令和数据都是以二进制代码形式表示的，因此，存储器的基本功能是存储二进制形式的各种信息。

根据存储器与中央处理器的关系，存储器分为主存储器和辅存储器。主存储器在主机内，可直接与中央处理器交换信息；辅存储器在主机外部，必须通过主存储器才能与中央处理器交换信息。

主存储器按基本功能分为两类，一类是随机存取存储器 RAM（Random Access Memory），另一类为只读存储器 ROM（Read Only Memory）。RAM 可随时进行读/写操作，用来存放程序和数据，也可以存放临时调用的系统程序，在关机以后，RAM 中的内容全部消失，因此在断电前应将需要保存的信息存入磁盘中。ROM 只能读出信息而不能进行写入操作，用来存放固定的数据和程序（如监控程序），断开电源时存储在 ROM 中的内容不会消失。

计算机可根据需要随时向存储器存取数据。向存储器存放数据称为写入（Write）；从存储器取出数据称为读出（Read）。

存储器中有许多存储单元，每个单元可以存放一个字的信息。为了使计算机能识别这些单元，每个存储单元有一个编号，称为地址（Address），这与旅馆中的房间（存储单元）和房号（存储地址）相似。存储单元的内容可以读出，而数据的写入则是以新代旧的方式（覆盖），与收录机的磁带类似：放音则可以多次进行而不会破坏原有信息，录入则以新内容覆盖原有信息。

2. 运算器（Arithmetic Unit）

运算器是计算机用来进行算术运算和逻辑运算的部件。运算器中的各种算术运算是通过加法和移位操作实现的，运算器的核心是加法器。

在运算过程中，运算器不断从存储器获取数据，并把所得的结果送回存储器。

运算器的技术性能高低直接影响着计算机的运算速度和整机性能，运算器的主要技术指标是字长和运算速度。

3. 控制器（Control Unit）

控制器是计算机的控制指挥部件，也是整个计算机的控制中心，其功能是通过向计算机的各个部件发出控制信息，使整个计算机自动、协调地工作。如控制存储器和运算器之间进行信息交换、控制运算器进行运算、控制输入输出设备的正常工作等。

控制器可以从内存中按一定次序取出指令，然后分析指令，再根据指令的功能向各部件发出控制命令，控制它们执行指令中规定的任务。当各部件执行完控制器发出的指令后，向控制器发出执行情况的反馈信息。控制器得知指令执行完毕后就自动读取下一条指令执行。

4. 输入设备（Input Device）

输入设备是给计算机输入信息的设备。外界的信息通过输入设备转换为计算机能识别的二进制代码，送入存储器存放起来接受处理。例如键盘、鼠标均为输入设备。

5. 输出设备（Output Device）

把处理好的信息送出计算机供人们阅读或保存时，必须使用输出设备（例如显示器和打印机）。

在微型机中通常把运算器与控制器及相应的控制电路集成起来制造为一块芯片，称为中央处理器 CPU（Central Processing Unit）。运算器、控制器以及主存储器是计算机的主要组成部分，称为主机。输入设备、输出设备和外存储器统称为计算机的外部设备。

1.6 计算机的工作过程

计算机是由电子线路构成的机器，它是靠执行指令来完成工作的。指令是计算机硬件可执行的、完成一个基本操作所发出的命令。不同类型的计算机，由于其硬件结构不同，指令也不同。一种计算机所能识别的基本指令的集合称为该种计算机的指令系统。一台计算机的指令系统丰富完备与否，在很大程度上说明了计算机对数据信息的运算和处理能力。无论计算机指令系统的差别多大，一般都应具有以下类型的指令：

（1）数据传送指令：完成内存中数据与 CPU、输入输出设备的数据交换。
（2）数据处理指令：进行算术、逻辑、移位和比较运算。
（3）程序控制指令：根据指令中给定的条件改变程序的执行顺序，使计算机具有逻辑判断的功能。
（4）各类控制管理机器的指令：如启动、停机等指令。

一条计算机指令是用一串二进制代码表示，它由两部分组成：操作码和操作数。操作码表示计算机要执行的基本操作；操作数则表示参与运算的数值或该数值存放的地址。在微型机的指令系统中，通常使用单地址指令和双地址指令，如图1.4所示。

（a）单地址指令　　　　　　　　　（b）双地址指令

图 1.4　指令格式

使用者根据解决某一问题的步骤，选用一条条指令进行有序的排列，计算机执行了这一指令序列便可完成预定的任务，这一指令序列就称为程序（Program）。显然，程序中的每一条指令必须是所用计算机的指令系统中的指令。

使用计算机解决复杂题目时，通常应首先确定解题的方法，编制运算步骤，然后从指令系统中选择能实现其工作的指令，组成所谓的程序。下面举一个简单的例子说明编制程序的过程，同时也可以说明计算机的工作过程。

例：y=80＋20×30

为计算机编写的算法（解题步骤）可以是：

第一步，把第一个数 80 存入内存地址 D1 中；
第二步，把第二个数 20 存入内存地址 D2 中；
第三步，把第三个数 30 存入内存地址 D3 中；
第四步，将地址 D2 和 D3 中的数取出，送入运算器相乘，将结果 600 暂存在 D2 中；
第五步，将地址 D1 和 D2 中的数取出，送入运算器相加，将结果 680 暂存在 D1 中；
第六步，将地址 D1 中的数 680 传到地址 Y 中；
第七步，输出 Y 中的数 680；
第八步，停机。

按上述算法编制出计算 Y=80＋20×30 的指令序列，即计算程序是：

（1）存数指令（存 80 送 D1）；
（2）存数指令（存 20 到 D2）；
（3）存数指令（存 30 到 D3）；
（4）取数指令（从 D2 中取 20 送运算器）；
（5）取数指令（从 D3 中取 30 送运算器）；
（6）乘法指令（20×30 送运算器）；
（7）取数指令（从 D1 中取 80 送运算器）；
（8）取数指令（从 D2 中取 600 送运算器）；
（9）加法指令（80+600 送 D1）；

（10）传送指令（从 D1 中取 680 送 Y）；
（11）输出指令（打印 Y 中数据 680）；
（12）停机指令。

要让计算机执行这个程序，必须从其指令系统中选取实现上述基本操作的指令，并表示成机器能执行的二进制编码形式才行。由于不同种类计算机的指令系统不同，所以执行同一操作的指令也不一定相同。例如，加法运算在下面三种微处理中的指令分别是：

8086 微处理器的指令为：0000000011000100；
Z80 微处理器的指令为：11000110；
6520 微处理器的指令为：01101101。

显然使用某种类型机器指令系统编写的程序通常不能在使用其他类型机器指令系统的计算机中运行。

编好的程序可以通过输入设备（如键盘）送入计算机存储器，指令和数据以二进制形式保存在相应的存储单元中。由于存储器能按地址访问，因此计算机开始执行指令后，控制器从存放指令的地址中，依次取出操作数送到运算器中，执行控制器发出的操作指令，然后按指定的地址取出下一条指令再执行。实际上，计算机就是这样连续不断地重复执行上述解释指令和执行指令的过程，直到程序执行完毕才停机。整个过程不需要人工干预，全由计算机自动完成。

上面的工作过程是一种"存储程序及控制"的工作原理，即冯·诺依曼原理。基本点有三个：(1) 用二进制表示数据和指令；(2) 程序预先存入主存储器中；(3) 由运算器、存储器、控制器、输入与输出装置五大部件组成计算机硬件系统。迄今为止，无论计算机怎样更新换代，绝大多数实际应用的计算机都属于冯·诺依曼体制的范畴，因此也称之为冯·诺依曼型计算机。

1.7 计算机系统的组成

从上一节中的例子可以看出程序对于计算机的重要性，程序成了计算机的灵魂。

实际上计算机系统就是由硬件系统和软件系统两大部分组成的。

1.7.1 硬件（Hardware）系统

硬件系统是指计算机系统中的物理实体，硬件是组成计算机系统的物质基础。

硬件系统包括五大部件：运算器，控制器，存储器，输入设备和输出设备（如图 1.3 所示），都是可以触摸得到、看得到的物理设备。

1.7.2 软件（Software）系统

软件系统是指计算机所使用的各种程序、文档和各种说明书的集合。计算机软件一般分为系统软件和应用软件两类。

系统软件是管理、监控和维护计算机各类资源的软件，主要包括操作系统、各种程序设计语言及解释程序、编译程序和服务性程序（即计算机的监控管理程序、调试程序、故障检查和诊断程序等）。

应用软件是指用户利用计算机及系统软件为解决各种实际问题而开发的程序（如文字处理软件等）。

1.7.3 程序（Program）设计语言

程序设计语言是指编写计算机程序所用的语言，它们是人与计算机之间交流信息的工具。程序设计语言可分为机器语言、汇编语言和高级语言三类。

- 机器语言（Machine Language）

机器语言是直接与计算机打交道，用 0 和 1 描述的计算机指令系统。

机器语言是唯一不需要翻译，可直接被计算机识别的程序设计语言。由于不同机型的计算机的 CPU 不同，故机器语言也不同。机器语言中的每一条语句（即机器指令）都是以二进制代码形式表示的。二进制形式的指令不易读写，所以编写、调试和修改机器语言的程序较困难，但是机器语言编写的程序执行速度最快。

- 汇编语言（Assembly Language）

汇编语言是一种面向机器的程序设计语言，它用助记符代替机器指令中的操作码，用地址符号代替地址码，因此是一种符号语言。

不同系列的计算机的汇编语言是不同的。使用汇编语言编写的程序必须由一种起翻译作用的程序翻译成机器语言后才可被执行，这种翻译过程称为汇编。汇编语言比机器语言容易理解和记忆，便于阅读，又保持了机器语言的执行速度快、占用存储空间少的优点，广泛用于系统开发、实时控制、实时处理方面。

但是由于汇编语言依赖于具体的机型，故难以移植。

- 高级语言（Advanced Language）

高级语言是独立于机器、面向对象、面向算法的程序语言，高级语言接近于自然语言和数学语言。用高级语言编写程序既方便，又易于阅读和修改，并且具有较好的通用性和可移植性。

世界上现在已有几百种高级语言，如 PASCAL、FORTRAN、C、LISP、PROLOG、Ada 等。

用高级语言编写的程序称为高级语言源程序，通常简称为"源程序"（Source Program）。同汇编语言一样，它不能被计算机直接识别，必须经过编译程序或解释程序"翻译"之后才可执行。

编译程序将源程序"翻译"成目标程序（Object Program），这个过程称为"编译"。源程序被翻译成目标程序后，通过链接程序的服务性程序变为可执行程序，计算机便可理解和运行。

解释程序是将源程序中的语句逐条翻译执行，即边翻译边执行，但不产生目标代码，且在整个"翻译"过程中都需要使用源程序。

例如，C 语言是编译型的，而 BASIC 语言则是解释型的。

以微型计算机为例，计算机系统的组成如图 1.5 所示。

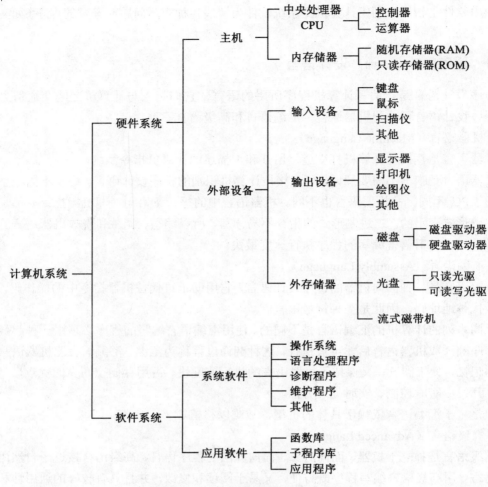

图1.5 计算机系统的组成示意图

1.8 信息在计算机中的表示

人们在日常生活中都使用十进制,同样在编制程序时也常常使用十进制(有时为了方便还采用八进制或十六进制),而计算机内部一律采用二进制,这样在我们使用输入设备把十进制和接近自然语言的程序输入到计算机中时,机器就要把它们转换为二进制,而计算机在输出时又要把二进制转换为人们习惯的十进制。因此,搞清楚不同计数制及相互之间的转换是十分必要的。

首先搞清楚计算机为什么采用二进制,这是因为:

(1) 计算机是由逻辑电路组成的,而逻辑电路通常只有两种状态,如电平的高与低、电容的充电与放电、晶体管的导通与截止、开关的接通与断开等,这两种状态正好用二进制的"1"和"0"来表示。试想如果采用十进制来组成十种稳定状态的电路将是非常困难的。

(2) 二进制运算法则简单。例如二进制求和与求积法则各有4条(以求和为例):0+0=0、0+1=1、1+0=1、1+1=0(有进位),而十进制则各有100条(以求和为例):0+0=0,0+1=1,

0+2=2，…，9+8=17，9+9=18。

（3）工作可靠。两个状态代表两个数据，在数字传输和处理时不易出错，因此电路更加可靠。

（4）逻辑性强。计算机的工作原理是建立在逻辑运算基础上的，而逻辑代数是逻辑运算的理论依据，二进制的两个数码正好代表逻辑代数中的"真"与"假"。

1.8.1 计算机中的数制

数制即进位计数制，是人们利用数字符号按进位原则进行数据大小计算的方法。

在计算机的数制中，有以下3个基本概念：

- 数码：表示一种数制中基本数值大小的不同数字符号。例如，二进制有两个数码0、1，十进制有十个数码0、1、2、3、4、5、6、7、8、9。
- 基数：一个数值所使用数码的个数。如二进制的基数为2，十进制的基数为10。
- 位权：一个数值中某一位上的1所表示数值的大小。例如十进制数1234，其中1的位权是1000，2的位权是100，3的位权是10，4的位权是1。

1. 十进制（Decimal）

十进制的特点：

- 有10个数码：0、1、2、3、4、5、6、7、8、9。
- 基数为10。
- 加法逢十进一，减法借一当十。
- 按权展开式。对于任意一个有n位整数、m位小数的十进制数D，均可按权展开为：

$$D=D_n \cdot 10^{n-1}+D_{n-1} \cdot 10^{n-2}+\cdots+D_2 \cdot 10^1+D_1 \cdot 10^0+D_{-1} \cdot 10^{-1}+\cdots+D_{-m} \cdot 10^{-m}$$

例如，将十进制数 256.25 写成按权展开的形式为：$256.25=2\times10^2+5\times10^1+6\times10^0+2\times10^{-1}+5\times10^{-2}$

2. 二进制（Binary）

二进制的特点：

- 只有2个数码：0、1。
- 基数为2。
- 加法逢二进一，减法借一当二。
- 按权展开式。对于任意一个有n位整数、m位小数的二进制数D，均可按权展开为：

$$D=B_n \cdot 2^{n-1}+B_{n-1} \cdot 2^{n-2}+\cdots+B_2 \cdot 2^1+B_1 \cdot 2^0+B_{-1} \cdot 2^{-1}+\cdots+B_{-m} \cdot 2^{-m}$$

例如，将$(1101.01)_2$写成展开式，也就是它所表示的十进制数为：$(1101.01)_2=1\times2^3+1\times2^2+0\times10^1+1\times2^0+0\times2^{-1}+1\times2^{-2}=(13.25)_{10}$

3. 八进制（Octal）

八进制的特点：

- 有8个数码：0、1、2、3、4、5、6、7。
- 基数为8。
- 加法逢八进一，减法借一当八。
- 按权展开式。对于任意一个有n位整数、m位小数的八进制数D，均可按权展开为：

$$D=0_n \cdot 8^{n-1}+0_{n-1} \cdot 8^{n-2}+\cdots+0_2 \cdot 8^1+0_1 \cdot 8^0+0_{-1} \cdot 8^{-1}+\cdots+0_{-m} \cdot 8^{-m}$$

例如，将$(317)_8$写成展开式，也就是它所表示的十进制数为：$(317)_8=3\times8^2+1\times8^1+7\times$

$8^0 = (207)_{10}$

4. 十六进制（Hexadecimal）

十六进制的特点：
- 有 16 个数码：0、1、2、3、4、5、6、7、8、9、A、B、C、D、E、F。

其中 A、B、C、D、E 和 F 这六个数码分别代表十进制的 10、11、12、13、14 和 15。
- 基数为 16。
- 加法逢十六进一，减法借一当十六。
- 按权展开式。对于任意一个有 n 位整数、m 位小数的十六进制数 D，均可按权展开为：

$$D = H_n \cdot 16^{n-1} + H_{n-1} \cdot 16^{n-2} + \cdots + H_2 \cdot 16^1 + H_1 \cdot 16^0 + H_{-1} \cdot 16^{-1} + \cdots + H_{-m} \cdot 16^{-m}$$

例如，将 $(2AF)_{16}$ 写成展开式，也就是它所表示的十进制数为：$(2AF)_{16} = 2 \times 16^2 + 10 \times 16^1 + 15 \times 10^0 = 512 + 160 + 15 = (687)_{10}$

十进制数与其他进制数之间的对应关系如表 1.1 所示。

表 1.1 十进制数与二进制、八进制和十六进制数的对应关系

十进制	二进制	八进制	十六进制
0	0	0	0
1	1	1	1
2	10	2	2
3	11	3	3
4	100	4	4
5	101	5	5
6	110	6	6
7	111	7	7
8	1000	10	8
9	1001	11	9
10	1010	12	A
11	1011	13	B
12	1100	14	C
13	1101	15	D
14	1110	16	E
15	1111	17	F
16	10000	20	10

1.8.2 不同进制之间的转换

不同进制之间的转换应遵循转换原则，即两个有理数如果相等，则有理数的整数部分和分数部分一定分别相等。也就是说，若转换前两数相等，则转换后两数必须相等。

1. 十进制数与二进制数的相互转换
- 二进制数转换为十进制数

二进制数按位权展开并求和就得到相应的十进制数。

例如，$(100110.101)_2 = 1×2^5 + 1×2^2 + 1×2^1 + 1×2^{-1} + 1×2^{-3}$
$\qquad\qquad\qquad = 32 + 4 + 2 + 0.5 + 0.125$
$\qquad\qquad\qquad = (38.625)_{10}$

● 十进制数转换为二进制数

整数部分采用除二取余、余数反排法。即把十进制整数反复除 2 取余数，直到商为 0 时，将所得余数反排（从最后一个余数到第一个余数）就是该十进制数所对应的二进制数。

例如，求十进制数$(123)_{10}$对应的二进制数过程如下：

所以 $(123)_{10}=(1111011)_2$

小数部分：采用乘 2 取整、整数顺排法。即把十进制小数乘以 2，取出乘积中的整数，然后将小数继续乘 2 取整数直到小数为 0 或者位数达到要求为止。然后把每次乘积的整数部分由上而下依次排列即得到十进制小数所对应的二进制小数。

例如，求十进制数$(0.3125)_{10}$对应的二进制数的过程如下：

```
        0.3125
    ×       2
        0.6250    ……取整   0    高位
    ×       2
        1.2500    ……取整   1
    ×       2
        0.5000    ……取整   0
    ×       2
        1.0000    ……取整   1    低位
```

所以 $(0.3125)_{10}=(0.0101)_2$

因此，对于既有整数也有小数的十进制数，只需将其整数部分和小数部分分别转换为二进制数，然后将两者连接起来即可。

例如，将$(14.25)_{10}$转换为二进制数的过程如下：

因为 $(14)_{10}=(1110)_2$　　　　$(0.25)_{10}=(0.01)_2$

所以 $(14.25)_{10}=(1110.01)_2$

2. 十进制数与八进制数的相互转换

十进制数转换为八进制数：整数部分除 8 取余数，余数反排；小数部分乘 8 取整，整数顺排。

八进制数转换为十进制数：以 8 为基数按位权展开求和。

例如：$(25.25)_{10}=(31.2)_8$

$(31.2)_8 = 3\times 8^1+1\times 8^0+2\times 8^{-1}=24+1+0.25=(25.25)_{10}$

3. 十进制数与十六进制数的相互转换

十进制数转换为十六进制数：整数部分除 16 取余数，余数反排；小数部分乘 16 取整，整数顺排。

十六进制数转换为十进制数：以 16 为基数按位权展开求和。

注意十六进制的 10、11、12、13、14 和 15 分别等于十六进制的 A、B、C、D、E 和 F。

例如，$(525)_{10}=(20D)_{16}$　　　　（读者可以自己验证）

4. 二进制数与八进制数的相互转换

二进制数转换为八进制数

转换原则是"三位并一位"，即以小数点为界，整数部分从右向左每 3 位为一组，若最后一位不足 3 位，则在最高位前面添 0 补足 3 位，然后把每组中的二进制数按权相加得到对应的八进制数；小数部分从左向右每 3 位分为一组，最后一位不足 3 位时，尾部用 0 补足 3 位，然后按顺序写出每组二进制数所对应的八进制数即可。

例如，将$(1101101110.0101)_2$转换为八进制数

001 101 101 110.010 100
 ↓   ↓   ↓   ↓   ↓   ↓
 1   5   5   6   2   4

所以　$(1101101110.0101)_2=(1556.24)_8$

八进制数转换为二进制数

转换原则是"一位拆三位"，即把一位八进制数写成对应的三位二进制数，然后按顺序连接即可。

例如，将$(3752.13)_8$转换为二进制数的过程如下：

　　3　　7　　5　　2　　1　　3
　011　111　101　010　001　011

所以　$(3752.13)_8=(11111101010.001011)_2$

5. 二进制数与十六进制数的相互转换

二进制数转换为十六进制数

转换原则是"四位并一位"，即以小数点为界，整数部分从右向左每 4 位为一组，若最后一位不足 4 位时，则在最高位前面添 0 补足 4 位，然后把每组中的二进制数按权相加即可得到对应的十六进制数；小数部分从左向右每 4 位分为一组，最后一位不足 4 位时，尾部用 0 补足 4 位，然后按照顺序写出每组二进制数所对应的十六进制数即可。

例如，将$(1101101110.0101)_2$转换为十六进制数的过程如下：

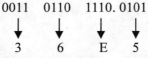

所以　$(1101101110.0101)_2=(36E.5)_8$

● 十六进制数转换为二进制数

转换原则是"一位拆四位"，即把一位十六进制数写成对应的四位二进制数，然后按顺序连接即可。

例如，将$(3F7A.1B)_{16}$转换为二进制数的过程如下：

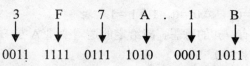

所以　(3F7A.1B)₁₆=(11111101111010.00011011)₂

1.8.3 二进制数的算术运算

1. 二进制数的加法运算

二进制数的加法运算法则是：　　0+0=0，0+1=1，1+0=1，1+1=0（有进位）。

例如，(1101)₂+(1011)₂=(11000)₂

2. 二进制数的减法运算

二进制数的减法运算法则是：　　0-0=0，0-1=1（有借位，借1当2），1-0=1，1-1=0。

例如，(11000011)₂-(101101)₂=(10010110)₂

3. 二进制数的乘法运算

二进制数的乘法运算法则是：　　0×0=0，0×1=0，1×0=0，1×1=1。

例如，(1110)₂×(1101)₂=(10110110)₂

4. 二进制数的除法运算

二进制数的除法运算法则是：　　0÷0=0，0÷1=0，1÷1=1，（1÷0 无意义）。

例如，(1110)₂×(10)₂=(111)₂

在计算机系统内部，基本的运算是加法运算，其原理主要是应用"补码"运算把二进制数的减、乘和除法运算转换为加法运算。

1.8.4 二进制数的逻辑运算

逻辑运算是逻辑代数的基础，和普通代数一样，逻辑代数也是用字母表示变量。所不同的是，普通代数中的变量取值可以是任意实数，而逻辑代数是一种二值代数系统，任何逻辑变量的取值只有两种可能——"0"或"1"。

逻辑变量之间的运算称作"逻辑运算"，它是计算机中的基本操作，因为二进制数码0和1在逻辑上可分别代表"真"（True）与"假"（False）、"是"与"否"等。

计算机中的逻辑运算的特点是：按位进行、位与位之间不像算术运算那样有进位或借位关系。

1. "或"（逻辑加）运算（Logic Addition）

逻辑加法常用符号"∨"或"+"表示，如逻辑变量A、B、C的逻辑或关系表示为：

　　　　　　　　A∨B＝C　　　或　　　　A+B＝C

"或"运算规则如下：

　　　　　　0∨0=0，0∨1=1，1∨0=1，1∨1=1

从上面规则可以看出，逻辑加法就有"或者"的意思，即给定的逻辑变量 A 或者 B 中只要有一个值为 1，则逻辑加法的结果为 1，特别要注意的是二者都为 1 时，逻辑加结果为 1。

2. "与"（逻辑乘）运算（Logic Multiplication）

逻辑乘法常用符号"∧"、"×"或"·"表示，如逻辑变量A、B、C的逻辑与关系表示为：

　　　　　　A∧B＝C　　　或　　　A×B＝C　　　或　　　A·B＝C

"与"运算规则如下：

$$0 \wedge 0=0, \quad 0 \wedge 1=0, \quad 1 \wedge 0=0, \quad 1 \wedge 1=1$$

从上面规则可以看出，逻辑乘法就有"与"的意思，即给定的逻辑变量 A 与 B 都为 1，则逻辑乘法的结果才为 1，否则逻辑乘结果为 0。

通常逻辑乘号可以省略，即：AB ＝ A∧B ＝ A·B。

3. "非"（逻辑否定）运算（Logic Negation）

逻辑否定通常在逻辑变量名上面加上一个横线，如 $\overline{A}$、$\overline{B}$ 和、$\overline{C}$（读作"非 A"、"非 B"和"非 C"）等，其运算规则为：非 0 等于 1、非 1 等于 0。

1.8.5 计算机中的数据

如前所述，在计算机中采用具有两种稳定状态的电子器件表示"0"和"1"，每个电子器件就代表了二进制数中的一位，因此数据在计算机内部都是以二进制的形式存储和运算的。下面介绍在计算机中数据表示经常使用的几个基本概念。

● 位（Bit）

位是计算机中的最小信息单位，一个二进制位只能表示 0 或 1 两种状态。

● 字节（Byte）

若干个电子器件的组合能同时存储若干位二进制数。通常将八个二进制位称为一个字节(Byte)，字节是信息的基本单位。一个字节可以表示 2^8=256 种状态，它可以存放一个整数(0 至 255 范围内)或一个英文字母的编码或一个符号。计算机中常以字节为单位表示文件或数据的长度及存储容量的大小。例如：DOS 常规内存容量为 640K 字节，是指计算机的这部分内存可以存储 640K 个八位一组的二进制代码(其中 1K 字节=1024 字节)。

在表示计算机的存储容量时，1K 不正好是一千，而等于 1024。这是因为计算机记忆信息一般以二进制数的形式，为计算方便，规定 1K=2^{10}=1024。

同样，用 M(读"兆")表示计算机内存的存储容量时，1M 也不正好就是一百万，而是等于 2^{20}=1024×1024=1048576。

目前微型计算机的硬盘容量都是用 G 作为单位，G 也称千兆，1G=1024M=2^{30}。

由于计算机的存储量还在不断增加，更大的单位 T（读音"替"）也开始使用。1T=1024G=2^{40}，真正的大型数据库中数据往往达到 T 这一数量级。

目前，一块不到 1cm^2 的半导体存储器芯片，已可以记忆 256M 字节的信息，可以存储记忆大约 400 册 60 万字的书籍内容。

● 字（Word）

字是计算机进行数据处理时，一次存取、加工的数据长度。例如，字长 64 位的计算机的数据长度为 64 位二进制"位"。

1.8.6 计算机采用的常用码制

1. 带符号数的代码表示

（1）真值与机器数

前面我们都没有涉及数的符号，可以认为全都是正数。但在算术运算中总会出现负数，通常我们都是在数值（绝对值）左边加上"+"（正号，可省略）或"-"（负号）来表示数的正负。

例如，二进制正数 0.1011 可写为+0.1011 或 0.1011，二进制负数 0.1011 记作– 0.1011。

这种直接用正号"+"和负号"-"表示的二进制数称为"带符号数的真值"。

计算机是如何表示数的真值形式呢？

计算机中，数字是存放在由存储元件构成的寄存器和存储器中，二进制的数字符号 1 和 0 是用两种不同稳定状态（如高、低电位）来表示的。数的符号"+"或"-"也是用这两种状态来区别。比如，正数的符号用"0"表示，负数的符号用"1"表示。

例如，二进制正数+0.1011 在机器中的表示如下：

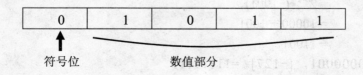

二进制负数-0.1011 在机器中的表示如下：

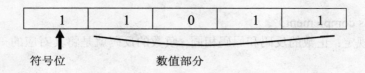

这样就使数的符号也"数码化"了。我们把将符号数码化的数称为机器数。

在计算机中，机器数有三种表示，即原码、补码、反码。

（2）原码（True Form）

原码就是将这个数用二进制定点数来表示所成，其符号在最高位，最高位为"1"表示负数，最高位为"0"表示正数。

原码的定义如下：

$$(X)_{原} = \begin{cases} X & 0 \leq X < 1 \\ 1-X & -1 < X < 0 \end{cases}$$

例如，求 X=+0.1011 和 Y=-0.1011 的原码。

因为 x>0，所以 $(X)_{原}$=X=0.1011

因为 Y<0，所以 $(Y)_{原}$=1-Y=1-(-0.1011)=1.1011。

由原码的定义可知：

① 当 X 为正数时，$(X)_{原}$就是 X 本身。

② 当 X 为负数时，$(X)_{原}$与 X 的区别仅在数值部分左边加上符号位"1"。

③ 在原码当中，0 有两种形式：

$$(+0)_{原} = 0.00\cdots0$$
$$(-0)_{原} = 1.00\cdots0$$

对于二进制整数，它的原码表示与二进制小数的原码表示类似。

二进制整数 N 的原码一般表示形式为：

$$(N)_{原} = \begin{cases} N & 0 \leq X < 2^{n-1} \\ 2^{n-1} - N & -2^{n-1} < N < 0 \end{cases}$$

其中 n 表示整数 N 的位数（包括一位符号位）。

例如，若 N=+1011，则 $(N)_{原} = N = 01011$；

若 N=-1001，则 $(N)_{原} = 2^{n-1} - (-1001)$

$= 2^{5-1} - (-1001)$

$= 10000 + 1001$

$= 11001$。

再如：$[-1]_{原} = 10000001$，$[-127]_{原} = 11111111$。

用二进制原码表示的数中，所用的二进制位数越多，所能表示的数的范围就越大。例如，八位二进制原码表示的范围是 -127～+127；十六位二进制原码表示的范围是 -32767～+32767。

（3）反码（One's complement）

反码的表示方法规定：正数的反码和原码相同，负数的反码就是将其对应的正数的原码按位取反。例如：

$[+1]_{反} = 00000001$，$[+127]_{反} = 01111111$

$[-1]_{反} = 11111110$，$[-127]_{反} = 10000000$

（4）补码（Two's complement）

补码表示法中，最高位还是符号位，正数为 0，负数为 1。

对于小数，则

$$(X)_{补} = \begin{cases} X & 0 \leq X < 1 \\ 2+X & -1 < X < 0 \end{cases}$$

对于整数，则

$$(N)_{补} = \begin{cases} N & 0 \leq N < 2^{n-1} \\ 2^n + N & -2^{n-1} \leq X < 0 \end{cases}$$

其中，n 是二进制整数 N 的位数（包括一位符号位）

需要注意的是，在补码表示中，0 只有唯一的表示形式，即：

$(+0)_{补} = 0.00\cdots 0$

此外，补码的数域要比原码和反码所表示的数域大，这一点由补码的定义可以直接看出。

正数的补码与它的原码、反码均相同，负数的补码等于它的反码加上 1，也就是说，负数的补码等于其对应正数的原码按位求反，再加上 1。例如：

$[+1]_{补} = 00000001$，$[+127]_{补} = 01111111$

$[-1]_{补} = 11111111$，$[-127]_{补} = 10000001$

由上面可以看出，八位二进制补码表示的数的范围是 -128～127。

当采用补码表示法时，计算机中的加减法运算都可以通过"加法"来实现，即补码的加法，并且两个数的补码之和等于两数和的补码，符号位一起参与运算，结果仍为补码。

补码的用途 —— 变减法为加法

以时钟为例:
10-4=6 倒拨
10+8=6 顺拨
10+8=12+6（此处"12"为模）即 8 与-4 对模 12 互为补数。

例如，在四位加法器中实现 12-7 的运算过程如下:

因为　　　　[-7]原＝１１１１　　　　　　[-7]补＝１００１
　　　　　　[１２]补＝　　　１　１　０　０
　　　　　　[-7]补＝　　　１　０　０　１　　（＋
　　　　　　　　　　　１　０　１　０　１
　　　　　　　　　　　↑

所以　　12-7＝12+9＝5　　　（丢失　模 16）

2. BCD 码（Binary Coded Decimal）

前面说过，计算机是用二进制数来处理信息的。但是，我们如果用二进制数来输入计算机，就十分不方便了。一般来说，我们都是输入十进制数的。那么，计算机从十进制转换成为二进制就要用到一种转换码。通常我们用得最多的是 BCD 码，也叫 8421 码，就是将十进制中的每一位数字用对应的四位二进制数进行编码。在输入数据时，每输入一位十进制数字，计算机就立即将它用对应的四位二进制数来表示；当十进制数输入完后，再转换成为完整的二进制数。可见，BCD 码便于我们用十进制数进行输入输出。

十进制数与 BCD 码的对应关系如表 1.2 所示。

表 1.2　　　　　　　十进制数与 BCD 码的对应关系

十进制数	BCD 码	十进制数	BCD 码
0	0000	10	00010000
1	0001	11	00010001
2	0010	12	00010010
3	0011	13	00010011
4	0100	14	00010100
5	0101	15	00010101
6	0110	16	00010110
7	0111	17	00010111
8	1000	18	00011000
9	1001	19	00011001
—	—	20	00100000

例如：十进制数 985.6 的 BCD 编码就是：
$(985.6)_{10}= (100110000101.0110)_{BCD}$

3. ASCII 码（American Standard Code for Information Interchange）

任何数据信息，无论字母、数字还是各种字符必须依据某种规则用二进制编码才能在计算机中表示并存放。目前在微型机中普遍采用 ASCII 码，它是美国标准信息交换代码。ASCII 码采用 7 位二进制数表示，最高位 D7 为 0，共定义了 $2^7=128$ 种字符编码，每个 ASCII 码在计算机中用一个字节存储。例如"B"用$(01000010)_2$ 表示；"9"用$(00111001)_2$ 表示。若用十六进制表示则分别为 42H 和 39H。

我们在计算机键盘上输入的各种数据信息，都是键盘将每个键对应的 ASCII 码值送入计算机的。通过这些字符的不同组合可以实现对各种信息的表示。例如，从键盘上按键输入"CHINA"的字符串，传送进入计算机的则是 01000011、0100100、01001001、01001110 以及 1000001 这五个二进制字符串。

必须指出的是：由于 ASCII 码基本字符集能表示的字符只有 128 个，不能满足日常信息处理的需要，近年来，对 ASCII 码字符集进行了扩充：采用 8 个二进制数据表示一个字符，一共可表示 256 种字符和图形符号，称为扩充的字符集，但是通常使用的是基本 ASCII 码字符集。

ASCII 代码表如表 1.3 所示。

表 1.3　　　　　　　　　　　7 位 ASCII 代码表

$d_3d_2d_1d_0$ 位	$d_6d_5d_4$ 位							
	000	001	010	011	100	101	110	111
0000	NUL	DLE	SP	0	@	P	`	p
0001	SOH	DC1	!	1	A	Q	a	q
0010	STX	DC2	"	2	B	R	b	r
0011	ETX	DC3	#	3	C	S	c	s
0100	EOT	DC4	$	4	D	T	d	t
0101	ENQ	NAK	%	5	E	U	e	u
0110	ACK	SYN	&	6	F	V	f	v
0111	BEL	ETB	,	7	G	W	g	w
1000	BS	CAN	(	8	H	X	h	x
1001	HT	EM	)	9	I	Y	i	y
1010	LF	SUB	*	:	J	Z	j	z
1011	VT	ESC	+	;	K	[	k	{
1100	FF	FS	`	<	L	\	l	|
1101	CR	GS	-	=	M	]	m	}
1110	SO	RS	.	>	N	↑	n	~
1111	SI	US	/	?	O	↓	o	DEL

4. 汉字的存储与编码

为了使计算机能处理汉字，也必须对汉字进行编码，在计算机中存放汉字的方法就是存放汉字的编码。由于汉字数量大，字形复杂，因此汉字的编码比 ASCII 码复杂得多。

为了能显示和打印汉字，必须存储汉字的字形。现在普遍使用的汉字字形码是用点阵方式表示的，通常称为"点阵字模码"。

目前汉字编码通常采用双七位编码方案，即用两个字节存放一个汉字，并规定两个字节的首位必须为"1"，以便和西文 ASCII 码相区别。

习 题

1. 计算机中的所有信息是以何种形式存储在机器内部的？
2. 按照冯·诺伊曼原理构成的计算机由哪几大部分组成？
3. 请将十进制数 255.25 分别转换为二进制、八进制和十六进制数。
4. 已知$[X]_反=1.0001111$，$[Y]_补=0.11100011$，分别求 $X+Y$ 和 $X-Y$ 的值。
5. 十进制数 12093.56 所对应的 BCD 码是多少？
6. Cache 是什么？它是否越大越好？为什么？

第2章 计算机软件系统基础

一个完整的计算机系统是由硬件和软件两部分组成的。硬件是组成计算机的物质实体，提供了计算机实现各种动作的物质基础。软件是指挥计算机实现各种动作的"思想"，是整个计算机系统的"灵魂"。计算机只有在配备了一定的软件之后，才能发挥其功用。人们通过使用软件来运用计算机解决各种问题。在计算机硬件条件确定之后，不断拓展计算机功能和应用、提高计算机工作效率和方便用户使用计算机等就要由软件来实现。

计算机软件是什么？软件开发技术有哪些？最重要和应用最广泛的软件是什么？软件技术发展趋势如何？这些问题是计算机学习人员必须了解的问题。本章将简要介绍计算机软件的概念、操作系统、算法、程序设计语言、数据库管理系统、软件工程等，以使大家对计算机软件有一个最基本的了解。

2.1 计算机软件概述

计算机系统由硬件系统和软件系统构成。所有的计算机软件构成了软件系统。软件系统又可以划分为系统软件和应用软件两大类。

2.1.1 计算机软件及特点

1. 计算机软件

计算机软件包括程序和文档两部分。程序（Program）是按既定算法用某种计算机语言所规定的指令或语句编写的一系列指令或语句的集合。文档分为两大类：软件开发文档，主要包括需求分析、方案设计、编程方法及原代码、测试方案与调试、维护等文档；用户文档，主要有使用说明书、用户手册、操作手册、维护手册等。从广义的角度看，软件还可包括使用计算机的人员的知识水平和能力。

计算机软件是计算机系统的灵魂，计算机用户是通过软件来管理和使用计算机的。我们学习计算机，学习最多的是计算机的各种软件的使用、维护和开发。

2. 软件的特点

软件是用一种计算机语言表达出来的程序。它有以下特点：

（1）软件是一种逻辑实体，不是具体的物理实体，具有抽象性。软件看不到具体的形态，必须通过观察、分析、思考了解它的功能、性能及其他特性。它适用于表达复杂的条件判断和控制转移，进行复杂的算法处理和进行由多种方法或算法实现的相同功能的比较。

（2）软件的生产与硬件产品的生产不同。软件的开发没有明显的制造过程，软件开发成功后，可以很容易地大量复制同一内容的副本，出产效率极高，因而引发了对软件产品的保护问题。

（3）软件实现的功能的改变或修改相对硬件容易，升级换代比硬件快。在软件的运行和维护上，没有硬件等设备那样的机械磨损和老化问题，但在软件生存期中，随着软件开发技术的发展，对软件功能的认识和使用的深入以及应用环境的变化等，不可避免地要对软件功能进行更新或增加，这导致软件更新较频繁。

（4）软件的开发和运行受到计算机系统的限制，对系统有不同程度的依赖。为了解决这个问题，提出了软件移植性问题，并将软件的可移植性作为软件质量的考察要素之一。

（5）软件是复杂的，一方面它所反映的实际问题是复杂的，另一方面是程序逻辑结构的复杂，由此导致软件开发的困难和软件的价格比较昂贵。

（6）软件开发工作涉及许多社会因素，如机构、体制及管理方式等问题，甚至涉及人的观念和心理。

从计算机应用功能实现的角度看，应用功能既可以用软件实现，也可以用硬件实现。相比之下，对于算法和控制复杂、更新换代快的功能一般采用软件实现较好，对于运行速度要求高、安全性要求高的功能用硬件实现更好。软件功能硬件化实现是出于对信息进行高速处理、提高安全性、减少资源开销的需要。

2.1.2 系统软件

系统软件（System Software）是针对计算机系统本身而设计开发的软件的总称，它介于硬件和应用软件之间。系统软件的主要功能是管理计算机软件和硬件资源，为应用软件的开发和运行提供环境支持，为用户提供友好的使用计算机的交互界面。系统软件包括以下几类：

（1）管理计算机资源、提供用户使用界面的操作系统（Operating System，OS）。
（2）用于数据高速处理的输入输出程序。
（3）通信传输、控制处理程序。
（4）计算机系统诊断、监控、故障处理程序。
（5）计算机语言翻译、链接处理程序。
（6）数据库管理系统（Data Base Management System，DBMS）。
（7）软件开发工具及支持程序。

2.1.3 应用软件

应用软件（Application Software）是针对具体应用而开发的各种软件的总称。应用软件所涉及的应用范围广泛，种类繁多。如今，计算机渗透到人们社会生活的方方面面，就是各种应用软件得到大量的成功开发的结果。我们常见的应用软件有：

（1）数值计算处理软件，如各种统计分析程序、数值解析程序、方程（组）求解程序等。
（2）办公自动化软件，如文字处理程序、报表处理程序、日程管理程序等。
（3）计算机辅助软件，如计算机辅助设计（CAD）、计算机辅助制造（CAM）、计算机辅助教育（CAI）等。
（4）各种信息管理系统，如人事信息管理系统、产品销售管理系统、公共交通管理指挥系统、医疗保险管理系统等。
（5）各种游戏软件。

软件系统的构成大体上呈层次型，如图 2.1 所示，在计算机硬件系统（称为裸机）上，首先需要加载操作系统，其他软件通常都加载在操作系统软件上，在它的管理下运行。如果应用软件需要得到其他系统软件的支持，应先加载有关的系统软件。

图 2.1　软件系统层次示意图

在后面的学习中，我们将学习操作系统的基本概念和基本使用方法，学习一些办公自动化方面的软件的使用，以帮助大家体会软件技术及其作用，掌握最基本的应用计算机解决实际问题的技能。

2.1.4　软件的开发过程

软件的开发是一项复杂且组织严密的系统化工程，是一项极富挑战性的工作。在此，从过程的角度，简要了解一个软件从孕育到诞生的过程，以及在整个过程中的每一个环节所要做的主要工作。现代软件开发的过程可以划分为可行性论证、需求分析、系统设计（概要设计、详细设计）、编码与单元测试、系统测试和使用与维护几个阶段。

1. 可行性论证

可行性论证主要是明确所要开发的系统的目的、功能和要求，搞清楚目前所具备的开发环境和条件，其目的是判定软件系统的开发有无价值。论证的主要内容有：①在技术能力和财力上是否可以支持；②经济效益如何；③法律上是否符合要求；④与部门、企业的经营和发展方向是否吻合；⑤系统投入运行后的维护有无保障；⑥解决问题的可能方案有哪些。

在分析与论证的基础上产生系统开发计划书，其主要内容有：①开发的目的及所期待的效果；②系统的基本设想，涉及的业务对象和范围；③开发进度表和开发组织结构；④开发、运行及维护的费用；⑤预期的系统效益；⑥开发过程中可能遇到的问题及注意事项。

2. 系统需求分析

需求分析是在可行性论证的基础上，根据提出的系统开发目标和要求，准确地定义"系统必须做什么"这个问题，其主要任务是给出：①系统的功能及要求；②系统的性能要求；③系统的运行环境要求；④将来可能提出的要求；⑤系统的数据处理流程及数据之间的关系；⑥导出系统的逻辑模型。这些内容要在需求分析文档中用标准的工具和模型准确、清楚、具体地表述出来。

为了能够准确地回答以上问题，系统分析和设计人员必须在用户的配合下，对原有的实际环境、原业务的运作过程、各环节之间的配合关系等一系列问题进行细致的调查和研究，以求搞清楚整个系统需要解决的问题。

3. 系统设计

需求分析的目的是明确待开发的软件要做什么，从系统设计开始，要回答怎么设计符合要求的软件的问题。本着先粗后细的基本方法，系统设计分为概要设计和详细设计两个阶段。

概要设计是系统分析人员在全局的高度上，从抽象层次上分析对比各种可能的系统实现方案和软件结构，从中选出最佳方案和最合理的软件结构。概要设计的主要工作有：①比较并选取最佳实现方案；②分解软件功能，确定软件结构；③进行数据库设计；④制定系统测试方案。

详细设计是在概要设计的基础上进一步细化和明确各功能模块的实现过程，给出目标系统的精确描述。详细设计的主要工作有：①进行文件或数据库的物理设计；②设计各功能模块的程序结构和实现这些功能的算法；③编制程序设计任务书，明确编码要求。

4. 编码与单元测试

根据给定的程序设计任务书，用选定的程序设计语言写出程序的代码，这期间需要根据所选用的程序设计语言的特点，进一步设计有关数据结构，细化有关算法，写出结构清楚、符合规范的程序。

对用代码实现的程序单元进行测试，检查所实现的程序模块的正确性，检查功能模块的性能指标是否达到预期的要求。单元测试的重点是发现编码和详细设计中的错误，保证所实现的模块单元达到设计要求。单元测试一般由程序员本人根据程序设计任务书的要求来完成。

5. 系统测试

测试的目的是发现程序中的错误，而对于所设计的软件，出现错误是难免的，特别是大型软件更是如此。除单元测试外，软件测试还有子系统测试、系统测试和验收测试几个层次，每一个层次的测试重点各有不同。这部分的测试工作一般由专门的测试部门来进行。

子系统是比程序单元更为综合的大型模块，它由若干相关的程序单元模块构成，它的测试重点是检查单元模块之间的协调和通信接口是否正确，以检验模块划分上是否存在错误或不妥，即检验从概要设计到详细设计的细化中是否有错。

系统测试是将经过测试后的子系统装配成一个完整的系统后的测试，它的测试重点是检验设计的整个系统是否达到需求说明书规定的功能、性能要求，系统运行是否稳定和安全等，以发现系统在设计上的错误，同时也考察需求分析中是否存在问题。

验收测试是把整个系统作为一个完整的实体来进行测试，其测试内容与系统测试内容类似，但它是在用户积极参与下，主要采用系统将来实际要处理的数据进行测试。验收测试的目的是验证系统确实能够满足用户要求。在这个测试步骤中发现的往往是需求分析中存在的问题或缺陷。

6. 使用与维护

系统测试完成以后，软件开发工作基本完成，一个新软件就将诞生，这时需要把新软件推向市场或向委托开发软件的用户移交。向外界宣布新软件开发完成，展示新软件的功能和特点并向用户移交的过程就是软件发布，它对外界了解新软件，产生积极的影响有着重要的作用。软件发布之后并不意味着软件开发项目的成功和结束。在此之后，新软件将进入试用阶段。通过用户的试用，进一步发现软件存在的问题，对软件进行错误更正或进一步修改存在的不足，同时也总结并发现下一步需要解决的问题。

软件在使用过程中还会发现开发中存在的问题，或由于应用环境或需求发生变化等，都需要对软件进行修改或增加新的功能。要对软件进行持续的维护,不断满足应用的需要,直到软件完全退出使用,完成其使命。

2.1.5 软件开发技术的发展

软件开发工作是随计算机诞生而产生的,它是计算机技术发展的一个重要方面。软件开发技术从最初的直接面向某种计算机硬件系统,用机器指令开发所需软件,发展到今天可以不考虑具体计算机硬件是什么样的,借助工具自动生成一个软件的部分或全部代码,软件开发技术无论是在观念上还是在技术上都发生了巨大的变化。

1. 软件开发技术发展的主要因素

软件开发技术的发展主要基于以下几个方面的原因:

(1) 社会信息化的需要,这是它得以迅速发展的动力。自从计算机诞生起,人们就希望能用计算机来帮助人们做更多的事,所以人们一直在追求把计算机应用到社会生活的方方面面。信息的获取是社会生活中最重要的一方面,从政府、企业、社会团体到个人,每时每刻都在希望获得自己需要的信息。计算机是帮助人们实现方便地获取自己所需信息的最有力的工具。各种信息的组织、存储、加工处理、传输等是信息化社会的基础,社会信息化的发展对各种软件的需求越来越大,这无疑对软件技术的发展是巨大的推动力。

(2) 计算机硬件技术的发展,使得计算机的功能越来越强、性能越来越高,这为大型软件的运行和复杂事务的处理奠定了基础。所以,硬件技术的发展是软件技术得以发展的基础。

(3) 计算机硬件价格越来越便宜,使得使用计算机的人越来越多,计算机应用越来越广泛,这给软件技术的发展营造了好的环境。

(4) 由于计算机面对的应用越来越复杂,这使得需要开发的软件的规模越来越大,软件自身的复杂程度超出了人们所预期的能力,这是软件开发所面临的挑战。

2. 面向机器的程序设计

在计算机诞生的初期,程序是用计算机的指令系统直接编写的,由于指令都是一些等长的二进制码,这使得指令非常难记,容易搞错,出现错误后难以查找。后来引进了符号,用符号来表示指令,这些符号与指令一一对应。这一阶段程序设计的最大特点是程序设计既要考虑数据处理的步骤,又要同时考虑各种硬件资源的调用和回收,要求程序设计人员对计算机硬件系统非常熟悉,它直接面向某种机器,编制的程序用穿孔纸带记录下来,然后再输入到计算机中去执行。这时程序的特点是程序本身非常短小,功能单一。

3. 结构化程序设计

高级程序设计语言的诞生,使得程序设计人员可以将精力集中到处理问题的过程上来,不必去考虑程序执行时所需要的硬件资源的管理,程序设计人员可以不必知道计算机硬件的具体情况。高级程序设计语言诞生之后,大大推进了软件技术的发展,最具代表性的是高级语言及其编译系统和相关程序设计工具、操作系统、数据处理技术等的产生。软件开发面临的要解决的问题越来越复杂,软件规模也越来越大。而程序设计无章可循,程序员把程序设计视为展现自己聪明才智的场所,这使得设计出来的程序结构混乱,难以读懂和排查错误,软件开发失败率很高,出现了软件危机。为了改变程序设计中出现的问题,人们首先提出了程序设计应保持清晰的结构,使程序具有良好的可读性,提出了程序设计仅用顺序、分支和循环三种基本结构表达,每种结构保持一个入口一个出口这一最初的结构化程序设计方法。

结构化程序设计的思想和方法以后逐步发展和应用到了整个软件设计的各个阶段，开发出了支持结构化程序设计的语言。

结构化程序设计是面向过程的，它认为软件表达的是处理问题的过程，其基本思想是：自顶向下，逐步细化；模块化设计，结构化编码。即在概要设计阶段，采用自顶向下逐步求精方法，把一个抽象、复杂的软件分解细化成一个由许多功能模块组成，具有层次组织结构的软件。在详细设计或编码阶段，采用自顶向下逐步求精的方法，把模块功能逐步分解细化为一系列具体的处理步骤，然后用某种高级语言按结构化编码的要求表达出来。在模块的划分上应当遵循以下三条基本要求：

（1）模块的功能在逻辑上尽可能单一化、明确化，最好做到一一对应。这称为模块的内聚性。

（2）模块之间的联系及相互影响尽可能少，对于必要的联系都应当加以明确的说明，如参数的传递、共享数据的内容与格式等。这称为模块间的耦合性。

（3）模块的规模应当足够小，以使编程和调试容易进行。

4. 软件工程的方法

软件的规模越来越大，复杂程度越来越高，一个大型软件的开发已不可能只由一个或几个人来完成，把软件的质量和设计寄予各个程序员的技能和工作态度是靠不住的。这就要求软件的开发成为有组织、可管理的工程项目。利用工程的概念、原理、技术和方法来开发和维护软件，把经过时间考验而证明正确的管理技术和当前能够得到的最好的技术方法结合起来是软件工程的基本思想。

传统的软件工程把软件的生命周期划分为六个阶段：可行性分析与论证、需求分析、系统设计、编码实现、系统测试、运行与维护。对每一阶段的工作均有各自明确的起点和终点，明确的任务，明确的成果及表达形式，明确的质量要求和检查方法。为此，人们探索制定了一系列的规范标准，主要有两个方面：一个方面是表达形式的标准，例如统一规格的数据流程图、数据词典、模块结构图等；另一方面是工作质量和检验标准，在工作过程的各阶段设置一系列的检测点，在规定的时间做例行检查，以工程化的方法来组织和开发软件，使软件的质量得到了提高，降低了软件开发的成本。

软件工程的概念自 20 世纪 60 年代末提出后，经过 30 多年的发展已达到成熟，形成了一个独立学科分支。早期的软件工程技术发展主要集中在加强开发项目的管理工作上，这点正好与结构化程序设计技术相互补充。如今，软件工程已发展成为包括面向对象的方法、即插即用方法、计算机辅助软件工程和软件企业管理与评价等多分支的庞大学科。

5. 面向对象方法

面向对象（Object-Oriented，OO）方法简称 OO 方法，是以面向对象思想为指导进行系统开发的一类方法的总称。这类方法以对象为中心，以类和继承为构造机制来抽象现实世界，并构建相应的软件系统。

面向对象的概念最早出现在 20 世纪 60 年代末开发的高级程序设计语言 Smalltalk 语言中，到 20 世纪 80 年中期，面向对象技术得到了极大地发展，相继出现了一大批实用的面向对象程序设计语言（Object-Oriented Programming Language，OOPL），如 Objective C（1986 年）和 C++（1986 年）等，开始把面向对象的技术发展到软件开发的系统分析与设计中。到 20 世纪 90 年代中期，面向对象的软件开发方法开始成熟，一些实用的面向对象开发方法和技术相继出现。面向对象的思想方法比结构化方法更接近人们的思维方式，它把对于复杂系统的认识归结为对一批对象及其关系的认识。面向对象方法可使人们以更自然、更简便的方式进行软件开发。

在面向对象方法中，对象和类是其最基本的概念。其中，对象是系统运行时的基本单位，是类的具体实例，是一个动态的概念；而类是对具有相同属性和操作的对象进行的抽象描述，是对象的生成模板，是一个静态的概念。面向对象方法的基本思想可以归纳为以下四点：

（1）客观世界的各种事物都是对象（Object），每种对象都有一些表示自己特点的属性（用数据表达），也都有一些表示自己行为的操作（用程序表达）。作为一个整体，对外不必公开这些属性与操作，这称为"封装性"（Encapsulation）。

（2）对象之间有抽象与具体、群体与个体、整体与部分等几种关系，这些关系构成对象的网络结构。

（3）较大的对象所具有的性质自然地成为它的子类的性质，不必加以说明和规定，这称为"继承性"（Inheritance）。

（4）对象之间可以互相传送"消息"（Message）并进行联系，一个消息可以是传递一个参数，也可以是使一个对象开始某个操作的命令。

6. 即插即用方法

即插即用程序设计（Plug and Play Programming）方法也称为软件组件（构件）（Component Programming）方法，它是在面向对象程序设计（OOP）的基础上发展起来的。它吸取的是硬件研究和开发的成功经验，即利用集成电路技术研究开发各种具有一定通用性功能的集成芯片（如 CPU），然后再根据实际需要开发满足要求的电路板，将芯片插在电路板上，实现一个具有指定功能的部件或设备。计算机硬件发展迅速、成本降低快得益于这种将集成芯片、电路板和整机的研究开发分开的技术。人们自然地想用同样的思路来处理大型软件的开发工作，一部分人专门研究开发软件集成块（即组件或构件），而另一部分人设计整个软件的结构，把软件组件插入设计好的软件结构中，以迅速地完成大型软件的研究开发工作。

即插即用软件设计方法需要解决一些问题：①软件组件标准化问题。软件组件涉及一系列的变量和结构的说明和定义，涉及对各种对象的说明和定义，需要相应的标准才能实现软件组件的开放性。由于软件组件面对的是各种各样的要求和应用领域，真正实现软件组件标准化是很不容易的。②软件组件的提供方式。软件组件作为插入件应当有一定的封装，外部以二进制的机器代码方式提供接口就像硬件的芯片封装一样，但是会出现软件组件与硬件和操作系统的连接兼容性问题。有各种各样的硬件，多种不同的操作系统，同种操作系统又存在版本的不同，而软件组件是无法适应这些差异的。软件组件的规模大小到什么程度才能适应上述的差异，提供方式如何改进，目前还没有好的方法。

组件化软件开发技术目前还是一个不很成熟、正在研究和发展中的技术。尽管如此，目前已有了一些可用的软件组件模型与开发平台，它们分别是微软公司提出的以 OLE，ActiveX，COM/DCOM 和.NET 为基础的解决方案，SUN 公司提出的以 Java，JavaBean，EJB 和 J2EE 为基础的解决方案，以及 OGM（The Object Management Group）提出的 OMA（The Object Management Architecture）体系结构标准，CORBA（The Common Object Request Broker Architecture）是该标准中最重要的部分。

7. 软件工具

像机械工具可以"放大"人类的体力一样，软件工具可以"放大"人类的智力。软件工具具是指为支持计算机软件的开发、维护、模拟、移植和管理而研制的软件系统。软件工具通常由工具、工具接口和工具用户接口三部分构成。工具通过工具接口与其他工具、操作系统或网络操作系统以及通信接口、环境信息库接口等进行交互作用。用户通过工具的用户接口来操作使用工具。软件工具可分为 6 类：模拟工具、开发工具、测试和评估工具、运行和维护工具、性能测量工具和程序设计支持工具。

软件开发工具（Software Development Kit，SDK）是软件工具中最主要的组成部分，它构成一个支持软件开发的环境。软件开发环境的主要目标是提高软件开发的生产效率，改善软件质量，降低软件成本。而这些目标的实现，必须依靠软件工具的广泛使用。所以，对软件工具开发、设计和使用的研究是十分重要的，一直是软件开发技术发展的一个重要方面，它标志着软件开发技术水平的高低。

自从计算机诞生开始，软件开发工具的研究和开发就开始了。利用计算机解决实际问题首先需要解决的问题就是软件开发工具。工具越先进，软件开发的效率和质量越高，成本越低。软件开发工具的发展大致可划分成三个阶段：

零散工具阶段。这个阶段的特点是软件工具的功能单一，工具之间相互独立，呈零散状态。如高级语言诞生初期，作为软件开发工具，其程序的编辑、编译、链接、调试等工具之间都是独立的，相互之间没有接口，无法提供信息，不能相互支持。这就使得用户不得不记住各种工具使用之后反馈回来的信息，在工具之间来回调换，使用很不方便。

集成开发环境阶段。工具之间是有内在逻辑关系和联系的。为了提高工作效率，方便使用，在有相互联系的工具之间增加了接口，实现可以相互通信，交换信息，集成为一个具有多种功能的有机的整体，形成支持软件开发的环境。例如 Turbo C 2.0、Visual C++、.Net 平台等都属于这一类。它们之中有的功能较少，相对简单易用，有的功能强大，相对复杂。它们主要支持软件开发的实现、调试和维护工作，对于软件开发的需求分析、设计、测试等阶段并不支持，这些需要通过其他工具来完成。这些工具是目前软件开发使用的主流工具。

计算机辅助软件工程（Computer-Aided Software Engineering，CASE）阶段。目前，软件开发工具正在向计算机辅助软件工程发展。CASE 是一组工具和方法的集合，可以支持软件开发周期各个阶段的软件开发工作。其主要目标有：实现对软件开发周期各阶段连续而一致的支持，最大限度地提高软件生产效率，保证软件质量；提供强有力的对象管理平台，支持软件开发者保存所开发软件系统的各种文档，追踪开发历史；广阔的适用范围，可以支持从科学计算到工程应用，从系统软件到事务管理各类软件的开发，开发出的软件可以在不同的环境下运行；良好的机器适应性；风格一致的用户界面，易学易用。目前，这类工具处于研究开发阶段，还很不成熟。如我国自主研究开发的北大青鸟系统、JS-CASE 系统等，国外已有一些商品化的产品，如由 Sybase 公司推出的 Power Designer 等。这类产品的功能还远没有达到人们对 CASE 所期望的目标。

软件工具的发展朝着多种工具集成化方向发展，集中地反映出软件新理论、新技术和新方法。

2.2　计算机操作系统

从图 2.1 可见，操作系统是直接加载在计算机硬件系统（裸机）上的，是第一层软件。现代计算机缺少了操作系统将无法使用，人们使用计算机实质上就是在使用操作系统，对用户来说，操作系统就是虚拟的计算机，启动计算机也即意味着启动操作系统。在这一节中我们将简要介绍：操作系统到底是一个什么样的软件？它与哪些外部环境有关？有哪些主要的功能？

2.2.1 操作系统简介

1. 操作系统的概念

最早的计算机没有操作系统的概念。那时使用计算机的人是研究、设计、开发计算机系统的专家，他们对计算机硬件系统及各部件之间如何配合工作非常熟悉，用计算机解决问题是在设计好程序的基础上，人工地调整好处理问题所需的各种计算机资源后，再启动计算机由计算机自动执行程序。当时，计算机运行一次只能执行一个程序，即处理一个任务，处理完之后就停下来，等待工作人员为它加载下一个待处理的任务并安排所需要的资源。这样使用计算机非常麻烦，对用户掌握计算机技术的要求非常高，并且用计算机处理问题的效率非常低。这就促使人们考虑如何使计算机系统能够自动地管理好硬件资源，屏蔽硬件的复杂性，降低对用户使用计算机的技术要求；如何使计算机一次能够自动处理多个任务，协调好各种软件之间的关系以及被执行的顺序，合理充分地使用计算机内存资源，提高 CPU 的使用效率；如何使计算机自动地管理好事先设计好的程序和待处理的数据，在需要时能够自动地被调入计算机内处理，并自动保存处理后的结果。这些待解决的问题引发了操作系统软件的诞生，促进了操作系统技术的不断提高和完善。

操作系统是统一管理计算机软件和硬件资源，合理组织计算机的工作流程，协调系统部件之间、系统与用户之间、用户与用户之间关系，为用户提供与机器之间友好接口的系统软件。如果把计算机视为一个"大家庭"，操作系统就是这个家庭的"总管"，家庭主人通过家庭总管来管理家庭，计算机的主人用操作系统来管理计算机所有可用的资源，协调各子系统之间的关系，为用户提供方便使用计算机的环境。

2. 操作系统的外部环境

操作系统面对的是硬件系统、其他软件和用户，在它们之间起到了桥梁作用。

（1）操作系统与硬件的关系

操作系统直接面对计算机的指令系统和各种硬件，其核心的功能是屏蔽掉不同计算机指令系统和硬件的不同，以及硬件的复杂性，有效地协调、控制和管理各硬件资源。

（2）操作系统与其他软件的关系

操作系统为其他软件的提供运行环境、控制和管理，其核心功能是加载软件进入计算机，为它们的运行分配所需资源，协调软件与软件之间的关系，即时回收用过的资源。

（3）操作系统与用户的关系

为用户提供使用计算机提供友好地、多种方式的接口，其核心的功能是使计算机直观、易用，使用户可以根据需要调整计算机的配置，控制信息的安全。

所以对其他软件和用户来说，操作系统就是虚拟的计算机。

3. 操作系统的功能

由操作系统所面对的外部环境，它的功能主要有三个方面：

（1）管理计算机系统的硬件、软件、数据等各种资源，尽可能减少人工分配资源的工作以及用户对机器的干预，发挥计算机的自动工作效率。这就需要一个管理软件，使得程序在执行过程中及时获得所需要的资源，执行结束后能够及时回收所占用的资源，以便分配给其他需要运行的程序。

（2）协调好各种资源使用过程中的关系，使得计算机的各种资源的使用和调度合理，高速设备与低速设备运行相互匹配。例如处理好高速的 CPU 与低速的外部设备之间的匹配问题，处理好硬件与软件、软件与软件、软件与数据之间的依赖关系等。

（3）为用户提供使用计算机系统的环境，方便用户使用计算机系统的各部件或功能。操作系统通过自己的程序，将计算机系统的各种资源所提供的功能进行抽象，形成与之等价的操作系统的功能，并形象地表现出来，提供给用户，使用户方便地使用计算机。例如，磁盘是用户长期保存程序或数据的介质，程序或数据以文件的形式保存在磁盘上。如果用户要把某个文件从一个磁盘复制到另一个磁盘，计算机必须从指定的物理位置（包括磁盘、磁道号、扇区号等）将指定的文件先移到内存（包括地址、空间大小等）中，再从内存保存到指定磁盘的指定物理位置，同时还要考虑磁盘机是否启动、磁盘机的延迟时间等硬件设备的具体工作细节，这对用户来说是非常麻烦和困难的。操作系统把涉及硬件功能的细节抽象成人们熟悉的若干个概念，如地址、复制、粘贴等，用户通过使用由这些概念所表达出来的功能，通过选择源文件、复制、确定目标位置、粘贴等几个步骤，就可以方便地实现所要完成的工作。由此可见，操作系统屏蔽了硬件系统的实现细节和复杂性，延伸了硬件机器的功能，为用户提供了使用计算机系统的良好接口。

2.2.2 操作系统的发展与类型

1. 操作系统的发展

操作系统在其发展过程中，从无到有，从小到大，从简单到复杂，从单一到多样，与硬件的发展密切相关，并逐渐形成一门完整的学科。操作系统的形成和发展经历了以下几个阶段：

（1）手工操作阶段（1946—1955 年）

在这个阶段的计算机，主要元器件是电子管，运算速度慢，没有任何软件，更没有操作系统。用户直接使用机器语言编写程序，上机时完全手工操作，首先将预先准备好的程序纸带（或卡片）装入输入机，然后启动输入机把程序和数据送入计算机，接着通过开关使程序开始运行，计算完成后，打印机输出结果。用户必须是非常专业的技术人员才能实现对计算机的控制。

（2）批处理阶段（1955—1965 年）

由于 20 世纪 50 年代中期，计算机的主要元器件由晶体管取代，运行速度有了很大的提高，这时软件也开始迅速发展，出现了早期的操作系统，这就是早期的对用户提交的程序进行管理的监控程序和批处理软件。批处理是指首先集中一批要处理的用户作业，用批处理程序自动转换、依次处理运行，极大地减少了手工操作的时间，提高了系统的效率。

（3）多道程序系统阶段（1965—1980 年）

随着中、小规模集成电路在计算机系统中的广泛应用，CPU 的运行速度大大提高。为了提高 CPU 的利用率，引入了多道程序设计技术，并出现了专门支持多道程序的硬件机构。这一时期，为了进一步提高 CPU 的利用率，出现了多道批处理系统、分时系统等，从而产生了功能更加强大的监管程序，并迅速发展成为计算机科学中的一个重要分支，这就是操作系统。这一时期的操作系统称为传统操作系统。

（4）现代操作系统阶段（1980 年至今）

大规模、超大规模集成电路技术的迅速发展，出现了微处理器，使得计算机的体系结构更加优化，计算机的运行速度进一步提高，而体积却大大减少，面向个人的计算机（PC机）和便携式计算机出现并开始普及。这时的操作系统要求面向用户、操作方便简洁，使得用户无须了解计算机的硬件和内部操作。从1984年Apple公司的Macintosh计算机系统引入图形界面（GUI）以来，视窗操作和界面迅速发展，从而形成现代操作系统。现代操作系统的最大特点是结构清晰，功能全面，可以适应多种用途的需要，并且操作使用方便。

2. 操作系统的分类

操作系统的分类方法很多，可以从多种角度对操作系统进行分类。

从用途的角度看可以分为专用与通用两类。专用操作系统是指用于控制和管理专项事务的操作系统，如现代手机中使用的操作系统，这类系统一般以嵌入硬件的方式出现，用于特定的用途。通用操作系统具有完善的功能，能够适应多种用途的需要。目前在计算机上使用的操作系统就是通用操作系统。

从单机和网络角度看可分为单机操作系统和网络操作系统。单机操作系统是针对单计算机系统（单CPU的系统）的环境设计的，它只有管理本机系统资源的功能。单用户操作系统是一种更为特殊的单机操作系统，它是针对一台机器、一个用户设计的操作系统，它的基本特征是一次只能支持一个用户作业的运行，系统的所有资源由该用户独占，该用户对整个计算机系统有绝对的控制权。目前在个人计算机上使用的操作系统大多是单用户操作系统，如Windows 2000 Professional专业版、Windows XP等。

从功能的角度看可分为：批处理系统、分时系统、实时系统、网络系统、分布式系统。批处理系统、分时系统和实时系统的运行环境大多是单计算机系统（单CPU的系统），而后两种操作系统的运行环境是多计算机系统。

（1）批处理系统

批处理系统的基本特性是"批量"。即将要交给计算机处理的若干个作业组织成队列成批地交给计算机自动地按作业队列顺序逐个处理。它可分为单道批处理系统和多道批处理系统。单道批处理系统一次只能调入一个处理作业在计算机内运行，其他作业放在辅助存储器上，它类似于单用户操作系统。计算机在运行处理作业时，时间主要消耗在两个方面，一方面是消耗在CPU执行程序上，另一方面是消耗在数据的输入/输出上。由于输入/输出设备的速度相对CPU的执行程序的速度慢很多，导致计算机在输入/输出时CPU处于空闲。为了提高CPU的使用效率，出现了多道批处理系统，它与单道批处理系统不同的是在计算机内存中可以有多个作业存在，调度程序根据事先确定的策略，选择一个作业将CPU资源分配给它运行处理，当处理的作业要进入输入/输出操作时，就释放对CPU的占有，调度程序则从其他在内存中的待处理作业中选择一个交给CPU执行，这样就提高了CPU的使用效率。多道批处理系统的核心是调度程序。这类系统以提高系统的处理能力即提高作业的吞吐量（即计算机一天能处理的作业数量）为设计目标，同时兼顾作业的周转时间（即从作业提交给系统到用户作业完成计算取得结果的这段时间）。这类系统一般用于计算中心的较大的计算机系统。OS/360 MVT是典型的多道批处理系统。

在多道批处理系统中，用户要上机，需要事先准备好作业，包括程序、数据和说明作业如何运行的作业说明书，然后提交给计算中心的操作员。操作员等到作业达到一定数量后，开始成批输入作业运行，在作业的运行过程中用户不能干预自己的作业运行，直到作业运行结束。

（2）分时系统

分时是指两个或两个以上的事件按时间划分轮流使用计算机系统的某一资源（如 CPU）。在一个系统中如果多个用户分时使用一个计算机，那么这样的系统称为分时系统。分时的时间单位称为时间片，一个时间片一般是几十毫秒。在一个分时系统中，往往要连接几十个甚至上百个终端，每个用户在自己的终端上控制其作业的运行。通过操作系统的管理，将 CPU 轮流分配给各个用户作业使用，如果某个用户作业在分配给它的时间片结束时整个任务没有完成，则该作业暂停下来，等待系统分配给它另一个时间片再继续执行。此时的 CPU 被分配给另一个用户作业。由于 CPU 的处理速度很快，只要时间片间隔合适，那么从一个作业用完分配给它的时间片到得到下一个时间片，中间虽然有一个等待时间间隔，但用户难以察觉，对每个用户来说，就像整个系统全由他独占一样。CTSS 是最早分时操作系统，UNIX 是目前广泛使用的一个分时操作系统。

（3）实时系统

实时即及时处理并快速给出处理结果。实时系统一般是采用事件驱动的设计方法，系统能够及时对随时发生的事件作出响应并及时处理。实时系统分为实时控制系统和实时处理系统。实时控制系统常用于工业控制以及飞行器、导弹发射等军事方面的自动控制；实时处理系统常用于预订飞机票、航班查询以及银行之间账务往来等系统。实时系统大多具有专用性，种类多，用途各异。它的特点是响应时间快、可靠性高。RTOS 是早期著名的实时操作系统。

（4）网络操作系统

随着计算机技术的迅速发展和网络技术的日益完善，不同地域的具有独立处理能力的多个计算机系统通过通信设施互连，实现资源共享，组成计算机网络，成为一种更开放的工作环境。而网络操作系统也随之应运而生。

网络操作系统除具有单机操作系统的所有功能外，还具有网络资源的管理功能，支持网络应用程序运行，为用户提供各种网络资源共享服务功能。Novell 是早期网络操作系统的代表，Windows 2000 Server 及以上版本和 Linux 则是当今流行的网络操作系统。

（5）分布式操作系统

分布式操作系统是为分布式计算机系统配置的操作系统。分布式计算机系统与计算机网络一样，多台计算机系统通过通信网络互连，实现资源共享。但不同的是系统中的各个计算机没有主次之分，各计算机系统具有相对的自治性，用户在访问共享资源时，不需要知道该共享资源位于哪台计算机上，如果需要的话，系统中的多台计算机可以相互协作共同完成一个任务，即可以将一个任务分割成若干个子任务分散到多台计算机上同时并行执行。目前，分布式操作系统还处于研究实验阶段，还没有真正成熟的实用的系统。

需要清楚的是分类是出于研究、学习的需要。一种商用操作系统往往包容了批处理系统、分时系统、实时系统、网络系统、分布式系统等多方面的功能。不同的操作系统根据自身用途的定位和面向的用户，在各种功能的强弱上会有所区别。早期的操作系统有 CP/M、DOS、UNIX、XENIX、VAX/VMS 等，目前常用的主流操作系统有 Windows 系列、Unix 系列、Lunix 系列、OS2、Machintosh 等。

3. 推动操作系统发展的主要因素

总结操作系统的发展过程可以看出，推动操作系统发展的主要因素有以下几个方面：

（1）提高计算机资源利用率的需要。由于计算机硬件资源的有限和昂贵，以及硬件之间处理速度上相差很大，使得提高计算机资源的利用率有推动力和可能性。所以，长期以来提高计算机资源的利用率，一直是操作系统研究的任务和追求的目标之一。每一种新操作系统的推出，都在不同程度上提高了计算机资源的利用率。

（2）进一步方便用户使用计算机的需要。为了使计算机能够被广泛地应用，必须降低对用户懂得计算机技术的要求，使得用户不需要知道计算机是如何实现各种功能的细节，只需要知道计算机能做什么，如何操作即可。所以，长期以来屏蔽硬件的复杂性，简化用户的操作过程，提高功能表现的直观性和易操作性也是操作系统追求的目标之一。每一种新操作系统的推出，都在不同程度上更加方便了用户使用计算机的过程和操作。

（3）不断扩大的新的应用方式和应用领域的需要。充分发挥计算机具有记忆功能、计算速度快、自动化程度高的特点，使计算机不断地应用到不同领域是计算机发展的推动力。计算机的应用从科学计算到数据处理与管理，再到运动和过程控制、在线实时服务、网络资源共享等，不断扩大的新的应用领域对新功能的需要，推动了操作系统的功能不断发展。例如，在提高数据处理速度和效率的要求下，诞生了批处理技术，推进了批处理技术的提高；实时系统的出现，使得运动和生产过程控制得以实现；网络资源共享的要求使得操作系统拓展了网络管理功能等。

（4）硬件技术不断发展的需要。硬件技术的发展和操作系统的发展密切相关，是操作系统技术发展的基础。例如，多道批处理系统取代单道批处理系统，就要求硬件有更大空间的内存和专门的处理输入/输出的部件，使得可同时存放多道作业，CPU 资源得以释放；分时系统的实现必须依托于 CPU 的处理速度足够快，否则计算机的响应时间会很长，不能满足使用的要求。硬件器件和计算机体系结构的不断发展，也要求不断提高操作系统的功能，适应硬件资源在性能和结构上发生的变化。

操作系统发展的方向一个是向着大型、全面，能够支持各种应用需要的方向；另一个是向着微型、专用，嵌入到专用的设备中使用的方向。

2.2.3 操作系统的结构

从操作系统的组成结构上看，它有三种结构：整体式结构、核心结构和层次结构。

整体式结构是指将操作系统设计成一个各部分紧密相关的整体程序，运行时不能响应其他中断。这样的操作系统一般比较简单，功能相对较少，规模比较小。专用嵌入式操作系统多为这种结构。

核心结构是指把操作系统的组成分为核心部分和外壳部分。核心部分通常包括的是进程控制和调度、进程的通信原语中断和中断处理、时钟处理、外设驱动等运行时间较短的程序。外壳部分主要包括用户接口、程序运行环境和其他随操作系统提供的功能等。CPU 在执行外壳部分时，可以响应其他中断；而在执行核心部分时，禁止响应中断。

层次结构是在核心结构的基础上，根据操作系统各部分之间的依赖关系将功能分层，每层有明确的功能和分工，提供接口与上、下层联系，外层调用内层软件提供的服务，内层比外层有更高的特权，当外层的过程调用内层的过程时要进行严格的检查。

2.2.4 操作系统的组成

操作系统的功能是控制和管理系统资源，为用户提供方便的服务，最大限度的提高系统的效率。为此，操作系统从功能的角度看应包括进程管理、存储管理、设备管理、作业管理和文件管理 5 个主要部分。如图 2.2 所示是一个核心结构的操作系统构成示意图。

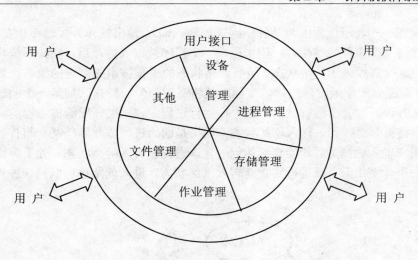

图 2.2 核心结构操作系统构成示意图

1. 进程管理（CPU 管理）

CPU（即处理器）是计算机的核心资源，所有程序的运行都要经过它来实现。因此，提高 CPU 的利用率是非常重要的。实现提高 CPU 利用率的基本思路是内存中同时有多道程序存在，让这多道程序同时运行（从用户的角度看）。但是，传统的计算机只有一个 CPU，每一时刻只能执行一条指令。要让计算机并发执行多道程序，需要根据程序在不同的运行时期所需要的计算机资源不同（如输入/输出设备、CPU 等），及时调整程序对 CPU 的占有情况，使得不同的程序在 CPU 上交替、穿插执行，从而提高程序运行的并发性，这就需要操作系统解决许多问题。如协调这些程序之间的运行关系、对不同程序的不同资源要求作出响应等。CPU 管理的主要任务是解决 CPU 的分配策略、实施方法和资源回收等。

（1）进程（Process）

进程是一个程序在计算机上动态执行的过程。程序在动态运行时需要占用若干资源（如 CPU、内存、输入/输出设备、数据等），所以进程是操作系统进行资源分配的基本单位，有自己的空间和初始环境，同时它也是操作系统调度和运行（即占有 CPU）的基本单位。进程与程序是不同的，其差别有：

- 程序是代码的集合，进程是代码的执行过程；
- 程序一旦形成，可以不受时间、空间变化的影响，是永存的，它是静态的概念。进程有建立和撤销，生命是有限的，而且受时间、空间和不同处理数据变化的影响，它是动态的概念；
- 程序存储需要介质，进程执行不仅需要 CPU，而且需要其他资源，如内存、输入/输出设备等；
- 一个程序可能包含多个进程，一个进程的运行可能涉及多个程序。

（2）进程的状态及转换

进程有运行、就绪、等待（阻塞）三种状态。

- 运行状态——表示进程正占用 CPU 在运行；
- 就绪状态——表示除 CPU 资源外，其他所需资源都已拥有，只要分配给 CPU 就可以运行；

● 等待状态——表示进程因为某种原因（如遇到输入/输出操作）暂时停止在 CPU 上的运行，正在等待某个事件的发生。一般来说，一个程序被调入内存后，操作系统将为它建立相应的进程，这时进程处于就绪状态。所有就绪状态的进程按事先制定的策略组织成一个队列。当 CPU 资源处于空闲时，进程调度程序就将资源分配给排在队列第一个的进程，使该进程运行，这时该进程处于运行状态。进程在运行过程中，如果分配给该进程的时间片限度到，这时进程将被暂时挂起，转入就绪状态；如果是因为进程需要等待某个事件发生（如进程需要等待用户输入数据）后才能继续运行时，该进程被转入等待状态；处于等待状态的进程在所等待的事件发生后，该进程将重新转入就绪状态，进入就绪进程队列。进程的转换情况如图 2.3 所示。

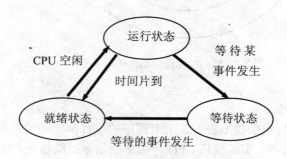

图 2.3　进程状态转换示意图

（3）进程的建立和管理

一个进程由三部分组成：进程控制块、程序和数据集合。当一个程序被调入内存时，操作系统通过建立进程控制块（Process Control Block，PCB）来实现建立进程，对进程进行标识和管理。进程控制块是一个含有进程名、当前状态、状态链指针、优先级、占用的内存资源及存储指针、进程通信等信息的数据结构（表）。当进程运行结束或被撤销，PCB 将被撤销，PCB 中所记录的该进程占用的资源被回收。

（4）进程通信

进程之间的联系称为进程通信，用通信原语描述。进程间的基本关系有同步和互斥两种。同步反映进程间的合作关系，如一个进程需要另一个进程的输出作为自己的输入；互斥反映进程间的竞争关系，如两个进程可能同时使用同一资源。

（5）进程死锁

当两个或两个以上的进程因竞争系统的资源而无休止地相互等待时，就发生进程死锁。这是系统的一种出错状态，应采取预防措施避免出现死锁。从以上介绍的几个基本概念可见，进程调度的策略及调度程序是实现进程被运行，防止死锁，提高 CPU 的利用效率的关键。

2. 作业管理

（1）作业的概念

用户要求计算机完成的一项工作的总和称为作业，它包括用户程序、程序运行所需的所有数据和作业说明书。作业说明书中有执行此程序的命令、作业名、对作业控制和处理的要求等信息。作业管理的任务就是建立作业，使之执行，在完成后把它撤销。它包括作业建立、作业调度、作业完成和作业控制。从用户的角度看，作业管理为用户提供了一个使用系统的良好环境和界面,提供了一个用户向操作系统提交作业的接口。

(2) 作业建立

作业建立是指作业从输入设备输入到外存,并形成有关的初始信息的过程,以建立一个称为作业控制块(Job Control Block,JCB)的表(数据结构)为标志。JCB中包含作业名、建立时间、作业估计运行时间、优先级、作业状态、作业说明书文件名、程序语言类型等初始信息。

作业的生存期有进入、后备、执行和完成四个阶段,用作业状态来描述。

- 进入状态:从作业输入请求到建立作业控制块JCB,这个过程完成后。
- 后备状态:从建立了JCB到作业被调度程序选中,这时作业被存放在磁盘等外存储器上等待运行。
- 执行状态:从被调度程序选中到进入内存执行结束,这时作业被转化成进程在内存中运行。
- 完成状态:从执行结束到被撤销。

当请求输入作业时,系统先判断有无空白的JCB表,如果没有则拒绝该作业进入计算机系统,如果有则启动输入设备输入作业,作业信息输入完毕,建立JCB表后完成作业的建立过程。

(3) 作业调度

作业调度的任务是将后备作业在合适的时间按规定的策略选择作业并调入内存,使它能成为进程得到执行。调度程序的关键是调度算法。作业调度程序要完成以下主要工作:

①按照某种调度算法(策略)从后备作业队列中选择作业;

②为选中的作业分配内存和外设资源;

③为选中的作业建立相应的进程;

④构造并填写作业运行时所需要的有关信息表,如作业表(登记所有在内存中的各作业的有关信息)等;

⑤作业结束时完成该作业的善后工作,如回收资源,输出必要的信息,撤销该作业的全部进程(块)和作业控制块等。

作业调度算法与进程调度算法类似,并且有些调度算法既可以在进程调度中使用,也可以在作业调度中使用。

(4) 作业控制

作业控制是程序员对作业运行的全过程进行控制,有脱机作业控制和联机作业控制两种方法。脱机控制也称为作业的自动控制,它是为脱机用户提供的。用户把对作业运行的控制意图,连同源程序的操作数据,甚至包括发生故障时的处理方法一起输入到系统中,由系统根据该意图来控制整个作业的运行。联机控制也称为作业的直接控制。采用人机交互会话的方法控制作业的运行。用户在控制终端上输入操作命令,经系统解释后控制和监督系统的运行,系统把作业运行的情况和操作结果通知给用户。操作系统中通过键盘输入的操作命令是联机控制的典型例子。

3. 存储管理

(1) 存储管理的概念

存储管理的对象是主存储器。存储管理用于在同时运行多个用户作业时,对用户的程序及相关数据在内存中的存放位置和容量进行配置管理。其任务是跟踪正在使用哪些内存空间，哪些内存空间空闲，在进程需要时为其分配内存空间，使用完后回收内存空间。当多个程序争夺有限的内存资源时，一方面要给各个程序分配好内存空间，另一方面要保证各个程序之间不会产生冲突，放在内存中的数据不会遭受破坏。当内存不够用时，存储管理要使用虚拟存储技术，把内存和外存结合起来管理，为用户提供一个容量比实际容量大得多的虚拟存储器，实现主存储器与外存储器之间数据的交换，使用户感觉不到内、外存储器的区别。存储管理的目的是提高内存的使用效率、扩充内存的容量、对程序和数据进行保护，保证多道程序的正常运行。

（2）重定位

为了弄清楚什么是重定位，我们必须先了解绝对地址、相对地址和逻辑地址空间的概念。绝对地址是指存储控制器能够识别的内存单元编号，即内存单元的实际地址。相对地址（逻辑地址）是指相对某个基准量（通常用 0 作基准量）编址时所用的地址（编号），它用于程序编辑和编译过程中。逻辑地址空间是指一个源程序在编译或连接装配后指令和数据所用的所有相对地址的空间，它是作业进入内存，其程序、数据在内存中定位的参数。重定位就是把作业的逻辑地址空间变换成内存中的实际物理地址空间的过程，它是实现多道程序在内存中同时运行的基础。重定位有静态和动态两种，静态重定位在程序装入内存过程中完成，是指在程序开始运行前，程序中的各与地址有关的项均已完成重定位；动态重定位不是在程序装入内存的过程中完成，它在 CPU 每次访问内存时，再由动态地址变换机构（硬件）自动进行把相对地址转换成绝对地址。

（3）存储管理的实现方法

①单一连续区域管理。该存储管理方法将整个内存空间分成两个连续的区域，一个区域固定分配给操作系统使用，称为系统区；另一个区域分配给调入的用户作业使用，称为用户区。这种管理方法，系统每次只能调入一个用户作业到内存中运行，不支持多道程序的运行。调入作业时，系统先检查用户区空间是否能够容纳得下作业，如果能够容纳，则装入作业；如果空间不够，则给出内存不够的提示信息，然后调度另一个作业做同样的工作。

②分区式存储管理。为了能够实现多道程序的运行，将单一连续区域管理改变为多个分区式管理。一个区固定分配给操作系统使用，称为系统区。其他各分区分别分配给调入的若干个用户作业使用。分区式存储管理有固定式分区、可变式分区和可重定位式分区三种情况。

● 固定式分区。在系统启动时，将内存划分成若干个大小固定的分区。

● 可变式分区。在系统启动时，将内存划分成系统区和用户两部分。然后在作业调度过程中再在用户区建立分区，并使各分区的大小适应各作业的需要。这是一种动态存储分配方法。

● 可重定位式分区。它是在可变式分区的基础上发展起来的。这种分区尽量使已分配区域连成一片，并使空白区域也连成一片，以便装入新的作业。这就要做到程序在内存中可以"搬家"，即从一个内存区域移动到另一个内存区域，进行重新定位。

③页式存储管理。它把作业的逻辑地址空间分成若干个大小相等的片，称为页。把内存的存储空间也分成大小与页相同的片，称为存储块。分别为页和存储块编号，建立反映页、块对应关系的页表。以块为单位将内存分配给各个作业。每个作业占用的内存块无须连续，而且作业的全部页不一定要同时装入内存，一部分可以存放在外存（虚拟内存）上。这样只

需先装入当前要运行的有关页,当系统发现需要的运行的程序或数据不在内存中时,再从外存调入有关的页。这使用户感到,作业的大小不受内存容量的限制。

④段式存储管理。作业的逻辑地址空间由若干个段组成,每个段是一个首地址为零的线性地址空间,它是按逻辑功能完整性划分的,包含一组逻辑意义完整的信息,如按主程序、子程序、数据区等逻辑上独立的单位划分。

这种存储管理方法中系统通过建立段表,将作业以段为单位映射到内存空间,每个段分配一个连续的内存区。由于作业的各段的长度不等,所以内存中的这些存储区的大小也不一样。作业各段的存储区不要求连续,而且各段可以在运行过程中需要时再装入内存。这种存储管理的主要优点是:便于模块化程序进行处理,实现多道程序对某些段的共享,并可采用虚拟存储技术。

⑤段页式存储管理。它综合了页式存储管理和段式存储管理的特点。在这种管理方式下,作业的逻辑地址空间先分段,在段中再分页;作业在内存空间中按块存放,系统通过段表和页表实现作业到内存的映射。

(4) 虚拟存储技术

借助外存空间扩大内存的存储容量的技术称为虚拟存储技术,扩充所使用的外存空间称为虚拟内存。实际内存的地址称为实地址,虚拟内存的地址称为虚地址或逻辑地址。

实现虚拟存储的基本思想是:操作系统把外存和内存上的存储空间分别编号,并建立两者之间的映射关系。当程序比较大时,操作系统在开始时并不把外存中对应的全部编号块(如页,或段)的程序和数据调入内存,而是首先把程序开始所对应的有关块调入内存,然后在执行过程中再根据需要把有关的块调入内存。实现这一做法的关键是程序的逻辑地址空间与内存空间之间的映射关系对应表(如页表,或段表),以及存储管理算法。通过内、外存数据的不断交换,虽然任何时刻可能内存中并没有存放全部的程序和数据,但并不会影响程序的正常运行,使用户感到程序的运行不受内存空间容量的限制。

4. 设备管理(I/O 管理)

计算机的主机上连接有许多外部设备,这些外部设备虽然功能不同,来自不同的厂家,型号五花八门,但总的来说都是起输入/输出作用的。设备管理的对象就是各种 I/O 设备,它的主要任务是:随时记录各种设备的状态,满足用户的使用要求;为各种设备提供相应的驱动程序、启动程序、初始化程序和控制程序,以便保证设备的正常运行;利用各种技术,使外设尽可能与 CPU 并行工作,以减少 CPU 等待外设完成操作所需的时间,提高设备和整个系统的利用率。

(1) I/O 设备类型

I/O 设备按信息传输特性可分为两类:块设备和字符设备。

● 块设备——将信息存储在可寻址的固定大小的数据块中,数据块的大小范围为 512B~32768B。块设备的特征是能独立地读写单个数据块。如磁盘存储器。

● 字符设备——可以发送或接收字符流,字符设备无法编址,也不存在任何寻址操作。例如打印机、键盘、鼠标、网络接口等。

将 I/O 设备分成这样两类的好处是可以将控制不同 I/O 设备的操作系统软件的成分隔离开,例如文件系统仅仅控制抽象的块设备,而把与设备有关的部分留给低层软件设备驱动程序处理。

（2）I/O 管理的任务（设备管理程序的功能）

①进行设备分配。按照设备的类型和系统中所采用的分配算法决定把外设分配给要求该设备的进程。

②实现真正的输入/输出操作。启动具体设备进行数据传输操作和设备的中断处理。

③实现其他功能。主要是提高 CPU 和 I/O 设备之间的并行操作程度，减少中断次数，对缓冲器进行管理，实现用户程序与实际使用的物理设备无关。

（3）设备管理程序

设备管理程序由设备分配程序和设备处理程序组成。设备分配程序的主要工作是：当一个或多个进程请求设备时，按一定的策略进行设备分配，保证各进程有效地使用系统的设备。设备处理程序的工作是处理各类外部设备发出的各种中断和解释执行有关使用和控制外设的指令或命令。系统首先判断发来的指令或命令的各种参数，然后将使用或控制外部设备的操作命令以及相应参数转换成通道能识别的形式，启动设备传输，实现设备的真正输入/输出操作。

设备处理程序以 I/O 进程的形式在内存中，平时处于等待（阻塞）状态，当有 I/O 中断发生时才立即转入执行。系统赋给 I/O 进程最高的优先级。

（4）I/O 设备控制器

通常一个外部设备包括外设本机与接口两部分，称为适配器、设备控制卡或输入/输出控制器，通常接口以电路板卡的形式出现，使用时插入主机的扩展槽中。目前在微机上常用的外设接口都已集成在主机板上。接口的作用是与计算机主机连接，实现信息交换和主机与外设的并行工作。虽然不同的外设其接口组成和任务各不相同，但它们能够实现的功能大致相同，主要有下列功能：

- 实现数据缓冲。
- "记录"外设工作状态，并通知主机，为主机管理外设提供必要信息。
- 接收主机发来的各种控制信号，控制外设的动作。
- 判断主机是否选中该接口及其所连接的外部设备。
- 实现主机与外设之间的通信控制，包括同步控制、中断控制等。操作系统通过向 I/O 设备控制器发送指令执行 I/O 功能。I/O 控制器收到一条指令后，CPU 可以转向其他工作，由 I/O 控制器自行完成具体的 I/O 操作，当命令执行完以后，I/O 控制器发出一个中断信号通知主机，这时操作系统重新获得 CPU 控制权，CPU 通过从 I/O 控制器中读取信息来获得执行结果和设备状态信息。

（5）I/O 软件及其组织

操作系统中有中断处理程序、设备驱动程序、与设备无关的 I/O 程序和用户接口等几类 I/O 软件。设备驱动程序由外设的设计制造厂商开发，随外设一起销售。其他几类软件在设计操作系统时完成。这几类软件在操作系统中按层次型组织，中断处理程序处于最底层（最核心层），设备驱动程序处于中断处理程序之上，设备无关的 I/O 程序处于设备驱动程序之上，用户接口依托于设备无关的 I/O 程序之上。低层软件用来屏蔽硬件的具体细节，高层软件提供规范和方便用户使用的接口。

5. 文件管理

文件管理是针对计算机的软件资源的管理。系统中的软件资源（程序和数据）是以文件的形式存放在外存（如硬盘、软盘、光盘等）中的，根据需要随时将它们读入内存。文件管理实现对文件的命名、存取、组织、检索和修改等操作，解决文件的共享并提供保护和保密措施。

（1）文件的概念

文件是存储在某种介质上（如磁盘、磁带、光盘等），并用一个名字（文件名）来标识的一组有序数据集合。从文件的内部构成来看，文件由文件体和文件控制块（File Control Block，FCB）两部分组成，文件体是文件的具体内容，文件控制块是文件的说明，主要信息有：文件名、文件的类型、文件所在的物理地址、文件的建立和修改时间、文件的长度、文件的存取权限等，它为文件系统管理文件，为实现文件的正确读/写（输入/输出）提供信息。

文件的分类方法很多，以下是几种常见的文件分类。

①按文件的用途分类

● 系统文件：它是由操作系统等一批系统软件和有关信息形成的文件。如编译程序文件、装配连接程序文件、诊断程序文件、数据库系统文件等。

● 库文件：它是由系统提供给用户调用的各种数据、标准子程序和应用程序包等组成。

● 用户文件：由用户自己建立的各种文件。

②按文件的保护级别分类

● 只读文件：只允许核准用户进行读操作而不允许进行写操作的文件。

● 读写文件：既允许核准用户进行读操作又允许进行写操作的文件。

● 自由文件：允许所有用户进行读或写操作的文件。

③按文件保护期限分

● 临时文件：随作业的终止而被系统自动撤销的文件。

● 永久文件：在用户发出删除命令之前一直保存在系统中的文件。

● 档案文件：保存在后缓存储器（备份磁盘机、磁带机等）上供查证或恢复用的文件。

需要注意的是有些操作系统把文件的概念引申到输入、输出设备，把有关设备定义成文件看待。如把键盘定义为标准输入文件，把显示器定义为标准输出文件等。

不同的操作系统的文件名命名规则不同，表2.1简要地给出了几个常见操作系统的文件命名规则。文件的类型可以通过其扩展名的使用来区分，表2.2给出了常见文件扩展名的类型含义。一般不同类型的文件需要用不同应用软件工具来读写。

表2.1　　　　　　　　常见操作系统环的文件命名规则表

	DOS 和 Windows 3.X	Windows 95 以后	Mac OS	Unix/Lunix
文件名长度	8 字符	255 字符	31 字符	14~256 字符
扩展名长度	3 字符	3~4 字符	无	无
允许空格	否	是	是	否
允许数字	是	是	是	是
不允许的字符	/ [ ] : " " 、. | ? \ > < *		无	取决于版本
不允许的文件名	Aux, Com1, Com2, Com3, Com4 Lpt1, Lpt2, Lpt3, Lpt4, Prn, Nul			

表2.2　　　　　　　　　　　　常见文件扩展名的类型含义表

扩展名	文件类型	扩展名	文件类型
.exe	可执行文件	.txt	文本文件
.com	命令文件	.doc	Word 文件
.bat	批处理文件	.xsl	Excel 文件
.sys	系统文件	.C	C 语言源程序文件
.dll	动态链接库文件	.obj	目标文件
.bak	备份文件	.lib	库函数文件

（2）文件目录

计算机的辅助存储器（如磁盘）上一般要保存多个文件，为了便于对文件进行存取和管理，文件系统为每一个辅助存储器建一个目录，用以组织、标识和查找用户或系统可以存取的文件。文件目录在形式和作用上与书的目录非常相似，但其功能更强。

在文件目录中标识文件时，一般要包含文件名、文件的存放位置、文件的大小、文件建立的时间和文件的类型等信息。文件目录的结构通常是多层的"树型"结构，一级目录下可以有文件或子目录，如图 2.4 所示的是某 C 盘的目录结构。操作系统对文件的查寻或读、写是按名来访问文件的。按名访问文件的方法是将文件所处的位置用规定格式的字符串表示出来，这个字符串称为到达该文件的路径。表示路径的字符串由一串子目录、所需访问的文件的名以及分隔符构成。路径有绝对路径和相对路径之分。绝对路径是指从盘的根目录开始表示的路径字符串。无论用户当前所在的工作目录在何处，都可以用绝对路径来访问一个文件。例如

C:\子目录 A\文件 6

上列路径是微软的操作系统的绝对路径表示方法，其中"C:\"表示 C 盘根目录，"\"是目录分隔符。它表示图 2.4 所示目录中到达文件 6 的绝对路径。

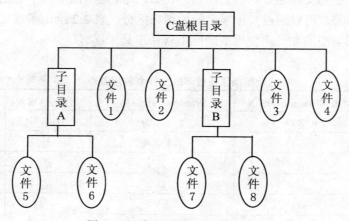

图 2.4　C 盘目录及结构示意图

相对路径是指从当前工作目录或它的上一级目录开始表示到达文件的路径字符串。例如，假设我们的当前工作目录是图 2.4 中的根目录，如果访问文件 1，路径可以直接用文件

名表示，如果访问文件 5，可以用以下格式表示：

.\子目录 A\文件 5

其中.\表示当前工作目录。假设我们的当前工作目录是图 2.4 中的子目录 A，要访问文件 7，路径可以用以下格式表示：

..\子目录 B\文件 7

其中..\表示当前目录的上一级目录，即 C 盘的根目录。不同的操作系统在相对路径表示方法上略有不同，请大家在学习中注意。

计算机系统采用多级目录可以有效地帮助用户组织和保存文件。用户可以把内容相关的若干个文件组织在一个目录下，如果需要的话，还可以将这些文件分类，分别再组织到有关的子目录中。这样形成的多级目录便于用户查找自己的文件。

（3）文件管理系统的功能

计算机系统中的信息要长期保存需满足三个要求：能够存储大量的信息；使用信息的进程终止时，信息可以被保存下来；多个进程可以并发地存取信息。

操作系统把程序和数据以文件的形式存储在磁盘或其他存储介质上，供进程读取。操作系统的文件管理系统是实现文件管理的部件，它的主要功能有：

①统一管理文件存储空间（即外存），实施存储空间的分配与回收；

②确定文件信息的存放位置和存放形式；

③实现文件从名字空间到外存地址空间的映射，实现文件的按名读取；

④有效实现对文件的各种控制操作（如建立、撤销、打开、关闭文件等）和存取操作（如读、写、修改、复制、转储等）；

⑤实现文件信息的共享，并提供可靠的文件保密和保护措施；

用户通过文件管理系统提供的命令，可以实现对文件操作和保护，方便地组织和管理自己的文件。文件管理系统所提供的命令或操作是学习操作系统使用方法时首先遇到的部分，也是一般计算机用户使用最多的部分。

学习计算机的使用，首先要学习的就是操作系统的使用。希望大家在今后学习具体的操作系统使用中，注意总结和归纳各种命令或操作的使用方法，注意弄清楚它们归属操作系统的哪部分功能，体会操作系统理论的体现方式和方法，以发挥理论对实践的指导作用。

2.2.5 DOS 操作系统

DOS 是 Disk Operating System 的缩写，意为磁盘操作系统，是 20 世纪 80—90 年代最为流行的一种微机操作系统，它是单用户单任务操作系统。它有 IBM 公司的 PC-DOS 和 Microsoft 公司的 MS-DOS 两种产品。虽然 DOS 操作系统现在很少见到，但是目前常用的 Windows 操作系统仍保持对 DOS 支持。下面简单介绍 DOS 操作系统的文件组织方式和常用命令等基本概念。

1. DOS 操作系统的组成与启动

DOS 采用层次模块结构，它由一个引导文件和三个模块组成（以 MS-DOS 为例）。

（1）引导程序（Boot Record）

它位于启动磁盘 0 面 0 磁道 1 扇区上的小程序，仅占 512 字节。它的作用是每次启动 DOS 时，负责检查磁盘文件目录区中是否有基本输入/输出程序和磁盘文件管理程序。如果有，则将它们装入内存，并执行基本输入/输出程序；如果没有则显示出错信息。

（2）基本输入/输出部分

基本输入/输出部分由两个部分组成：

①ROM BIOS（Basic Input-Output System）

它固化在主机系统板的 ROM 中，它包含显示器、键盘、磁盘驱动器、打印机管理等设备驱动程序和内存测试；

②IO.SYS（PC-DOS 中为 IBMBIO.COM）

它是对 ROM BIOS 的补充，以隐含文件形式存放在磁盘上，它不直接控制外部设备，它的主要任务是完成对键盘、显示器、打印机、磁盘驱动器等外部设备的初始化，接受 DOS 命令，然后再调动 ROM BIOS，实现输入/输出操作。它提供 DOS 到 ROM BIOS 的低级接口，同时还包括一些外部设备的管理程序。

（3）磁盘文件管理部分（MSDOS.SYS）

MSDOS.SYS（PC-DOS 中的 IBMDOS.COM）是 DOS 的核心，是用户与系统的高层接口。它的主要功能是：文件管理（允许建立、读出、写入或删除文件）；磁盘、内存储器及其他资源的管理；启动并控制显示器、打印机等输入/输出设备的通信；键盘命令程序及各种应用程序之间的通信；

（4）命令处理程序（COMMAND.COM）

命令处理程序的文件名为 COMMAND.COM，它直接与用户打交道，它负责接收、识别并执行用户通过键盘输入的命令。它在接收命令后就识别命令，如为内部命令，则直接完成该命令的执行；如为外部命令，则从磁盘上调入该命令的程序到内存中并执行；否则，提示为错误的命令。

DOS 的命令分为内部命令和外部命令两类。内部命令是指包含在 COMMAND.COM 中的命令，随 DOS 在启动时自动装入内存；外部命令是指以文件形式存放在磁盘上，只有在需要时才将它从磁盘调入内存并运行的命令。

启动操作系统的过程也即启动计算机的过程。在打开显示器，给计算机加电后，操作系统的有关文件会被相继从磁盘上读入内存并被执行，直到出现表示计算机成功启动的界面为止。操作系统的启动文件可以放在软盘上，也可安装在硬盘上。所以，启动计算机可以用软盘启动，也可以用硬盘启动。用软盘启动计算机只需在给计算机加电前将含有操作系统启动文件的软盘放入计算机软驱，然后再打开计算机电源即可。通常的情况下，我们是事先把操作系统安装在规定的硬盘上（如 C 盘），启动计算机只需直接给计算机加电即可。注意：这时软驱中一般不能有软盘。

直接给计算机加电来启动计算机的方法称为冷启动。因为"死机"或其他原因，需要重新启动计算机，通过按复位键（RESET 键）或其他没有关闭电源的情况下使计算机重启的方法都称为热启动。

如果计算机以 DOS 作为自己的操作系统，按以上所介绍的方法都可以启动 DOS（即计算机）。DOS 除可以通过按复位键（RESET 键）来热启动外，还可以通过同时按下 Ctrl+Alt+Del 三个键来热启动。标志 DOS 成功启动的计算机界面是显示器屏幕以黑色为底色，在屏幕的左上角出现命令行提示符，并有输入提示光标在闪动。通常的情况下命令行提示符为 C:\>，表示计算机当前工作目录是 C 盘根目录。

在 Windows 2000 或 Windows XP 中启动 DOS 的方法是从"开始"按钮处选择"程序"，再在"程序"菜单中选择"附件"，从"附件"中选择"命令提示符"点击即可。

2. 磁盘文件

文件是按一定格式建立在外存储器上的信息集合，可以是一组数据、一段程序、一篇文章等。文件是系统中存储信息的基本单元。为了表示存放在磁盘上的文件，必须给每个文件起一个名字，通过文件名可以对文件进行读、写等操作。文件名由主文件名（前缀）和扩展文件名（后缀）组成，它们之间用"."隔开。文件名的格式为：

主文件名.扩展文件名

其中，主文件名是文件的主要标记，由 1~8 个 ASCII 字符组成，由用户给定，通常选用由一定含义的符号串；主文件名是一个文件必不可少的标志。

可用于文件名中的 ASCII 码字符有英文字母（大小写均可）、数字 0～9 以及特殊符号如 $、#、&、@、%、!、_、~、(、)、{、}等。要注意的是 DOS 操作系统中不区分大小写字母。如：aa 和 AA 表示相同的名字。

不可用于文件名 ASCII 字符有"、/、[、]、\、:、<、>、+、=和空格等字符。

扩展文件名由 0~3 个 ASCII 字符组成，可有可无，由文件管理系统或用户给定，它指明文件的类别。不同类型的文件规定了不同的扩展名。以下是一些常用的文件扩展名：

.COM	命令文件
.EXE	可执行程序文件
.BAT	DOS 批处理文件
.SYS	系统配置文件
.OBJ	目标程序文件
.TXT	文本文件
.C	C 语言的源程序文件
.BAS	BASIC 的源程序文件
.PAS	PASCAL 的源程序文件
.ASM	汇编语言程序文件
.DOC	资料文件
.BAK	后备文件

DOS 中除了磁盘文件外，还把一些常用的外部设备作为文件看待，称为设备文件，给设备取一个固定的文件名。它们的文件名称为设备名。这些文件名不允许用户使用。DOS 中的设备名如下所示：

CON	控制台（键盘输入/显示器输出）
AUX 或 COM1	第一个串行/并行适配器端口
COM2	第二个串行/并行适配器端口
LPT1 或 PRN	第一台并行打印机
LPT2（LPT3）	第二（三）台打印机
NUL	虚拟设备，相当于一个空文件，做输入时立刻产生 end_of_file；做输出设备时，仅模拟写操作，实际上没有数据写出。

3. 文件目录

如果将众多的文件全部放在一个地方，当要查找某个文件时，只能从头到尾顺序查找，效率低下；此外，不同软件系统的文件混杂在一起，也难以开展磁盘维护工作。而在磁盘上建立多个目录，将不同的软件放在不同的位置，就可解决这个问题。就像文件柜存放文件分成很多抽屉一样，我们将磁盘（软磁盘、硬磁盘）也分成若干区域，实现文件分类存放。这些区域就叫目录。DOS 操作系统中采用树型目录结构，即目录的结构就像一棵倒挂的"树"，最高一级的目录为根目录，根目录只有一个，相当于树根；用"\"表示。根目录的下属的各级目录称为子目录，相当于树的树枝；子目录中可包含文件和更低一级的子目录；而文件就相当于树叶。除根目录外，每个目录都有一个名字，也可以有扩展名，其命名规则与文件名及其扩展名的命名规则相同，一般子目录名中不带扩展名。允许在同一目录中建立多个不同名的子目录或文件；在不同目录中可建立同名的文件或目录。

当前目录指用户当前正在进行文件操作的那一个目录；用户对某个文件操作时，如果输入了文件名，而未告诉 DOS 操作系统文件在哪一个目录下，DOS 会认为是在当前目录中。"."表示当前目录，".."表示当前目录的上一级目录。

当前盘指用户在使用 DOS 命令时不需要指出盘符，系统便能操作的磁盘，即系统默认的磁盘；当 DOS 成功启动后，出现提示符 C:\>（或 A:\>）后，用户可键入盘符即可改变当前盘。在 DOS 操作系统中每个磁盘都有自己的树型目录。例如：

A:\>C:

C:\>

4. 文件路径

在树型目录结构中，要建立和访问一个文件，必须指出该文件存放在哪个磁盘上的哪个目录中。文件路径是指从根目录或当前目录到指定目录或文件所要依次经过的全部目录的组合，各个目录之间用"\"隔开；文件的路径有两种表示方法：绝对路径和相对路径。

绝对路径指的是从根目录开始的路径，而相对路径指从当前目录开始的路径。完整的描述一个文件存在的格式为：

[盘符][路径]〈文件名〉[<扩展名>]

例如，在 C 盘上有如图 2.5 所示的目录结构，当前目录是 wang 子目录。

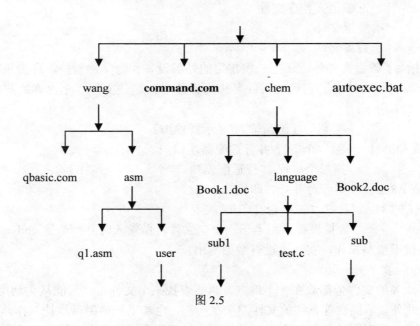

图 2.5

文件 q1.asm 的绝对路径为 c:\wang\asm\q1.asm

文件 q1.asm 的相对路径为.\asm\q1.asm

目录 chem 中的文件 book1.doc 的绝对路径为 c:\chem\book1.doc

目录 chem 中的文件 book1.doc 的相对路径为..\chem\book1.doc

5. 将文件组织到磁盘上的方法

为了将众多的文件组织存放到磁盘上，系统中设置了两张表。

● 文件目录表 FDT

文件目录表 FDT 中存放磁盘根目录下所有的文件与子目录的文件名、文件属性、文件在磁盘上的存放的开始位置、文件的长度以及文件建立和修改的日期与时间；FDT 又称根目录区（ROOT）。

● 文件分配表 FAT

文件分配表 FAT 用于描述文件在磁盘上的存放位置及整个磁盘的使用情况；要注意的是 DOS 文件存放以簇为单位，一簇为一个或多个扇区；一个文件要占用一个或几个簇，若占用几个簇，这些簇不一定是连续存放的；文件分配表 FAT 记录的就是每个文件的簇号。

6. DOS 的基本操作

DOS 操作系统的操作界面是命令式操作界面，所有的操作都是通过在命令行上输入有关的操作命令后按回车来实现。DOS 命令的输入不区分大、小写字符，而且只识别文件主名的前 8 个字符和扩展名的前 3 个字符。

DOS 命令分内部命令和外部命令两种。使用内部命令时只需键入内部命令名和相应的参数即可执行，使用外部命令时需要正确说明其路径才能有效调用。可执行程序的启动方法与使用外部命令的方法相同。

DOS 命令的动词就是内部命令的命令名或外部命令的文件名。DOS 命令的一般格式如下：

[路径]〈命令名〉[参数][选项|选项]/ [选项|选项]/... [参数][选项|选项]/ [选项|选项]/...

其中：[ ]表示此项为可选项；"|"表示由"|"分隔的若干选项中选其一；"/"是选项的分隔符号，路径用来说明命令文件的所在位置，一般执行外部命令或用户可执行程序时需要使用；参数用来说明命令操作的源对象或目标对象，选项用来说明命令执行的特殊要求。

例如：dir a:/p

表示列出 A 盘上的根目录，并按分页的形式显示。"a:"是 dir 命令的操作对象参数，"/p"是选项。

再如：c:\dos\diskcopy a: a:

表示将数据从源盘 A 盘复制到目标盘 A 盘，这是一个外部命令，其相应文件存放在 C:\DOS 目录中。

学习 DOS 命令使用的人，可以使用 DOS 系统提供的帮助。要获得 DOS 系统提供的所有命令的名及其功能说明的帮助，可使用 help 命令，操作方法是在命令行上直接输入 help 并按回车。如果要获得某个命令的功能及使用方法的帮助，有两种方法：一是用 help 命令加需获得帮助的命令的名，二是输入需要获得帮助的命令的名，其后跟一个空格和/？。例如，要获得 dir 命令的帮助可采用以下方式：

　　　　　　　　help　dir（回车）　　　　或　　　dir　/?（回车）

常用 DOS 命令分为磁盘操作命令、目录操作命令、文件操作命令、其他操作命令四类。

表 2.3 给出了最常用的 DOS 命令及功能简要说明。

表 2.3　　　　　　　　　常用 DOS 命令及功能说明表

命令名	功能说明	备注
FORMAT	对指定磁盘进行格式化	外部/磁盘操作
DISKCOPY	两个软盘复制	外部/磁盘操作
CHKDSK	检查指定磁盘上的目录、文件和文件分配表，并产生有关信息	外部/磁盘操作
SYS	将 DOS 系统盘上的隐含文件 io.sys 与 msdos.sys 传送到目的盘上	外部/磁盘操作
FDISK	在硬盘格式化之前划分 DOS 分区	外部/磁盘操作
DIR	显示磁盘上目录、文件的有关信息	内部/目录操作
MKDIR(MD)	建立一个新的子目录	内部/目录操作
CHDIR(CD)	改变当前工作目录或显示当前目录	内部/目录操作
RMDIR(RD)	删除指定的空目录	内部/目录操作
DELTREE	删除整个目录，该目录可以不为空	外部/目录操作
TREE	显示磁盘目录、子目录和它们所包含的文件	外部/目录操作
PATH	设置可执行文件的搜索路径	内部/目录操作
COPY	文件复制	内部/文件操作
TYPE	显示文本文件内容	内部/文件操作
RENAME(REN)	更改文件名	内部/文件操作
DEL	删除文件	内部/文件操作
MOVE	将一个或多个文件从一个目录中移动到另一个目录中	外部/文件操作
CLS	清除屏幕上所有显示，置光标于屏幕的左上角	内部/其他操作
DATE	显示和设置系统日期	内部/其他操作
TIME	显示和设置系统时间	内部/其他操作

7. 数据输入/输出重定向，管道操作，过滤操作

正常情况下，计算机从键盘输入信息，向显示器输出信息；DOS 将键盘作为标准输入设备，显示器作为标准输出设备，但有时需要改变输入输出的方向；

（1）输出重定向

格式 1：command >[d1:][path]filename

格式 2：command >>[d2:][path]filename

说明：格式 1 将命令执行结果输出到某一个文件或设备上；

格式 2 将命令执行结果输出到某一个文件尾部；

例：将当前目录中的扩展名为 COM 的文件目录清单输出到打印机。

　　　　　　　　DIR　*.COM >PRN

例：将当前目录中所有扩展名为 COM 的文件目录清单输出到 mul.dir 文件，再将当前目录中扩展名为 EXE 的文件目录清单添加到该文件尾部。

　　　　　　　　DIR　*.COM>MUL.DIR

　　　　　　　　DIR　*.EXE>>MUL.DIR

（2）输入重定向

格式：command<[d1:][path]filename

说明：从[d1:][path]filename 文件中输入信息，以供命令使用。

例：MORE<ABC.TXT 表示将 ABC.TXT 文件的内容分屏显示。

（3）管道操作

DOS 中将"|"作为管道符号，它表示命令的输出作为右边的输入，即把一个命令或程序的输出作为另一个命令后程序的输入。

例如，DIR|SORT>MUL.DIR，此命令的功能为把 DIR 列出的文件目录送到右边用 SORT 命令进行排序，并把排序的结果输出到文件 MUL.DIR 中去；

（4）过滤操作

①FIND 命令

格式：[d:][path]FIND [/V][/C][/N] "string" [d1:][path]filename

功能：在指定的文件中进行搜索，把含有字符串的行显示出来。

参数：[d1:][path]filename　指定要搜索的文件。

选项：/V　　显示不含字符串的行；

　　　/C　　计算含字符串的行的总数，并显示总数；

　　　/N　　显示含字符串的行，并输出它在文件中的序号。

例：在文件 main.asm 中查询并显示字符串"temp"；

　　　FIND /N "temp" main.asm

②MORE 命令

格式1：[d:][path]MORE <[d1:][path]filename

格式2：command|MORE

功能：将数据分屏显示在屏幕上。

说明：显示一屏后，给出提示信息"……more……，按任意键继续；"。

8. DOS 的系统配置

DOS 操作系统提供了修改系统最初基本配置信息的方法，这使得用户可以根据自己的需要调整计算机系统的配置，更好地适应工作的要求。DOS 的系统配置信息存储在配置文件（config.sys）和自动批处理文件（autoexec.bat）中。config.sys 文件中含有与配置计算机硬件部件有关的信息，如设备驱动程序加载、设置缓冲区的个数、允许最多打开的文件个数、存储区管理方法等。autoexec.bat 文件中含有在系统启动时需要自动执行的有关程序的信息。这两个文件都是文本文件，可以在任何一种文本编辑器中编辑。实现重新配置系统只需重新编辑这两个文件即可。有关具体如何编辑这两个文件，有兴趣的同学可以去参看有关资料，在此不再赘述。

启动 DOS 时，如果系统盘上有 config.sys 和 autoexec.bat，则系统会首先执行 config.sys，然后再执行 autoexec.bat，使得这两个文件中表达的有关配置得以实现。

2.2.6　Windows 操作系统

Windows 操作系统是美国 Microsoft 公司开发的基于图形用户界面的操作系统，又称作视窗操作系统。

1. Windows 的发展历史

1983 年 12 月 Microsoft 公司首次推出 Windows 1.0，到 1987 年 10 月推出 Windows 2.0 版，由于当时的系统在 PC 机上性能不佳，用户没有大范围地接受它。

Windows 在商业上取得惊人成功是在 1990 年 5 月发行 Windows 3.0 以后，它提供了全新的用户界面和方便的操作手段。速度快、内存容量大的 PC 成了 Windows 3.0 的最有效的平台，从而一举奠定了 Microsoft 在操作系统上的垄断地位。1992 年 4 月 Microsoft 公司又推出具有 TrueType 字体和对象链接与嵌入（OLE）功能的 Windows3.1。

1993 年 Microsoft 公司首先推出具有网络支持功能的 Windows for Workgroups，随后又推出了 Windows NT 3.1，其界面与 Windows 3.1 完全相同，将操作系统与网络系统结合起来。随着硬件性能的提高以及 Windows NT 4.0 的推出，Windows NT 成为一个重要的网络操作系统。

1995 年 Microsoft 公司推出 Windows 95 个人电脑操作系统，它实现了 32 位操作系统的性能，并大大增强了用户界面的友好性。系统中的文件、文件夹和应用程序都用图标表示，用户通过简单的鼠标操作就可以完成对它们的复制/删除等操作。另外 Windows 95 保留了 MS-DOS 部件。Windows 95 一推出，迅速取代 DOS 成为在 PC 机中最流行的操作系统之一。

1998 年 Microsoft 公司推出 Windows 98 个人电脑操作系统，它不仅支持新一代硬件技术，并且改善了通信和网络性能，作为 32 位操作系统，可与 Windows NT 替换使用。

Windows Me 是微软公司面向个人和家庭用户推出的又一个版本 Windows（有人称其为 Windows 98 第三版），它仍然采用了 Windows 9x 内核，以 DOS 为基础，是一个 16 位/32 位混合的操作系统。Windows Me 和 Windows 98 并没有太大的差别，但是为了更适合家庭用户使用，Windows Me 在易用性和功能上做了许多改进。

2000 年 Microsoft 公司推出新一代版本操作系统 Windows 2000 系列，它分成四个产品：Windows 2000 Professional、Windows 2000 Server、Windows 2000 Advanced Server、Windows 2000 Datacenter Server。它集 Windows 98 和 Windows NT 4.0 的很多优良的功能/性能于一身，超越了 Windows NT 的原来含义。

2001 年 Microsoft 公司发布 Windows XP，2003 年 4 月 24 日又发布了 Windows 的最新一代产品 Windows Server 2003。

2. Windows 的特点

Windows 家族产品众多，但是总的来说 Windows 之所以取得巨大成功，主要在于它具有以下优点：

（1）直观、高效的图形用户界面，操作简便，易学易用

Windows 操作系统提供了不同于 DOS 等原有操作系统的输入命令式的操作方式。它通过图形符号和画面标识计算机系统的资源，使用鼠标和对话框来实现对计算机的操作。

（2）用户界面统一、友好、美观

Windows 程序大多符合 IBM 公司提出的 CUA(Common User Access)标准，所有的程序拥有相同的或相似的基本外观，包括窗口、菜单、工具条等。用户只要掌握其中一个，就不难学会其他软件，从而降低了用户学习难度。

（3）多任务

Windows 是一个多任务的操作环境，它允许用户同时运行多个应用程序，或在一个程序中同时做几件事情。每个程序在屏幕上占据一块矩形区域，这个区域称为窗口，窗口是可以重叠的。用户可以移动这些窗口，或在不同的窗口（即应用程序）之间进行切换，并可以在

程序之间进行手工和自动的数据交换和通信。

虽然同一时刻计算机可以运行多个应用程序,但仅有一个是处于活动状态的,这时窗口的标题栏呈现高亮颜色。一个活动的程序是指当前能够接收用户键盘输入的程序。

(4)支持新的硬件标准,硬件可即插即用

从 Windows 95 开始,采用包含大量硬件设备信息,支持新的硬件标准和驱动程序库技术,使得系统能够自动识别新添加的硬件。对于只要是设计为 PC 机通用的硬件或抽件,如打印机、显示器、音响及视频等设备,只要驱动程序库中含有相关驱动程序,可即插即用。对于一些新的硬件或抽件,驱动程序库中没有相关驱动程序,也只需要通过"控制面板"中的"添加/删除硬件"功能将相关驱动程序添加到驱动程序库中即可使用。

(5)丰富的设备无关的图形、图像处理操作和出色多的媒体功能

Windows 的多媒体控制接口(MCI)提供了大量的多媒体处理函数,Direct X 提供了增强的彩色图形、图像、视频、3D 动画和环绕立体声的输出,附带多种多媒体播放功能,使得多媒体功能丰富强大。

(6)支持长文件名、支持多种语言

从 Windows 95 开始,可以使用长达 255 个字符的名称来命名文件名,文件名中可以使用空格和汉字。从 Windows 2000 开始,系统采用 Unicode 双字节编码技术,可以容纳大量的字符集,并支持多种语言,这使得用户能够在同一个 Windows 环境中查看、编辑和打印多种语言的文档,可以根据用户需要设定工作语言环境。

(7)增强的网络功能,支持网络管理和 Internet 服务

Windows 系统内置了多种网络协议和网络邻居功能,附带 Internet 浏览器(IE)和邮件服务软件(Outlook Express)等网络应用软件,使得局域网内的计算机互访和使用 Internet 应用非常方便。Windows 2000 Server 及以上版本提供简单高效的网络管理服务及分布式计算应用支持。

(8)系统运行稳定、信息安全支持不断增强

从 Windows 2000 开始,系统运行更加稳定可靠。数字签名的设备驱动程序保证了其自带的设备驱动程序的质量,减少了因设备驱动程序问题而导致的计算机系统的频繁崩溃和系统被迫重新启动;完善的添加/删除程序功能使应用程序能够自动正确安装或安全彻底地从系统中删除,这些都提高了系统的可靠性和稳定性。

Windows 2000 及以上版本采用的用户身份管理、公用密钥等安全机制对计算机和网络安全提供了强大的支持,利用这些机制可以帮助确认使用者、电子邮件、驱动程序、应用程序和远程登录用户的身份。通过对多种认证协议的支持,更好地支持网络安全;通过公布系统漏洞和自动检测与下载安装机制,更好地支持计算机系统的安全与稳定。

(9)支持面向对象的程序设计,提供大量可调用程序

Windows 通过事件驱动、消息循环、动态链接库、应用程序接口和体系架构等机制支持面向对象程序设计和应用程序开发。

3. Windows 的用户界面

Windows 系统提供了基于图形和鼠标操作的用户操作界面。图形包括:资源图标、窗口、对话框,菜单等。

(1)资源图标

资源图标是 Windows 用来标识一个资源对象的图形化表示。被标识的对象可以是一个

设备、文件、文件夹（相当于 DOS 中的目录）、应用程序等任何一种需要被标识的系统资源。对图标可以实施鼠标操作，以表示是选中、打开、拖放图标所代表的对象或要对图标所代表的对象实施某种允许的操作。图 2.6 是几种常见类型的图标。

文件夹图标　　　应用程序图标　　　文档图标　　　快捷方式图标　　　设备图标

图 2.6　常见类型图标

（2）桌面

安装了 Windows，一旦启动计算机就会进入 Windows 桌面。桌面是 Windows 启动成功后进入的第一个界面。它类似于人们日常的办公桌面。桌面界面由桌面、"开始"按钮、任务栏等几个部分构成。桌面内可用于有效地组织和管理系统的资源（图标），通常可以把最常用的资源或它们的快捷方式放在桌面上，以方便使用。一般在使用 Windows 时，系统会自动在桌面上创建 5 个图标："我的电脑"、"我的文档"、"Internet Explorer"、"网上邻居"和"回收站"。

"开始"按钮位于界面的左下角。单击该按钮弹出开始菜单，它包括三个区域：上面一个区域内列出了最常用的一些应用软件项目；中间区域内有"程序"、"文档"、"设置"、"搜索"、"帮助"、"运行"等菜单项，它包括了系统中主要的用户可直接使用的资源和工具；第三部分是"关机"菜单项，点击此项将关闭计算机系统。

任务栏横跨屏幕的底部。Windows 是多任务操作系统，它可以打开多个应用程序，每个应用程序以按钮的形式放在任务栏中。当用户打开一个程序、文档或窗口后，在任务栏上将出现一个相应的按钮，要切换窗口只需单击代表该窗口的按钮。当关闭窗口后，代表该窗口的按钮在任务栏上消失。任务栏右端有一块凹下去的区域，里面包含了多个状态指示器，这些状态指示器表示相关程序已启动，处于工作状态。Windows XP 桌面如图 2.7 所示。

图 2.7　Windows XP 桌面

(3) 窗口

窗口是 Windows 的基本组成部件,是使用最多的界面。Windows 的所有窗口形式上都非常类似,主要包括:标题栏、控制菜单图标、最大化按钮、最小化按钮、关闭按钮、菜单栏、工具栏、垂直/水平滚动条、边框、状态栏、工作区等组成部件。如图 2.8 所示是 Windows 2000 写字板应用程序的窗口。

对于窗口的基本操作有:

"移动窗口":将鼠标指针对准窗口标题栏,按下鼠标左键,移动鼠标到所需要的地方后松开鼠标即可。

"改变窗口大小":将鼠标指针对准窗口边框或角,鼠标指针自动变成双向箭头,拖动鼠标即可;

"最大化、最小化、关闭窗口":单击窗口右上角的相应按钮即可;

"滚动窗口内容":当窗口内容在一屏幕上显示不下时,使用滚动条即可滚动窗口中的内容。

"切换窗口":最简单的方法是单击任务栏上的窗口按钮。

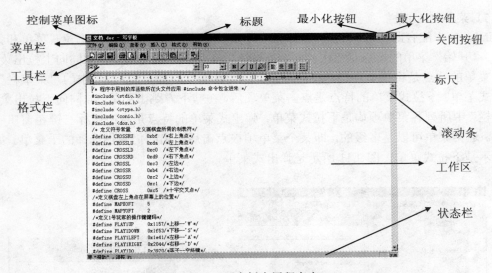

图 2.8 写字板应用程序窗口

(4) 对话框

对话框是 Windows 和用户进行信息交流的一个界面,通常是为了从用户那里获取相关信息。Windows 打开对话框向用户提问,用户可以通过回答问题完成对话。Windows 页通过对话框显示附加信息、警告或没有完成操作的原因。

一般当菜单项后面带有省略号"…"时,就表示 Windows 在执行该命令时需要一个对话框询问用户。图 2.9 是典型的对话框形式。当然 Windows 的不同对话框中包含的内容是各不相同的,但是其中的组成部分大体相同,主要有:标题栏、标签、单选按钮、复选框、列表框、数值框、下拉列表框、文本框、命令按钮、帮助按钮等。

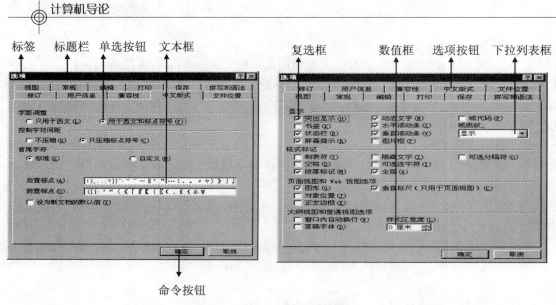

图 2.9 选项对话框

（5）菜单与工具栏

Windows 中配有四种典型的菜单形式："开始"菜单、横条式菜单、下拉式菜单和弹出式菜单。"开始"菜单的特点是点击"开始"按钮后在其上方跳出菜单，如同向上拉出菜单；横条式菜单的特点是将菜单项逐一横向列出并固定在某个位置，"窗口"中的"菜单栏"就是横条式菜单；下拉式菜单的特点是点击菜单项后，在其下方跳出菜单，如同向下拉出菜单，"菜单栏"中所列各菜单项均是下拉式菜单；弹出式菜单的特点是点击鼠标右键在窗口中弹出菜单。通常菜单可以是多级的，即某个菜单项被点击后给出的仍是供选择的子菜单。如图 2.10 所示是下拉式菜单，图 2.11 所示是弹出式菜单。

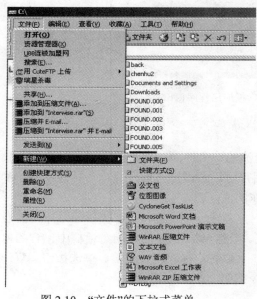

图 2.10 "文件"的下拉式菜单

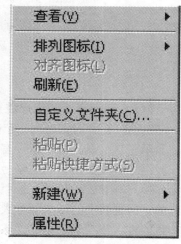

图 2.11 弹出式菜单

一个菜单含有多个菜单项,其中某些菜单项前后带有一些特殊的符号,如表2.4所示是不同形式的菜单项的含义区别。

表2.4　　　　　　　　　　　　菜单项状况含义说明表

菜单项状况	说　　明
浅灰色的	该菜单项当前不可使用
带省略号"…"	点击该菜单项将打开一个对话框,要求用户输入相关信息
前面带有"√"	"√"表示带有一个选择标记,当菜单项前有此标记时,表示该菜单项对应的命令或功能有效。如果再选择一次,此标记消失,该命令或功能不再起作用
带符号"·"	在分组菜单中,某一时刻多个菜单项中只有一个起作用,带有"·"的位选中的,其作用的选项
带组合键	菜单项后面显示的组合键位该菜单项的热键,直接使用该热键,不必通过菜单可以使用该菜单项
带符号"▶"	当鼠标指向该菜单项,将弹出一个子菜单

大多数 Windows 应用程序都有工具栏,工具栏上的图标按钮在菜单中都有对应的命令,而工具栏的作用只是使相应命令用起来更方便。

（6）鼠标操作

使用鼠标是操作 Windows 的最简便的方式。一般来说,鼠标有左、中、右三个按键（或左、右两个按键）,中间的按键基本上不用。使用鼠标的常用操作有:

①指向:鼠标指针移向对象;

②单击:按鼠标左键一次;

③双击:快速按鼠标左键两次;

④拖动:按住左键不放,移动鼠标,到目标后松开左键;

⑤右击:按鼠标右键一次,通常在右击鼠标后,系统通常出现一个弹出式快捷菜单。快捷菜单是执行命令的最方便的方式之一。

以上的鼠标操作在使用时代表什么含义,取决于鼠标的操作方式。鼠标的操作方式可以自由选择单击方式或双击方式。选用何种方式可在鼠标属性中设定。系统缺省方式为双击方式。表2.5对两种方式进行了比较。

表2.5　　　　　　　　　　　　鼠标操作方式含义说明与对照表

任务	双击方式	单击方式
选择一项	单击此项	指向此项
打开项目	双击此项	单击此项
选择范围	按下 Shift 键的同时,单击组中的第一项和最后一项	按下 SHIFT 键的同时,指向组中的第一项和最后一项
选择多项	按下 CTRL 键的同时,单击组中的单个项目	按下 CTRL 键的同时,指向组中的单个项目
拖　放	指向某一项,按住鼠标键将其拖动到新位置	与传统风格相同

4. Windows 资源管理

（1）文件和文件夹管理

Windows 中的文件夹相当于 DOS 中的子目录的概念；在 Windows 2000 中，你可以根据你的爱好来组织文档和程序。可以把文件存储在文件夹中，可以创建、移动、复制、重命名、搜索文件和文件夹。使用 Windows 中的"我的电脑"或"资源管理器"可以对文件或文件夹进行管理。

（2）磁盘管理

使用 Windows 中的"我的电脑"或"资源管理器"可以查看磁盘中的文件，或者进行磁盘初始化，执行磁盘复制等操作。除此之外，Windows 还提供了其他的磁盘管理工具，如单击"开始"，指向"程序"，选择"附件"中"系统工具"，其中有"备份"、"磁盘清除"、"磁盘碎片整理程序"、"压缩代理"等常用的磁盘管理工具。

（3）控制面板

控制面板用于对系统进行设置的一个工具集，控制面板上可以改变计算机的所有设置，如添加硬件、软件，修改系统时间和网络设置等。如图 2.12 所示是控制面板窗口，启动控制面板的方法有三种：

图 2.12　控制面板窗口

① 单击"开始"按钮，指向"设置"，单击控制面板图标。
② 在"我的电脑"中，双击控制面板图标。
③ 在"Windows 资源管理器"左窗格中，单击控制面板图标。

以上简要地介绍了 Windows 操作系统的概况，使大家对它有一个初步的认识。有关 Windows 操作系统的具体操作和使用步骤，将在后续章节介绍。

2.2.7　UNIX 操作系统

1. UNIX 发展史

当前 Windows 系列的操作系统已经占据了 90%以上的桌面计算机，而在高档工作站和服务器领域，UNIX 仍然具有主导地位的作用。尤其在用作 Internet 服务器方面，UNIX 的高性能、高可靠性仍然不是 Windows 服务器版的计算机所能比拟的。

UNIX 最早是在 1969 年，由贝尔实验室 K.Thompson 和 D.M. Ritchie 共同在 AT&T 贝尔

实验室实现，运行在 DEC PDP-7 小型计算机上；早期的 UNIX 用汇编语言写成。1973 年，UNIX 用 C 改写，由于 C 语言对机器种类的依赖较弱，并且 AT&T 也以分发许可证的方法，向大学和科研机构开放 UNIX 的源代码，供进行研究、发展使用，使得 UNIX 得到长足的发展。

20 世纪 80 年代是 UNIX 快速发展时期。一方面 AT&T 继续发展内部使用的 UNIX 版本，同时也发展了一个对外发行的版本，但改用 System 加罗马字母作版本号来称呼它。System III 和 System V 都是相当重要的 UNIX 版本。此外，其他厂商以及科研机构都纷纷改进 UNIX，其中以加州大学伯克利分校的 BSD 版本最为著名。在这个时期中，Internet 开始进行研究，而 BSD UNIX 最先实现了 TCP/IP，使 Internet 和 UNIX 紧密结合在一起。

从 20 世纪 90 年代开始 UNIX 进入成熟与完善阶段。当 AT&T 推出 System V Release 4（第五版本的第四次正式发布产品）之后，它和伯克利的 4.3BSD 已经形成了当前 UNIX 的两大流派。此时，AT&T 认识到了 UNIX 价值，因此起诉了包括伯克利在内的很多厂商，伯克利不得不推出不包含任何 AT&T 源代码的 4.4BSD Lite，这次司法起诉也使很多 UNIX 厂商从 BSD 转向了 System V 流派。

这个时期的另一个事件是 Linux 的出现，Linux 正是基于 UNIX 发展而来，是一个核心源代码完全开放且与 UNIX 兼容的操作系统，运行在非常普及的个人计算机硬件上。Linux 已经有众多用户，成为仅次于 Windows 的第二大操作系统。

2. UNIX 操作系统的特点

从用户的角度来看，UNIX 操作系统的主要特点如下：

（1）UNIX 是一种多用户的分时操作系统

所谓多用户是指一台主机连接多台终端，可同时有多个用户使用同一台主机。其效果是计算机资源能够被多个用户共享，而且可以为每个用户设置最佳的使用环境。

（2）UNIX 的核心程序

UNIX 系统可以分为内核层和用户层。它的内核层是其常驻内存的那部分核心程序和数据。其主要功能是：管理和控制计算机的所有硬件，管理 I/O 的传送，CPU 管理等。在计算机引导或启动过程中，内核程序被装入机器的内存中。

（3）UNIX 的命令解释器：Shell

Shell 程序是 UNIX 系统中内核与用户之间的接口，是一种交互式命令解释程序，也是一种命令式程序设计语言，它在 UNIX 核心程序的顶部运行，处理用户的操作。UNIX 系统中用户可用的 shell 的类型有：Bourne Shell、Korn Shell 和 C Shell 三种。

（4）UNIX 的安全性

UNIX 操作系统提供两种安全措施。用户在进入系统时，要求用户提供用户名和口令，只有正确通过用户名和口令验证，才可顺利进入系统。第二种安全措施是 UNIX 的文件存取控制，UNIX 对每个用户设置相应的访问权限，以控制其对文件和系统服务的访问。

（5）UNIX 文件系统

UNIX 将系统中的普通文件、设备和目录采用同一种方式处理。在 DOS 和 Windows 中，文件、目录和外部设备完全是两回事，对这些不同项目编程时要采用不同方法；而在 UNIX 中，普通文件、文件目录和输入/输出设备都作为文件统一处理，对用户而言，它们具有相同的语法语义和保护措施，这样简化了系统。

（6）UNIX 的网络功能

网络功能是 UNIX 的重要组成部分。Internet 上运行的主机大多数安装 UNIX 操作系统。可以说 Internet 的根基是 UNIX。UNIX 中常用的通信协议是 TCP/TP、UUCP 协议。

3. UNIX 的用户

UNIX 是多用户系统，在系统上的每个用户必须按一定章法行事，必须在系统的统一管理下，在一定范围内从事自己的活动。每个要求登录到 UNIX 系统中的用户都必须给定一个账户。UNIX 系统中有两种类型的用户账户，一种是普通用户账户，另一种是超级用户账户。

超级用户又称 root 用户，是在 UNIX 系统安装时自动建立的。该用户的工作职责是对系统进行维护管理。超级用户在系统中具有最高的自主权，他可读、写、编辑系统中任意一个文件，也可执行任何一个可执行程序；可以执行 UNIX 系统的全部命令，可以访问系统的每个角落。

普通用户账户是最常用的用户账户，它由 root 用户建立。其使用系统的权限比 root 用户小得多。对 UNIX 系统中的每个用户来说，其用户账户包括以下内容：

注册名：这是用户在系统内注册（注册就是用户进入 UNIX 系统的过程）的名字；

口令字：为了增强系统的安全性，每个用户都必须有一个口令字，进入系统时，要验证用户的注册名和口令字，以证实用户的身份。

组标识符：每个用户在系统中不仅以个体存在，而且都是某一个组的成员。这种小组关系把用户的文件共享按级别限制在一定范围内，往往只允许同一组的成员可以共同存取某些文件和目录，而不同组之间则不能。

用户主目录（Home directory）：这个目录是用户进入系统后所在的目录，每个用户的登录目录均不同，用户可在自己的登录目录中存放自己的文件，如未经允许，其他人不能随便存取（超级用户除外）。root 用户的登录目录是根目录，而普通用户的用户主目录是 "/usr/用户名"。

4. UNIX 文件系统

（1）UNIX 的文件

UNIX 中的文件是流式文件，即以字节为单位的字符串的集合。UNIX 系统中的文件名的长度限制在 255 个字符以内，对文件扩展名没有特殊的规定。虽然 UNIX 系统中的文件名几乎可以用任何字符，但还是要注意以下三点：

①避免使用以下字符作为文件名：? @ # $ ^ & * ( ) [ ] ' " | < > ! ~ \ 。

②文件名的首字符要避免使用以下字符：+ - , . 。

③UNIX 中严格区分大小写字母，如 beijing 和 Beijing 是不同的名字。

UNIX 系统中有三种不同类型的文件：普通文件、目录文件和设备文件。

普通文件：是通常所建立的用于存储各种信息的文件。用户在使用 UNIX 系统时，接触的大量文件都是普通文件，它又分为文本文件和二进制文件。文本文件又称 ASCII 文件，即文件内容以 ASCII 码形式存放的文件，可由文本编辑程序产生，可由相关命令在屏幕上显示其内容。二进制文件是指文件内容与其在内存中的存放形式一样，是以二进制目标代码形式存放的文件，不能使用文本显示的命令显示其内容。普通文件的类型标识是 "-"。

设备文件：指对应于物理设备的文件，如硬盘、软盘、打印机、终端等。UNIX 系统把这些设备和特定的设备文件连在一起，把对输入输出设备的操作转换成对特定设备文件的操作，从而简化用户的操作。当然设备文件本身并不存放任何数据。例如从一个设备文件读取

（或写）数据，实际上是从对应的物理设备上读取（或写）数据信息。在 UNIX 系统中设备文件存放在"/dev/"目录中，在该目录中一般有以下的特殊文件：

硬盘：hd （一号盘 hd00，一号盘一分区 hd01，一号盘二分区 hd02…，二号盘 hd10）

软盘： fd（A 盘 fd0，B 盘 fd1）

终端：tty（tty00、tty01、tty02…）

主控台：console

打印机：lp（lp0、lp1、lp2…）。

盘交换区：swap。交换区是硬盘的一部分，用作内存（RAM）的扩充。某些经常要使用的程序，或这些程序的某些部分处于等待状态时，可将它送入交换区，以腾出 RAM 的空间为别的程序运行。

盘根分区：root

盘用户分区：usr

存储器：mem

时钟：clock

目录文件：指包含一组文件的文件，也就是通常所说的目录。UNIX 通过目录文件对文件进行层次管理。在 UNIX 系统内部，通过 inode 节点号管理文件，一个节点号代表一个文件，它存储着有关文件的所有信息。而目录文件就是用来存放在该目录下的所有文件的文件名和 inode 节点号所组成的数据项。

UNIX 采用树型的目录结构，其最顶层是根目录，它是唯一的，在系统建立时自动建立，用"/"表示。系统中其他的目录和文件都是它的子孙。

UNIX 系统中除了根目录之外的所有目录都有一个目录名，其命名规则和普通文件的命名规则相同。和 DOS 操作系统相似的是，在 UNIX 系统中指出目录树中的一个文件的位置也有绝对路径和相对路径两种表示方法。以根目录开头的路径是绝对路径，而从当前目录开始的路径是相对路径。例如，当前目录是/usr/jinming，则/usr/jinming/unixbook/unbook001.doc 是绝对路径的表示方法，而 unixbook/unbook001.doc 是相对路径的表示方法。

（2）文件存取权限

UNIX 系统把使用文件的普通用户分为三种安全级别：文件主人、同组用户和其他用户。文件主人又称文件所有者，一般指文件或目录的创建者，对文件拥有全部的权限，并且通常由文件主人决定自己、同组用户和其他用户对一个文件的存取权限。同组用户指与文件主人的组名相同的用户，其他用户指与文件主人不同组的用户。这三种安全级别中每种级别都有三种权限：

读权：用字符"r"表示。对普通文件，允许用户去读或复制文件，对目录文件，则允许用户显示其中的文件信息。

写权：用字符"w"表示。对普通文件，允许用户修改该文件，对目录文件，则允许用户修改目录的内容，如果目录的写权限被禁止，表示不能增加或删除文件及子目录。

执行权：用字符"x"表示。对普通文件，如果该文件是可执行文件，则表示用户可以执行该程序。对目录文件，执行权限表示用户具有搜索和列目录以及从目录中复制文件的权限。

综上所述，UNIX 中的每个文件的使用权限可以用九个字符的文件存取权字表示，从左到右，前三位表示文件主人对文件的权限，中间三位表示同组用户对文件的权限，最后三位表示其他用户对文件的权限；每三位中的第 1 位表示是否有读权，第 2 位表示是否有写权，第 3 位表示是否有执行权。如有相应权限，则该位字符为表示该权限的相应字符，如没有相应权限，则为字符"-"。例如某文件存取权字为：rwxrw-r--，前三位的 rwx 表示该文件的主人对文件有读、写和执行权限，中间三位的 rw-表示同组用户对该文件有读和写权，但不可执行该文件，后三位的 r--表示组外的其他用户对该文件只有读权，没有写权和执行权。

5. UNIX 系统的启动和关闭

（1）UNIX 的启动

进入 UNIX 系统有两种模式，普通用户模式和系统维护模式。普通用户模式又称多用户模式。系统维护模式又称单用户模式，是执行系统维护任务的模式。非 root 用户不允许使用该模式，因为在该模式下访问系统不受任何限制。UNIX 启动步骤如下：

打开主机电源，首先 UNIX 系统引导程序装入运行，并开始进行硬件设备自检和初始化，显示系统硬件配置表；之后系统对根文件系统进行自检，如果根文件系统完好，系统出现以下提示：

INIT:SINGLE USER MODE

Type CONTROL-d to proceed with normal startup，

(or give root password for system maintenance)：

此时，如果直接输入超级用户口令，即可进入系统维护模式，系统出现提示符为"#"。如果用户同时键入<Ctrl>+<D>键，UNIX 进入普通用户模式。系统会出现"login"提示用户输入用户的注册名，然后出现提示"password"提示用户输入口令字。如都正确，系统出现提示符"$"（普通用户模式下的提示符与 shell 种类有关）。

当然对于普通用户来说，注册进入 UNIX 系统也可以在远程终端上进行。可以在远程终端上输入"telnet UNIX 主机地址域名"命令，出现提示"login:"时，输入用户的注册名，出现提示"password:"时，输入口令字。

（2）UNIX 系统注销

UNIX 的普通用户在完成工作之后需要离开自己的终端，为了安全起见，应进行注销操作，即退出系统的操作。注销操作的命令和 UNIX 的 shell 有关，一般为 exit 或 logout。

（3）UNIX 系统关闭

UNIX 系统的关机操作必须由超级用户完成，普通用户没有这种权力。由超级用户在系统维护模式下输入 shutdown 命令关机，出现相应提示后才可关闭主机电源。

6. UNIX 命令操作

UNIX 系统的用户操作界面是带有提示符的命令行，采用命令式操作方法（目前已有图形化、鼠标操作的用户界面，但这不是 UNIX 系统的必备部分）。用户需在命令行上按规定格式输入操作命令后并按回车，告诉计算机执行所输入的命令。

UNIX 系统中的命令由命令名后加参数组成。命令名字符串和各参数之间用空格间隔开。UNIX 的命令格式如下：

命令名　[选择项] [变量] [文件名] [...]

其中：[ ] 表示此项为可选项。按规定，命令名要小写，UNIX 系统区分大小写；选择项前面要有一条短画线（-），但也可省略。选择项可组合使用，在一个命令行上可以输入多个命令，但这些命令之间要用"；"间隔。

在 UNIX 系统中可以将作业推到后台处理。要把一行命令推到后台处理，只要在命令行的末尾打上一个"&"号即可。这时，当后台的这些程序在运行的同时，用户可在前台终端上做别的事情。

UNIX 系统的命令可分为：目录文件管理命令、普通文件管理命令和其他命令几类。在此我们不再介绍各种命令的具体功能和使用方法。需要使用 UNIX 系统的读者，请自行参阅有关的 UNIX 系统教材。

2.3 算法

2.3.1 算法的概念

人们在解决一个问题时，首先需要考虑的是解决问题的方法和步骤。算法（Algorithm）就是求解问题的方法和步骤。在计算机科学中，算法最终要用计算机程序设计语言来表示，代表了用计算机解决一类问题的精确、有效的方法和步骤。计算机科学中的算法可分为两类：数值计算算法和非数值计算算法。数值计算算法是对数值进行求解，如求一元二次方程的根、求出 1 到 100 以内的所有素数、对给定的若干个数按从小到大的顺序排序等。数值计算问题根植于数学模型中，研究比较成熟和深入。非数值计算包含的面更广，如图书管理、人事档案管理、生产调度等。计算机在非数值计算方面的应用已远远超过了数值计算方面的应用。

算法具有以下特性：

（1）确定性。算法中的每一个步骤都不能含糊不清，必须有确定的意义，该步骤完成的动作应不会产生不同的理解，目标明确。例如，某算法中有步骤"把 m 乘上一个数，结果放入 sum 中"，这里含有不确定性，不同的人可以把 m 的乘数理解为不同的数。

（2）有效性（可执行性）。算法中的每一个步骤都应该是基本的，能够有效地执行，至少在原理上能由人用纸和笔来实现，并产生明确的结果。例如，在某算法中有"m 除以 n"的步骤，若出现 n=0，则此操作不能被有效地执行，应该修改此算法：增加判断 n 是否为 0 的步骤，并给出 n 为 0 时的提示信息。

（3）有穷性（可终止性）。一个算法的步骤应该是在有限个步骤内可以结束。对于有限步骤的准确理解应该是"合理且符合应用要求"。如果让计算机执行一个要一万年才能算完的算法，这显然不符合应用的要求。

（4）有 0 个或多个输入。输入是指在执行算法时，有时需要提供有关信息，这些信息必须从外界获得，如在判断某数是否为素数的算法中，必须要先获得被判断的数，这个数由用户输入。当然，有时是不需要输入的，如计算 2 乘以 4 的算法。

（5）有一个或多个输出。算法是否按预期的目标解决了问题，需要通过输出计算的结果来反映，否则用户将无法知道求解的问题是否得到了答案。所以没有输出的算法是没有意义的。

算法有操作和控制结构两个要素。

（1）操作——求解过程中所要做的各种动作。构成一个算法的操作取自哪个操作集与所使用的工具系统有关。

（2）控制结构——控制规定了算法的各种操作的执行顺序。现已证明，在计算机中用三种基本控制结构可以实现所有的控制。

- 顺序结构：各种操作按书写的顺序执行。
- 选择结构：根据指定的条件进行判断，如果条件为"真"，执行一条分支的操作；否则，按另一条分支的操作执行。
- 循环结构：根据给定条件是否满足决定是否重复执行某一部分操作。

一个算法的存在性与该算法所处理对象——数据的组织形式有着密切的关系。一个算法往往是依赖于所处理数据的组织形式而存在的。在以后的程序设计课程中希望大家密切关注这一点。

2.3.2 算法的描述

算法的描述方法可以有多种方法，并且根据实际情况，可以有粗有细。算法的描述方法有：

- 自然语言描述。其好处是直观、易懂，但易产生理解上的二义性。
- 图形描述，如 N-S 图、PAD 图、流程图等。其好处是直观、易懂，处理、控制结构清楚、规范，是程序设计描述的标准方法。
- 程序设计语言描述。好处是所得到的就是用某种程序设计语言所写的程序，可以直接交给计算机处理并计算。但这种描述与语言相关，在直观、易懂上不如图形描述。
- 形式化语言（伪代码）描述。它结合了自然语言和程序设计语言，使得算法的描述在结构上清晰，并且易懂。

以下我们通过例子简要介绍用自然语言和用流程图描述算法的方法。

例题 2.1 求 1+2+3+…+100 的结果。

用自然语言描述以上求和的算法如下。

开始

① 把 1 赋给 I

② 把 0 赋给 SUM

③ SUM=SUM+I（把变量 SUM 中当前的值与变量 I 中的值相加后，再赋给 SUM）

④ I=I+1（把变量 I 中当前的值加 1 后，再赋给 I）

⑤ 如果 I≤100，返回到③，再执行从③开始的各步骤，否则执行⑥

⑥ 输出 SUM 的值

结束

从以上算法的描述可见，③、④、⑤三个步骤构成了一个循环，③、④两个步骤是反复多次执行的循环体，⑤步骤是控制循环体被执行次数的判断。

用流程图再来描述以上求和的算法。如图 2.13 所示是几个流程图中最常用的图形。

图 2.13　流程图常用基本图形

用流程图表示的三种基本控制结构图如图 2.14 所示。

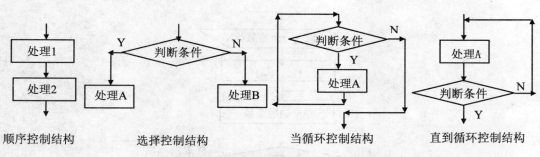

图 2.14　流程图表示的三种基本控制结构图

用流程图表示的以上求和算法的流程图如图 2.15 所示。

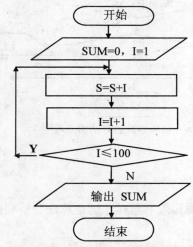

图 2.15　求 1+2+3+…+100 的结果的算法的流程图

例题 2.2　判断给定的一个整数是否为素数。用自然语言描述以上判断素数的算法如下。
开始
① 输入给定的整数 N
② I=2，P=1
③ 用 I 除 N，将所得到的余数赋给 A(A=N/I 的余数)
④ 如果 A 等于 0，则 P=0，否则 I=I+1 如果 P= =1 并且 I<N，就返回到③，再次执行从③开始的各步，否则，执行后续语句。
⑥ 如果 P= =1（即 N 是素数），输出"Yes"，否则输出"No"
用流程图表示的以上判断素数的算法的流程图如图 2.16 所示。

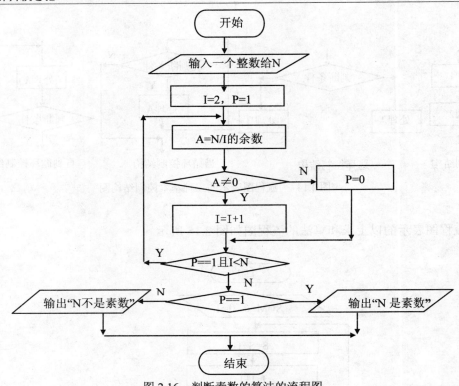

图 2.16 判断素数的算法的流程图

2.3.3 算法分析

所设计的算法是否正确,若正确其效率怎样,这是算法分析要回答的两个问题。

1. 算法的正确性判断

设计出算法后,应证明该算法对所有可能的合法输入都能计算出正确的结果,这一工作就是算法的正确性判断。算法的正确性判断与算法的描述方法无关。确认算法的正确性有下面两种方法:

● 通过推证的方法来证明算法是正确的。这种方法就是采用数学证明的方法,论证所设计的算法是正确的。然而这种方法在实际使用中非常困难,特别是对非数值计算的算法问题。

● 通过使用不同的方案来测试算法所得到的结果是否正确,并回答在什么情况下正确或不正确。通过测试发现存在的错误或漏洞,进行修改或补充,使得算法更加完善。然而,测试只能指出程序有错误或漏洞,却不能证明算法不存在错误或漏洞。算法的正确性证明至今仍是计算机科学的一个重要的研究领域。

2. 算法的效率

一个问题的求解通常存在多个方法不同的算法,例如,排序问题已设计出的算法有上百种。虽然这些算法都是正确的,都能得到期望的结果,但是不同的算法得到这些结果时消耗的资源却是不同的。运行算法时所消耗的资源的多少称为算法的效率。评价解决同一问题的不同算法的优劣是通过算法的效率来实现的。消耗资源少的算法称为高效率的算法,消耗资源多的算法称为低效率的算法。

算法所消耗的资源主要是时间资源和空间资源。时间资源指的是执行算法所花费的时间，空间资源指的是执行算法时所占用的内存空间。时间资源的消耗是算法设计时要重点考虑的问题。许多问题的求解对时间消耗是有严格要求的。

我们在此通过一个简单的例子分析来了解算法的时间效率对实际应用的影响。假设在学校的计算机里保存有 10000 个学生的基本信息记录，每条记录包括学号、姓名、性别、所学专业、联系电话等内容，现在我们通过学号来查找某一个学生。一种算法是对于无序的学生信息记录表按顺序查找，即从表中第一条记录开始，逐一把记录中的学号与所要查找的学号作比较，如果比较结果两个学号相同，则查找结束，否则将取出下一条记录继续作比较工作，直到最后一条记录被比较，得出结论，查找结束。这种查找算法，最好的情况是第一次比较就找到所要查找的学生，最坏的情况是最后一次才得出结论，平均情况是要比较一半的记录，即 5000 条记录。另一种算法是对有序的学生信息记录表按折半查找，即信息记录事先按学号的大小顺序有序存放，折半查找算法从表的中处开始查找比较，每次查找时，与处于表中间的学号记录比较，若比较相同，查找结束，若比较不相同时，根据比较时的大于或小于情况，用原有表的前半部分或后半部分继续实行折半查找。直到某次查找时比较相同或剩余的有序表为空为止。由于折半查找算法每次新的有序表都是原有序表长度的一半，所以对 10000 条记录来说，最坏的情况下比较 14 次。计算机完成一个基本操作所需要的时间是固定的，所以我们可以认为完成一次查找比较所需要的时间是一个定数。由此可见折半查找与顺序查找所需要的时间相比要少得多，它们不是一个数量级的。

由以上例子的算法时间效率分析可见，对于同一问题的不同算法在时间效率上可能相差很大。所以，要提高程序执行的速度，解决问题的根本办法是设计出时间效率高的算法。

算法分析主要是对算法的效率进行分析。在算法效率分析中，存储资源的消耗情况，除有些特殊应用问题外，一般情况存储空间的变化不是很大。所以，在设计算法时，时间效率的分析是算法分析的重点。

2.3.4 不可计算问题

任何可给出算法的问题都是可计算的问题，任何不能给出算法的问题都是不可计算的问题。不是所有问题都是可计算问题，即使在可计算问题中，也还存在一些理论上可以计算，但实际上不可计算的问题，这类问题我们称为难解问题。不可计算问题和难解问题受到计算机的计算能力的限制。

例题 2.3 汉诺塔游戏。设有 A、B、C 3 个塔座，在 A 座上有 n 个按大在下、小在上堆放好的盘子，要求按以下规则：①一次只能移动一个盘子；②移动过程中不能将大盘子放在小盘子上面；③移动过程中盘子可以放在 A、B、C 塔座的任意一个上。将 A 座上的盘子借助 B 座移动到 C 座上，如图 2.17 和图 2.18 所示。

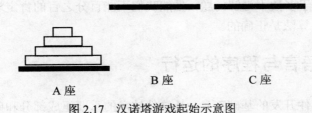

图 2.17　汉诺塔游戏起始示意图

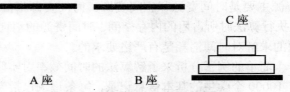

图 2.18　汉诺塔游戏完成示意图

用计算机模拟移盘子的过程的计算是一个典型的难解问题，该算法已用递归方法设计出来，很容易通过实际移动少量盘子的实验总结出盘子数 n 与移动盘子的次数之间的关系为 2^n-1。这说明算法中移动盘子的次数与盘子的个数直接相关，是盘子个数的指数关系。假设计算机模拟移动盘子一次需要花费 10^{-4} 秒，当 n=100 时，运行所设计的模拟盘子移动的算法需要花费的时间大约是 $4×10^{18}$ 年。这说明虽然在理论上可以设计出模拟盘子移动过程的算法，但实际上当盘子数目大到一定程度时不可计算。

例题 2.4　停机问题，即事先是否能够设计一个程序（算法）能够预先判断出某个程序会陷入死循环。此问题是一个没有确定答案的问题。图 2.19 所示是一个模仿停机问题的著名算法的流程图。

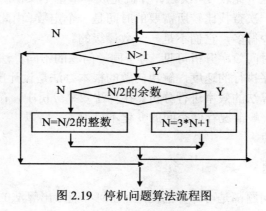

图 2.19　停机问题算法流程图

此算法对于任意输入的整数 N 都会停机（即退出循环）吗？没有人知道答案。很多研究者做过许多实验，结果是试过的每一个输入数都停机了。但问题要求确定性的回答对所有合法的 N 都会停机。这种不具有确定性答案的问题是不可计算问题。

现实中有许多实际问题对于计算机来说是不可解问题。例如，判断任意一个程序中是否存在计算机病毒的问题是一个有实际意义的问题，但计算机不能肯定地确定任意一个程序中是否包含计算机病毒。因此，所有反病毒程序测试某个程序包含病毒的诊断都只能基于"可能"的基础上。

需要说明的是，对于多数不可解问题，虽然我们不能百分之百的肯定求解算法正确，但能够做到大部分情况下算法是正确的。

2.4　程序设计语言与程序的运行

程序设计语言是软件开发的基础工具，是软件技术的重要组成部分和研究对象，其中渗透了大量的软件实现的技术和方法，是今后学习的重要内容之一。

2.4.1 程序设计语言的发展演变

伴随着软件开发技术的发展，程序设计语言的发展大致经历了四代，可以分成面向机器的语言、汇编语言、面向过程的高级语言和非过程化的高级语言四类。

1. 机器语言

在计算机诞生最初，程序设计是直接使用机器的指令系统来实现的。机器语言即机器的指令系统，用二进制码表示，它与机器直接相关。机器语言程序可以直接执行，所以执行速度快，但存在着难识别、不易记、难阅读、难理解、易错且不易查找等问题，要求程序员熟悉计算机的硬件系统各部件及其工作方式。

2. 汇编语言

汇编语言是将计算机指令采用具有一定意义的助记符号表示的程序设计语言，这些助记符号通常与指令一一对应，所以它与计算机硬件密切相关，是面向机器的。汇编语言程序需要经过汇编程序的翻译，将符号指令译成机器指令后才能被机器执行，这一翻译过程称为汇编。汇编语言改善了机器语言难识别、不易记、难阅读、难理解、易错且不易查找等不足。

3. 面向过程的高级语言

20 世纪 50 年代人们就开始研究开发更易进行程序设计的语言。1957 年，由 IBM 公司的巴克斯领导的研究开发组开发出了第一个高级语言 Fortran 语言。Fortran 语言是针对科学计算而开发的高级语言，以后经历了多代的更新发展，至今仍在科学计算领域广泛使用。从 20 世纪 60 年代开始，人们研究开发了许多高级程序设计语言，从早期的面向过程的高级语言，如 Cobol、C、Pascal、Basic 等，到现在广泛使用的面向对象的高级语言，如 C++、Visual Basic、Java、Delphi 等。至今高级程序设计语言的研究开发仍是一个非常活跃的领域。

高级语言是用接近于自然语言，经过专门设计的表达方式表达程序的程序设计语言，其特点是直观、好理解、便于记忆，大大改善了错误难以查找、不易维护的状况。它屏蔽了程序设计中与硬件相关的细节，实现了程序设计对机器硬件的独立性，使程序设计转向求解问题过程本身。高级语言把硬件系统的差别交给不同的"翻译"系统自动处理，所设计的程序相对低级语言具有更好的可移植性。

高级语言设计的程序必须经过"翻译"以后才能被机器执行。"翻译"的方法有两种，一种是解释，一种是编译。解释是把源程序翻译一句，执行一句的过程，而编译是把源程序翻译成机器指令形式的目标程序的过程，再用链接程序把目标程序链接成可执行程序后才能执行。早期的高级语言在程序设计时既要回答做什么，更要细致地告诉计算机怎么做的过程，如 Fortran、Cobol、C、Pascal、Basic 等都属于这一类。

4. 非过程化的高级语言

非过程化高级语言称为第四代语言。在面向过程的语言中，问题求解我们不但要考虑做什么，同时还要考虑怎样做，这使得程序员要把精力放在计算机具体执行操作的过程上，程序设计复杂细致，效率不高。非过程化高级语言把求解问题的重点放在做什么上，只需向计算机说明做什么，如何做，由计算机自己生成和安排执行的步骤。这类语言有以下几种的典型代表：

- SQL——结构化查询语言。用于数据库查寻的程序设计，只要告诉计算机到什么数据库查找满足什么条件的信息即可，不需要说明怎样去查找的过程。

● 描述型语言——描述问题是什么，给出问题的描述，执行的步骤按语句对问题描述的逻辑来执行，如用于逻辑推理问题求解的 Prolog 语言等。

● 面向对象的程序设计语言——以对象为基础，把问题的求解视为对象之间相互作用的结果。对象是一个封装了对象特征（属性，即数据）和行为（方法，即操作过程）的抽象体，如"学生"这个对象的属性有学号、姓名、性别、年龄、电话等，行为有注册、查寻课程考试成绩等。对象可以通过继承来拥有其父类对象的属性和行为，提高了程序代码的重用性。对象在继承的过程中可以具有不同的数据类型或不同的行为，这称为对象的多态性。多态性提供了程序设计的灵活性和可扩展性。当对象被实例化（即各属性被明确为具体的数据）后，通过对象之间相互发送消息的方式来使程序得到执行，产生需要的结果。C++、VisualBasic、JAVA、Delphi 等语言都是面向对象的程序设计语言。这一类程序设计语言是目前程序设计的主流语言。

5. 高级语言的分类

高级语言可以有多种分类方法，常用的分类方法有按照设计要求分、按应用范围分、按描述问题的方式分等。其中按描述问题的方式分类是最常用的分类方法，其分类及特征见表2.6。

表2.6　　　　　　　　　　按描述问题的方式分类

语言类型	特 征	典 型 语 言
命令型语言	求解步骤用命令方式给出，按描述操作步骤执行	Fortran、Pascal、Basic、C
函数型语言	求解过程由函数块构成，通过调用函数块执行	Lisp、ML
描述型语言	描述问题是什么，按问题描述的逻辑来执行	Prolog、Gpss
面向对象语言	以对象为基础，消息驱动方式执行	C++、Java、Delphi、C#

2.4.2　高级语言的基本元素

1. 符号系统

每一种高级语言都有自己的符号系统，分为基本符号和标识符两类。基本符号规定了语言所使用的基本字母、数字和特殊符号。高级语言的基本符号一般有：

字母：26个英文字母。有些语言区分大、小写，如C语言，有些语言不区分大、小写，如BASIC语言。

数字：0~9，十个数字符号。

特殊字符：+、-、*、/、%、=、,、.、;、>、<、(、)、"、"等。各种语言所使用的特殊符号多少并不相同，各符号所表达的意思通常是遵循自然语言的语意的，如"+"表示加，"-"表示减，">"表示大于。

需要注意的是单字符的特殊符号往往不够用，一般语言都有自己的多字符基本符号，如在C语言中有++、--、+=、-=等多字符基本符号。

标识符是用来标识程序中的实体的符号，此符号代表实体的名，如程序中的常量、变量、过程、函数、语句等都是实体。一般语言规定标识符由以字母和数字构成的字符串表示，必须以字母开头，根据语言的不同，标识符所允许的字符串的长度有所不同，长的允许达到

128个字符，短的只允许8个字符。如 X，Y 表示变量，Fun1 表示一个函数的名等。使用标识符时最好见名知意，如 StudentName 表示学生名这个变量。需要注意的是有些标识符已被语言系统本身使用，在程序中不能再做他用。

2. 变量

变量是程序中的基本实体，代表某个被处理的具体数据，并且在程序执行过程中它所代表的数据可以发生变化，用一个标识符表示，该标识符称为变量名。变量名本质上标识的是某个存储单元，在程序中代表了该存储单元中的数据，在程序的执行过程中此存储单元中的数据可以发生变化。变量所代表的数值称为该变量的值。如 X 是一个变量，开始时它的值是 1，在以后的处理中它可能被修改为 2 或其他数值。变量分为局部变量和全局变量两类，局部变量是只允许在某个局部模块中使用的变量，全局变量是允许在所有模块中使用的变量。

3. 数据类型

数据类型是具有同种性质的数据的集合。在计算机语言中数据类型表明了数据的三个方面：数据的取值范围、数据存储的存储单元的大小和在这类数据上可以有什么运算。一般在语言中，数据类型分为两类：

- 基本数据类型：由语言系统直接提供使用。一般有字符型、整型、实数型、逻辑型等。例如，在 C 语言中，一般的整型数的取值范围为 $-2^{16} \sim 2^{16}-1$，用两个字节存储，整型数可以进行加法、减法、乘法、求余数等运算。
- 构造数据类型：由语言系统提供构造方法，用户自己根据实际情况构造后得到的数据类型。一般语言都提供构造数组、结构等类型的方法。例如，在 C 语言中，数组的定义方法为：

$$\text{int a[10];}$$

它表示定义了一个名字为 a，由 10 个整型数构成的数组，它用一块 20 个字节的连续存储空间来存储。

4. 表达式

由运算符连接起来的一个字符串，表达要对有关参加运算的实体，如变量、常量、函数等实施运算。每个表达式都有一个确定值。一般一种语言至少会提供：

- 算术表达式：实施加、减、乘、除、求余数等算术运算的表达式。例如

$$2*(X+Y) - 3.14159*\sin(2*Z)/4$$

是一个 C 语言算术表达式。
- 关系表达式：由关系运算符（>、≥、<、≤、=、≠）连接表达的表达式，其值是一个逻辑值。例如，X≥5 是一个 C 语言关系表达式。
- 逻辑表达式：由逻辑运算符（与、或、非）连接表达的表达式，其值是一个逻辑值。例如

$$(X≥5) \& (X≤10)$$

是一个 C 语言逻辑表达式，它表示自然语言中的 5≤X≤10。

从以上表达式的形式可见，它们与大家熟悉的自然语言的表达方式没有多大的区别。需要注意的是表达式中各运算符有运算的优先级，这一点与以往所熟悉的优先级基本没有区别。

5. 语句

语句一般可以由语句定义符、基本元素（如变量、常量、函数等）、表达式和分隔符号来构成。例如：

x=5+y；（C 语言的赋值语句，语意为将 5+y 的值赋给 x，";"是语句分隔符）

printf("%d", x);（C 语言的输出语句，语意为将变量 x 的值输出到屏幕上，printf( )是函数）

10 LET X=5Y（BASIC 语言的赋值语句，10 是行号，LET 是语句定义符，语意为将 5+y 的值赋给 x）

20 PRINT X（BASIC 语言的输出语句，20 是行号，PRINT 是语句定义符，语意为将变量 x 的值输出到屏幕上，与 C 语言的输出函数 printf( )的功能基本相同。）

6. 控制结构

控制结构规定了程序中语句的执行顺序。在程序设计语言中至少提供顺序结构、选择结构和循环结构三种基本结构。这些控制结构一般通过语句来提供。

7. 程序

由若干个语句按语法以列表的形式构成，不同的语言其程序的外在表现不同。以下是两个具有同样功能的 C 语言和 BASIC 语言书写的程序。

```
        C 语言程序                      BASIC 语言程序
main( )                                10 INPUT "x, y", x, y
    {                                  20 LET SUM=X+Y
        int x, y, sum;                 30 PRINT SUM
        scanf("%d, %d", &x, &y);       40 END
        sum=x+y;
        printf("%d", sum);
    }
```

8. 扩展结构

为了使程序在结构上更加清晰，避免程序段的重复书写，提高程序的重复使用，可以把具有某些特定功能的程序段独立出来，这样的程序段称为子程序或过程、函数。这些程序段自身不能单独运行，而是必须通过在某个程序中被调用的方式来执行，调用程序称为主程序，被调用程序称为子程序。

这样的子程序段（过程或函数）可以作为程序的一个单元在程序中使用，这使得这些程序段可以被反复重用，提高了编程的效率，简化、清晰了程序结构。

9. 注释

注释是程序的非有效部分，仅供人在阅读理解程序时使用。不同的语言，注释的表示方法不同。例如：

x=5+y;   /*将 5+y 的值赋给 x*/

这里的 "/*" 和 "*/" 是 C 语言规定的注释起止符，括起来的部分是注释的内容。

x=5+y;   //将 5+y 的值赋给 x。

这是 C++语言的注释表示形式，"//" 是注释的起始符。

2.4.3 程序设计及设计风格

1. 程序设计的基本方法

程序设计就是根据所提出的待解问题，编制能够正确完成该任务的计算机程序。计算机程序是由待解问题的被处理数据和用计算机语言描述的解决问题的步骤（算法）构成。瑞士著名计算机科学家 Niklaus Wirth 在总结程序设计时指出：程序=算法+数据结构。它表明程序设计关系到算法和数据结构（即数据的组织形式）两个方面，并且算法的设计与被处理数据的组织形式密切相关。需要说明的是这里所说的程序设计是指软件开发过程中的编码与单元测试阶段。以下我们简要介绍程序设计的基本方法与步骤。

（1）深入理解待解问题，搞清楚待解问题的本质和所隐含的要求。一般情况下，我们至少应考虑清楚问题求解的前提条件，要处理的对象及变化情况，问题的特殊情况或边界情况，问题的输入、输出要求等。

（2）根据问题所要处理数据的特点，对数据进行抽象与组织。数据特点是指数据的类型和数据结构。数据类型是指每个数据元素的类型，数据结构就是数据元素之间的关系。

数据元素是数据的基本单位，简单的情况是每个元素都是基本数据类型，如字符、整数、实数等，有时一个数据元素可能是由若干个数据项组成的复杂类型。数据项是有独立含义的最小标识单位，如表明一个学生信息的数据元素（041001，张三，男，计算机，63013510），它有五个数据项，每个数据项都有确定的含义，分别为：学号、姓名、性别、所学专业、电话。把由若干个数据项组成的数据元素称为一个记录（或结构），数据项称为记录的字段（或成员）。一个班的学生就有一组这样数据元素（记录）。

数据元素之间有多种形式的关系。如一个班的学生的信息数据，其元素之间有顺序关系；而家庭成员的数据元素之间的关系是一个"树型"，这是数据元素之间的逻辑关系。除此之外，数据元素之间的关系还包括元素在存储时是如何存放的，如一个班的学生信息数据可以用一块连续的存储空间顺序存储，元素之间保持原有的逻辑顺序，这称为数据元素之间的物理关系。

数据结构是研究数据元素之间的关系，具有这种关系的数据如何存储，以及对这些数据的操作。即数据结构包括三个方面的内容：数据的逻辑结构（关系）、数据的存储结构（物理结构）和对数据的操作所要实现的算法。数据的逻辑结构分为线性结构和非线性结构两类，如学生的信息表是典型的线性结构，而树型是典型的非线性结构。数据的存储结构主要有顺序存储结构和链式存储结构两类。

对数据进行抽象与组织就是根据数据的特点，将数据归纳成可以用计算机语言描述的形式，例如，以上提到的学生信息的数据可以抽象地表示成（学号，姓名，性别，所学专业，电话）这种形式的记录，而一个班的学生信息可以用这种形式的记录的数组来描述。记录和数组在计算机语言中都有明确的定义方法。

（3）根据数据的特点，设计求解问题的算法。算法设计的基本方法是：先粗略，后细化，直到可以方便地用计算机语言来描述为止。这正是软件设计中的"自顶向下，逐步细化"设计方法在算法设计中的应用。

例 2.5 找出所给定 10 个数中的所有素数。

这里所说的 10 个数应该理解为由用户任意指定的 10 个大于等于 2 的整数。这 10 个数可以根据用户输入的先后顺序自然地构成一个由整型数构成的数组。

粗略算法：

（1）输入 10 个整数。

（2）找出 10 个整数中的素数。

（3）输出所找到的素数。

细化（1）的算法：

（1.1）I=1。

（1.2）如果 I≤10，则执行以下步骤，否则结束输入。

（1.3）从键盘输入一个整数给 A(I)。

（1.4）I=I+1。

（1.5）返回（1.2），重新执行（1.2）开始的各步。

细化（2）的算法：

（2.1）I=1。

（2.2）如果 I≤10，则执行以下步骤，否则结束判断。

（2.3）判断 A(I)是否为素数。

（2.4）I=I+1。

（2.5）返回（2.2），重新执行（2.2）开始的各步。

细化（3）的算法：

（3.1）I=1。

（3.2）如果 I≤10，则执行以下步骤，否则结束输出。

（3.3）如果 A(I)≠0，输出 A(I)。

（3.4）I=I+1。

（3.5）返回（3.2），重新执行（3.2）开始的各步。

细化（2.3）的算法：

在例题 2.2 中我们已给出判断一个整数是否为素数的算法，但那里忽略了 2 是一个特殊素数的情况。请大家仔细比较以下算法与例 2.2 的算法的异同之处。

（2.3.1）K=2。

（2.3.2）如果 A(I)≠2，则执行以下步骤，否则结束判断。

（2.3.3）N= A(I)/K 的余数

（2.3.4）如果 N≠0，则执行 K=K+1，否则执行 A(I)=0，

（2.3.5）如果 A(I)≠0 并且 K<A(I)，则返回（2.3.3），重新执行（2.3.3）开始的各步。否则结束判断。

（4）将算法用一种计算机语言描述出来。以下我们用 C 语言描述以上算法，C 语言程序如下。

```
main( )
    { int A[10];        /*定义存放 10 个整数的数组*/
    int I，K，N；       /*定义 3 个变量，I 用于控制循环，K 用于控制判断素数，N 用于存放余数*/
    for(I=0；I<10；I++)    /*输入 10 个整数*/
        { printf("Please Input a Integer A[%d]:\n"，I+1)；/*提示输入第几个整数*/
        scanf("%d"，&A[I])；/*输入第 I+1 个整数*/
```

```
        }
    for(I=0; I<10; I++)      /*逐个判断 10 个数中哪一个是素数*/
        { K=2;
            if(A[I]!=2)      /*判断第 I 个数是否为素数*/
                { while(K<A[I]&A[I]!=0)    /*控制是否需要再次求 A[I]除 K 的余数*/
                    { N=A[I]%K;
                        if(N!=0) K=K+1;  /*如果余数不等于 0，需要换下一个 K*/
                        else A[I]=0;  /*如果余数等于 0，确定 A[I]不是素数，以 0 标识*/
                    }
                }
        }
    for(I=0; I<10; I++)      /*输出所有是素数的 A[I] */
        if(A[I]!=0) printf("No. %d: %d is Prime Number\n", I+1, A[I]);
}
```

（5）在程序设计环境中调试程序。通过编译找出在编辑过程中出现的各种语法错误，通过链接查找出存在的链接错误。在编译、连接成功后试运行所编写的程序，分析给出的运行结果，找出设计过程中存在的逻辑错误，直到运行结果与所预期的结果一致为止。

（6）测试所设计的程序。用事先设计好的测试方案测试所设计程序，指出程序存在的不足或漏洞。测试方案的设计是非常有技术的，需要长期经验的积累。

2. 程序设计风格

程序设计的要求不仅是程序可以在机器上执行，给出正确的结果，而且要便于人对程序的阅读理解、调试和维护，这就要求程序在编写上结构清楚，前后一致，书写规范。程序设计风格就是在程序编写中应遵循的习惯和规范要求。好的设计风格使得所设计的程序结构清晰，易于阅读理解，便于今后的维护。在程序设计风格上建议从以下几方面进行规范。

（1）编码格式和编码约定在整个程序中保持一致。

（2）程序中应给出必要的注释，尤其在变量定义、调用接口、参数传递处，在对程序进行修改时，应注明修改原因、时间和修改人等。

（3）对变量、函数、过程的命名应遵从见名知义的原则，避免含义不清的书写。

（4）采用缩进书写格式，突出程序的逻辑层次结构。

（5）一般一行只写一条语句，使用括号间隔表达式或语句的组成部分，使各组成部分清晰。

（6）尽量避免使用复杂、不易理解的算术表达式和逻辑表达式。

（7）使用结构化或面向对象的编程技术，提高程序的可重用性和可扩展性。

（8）除非必须如此，应尽量避免多任务或多重处理。

（9）提高程序的健壮性，预防用户的操作错误，做到废进废出。

2.4.4 程序的翻译处理

只要不是用机器语言编写的程序都有"翻译"的过程。对高级语言程序的翻译有两种方法，即解释和编译。

1. 解释翻译过程

对高级语言程序进行解释并执行的程序称为解释程序，它的功能是源程序按动态逻辑顺序进行逐句分析翻译，解释一句执行一句，不产生任何中间代码，最终得到程序的执行结果。高级语言程序解释的过程如图2.20所示。

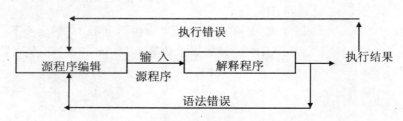

图2.20 高级语言程序解释的过程

2. 编译与编译程序

（1）编译、链接过程。编译是另一种翻译源程序的方法，它将源程序翻译成机器语言形式的目标程序。完成源程序翻译的过程称为编译，担任翻译的程序称为编译程序（软件）。目标程序还要经过链接程序的链接之后才能得到可执行的程序。高级语言源程序编译、链接的过程如图2.21所示。

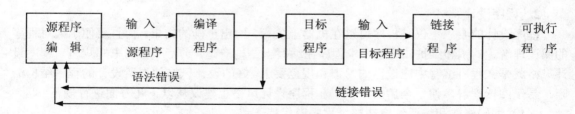

图2.21 高级语言源程序编译、链接的过程

（2）编译程序的编译处理过程。编译程序主要由词法分析、语法分析、语义分析、中间代码生成、代码优化、目标代码生成、信息管理程序、错误检查和处理程序等功能模块构成。源程序首先经词法分析程序分析，查找是否存在符号使用错误，如各种语句定义符、变量名、函数名、运算符、分隔符等是否写错，或未定义等，然后再交给语法分析程序检查是否有语法表述上的错误，如表达式书写、语句的书写与分隔等是否符合语法规定等。语义分析程序主要是将语句构成的成分正确划分，然后交给中间代码生成程序，确定每个成分所对应的中间指令以及它们的执行顺序。中间指令是一种结构简单、含义明确的符号系统，它的表现形式应该既有利于后阶段的代码优化，也要在逻辑上便于理解和最终机器（目标）指令代码的生成。代码优化程序将前面产生的中间结果进行等价的代码变换，消除重复或无效的指令或程序段，使得程序更加紧凑，减少程序运行时所消耗的时间和占用的存储空间，最后再将中间代码对应地翻译成目标代码，产生目标程序。

词法分析、语法分析、语义分析是编译过程的基础。在分析过程中，将会用到事先已建立的有关符号、语法规则等信息表，对所发现的错误交由错误检查与处理程序处理，并返回到程序编辑器中去,给出相应的提示。编译程序的功能构成和编译处理过程如图 2.22 所示。由编译的过程可知,编译只能发现程序的语法错误。

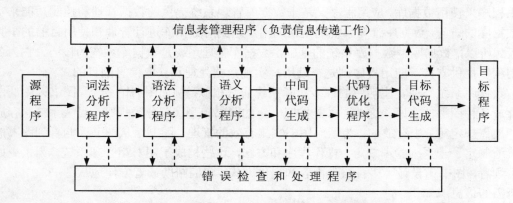

图 2.22　编译程序功能及处理过程的逻辑结构图

2.5　数据库管理系统

　　计算机的数据管理技术是随着计算机系统的软件和硬件技术发展而发展的,经历了人工管理、文件管理和数据库管理三个阶段。操作系统的文件管理解决了数据的长期保存问题,数据与程序的分离问题,一定程度上的数据共享问题等。然而,在文件上实现数据共享有一系列的问题,如用户必须知道文件内部数据的组织结构,不同的数据文件是相互独立的,其中数据之间的逻辑关系无法体现,不同的数据文件中数据的冗余和数据不一致等。数据库管理系统是继操作系统之后又一个专门用于数据管理与控制的软件系统。它为用户屏蔽了数据库中数据类型、结构上的复杂性,实现了数据共享,减少了数据冗余,保证了数据的独立性和一致性。用户在数据库管理系统上,可以方便地实现各种数据管理与处理工作。数据库管理系统是实现各种信息管理和分析、处理应用软件的基础软件。本节将简要介绍数据库管理系统方面的有关知识,使大家了解计算机在数据管理与应用技术上发展的基本情况。

2.5.1　数据库系统概述

1. 数据库系统的概念

　　数据库是一组相互之间有内在联系的数据文件。文件中的数据按照一定的数据模型组织、描述和存储,具有较小的数据冗余、较高的数据独立性和易扩展性,可被一定范围内的各种用户共享。数据库如同一个存储数据的"仓库",仓库里的数据按一定的规则存放,以便于用户对数据进行存取或修改。

　　数据库管理系统(Data Base Management System,DBMS,)是操纵和管理数据库的软件系统,它管理并控制数据资源的使用,为用户提供可以方便、有效地存取数据库中数据的环境。在计算机软件系统的体系结构中,DBMS 位于用户应用程序和操作系统之间。

应用程序是帮助用户利用数据库中数据以获取所需要的信息的软件，它的主要作用是对数据按规定的要求进行处理，并以适当的方式将数据中所包含的信息表现出来。

数据库系统（DBS）一般由数据库、数据库管理系统和用户的应用程序构成，用户通过应用程序来使用数据库，应用程序又基于数据库管理系统提供的数据管理和控制功能来实现对数据库的访问，数据库管理系统则是帮助用户达到对数据库进行管理和使用目的的工具和手段。所以，数据库是数据库系统的基础，数据库管理系统是数据库系统的核心，它为各种应用程序提供支持，应用程序则是帮助用户实现数据处理和获取信息的目的。

数据库系统与现实生活中的许多实际系统非常相似，例如图书馆系统。图书馆中的书库是存放各种图书的仓库，这些图书是按照一定的藏书模型（即分类规则、目录系统、存放结构和地点规定等）来存放的。为了对图书实施有效的管理，图书馆从图书采购直到图书的借阅流通制定了一系列管理规定、操作程序和方法，这些构成了图书馆管理系统。为了更好地服务读者，图书馆设计了多种服务内容和提供方式，它们帮助读者方便地从图书馆中获取自己所需的信息或知识。

2. 数据库系统的特点

数据库系统的出现是计算机数据管理与处理技术的重大进步，它具有以下主要特点：

（1）实现数据共享。数据共享是指多个用户可使用多种语言来存取同一个数据，使数据库中存放的数据可被企业或社会各需要它的合法用户共同使用。

（2）实现数据的独立性。数据的独立性是指数据库中的数据不依赖于具体的应用程序。程序改变了，数据可保持不变，数据改变了，程序也可保持不变。而在文件系统中，虽然实现了数据与程序的分离，但文件中的数据的存储结构与建立和处理该文件中数据的程序紧密相关。这是数据库系统有别于文件系统的重要特征。

（3）减少了数据冗余。数据冗余是指数据库中重复的数据。这些重复数据可能在同一个文件中，也可能在不同的文件中。数据库系统通过建立数据文件之间的逻辑关系和运算，使得在存储时尽可能减少重复存储，有效地节省了存储空间和数据一致性的保持，在需要时系统能够自动合并有关文件中的数据，产生所需要的结果。

（4）避免数据的不一致性，保持数据的完整性。数据的一致性是指数据库中同一数据在不同的文件保持一致，而数据的完整性是指要保证数据库中所存储的数据都是正确的。若数据库中数据没有冗余，即只有一个物理存储，数据自然是一致的；若数据库中数据冗余不可避免，数据库系统可以通过建立数据之间的联系、一致性和完整性约束等办法来保证数据库中数据之间的联动性和正确性。

（5）提供事务支持。事务是一个逻辑工作单元，它包括一些数据库操作（特别是更新操作）。数据库系统要确保属于同一事务的若干个相关的会影响到数据的一致性与完整性的操作（如更新操作），要么确保都做，要么都不做，即使在系统执行过程中发生故障（如突然断电）也应如此。

（6）加强了对数据的保护和安全。数据库系统加入了数据安全保密机制，可以防止对数据的非法存取，并可采取一系列措施来实现对被破坏数据库的恢复。

以数据的存储与管理、数据处理与信息获取为研究对象的数据库技术，已成为现代计算机信息处理系统和应用系统的核心技术，数据库已成为计算机信息系统和应用系统组成的基础。数据库的建设规模、数据库信息量的大小和使用频度已成为衡量一个国家或企业信息化程度的重要标志。

2.5.2 数据库管理系统的组成

数据库管理系统是数据库系统的核心，它向用户提供数据的存储、管理与控制功能，实现对数据的共享。从功能的角度看，数据库管理系统由以下几部分组成：

1. 数据库的定义功能

数据库管理系统通过所提供的数据描述语言（Data Description Language，DDL）来实现对数据库的定义。它的主要功能有：描述展现给各类用户的数据展现的结构；描述数据库的逻辑结构和物理存储结构以及从逻辑结构到物理存储之间的转换；描述数据库的一致性、完整性约束；描述访问数据库的规则（如用户口令、存取权限及级别、密码等）；描述数据库的索引，提高访问效率等。

2. 数据库操作功能

数据库管理系统还提供数据操纵语言（Data Manipulation Language，DML）实现对数据库的各种操作。它的主要功能有：打开和关闭数据库；向数据库添加新的数据；检索、修改、删除数据库中的数据；组织数据的报表式输出等。

3. 数据库建立与维护功能

它包括数据库初始数据的输入、转换功能；数据库的重组织与转储功能；在发生故障后数据库的恢复功能；数据的备份与重新载入功能；系统性能监测与分析功能等。

4. 数据库的运行管理功能

它包括检查试图访问数据库的用户权限、保证数据安全的功能；检测数据完整性约束、事务管理，保持数据库中数据处于一致状态的功能；保证并发事务的执行不发生冲突的功能等。

5. 数据组织、存储和管理功能

它包括文件管理和缓冲区管理功能；存储系统、用户的各类数据的有关文件，如数据字典、索引文件、统计数据和用户数据等。

6. 其他功能

这部分本身不是数据库管理系统的部分，而是一个相对独立的系统，它要与数据库管理系统协同工作，主要有数据库管理系统与其他软件和网络之间的通信功能；一个数据库系统与另一个数据库系统或文件系统的数据交换功能；异构数据库之间的互访问和互操作的功能等。

从数据库管理系统体系结构的角度看，数据库管理系统主要可分为查询处理器部件、存储管理器部件和数据库及相关的各系统信息文件三个部分。

（1）查询处理器部件

查询处理器部件主要向用户（包括人和程序）提供定义数据库、查询数据库的接口和有关的查询计算处理。包括：

① 数据描述语言解释器。解释 DDL 语句并将其描述数据库的有关信息记录到一系列表中。

② 数据操纵语言编译器。将查询语言中的 DML 语句翻译成查询求值引擎能够理解的低级指令。另外，DML 编译器中还包括查询优化等功能，能使查询更加有效。

③ 嵌入式 DML 预编译器。将嵌在应用程序中的 DML 语句转化成宿主语言中普通的过程调用语句。预编译器必须同 DML 编译器共同发挥作用，以产生正确代码。

④ 查询计算引擎。执行由 DML 编译器产生的低级指令。

（2）存储管理器部件

存储管理器部件提供数据库中存储的低层数据与应用程序以及向系统提交的查询之间的接口。包括：

① 权限及完整性管理器。检查试图访问数据的用户的权限，检测是否满足完整性约束等。

② 事务管理器。对事务处理进行管理，保证即使在发生故障的情况下，数据库也保持在一致的（正确的）状态；保证并发事务的执行不发生冲突。

③ 文件管理。管理磁盘空间的分配，管理用于表示数据库所存储信息的数据结构、系统信息等。

④ 缓冲管理器。负责将数据从磁盘上读取到内存中来，并决定哪些数据应被缓冲器存储在内存中。

（3）数据库及相关的各系统信息文件

它们主要有：用户数据库、数据字典（包括库结构、关键字、约束规则等）、索引和反映数据库中数据信息的统计数据等文件。

如图 2.23 所示为数据库系统的体系结构。

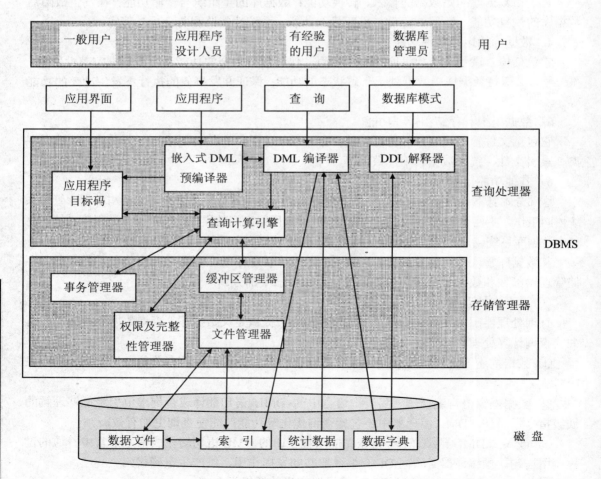

图 2.23　数据库系统体系结构示意图

2.5.3 数据库技术的发展

数据库技术产生于 20 世纪 60 年代后期，在 40 多年的发展过程中，其发展速度之快、应用范围之广是其他技术所远不及的。数据库技术已成为信息化社会的基础之一，它的研究和应用是目前计算机软件技术领域中最活跃的分支之一。40 多年来，数据库技术已从第一代的层次、网状数据库系统，第二代的关系数据库系统，发展到第三代的以面向对象技术为主要特征的数据库系统。

数据是计算机最重要的资源，数据的存储与管理是计算机所需解决的最基本问题之一。最初的计算机数据管理主要由文件系统来实现。文件系统只提供最基本的较为简单的数据存取功能，各个数据文件与建立文件的应用程序密切相关，相互独立，不能反映和处理文件之间在内容方面的联系，由此带来了数据存储分散、访问困难、重复存储、不一致等一系列问题。于是人们想到将数据集中存储并统一管理，并且建立不同文件中数据之间的联系，为数据查询提供关联，这样就产生了数据库、数据库管理系统，从而逐步形成了数据库技术这一分支领域。20 世纪 60 年代后期，IBM 公司设计开发了最早的数据库管理软件 IMS，它的出现标志着数据库技术的诞生。IMS 将应用系统的所有数据独立于各个应用程序，由它统一管理，实现了数据资源的整体管理。IMS 系统采用层次数据模型，对非层次数据使用虚拟记录表达，这导致大量使用指针，使得系统的计算效率不高。同时，由于层次数据模型的局限性和所能提供给用户的数据库操作比较低级，数据独立性也较差，从而限制了其应用前景。为了克服这些不足，人们又提出了网状数据模型，该模型对于层次和非层次数据都能比较自然地描述。到 20 世纪 70 年代出现了一批以网状数据模型为基础的 DBMS。但由于网状数据模型建立在"图"的基础之上，对数据访问要遍历数据链表来完成，这种实现方式对使用者提出了较高的要求，阻碍了系统的推广使用。以层次数据模型或网状数据模型为基础的数据库管理系统称为第一代数据库管理系统。

1970 年，IBM 公司的 E.F.Codd 发表了题为《大型共享数据库数据的关系模型》的论文，提出了数据库的关系数据模型，开创了数据库关系方法和关系数据理论的研究，为关系数据库技术奠定了理论基础。关系数据模型建立在关系代数之上，有坚实的数学基础。对用户而言，关系数据库就是二维表，一个实例对象就是数据库的二维表中的一行（一条记录），而对象的属性就是二维表中的列，表与表之间的联系通过一个表的关键字与另一个表的外关键字来体现，这种数据组织形式直观明了。在关系数据模型的基础上成功开发了非过程化的查询语言 SQL（Structured Query Language）语言，使得数据库的查询变得直接而简单，从而使关系数据库系统得到了广泛的应用，大大推进了数据库技术的发展。通常我们把支持关系数据模型的数据库管理系统称为关系数据库管理系统，它是第二代数据库管理系统。

关系数据模型以记录为基础，数据库中的数据是结构化的。随着像 CAD、CASE、图像处理、GIS 等新的应用领域的发展以及传统应用领域中应用的深化（如需要处理多媒体信息），要求数据管理软件管理复杂对象，对数据施加较为复杂的操作，模拟复杂对象的复杂行为。在 20 世纪 80 年代的中后期，把面向对象技术与数据库技术结合起来，产生了面向对象的数据库管理系统。它利用类来描述复杂对象，利用类中封装的方法来模拟对象的复杂行为，利用继承性来实现对象属性（数据）和方法（行为）的重用。面向对象的数据库系统在一些特定的领域（如 CAD 等）较好地满足了应用的需求。但是，这种纯粹的面向对象的数据库系统不支持已大量使用的、建立在关系数据库基础上的数据查询语言 SQL，在通用性方面失去了优势,其应用领域也受到了很大的限制。在面向对象技术与数据库技术相结合的过程中,有两种发展途径:一种是建立纯粹的面向对象数据库管理系统。这种途径往往以一种面向对象的程序设计语言为基础,增加数据库的功能,主要是支持面向对象数据模型,实现持久对象的保存和数据共享。另一种途径是从传统的关系数据库加以扩展,增加面向对象特性,把面向对象技术与关系数据库相结合。20世纪90年代后期,建立了对象—关系数据库管理系统,它既支持已被广泛使用的SQL,具有良好的通用性,又具有面向对象的特性,支持复杂对象和复杂对象的复杂行为。对象—关系数据库管理系统适应了新应用领域的需要和传统应用领域深化发展的需要。人们把面向对象技术与数据库技术相结合的系统称为第三代数据库系统或新一代数据库系统。

从20世纪80年代以来,数据库技术在商业领域的巨大成功刺激了对数据库技术需求的迅速增长,数据库技术也得到了极大的发展,突出表现在:各种学科技术的内容与数据库技术的有机结合,使数据库领域中新内容、新技术、新应用层出不穷,形成了当今的数据库家族,如面向对象数据库、分布式数据库、工程数据库、演绎数据库、模糊数据库、时态数据库、统计数据库、空间数据库、并行数据库、多媒体数据库、主动数据库、数据仓库、Web数据库等,它们都是在传统数据库理论和技术的基础上发展起来的,并形成了有别于传统数据库的自身特点和应用。

与传统数据库的概念和技术相比,当今数据库的整体概念、技术内容、应用领域甚至基本原理都有了很大的发展和变化,从而使传统的数据库即面向商业与事务处理的数据库,仅仅成为当今数据库家族中的一员,当然它也是在理论和技术上发展得最为成熟、应用效果最好、应用面最广的成员,其核心技术、基本原理、设计方法和应用经验等仍是整个数据库技术发展和应用的基础。

数据库家族的出现是源于技术的发展和应用需求的驱动。数据库技术与其他计算机技术结合产生了许多新的数据库技术。典型的代表有:

● 面向对象数据库(面向对象技术+数据库技术)。

● 分布式数据库(分布式处理技术+数据库技术)。它是分布在计算机网络上的多个逻辑相关的数据库的集合,具有数据的物理分布性、数据的逻辑整体性、数据的分布透明性、场地自治和协调、数据的冗余及冗余透明性等特点。

● 并行数据库(并行处理技术+数据库技术)。它利用多处理器平台的处理能力,通过多种并行性计算来提高事务处理的吞吐量与加快数据访问的响应时间。

● 多媒体数据库(多媒体处理技术+数据库技术)。它实现对结构化和非结构化的多媒体数据的存储、管理和查询。

● 主动数据库(人工智能技术+数据库技术)。它要求数据库在反应能力上具有主动性、快速性和智能化的特点。如在传统数据库中嵌入"事件—条件—动作"规则,提供对紧急情况及时反应的能力。

在应用需求的驱动下,数据库技术在许多应用领域得到了延伸和发展。典型的代表有:

● 统计数据库。它是一种用来对统计数据进行存储、统计、分析的数据库。

● 工程数据库。它是一种能存储和管理各种工程图形,并能为工程设计提供各种服务的数据库。主要适用于CAD/CAM(计算机辅助设计/计算机辅助制造)、CIM(计算机集成制造)等通称为计算机辅助的工程应用领域。

● 地理数据库(空间数据库)。它是以描述地理或空间对象的空间位置和点、线、面、体特征的拓扑结构的位置数据,以及描述这些特征的性能的属性数据为主的数据库。

● 数据仓库。它是面向主题的、集成的、稳定的、不同时间的数据集合。传统数据库主要支持联机事务处理应用,而数据仓库可支持联机分析处理应用,它针对决策支持系统应用领域。

数据库技术的发展在应用需求的驱动下呈现出与多种学科知识相结合的特征,在这种交叉融合中数据库技术不断得到丰富和发展。凡是有数据产生的领域就可能需要数据库技术,新的应用领域、技术趋势、相关领域的交叉融合是推动数据库技术不断发展的外部动因。数据库技术研究与发展的趋势,从数据库所管理对象的变化的角度看,它已从最初只能管理通过键盘输入的数字、符号这类简单数据,正朝着必须可以管理由各种设备、装置、计算所产生的大量非键盘输入的复杂数据,如图形、图像、视频、音频、电子图书与档案、Web 网页等,以及对知识的管理的方向发展;从技术融合的角度看,如今的数据库技术已融合了面向对象技术、网络技术、分布式计算与并行计算技术、多媒体技术、人工智能技术等,使得数据库系统正朝着全面支持 Internet,具有可轻松扩展、智能化、高可用性、全方位信息获取和高安全性的方向发展;从数据库技术应用的角度看,正朝着将不同地域、多种信息类型的信息集成与融合,高质量、全方位信息的获取,知识的发现和推理等方向发展。同时,数据库技术正在深入到许多新的领域,如物理学、生物学、生命科学等。

2.5.4 常见数据库管理系统简介

目前,常见的通用数据库管理系统都是以关系数据模型为基础的关系数据库管理系统。值得注意的是,当今的大型关系数据库管理系统与传统的关系数据库管理系统相比已有很大的区别,它们不但可以支持传统的结构化数据的存储与管理,而且支持多种复杂类型的数据的存储与管理,在应用开发上支持面向对象技术,提供多种与多种应用软件开发平台的接口。以下简要介绍几个国内常见的数据库管理系统。

1. ORACLE 数据库管理系统

ORACLE 公司目前是全球第二大软件厂商,第一大数据库软件厂商。由该公司开发的 ORACLE 数据库管理系统,从 1979 年推出第一个基于 SQL 标准的关系数据库管理系统以来,经过 20 多年的不断研究和开发,ORACLE 数据库管理系统不断融入新的技术,适应新的环境和应用的需要,完成了十代更新。从 ORACLE 8i 开始全面支持 Internet 需求,2004 年发布的最新版 ORACLE 10g 是世界上第一个具有网格计算功能的数据库管理系统,它可在 100 多种硬件平台上运行(所括微机、工作站、小型机、中型机和大型机),支持多种操作系统。其主要特点是:

(1) 支持大数据库、多用户的高性能的事务处理。

(2) 遵守数据存取语言、操作系统、用户接口和网络通信协议的工业标准,支持 Internet 访问和信息集成。

(3) 支持分布式数据库和分布处理,具有网格计算功能。

(4) 实施安全性控制和完整性控制。

(5) 具有可移植性、可兼容性和可连接性。

(6) 有完善的应用软件开发工具和连接产品,支持基于联机事务处理、数据仓库和内容管理的各种应用开发。

(7) 有良好的可伸缩性和高可用性,并可自主管理。

2. SYBASE 数据库管理系统

SYBASE 公司成立于 1984 年 11 月，总部设在美国的 Emeryville。SYBASE 数据库管理系统即由该公司出品的关系数据库管理系统。目前，SYBASE 数据库管理系统的最新版本是 SYBASE Adaptive Server Enterprise(ASE)15.0，它是一种典型的 UNIX 或 Windows 平台上客户机/服务器环境下的数据库管理系统。该产品可以分为三个层次：数据库服务器层，该层提供高级数据库服务器；中间件层，该层为数据复制和各种异构的计算环境提供了服务器和互操作产品；工具层，该层提供了管理和监控产品，应用系统开发和调试工具以及上百个 Sybase 合作伙伴的产品。其主要特点有：

（1）支持多用户的高性能的事务处理，包括多数据库、分布式的事务。

（2）系统具有完备的触发器、存储过程、规则以及完整性定义，支持优化查询，具有较好的数据安全性。

（3）SYBASE 提供了一套应用程序编程接口和库，可以与非 SYBASE 数据源及服务器集成，允许在多个数据库之间复制数据，适于创建多层应用。

（4）为用户提供了良好的开发环境和开发工具，支持组件创建和快速应用开发。组件可以在客户端机器、数据库服务器或组件事务服务器上建立、调试和交付，其中比较著名的开发工具包括 PowerBuilder、Power Designer、Power J 和 SQL Server Manager。

（5）高度的可扩展性和易管理性。

3. SQL Server 数据库管理系统

该产品是美国 Microsoft 公司推出的一种关系型数据库系统。SQL Server 数据库管理系统是在购买 Sybase 公司 1987 年推出的 Sybase SQL Server 数据库管理系统，又称为大学版 INGRES 的第三代产品的基础上逐渐发展起来的。从 SQL Server 7.0 版起，它开始成熟起来，具备了在数据库市场上的竞争能力，SQL Server 2000 版是一个优秀的企业级数据库管理系统，全面支持 Internet 应用开发的需求。目前，该产品的最新版是 SQL Server 2005，它是一个可扩展的、高性能的、为下一代数据管理和分析解决方案所设计的数据库管理系统，可在多种操作系统平台上运行。其主要特点有：

（1）高性能设计，支持对称多处理器结构，可充分利用 Windows Server 2003 的优势，支持多用户高性能的事务处理。

（2）在核心层实现了数据完整性控制，包括建表时申明完整性和用触发器机制定义与应用有关的完整性，支持分布式查询与更新。

（3）系统有一套集成的高效的管理工具，使得企业数据管理具有可方便集成、高可用性、增强的安全性和可伸缩性等特点。

（4）为开发人员提供了可与 Microsoft Visual Studio、.Net、商业智能和 Office 相集成的开发工具和应用程序接口，使得构建、部署和管理企业应用更加容易。

（5）通过内置的多种服务，支持数据分析和商业智能，能够帮助用户进行更好的业务决策。

（6）能够在多个平台、应用程序和设备之间共享数据，更易于连接内部和外部系统。

4. Access 数据库系统

该产品是美国 Microsoft 公司于 1994 年推出的在微机上运行的关系数据库管理系统，它是 Microsoft Office 套件中的一员，常用于个人办公事务处理。它运行于 Windows 操作系统之上，具有界面友好、易学易用、开发简单、接口灵活等特点，是典型的新一代桌面数据库管理系统。其主要特点有：

（1）完善地管理各种数据库对象，具有强大的数据组织、用户管理、安全检查等功能。

（2）强大的数据处理功能，在一个工作组级别的网络环境中，使用 Access 开发的多用户数据库管理系统具有传统的 XBASE（DBASE、FoxBASE 的统称）数据库系统所无法实现的客户机/服务器(Cient/Server)结构和相应的数据库安全机制，Access 具备了许多先进的大型数据库管理系统所具备的特征，如事务处理和出错回滚能力等。

（3）可以方便地生成各种数据对象，利用存储的数据建立窗体和报表，可视性好。

（4）作为 Office 套件的一部分，可以与 Office 集成，实现无缝连接。

（5）能够利用 Web 检索和发布数据，实现与 Internet 的连接。Access 主要适用于中小型应用系统，或作为客户机/服务器系统中的客户端数据库。

5. FoxPro 数据库管理系统

FoxPro 数据库管理系统最初由美国 Fox 公司 1988 年推出的在微机上运行的关系数据库管理系统。1992 年 Fox 公司被 Microsoft 公司收购后，相继推出了 FoxPro 2.5、2.6 和 Visual FoxPro 等版本，其功能和性能有了较大的提高。FoxPro 2.5、2.6 分为 DOS 和 Windows 两种版本，分别运行于 DOS 和 Windows 环境下。FoxPro 比 FoxBASE 在功能和性能上有了很大的改进，主要是引入了窗口、按钮、列表框和文本框等控件，进一步提高了应用系统的开发能力。VisualFoxPro 是随着 Windows95 的上市而推出的，最初版本为 3.0，主要适用于 Windows95 和 WindowsNT 等环境，其功能和性能又有了新的飞跃，是目前 Fox 系列数据库的主要版本，其主要特点如下：

（1）快速生成任务。VisualFoxPro 是一种可视化的数据库应用开发工具，提供了一系列的向导、生成器和设计器，可以快速地生成数据库应用程序，并可编译成直接在 Windows 下运行的可执行程序。

（2）比较完善的数据字典。可以对数据库中的每个表定义规则、永久关系以及触发器等，初步具备了许多大型数据库的特征。

（3）具有面向对象编程能力。用户既可以利用其提供的基类，如窗体、工具栏等，也可以在此基础上创建自己的类库。

（4）良好的兼容性。可兼容 FoxBASE 等 XBASE 数据库，可以与其他数据库交换数据。

（5）可支持客户机/服务器结构。

2.6 软件工程

以计算机系统为核心的信息时代正向我们走来，面对大量的计算机应用需求，怎样才能更有效地开发出各种不同类型且符合用户要求的软件，是软件工程所要解决的问题。软件工程以计算机科学、数学、管理学、经济学及心理学等为理论基础，借鉴工程学的原则和方法来创建软件，它对软件产业的形成和发展起着决定性的推动作用。本节简要介绍软件工程的形成与发展、软件工程的基本概念、软件生存期模型等知识，以便大家对软件工程在软件产品开发中所起的作用有一个初步的了解。

2.6.1 软件工程的诞生及发展

软件是客观事物的一种反映，客观世界的不断变化促使软件技术的不断发展，这种事物发展规律促使软件工程的产生和发展。

1. 软件危机

20世纪60年代以前，软件通常是规模很小的程序，并且编写者和使用往往是同一个（或同一组）人，这种个体化的软件环境，使得软件设计通常是在人们头脑中进行的隐含过程，除了程序清单之外，没有其他文档资料保存下来。20世纪60年代以后，随着高级语言的成熟，软件需求的不断扩大，软件作为产品开始被广泛使用，出现了专门为用户开发应用软件的"软件作坊"。由于软件规模的扩大、要求的功能增强和复杂性的增加，使得所开发的软件错误多，修改和维护软件困难，甚至以失败告终，并且软件开发的资源消耗以令人吃惊的比例增加，出现了"软件危机"。软件危机的主要表现有：

（1）对软件开发成本和进度的估算很不准确，并且难以控制，软件在计算机系统总成本中所占的比例越来越大。

（2）用户对"已完成的"软件系统不满意的现象经常发生，产品的质量往往靠不住。

（3）软件通常缺少必要的文档资料，使得修改和维护困难，甚至不可维护。

（4）软件开发的生产率提高缓慢，远远跟不上计算机应用的迅速增长的需要，使得软件产品供不应求，不能发挥现代计算机硬件提供的巨大潜力。

以上列举的仅仅是软件危机的一些明显的表现，事实上与软件开发和维护有关的问题远远不止这些。人们在总结软件危机的表现之后，分析了产生软件危机的原因。其主要原因有：

（1）软件是一个逻辑部件，不像硬件部件那样，看得见，摸得着，它是人对处理问题的方法与步骤的逻辑思维的表现的结果。所以软件与开发者的文化背景、个人的习惯和经验、个人的能力和人员的组织管理密切相关，这导致了软件开发在管理和控制上相当困难。

（2）由于软件规模的不断扩大，对功能要求的不断增强，使得软件的复杂性呈几何级数增长，超出了人所能控制的范围。而降低复杂性的有效办法是把大型软件分割成若干个模块，使单个模块的复杂性控制在人所能顾及的范围内，通过成百上千人的分工合作来完成软件的开发。但这样同时又带来了软件结构的复杂，开发人员在对软件的理解认识、信息沟通和保持一致上的困难，使得如何有效地组织管理，充分发挥团队合作作用成为成功开发软件的关键。

（3）用户不能准确提供对软件功能的需求，经常存在二义性、遗漏甚至错误；用户常常在软件开发过程中提出修改、补充软件功能的要求，导致软件的设计发生变化，甚至被废弃；软件开发人员对用户需求的理解与用户本意有差异，以致开发的产品与用户的要求不一致。

（4）在软件开发和维护中缺乏正确的开发方法和有效的支持工具，过分依靠程序设计人员在开发过程中的技巧和创造性，使得软件开发的效率不高，维护困难。

软件产品的特殊性和人类智力的局限性限制了处理复杂问题的能力。为了克服"软件危机"，1968年在原西德召开的北大西洋公约组织（NATO）的计算机科学会议上，Fritz Bauer首先提出了"软件工程"的概念，提出借用工程学的方法和管理手段，使软件开发从"艺术"、"技巧"和"个体行为"向"工程化"和"群体协同工作"转化，以便开发出成本低、功能强、可靠性高的软件产品。但时至今日人们并没有完全解决软件危机的所有问题。

2. 软件工程的发展

软件工程作为独立的一门学科，其发展已逾30多年，人们一直在探索更先进的软件开发生产方法和技术。几十年来，软件工程在实践中逐步成熟，在软件的开发与维护和软件产业的发展中发挥了巨大的作用，软件工程自身研究的范围和内容也随着软件技术的发展不断变化和发展。软件工程的发展大致可分为三个阶段。

第一阶段：20世纪70年代到80年代中期。为了解决软件开发项目失败率高、错误多以及软件维护困难等问题，人们提出了软件开发工程化的思想，希望借助工程学的原理、方法和管理，使软件开发走上可管理、可控制、可审计的规范化道路，克服软件危机。在实践中，人们将工程学的原理、方法和管理应用到软件开发中，使得软件开发在组织管理、提高软件质量、降低成本和控制进度上有了长足的进步。随后又提出了软件生命周期的概念，将软件开发过程划分为若干不同阶段（需求分析、设计、实现、测试和维护），以适应更大规模和复杂的软件开发的需要。人们还将计算机科学和数学用于构造模型与算法上，围绕软件开发开展了有关开发模型、结构化设计方法以及支持工具的研究，开发出了多种软件开发工具（如编辑、编译、跟踪、排错、源程序分析、反编译等工具），并围绕开发项目管理提出了费用估算、文档复审等一系列管理方法和工具，基本形成了软件工程的概念、框架、方法和手段，并且为了使相互独立的工具能有机整合成支持软件开发的综合性工具，计算机辅助软件工程(CASE)开始成为研究热点。

第二阶段：20世纪80年代中期到90年代中期。20世纪80年代中期，面向对象技术得到了极大的发展，相继出现了一大批实用的面向对象程序设计语言，如 Objective C（1986年）和 C++（1986年）等，并且开始把面向对象的技术发展到软件开发的系统分析与设计中。到20世纪90年代中期，形成了完整的面向对象的技术体系，其软件开发方法开始成熟。同时软件开发工具走向集成化、可视化，可自动生成大量重复使用的代码，使得大规模软件的开发活动得到了更好的支持。这时，进一步提高软件生产率、保证软件质量成为软件工程追求的更高目标，出现了可以支持多个软件开发阶段的计算机辅助软件工程工具。软件生产开始进入以过程为中心的第二阶段。这个时期人们认识到，应从软件生存周期的总费用及总造价来决定软件开发方案。在重视发展软件开发技术的同时，人们提出了软件成熟度模型、个体软件过程和群组软件过程等概念，在软件定量研究方面提出了软件工作量估算模型等。软件开发过程从目标管理转向过程管理。

第三阶段：20世纪90年代中期以后，软件开发技术的主要处理对象为网络计算和支持多媒体的WWW。为了适应超企业规模、资源革新、群组协同工作的需要，需要开发大量的分布式处理系统。这一时期软件工程的目的在于不仅提高个人生产率，而且通过支持跨地区、跨部门、跨时空的群组共享信息、协同工作来提高群组、集团的整体生产率。因整体性软件系统难以更改、难以适应变化，所以提倡基于部件（构件）的开发方法，即通过部件互连集成实现软件整体。同时人们认识到计算机软件开发领域的特殊性，不仅要重视软件开发方法和技术的研究，更要重视总结和发展包括软件体系结构、软件设计模式、互操作性、标准化、协议等领域的复用技术和经验。软件复用和软件构件技术正逐步成为主流软件开发技术，软件工程也由此进入了构件软件工程时代。

2.6.2 软件工程的概念

随着软件技术的进步和大量的工程实践经验的积累，软件工程的基本概念、方法在发生演变，所包含的内容也越来越丰富，研究也越来越深入。

1. 软件工程的定义

软件工程的概念已提出30多年，但到目前对这一概念的定义并不统一，这反映了人们对软件工程的不同认识和理解上的不断深入。以下是一种普遍被认同的软件工程的定义。

软件工程是指导计算机软件开发和维护的工程性学科，它应用计算机科学的理论与技术以及其他相关学科的理论，采用工程的概念、原理、技术和方法来开发和维护软件，把经过时间考验而证明正确的管理技术和当前能够得到的最好的软件技术和方法结合起来，以期用较少的代价取得高质量的软件。

从定义可以看出，软件工程是一个综合的交叉性工程学科，其作用是指导、规范和支持软件的开发和维护活动，所要做的工作是把最好的软件技术与工程管理技术结合起来，并应用到软件开发中去，目标是减少软件开发的开销，提高软件的质量和生产率。

2. 软件工程的目标、活动和原则

（1）软件工程的目标

软件工程的目标是从技术上、管理上采取多项措施，研究与生产出正确的、可用的以及开销合适的高质量的软件产品。正确性指软件产品达到预期在功能、性能、可靠性上所要求的程度；可用性指软件的基本结构、实现及文档达到在用户能力范围内可理解、可学习和可操作的程度；开销合适指软件开发、运行的整个开销满足用户的要求。软件的质量与生产（开发）的过程有关，为了减少失败和降低成本，必须对软件生产的过程进行管理和控制。

软件质量可用功能性、可靠性、效率（性能）、可用性、可维护性和可移植性六个方面来评价。功能性是指软件所实现的功能达到它的设计规范和满足用户需求的程度，具体包括适配性、准确性、互操作性、依从性、安全性等；可靠性是指在规定的时间和条件下软件能够正常维持工作的能力，具体包括成熟度、容错性、可恢复性等；效率是指在规定的时间条件下，用软件实现某种功能所需要的时间和计算机资源使用的有效性，具体包括时间特性、资源特性等；可维护性是指当环境改变或软件运行发生故障时，为了使其恢复正常运行所做的努力的程度，具体包括可分析性、可改变性、可测试性、稳定性等；可移植性是指软件从某种严重环境转移到另一种环境时所需要努力的程度，具体包括可适应性、可安装性、一致性、可置换性等。

在实际开发工作中，企图使以上几个质量目标同时达到理想的程度往往是不现实的，因为以上各目标之间有些是相互补充的，如易于维护和高可靠性之间，功能强与可用性之间；有些是相互冲突的，如高性能与可移植性之间，因为一味追求提高软件的性能，可能造成开发出的软件对硬件系统的依赖较大，从而影响到软件的可移植性。另外，高性能与高可靠性之间有时也是相互冲突的，因为高可靠性有时意味着计算量的增加，从而影响计算的效率。同时，以上各目标还受到开发经费和交付时间的约束。

在不同的应用中对软件质量目标的要求也不同。例如，实时系统对可靠性和效率要求高，而生存期较长的软件的可维护性和可移植性比较重要。

（2）软件工程过程与活动

软件工程过程是指生产满足用户需求且达到工程目标的软件产品所需要的步骤，这些步骤由需求、设计、实现、确认和支持维护等活动构成。需求活动是在一个抽象层上建立系统模型的活动，该活动包括问题分析、明确需求，其主要产品是需求规约，它是软件开发人员和客户之间契约的基础，是设计的基本输入；设计活动定义实现需求规约所需的结构，该活动的主要产品包括软件体系结构（概要设计）、详细的处理算法（详细设计）等；实现活动是设计规约到程序代码转换的活动；验证/确认是一项评估活动，贯穿整个开发过程，包括动态分析和静态分析，主要技术有模型评审、代码错误排查以及程序测试等；维护活动是软件发布之后所进行的修改，包括对错误的修正、对环境变化所进行的必要调整等，它是一项对用户的支持活动。对用户的支持活动还有培训、软件环境的建立等。事实上，从更广的范围看，支持活动贯穿于整个软件工程过程之中，它包括文档开发、配置管理、合同要求评审和审计、验证和确认、软件质量保证、更正与维护、培训、环境建立八个方面的内容。

（3）软件工程的基本原则

为了开发高质量的软件产品并便于维护，人们提出了围绕工程设计、工程支持以及工程管理的 4 条软件工程基本原则，以帮助开发人员利用技术和经验来生产和维护高质量的软件。

第 1 条原则：选取适宜的开发模型。在系统设计中，软件需求、硬件需求以及其他因素是相互制约和相互影响的，经常需要权衡。因此，必须认识到需求定义的易变性，并采取必要的措施予以控制，以保证软件开发的可持续性，并使最终的软件产品满足客户的要求。

第 2 条原则：采用合适的设计方法。在软件设计中，要遵循软件的模块化、信息隐蔽、局部化、一致性、适应性、构造性、集成组装性等原则。选择合适的设计方法有助于这些特征的实现，以达到软件工程的目标。

第 3 条原则：提供高质量的工程支持。在软件工程中，软件工具与环境对软件工程过程的支持非常重要，软件项目的质量与开销直接取决于对软件工程过程所提供的支撑质量和效用。

第 4 条原则：有效的软件工程过程管理。有效的过程管理直接影响可用资源的有效利用和提高软件组织的生产能力。因此，仅当对软件工程过程实施有效管理时，才能实现有效的软件工程。

3. 软件工程的研究内容

软件工程学主要涉及计算机科学、工程学、管理学和数学等学科知识。计算机科学侧重于计算理论与技术的研究，其成果可应用于软件工程，而软件工程则强调如何有效地构建一个软件系统；工程学的原理、技术和方法可用来指导、规范和支持软件的生产过程；管理学的原理和方法可用来对软件生产的过程进行管理，提高软件质量；数学可用来建立软件开发中的各种算法和模型，抽象表达软件。

作为一门独立的学科，软件工程的主要研究内容是与软件开发与维护有关的内容，主要包括：标准与规范、过程与模型、方法和技术、工具和环境四个方面。软件工程管理则贯穿于这四个方面。

作为工程而言，标准化、规范化可以使各种工作有章可循，进而提高软件的生产效率和软件产品的质量。软件工程的标准主要有五个层次：国际标准、国家标准、行业标准、企业规范和项目规范。在软件项目中，执行的标准越高，意味着软件企业的软件开发能力越强，软件产品的质量越高。

软件开发和维护有一系列的活动，这些活动形成了软件工程的过程，在一定的标准和规范的基础上，过程将软件工程的方法和技术、工具和环境综合起来，以达到合理、及时地进行计算机软件开发和维护的目的。过程模型则是通过提供一个抽象的结构框架，将过程的各项活动及任务有机地组合起来，以利于软件开发和维护的各类人员理解、明确和适应不同的软件开发。目前已提出的多种软件开发模型有瀑布模型、演化模型、螺旋模型、喷泉模型等。

软件开发和维护方法是指导开发和维护软件的某种标准规程，它体现软件开发和维护人员看待软件系统的立场和观点。例如，结构化方法认为所要开发的软件系统是由一些功能模块按照层次型结构相互联系、相互作用构成,面向对象方法则认为所要开发的软件系统是由一些对象的相互联系、相互作用构成。方法主要解决"什么时候做什么"的问题,技术则是方法的具体实现,由若干个步骤组成,突出"如何做"。很多时候方法和技术不加区别地笼统地称为方法,如结构化分析与设计方法,面向对象分析和设计方法等。

软件工具是对人类在软件开发和维护活动中智力和体力的扩展和延伸,它为软件开发、维护和管理提供了自动的或半自动的支持,以提高软件生产效率和质量,降低软件开发和维护的成本。如编译程序、反编译工具、测试工具、项目管理工具、分析与设计工具等。软件开发环境是将方法与工具有机结合起来的软件系统,以支持软件的开发。软件开发环境通过环境信息库和消息通信机制的实现,把支持某种软件开发方法的不同阶段的工具集成起来,从而实现软件开发中的某些过程或全程的自动化。如北大青鸟系统、JS-CASE 系统、Power Designer 等 CASE 工具是属于软件开发环境的。

软件工程的四个方面的研究内容构成了以软件质量为核心的层次结构,如图 2.24 所示。随着人们对软件系统认识的深入,软件工程的研究内容也将不断更新和扩展。

图 2.24　软件工程层次结构

2.6.3　软件生存期模型

软件生存周期是人们在研究软件开发时所发现的一种规律性的事实。在整个软件开发过程中,为了从宏观上管理软件的开发和维护,就必须对软件的开发过程有总体的认识和描述,即要建立软件生存期模型。软件生存期模型提供了软件生存期中全部过程、活动和任务的集成的结构框架,用来直观、清楚地表达软件生存期的全部过程以及所要进行的主要活动和需要完成的任务,它是软件项目开发的基础。目前已研究提出多种模型,每一种模型都反映了一种人们对软件开发过程的认识,表现了一类软件项目开发的特点。软件项目的特点和性质以及将要使用的方法和工具等,是决定选择合适的模型的因素,将软件生存期过程映射到选定的模型中进行软件开发和维护是软件项目成功的基础。本节通过对最早提出的瀑布模型的介绍,使大家对软件生存期模型的作用和特点有所了解。

1. 软件生存周期

软件产品和其他工业产品一样,也有从诞生到消亡的过程。软件从功能定义开始,直到它最终被废弃并停止使用的全过程称为软件的生存(命)周期,它可以划分成若干个互相区别而又彼此联系的阶段。将软件生存周期进行阶段划分,是为了使每个阶段的任务相对独立且比较简单,便于不同人员的分工合作,从而降低整个软件的开发难度。每个阶段都采用经过验证行之有效的管理技术和方法,从技术和管理的角度进行严格审查,使软件开发的全过程以一种有条不紊的方式进行,以达到保证软件质量、降低开发成本、合理使用资源、提高软件开发效率的目的。

对生存周期的阶段划分方法和彼此间联系方式不同，会形成不同的软件生存周期模型。传统上将软件生存周期划分成问题定义、可行性研究、需求分析、总体设计、详细设计、编码实现（含单元测试）、测试（包括组装测试和确认测试）和运行与维护几个阶段（即 2.1.4 节中的软件开发过程的几个阶段），这几个阶段又可以归纳成计划、开发和运行三个时期，每个阶段的主要工作与结果已在 2.1.4 节中介绍过，这里不再重复，具体如表 2.7 所示。

表 2.7　　　　　　　　　软件生存周期各阶段及任务

阶段	要解决的问题	给出的标准文档
问题定义	问题是什么	目标和规模报告书
可行性研究	有可行的方法吗	高层逻辑模型、数据流图、成本效益分析
需求分析	系统做什么	逻辑模型、数据流图、数据字典、算法描述
总体设计	如何解决问题	系统流程图、系统结构层次图
详细设计	怎样具体实现	编码规格说明，HIPO 图或 PDL
编码和单元测试	给出正确的程序模块	源程序清单、单元测试方案和测试结果
综合测试	给出符合要求的软件	综合测试方案和结果，一致的软件配置
运行和维护	持久地满足用户要求	完整的维护记录、文档、文件新版本

HIPO：分级输入、处理、输出。PDL：程序设计语言。

2. 瀑布模型

瀑布模型是最早提出的软件生命周期模型，由 W.Royeee 在 1970 年提出，该模型将软件生命周期中的活动和任务规定为线性顺序联结的若干个阶段，各阶段的活动为：问题定义、可行性研究、需求分析、总体设计、详细设计、编码实现、综合测试和运行与维护。各阶段的活动从上一阶段向下一阶段逐级过渡，如同瀑布流水，逐级下落，最终得到所要开发的软件产品，其模型示意图如图 2.25 所示。

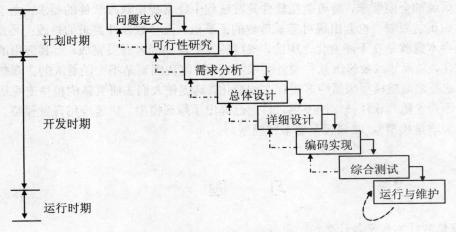

图 2.25　瀑布模型示意图

瀑布模型的思想特点是：
- 阶段间具有顺序性和依赖性。它有两重含义：①必须等前一段的工作完成之后，才能开始后一阶段的工作；②前一阶段的输出文档就是后一阶段的输入文档。因此只有前一阶段的输出文档正确，后一阶段的工作才能得到正确的结果。
- 推迟实现的观点。清楚地区分逻辑设计与物理设计，尽可能推迟程序的物理实现。前面的工作没有做扎实，过早地考虑程序实现，往往导致大量的返工，有时甚至发生无法弥补的问题，带来灾难性后果。
- 质量保证的观点。为了保证所开发的软件的质量，在瀑布模型的每个阶段都必须坚持：①每个阶段都必须完成规定的文档，没有交出合格的文档就是没有完成该阶段的任务；②每个阶段结束前都要对所完成的文档进行评审，以便尽早发现问题，改正错误。

瀑布模型为软件开发与维护提供了一种有效的管理模式，根据这一模式制订开发计划、进行成本预算、组织开发人员，以阶段评审和文档控制为手段，有效地对整个开发过程进行指导，从而保证软件产品的质量。瀑布模型之所以广为流行，是因为在支持开发结构化软件、控制软件开发的复杂度、促进软件工程化方面起到了显著作用。瀑布模型比较适合于功能和性能需求明确，受外界影响小的软件项目的开发和维护，如编译系统、操作系统、数据库管理系统等。

人们在实践中发现，瀑布模型存在着不足，主要表现在：
- 由于瀑布模型各阶段间严格的线性关系，使得软件在开发过程中用户无法看到软件的效果，只有等到软件交付使用时才能和用户见面，这往往导致开发出来的软件并不是用户真正需要的软件；
- 无法通过开发活动澄清本来不够确切的软件需求，从而导致需要返工或不得不在以后的维护活动中纠正需求出现的偏差；
- 若在前期工作中出现差错，未能发现及时更改，那么越到后期所造成的损失越大，甚至导致软件开发以失败告终。

出现以上情况的原因来自两个方面，一方面是模型本身存在的缺陷，即各阶段间严格的线性关系，各阶段之间的过渡顺序性和依赖性强，使得模型过于僵硬，不能适应客观因素的变化；另一方面来自外部，如由于用户对所需软件在开始时往往只有一个模糊的想法，无法准确表达对系统的全面要求，而可能在软件开发过程中经常提出修改软件的要求；由于开发人员的背景知识的限制，也会出现对需求理解的不准确，而导致软件需求的修改；另外，外部的客观世界本身就是在不断变化之中的，很可能发生软件尚未开发完成，而其应用的环境已发生了变化，从而导致要修改软件设计要求等情况。客观因素是不会随着人的主观想象而改变的，这就必须调整模型来适应客观存在的变化。这促使人们去研究新的模型来克服瀑布模型存在的不足。随着软件技术的发展，目前已提出了原形模型、快速应用开发模型、螺旋模型（也称为增量模型）、喷泉模型等多种模型。

习　　题

1. 计算机软件的含义是什么？
2. 软件有哪些特点？

3. 系统软件的主要作用是什么?
4. 列举两种你知道的应用软件,并说明它们提供的主要功能。
5. 简述推动软件开发技术发展的主要原因。
6. 软件开发技术发展经历了哪几个阶段?
7. 软件工具的作用是什么?软件工具通常分成哪几类?
8. 解释操作系统的概念,并说明它在计算机系统中的功用。
9. 从功能的角度看,操作系统可分成哪几种类型?
10. 简述推动操作系统发展的主要因素。
11. 操作系统从功能的角度看由哪几部分组成?各部分的主要作用是什么?
12. 进程是什么?它与程序有什么区别?
13. 进程有哪几种状态?各种状态之间是如何转化的?
14. 解释作业的概念,并说明作业有哪几种状态。
15. 设备管理程序有哪些功能?
16. 解释文件的概念,并说明文件内部的构成。
17. 文件在磁盘上是如何组织的?在磁盘上标识一个文件通常包含哪些信息?
18. 文件的路径是如何表示的?绝对路径是什么?相对路径是什么?请在你的计算机上选择一个文件,写出它的绝对路径和相对路径。
19. 文件管理系统的主要功能是什么?
20. 在 DOS 操作系统环境中尝试使用以下命令,并解释它们的功能。

    (1) MD   C:\MYTEMP
    (2) CD   . C:\MYTEMP
    (3) COPY A*.*
    (4) DIR   A:*.COM
    (5) DIR   /P
    (6) DEL   *.COM
    (7) DEL   *.*
    (8) CD   \
    (9) DELTREE   C:\MYTEMP

21. 简述 UNIX 操作系统的特点。
22. 简述 UNIX 操作系统中用户管理和分类的方法。
23. 简述 UNIX 操作系统中控制用户对文件存取权限的方法。
24. 算法是什么?算法有哪些特点?
25. 算法的要素是什么?有哪三种基本控制结构?画出它们的流程图表示。
26. 用自然语言和流程图两种描述方法,描述求 $1\times2\times3\times4\times\cdots\times10$ 的结果的算法。
27. 用流程图描述方法,描述求 $2+4+6+\cdots+100$ 的结果的算法。
28. 高级程序设计语言有什么特点?
29. 面向对象的程序设计语言的基本特点是什么?
30. 高级程序设计语言有哪几种类型?
31. 构成高级程序设计语言的基本元素有哪些?
32. 简述程序设计的基本方法与步骤。

33. 高级语言程序"翻译"处理有哪两种过程？用图形表示这两种"翻译"处理过程。
34. 简述编译程序的构成及编译处理过程，并用图形表示。
35. 数据库是什么？数据库管理系统是什么？数据库系统是什么？
36. 简述数据库系统的特点。
37. 简述数据库管理系统的功能。
38. 简述软件危机产生的原因。
39. 解释软件工程的概念。
40. 软件工程的目标是什么？
41. 简述软件工程的过程及主要活动。
42. 简述软件工程实践的基本原则。
43. 简述软件工程的研究内容。
44. 什么是软件生存（生命）周期？它可划分为哪几个阶段？
45. 简述传统软件开发过程的瀑布模型及模型的特点。

第3章 多媒体技术基础

3.1 多媒体概述

3.1.1 多媒体的基础知识

多媒体系统（Multimedia System）是以计算机技术为基础，能综合处理文字、声音、图形、图像、动画等多种媒体信息的技术的系统。

多媒体技术的特性是：多样性、集成性、交互性、数字化。

多样性是指处理的信息对象包括文字、图形、图像、声音、视频和动画等。

集成性是指可对图文声像等信息媒体进行综合处理，达到各种媒体的协调一致。

交互性是指用户能方便地与系统进行交流，以便对系统的多媒体处理功能进行控制，例如能随时点播辅助教学中的音频、视频片断，并立即将问题的答案输入给系统进行"批改"等。

数字化特征是指各种媒体的信息都是以"数字"的形式（即用"0"和"1"来表示）进行存储和处理，而不是传统的模拟信号方式。

现在的电视虽然能传播图像和声音等集成信息，但它却不是多媒体系统，因为它是"单向"地传播信息，人们只能被动接收信息，而不能进行"交互"。另外，它用的是模拟信号而不是数字信号。

多媒体与纯文字的情况完全不同，它有极大的数据量并且要求媒体间的高度协调（例如声音、图像的完全同步），因此，对多媒体的处理和在网络上的传输在技术上都是比较复杂的。多媒体技术，就是指研究多媒体信息的输入、输出、压缩存储和各种信息处理方法，多媒体数据库管理，以及多媒体网络传输等对多媒体进行处理的技术。近年来，多媒体技术发展很快，越来越多的研究成果达到了实用水平。

3.1.2 多媒体的组成

从字面理解，"多媒体"中的"多"表示多个，"媒体"表示信息的不同载体和传播方式。

多媒体含有这些媒体：文字（Text）、声音（Audio）、图形（Graphics）、图像（Image）、视频（Video）、动画（Animation）、超文本（Hypertext）和超媒体（Hypermedia）。

多媒体计算机系统的组成：

- 多媒体硬件平台：PC机扩充较大的内存、外存，配备CD-ROM、音频卡、视频卡、数据压缩卡、音像输入、输出设备等部件。
- 多媒体软件平台。
- 操作系统中增加多媒体功能。
- 多媒体创作工具，如Microsoft的MDK、Director、Flash、Authorware等。

如图3.1所示为多媒体计算机系统的组成。

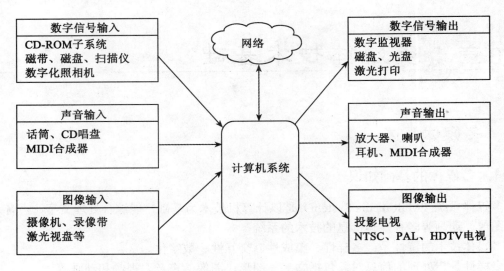

图3.1 多媒体计算机系统的组成

下面对各个媒体进行简要说明。

1．文字

文字是组成计算机文本文件的基本元素。文本文件通常是以TXT为扩展名的文件，而DOC则是加入了排版命令的特殊的文本文件。

文字用编码的方式在计算机内存储和交换。英文字符常用的编码是ASCII码，占7位（bit），扩展后占一个字节（8bit）；汉字由于字数多（常用的有1万多字，全部共有6~8万个），所以常用2个字节的编码来表示一个汉字。

为了在屏幕上显示字符或用打印机打印汉字，还要有字模库。字模库中存放的是字符的形状信息（如图3.2所示），它可以用二进制"位图"（bitmap）即点阵方式表示，也可以用"矢量"方式表示。位图中最典型是用"1"来表示有笔画经过，"0"则表示没有。位图方式占存储量相当大，例如，采用64点阵来表示一个汉字，则一个字占64×64÷8bit/字节＝512字节＝0.5kb；一种字体（如宋体）的一二级国标汉字（共6763个汉字）所占用的存储量为0.5kb×6763＝3384kb,接近3.4M。汉字最常用的字体有宋体、仿宋体、楷体和黑体4种，此外，隶书、魏碑和综艺等字体也比较常用。由于字体多，字模库所占用的存储量是相当大的。

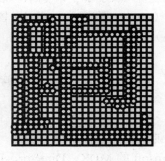

图3.2 "跑"字字模位图

矢量表示法则抓住字的点画等特点进行表示，存储量较小，且字形可以随意放大而不产生"锯齿"形失真。

2. 声音

人耳所能听到的声音，频率范围为 20Hz~20kHz，在对它进行数字化转换时，采样速率需要介于 40～50kHz 之间，在多媒体技术中常用的标准采样频率为 44.1kHz。量化精度现在常用 16 位（bit），质量更高的有用 24 位的。为了取得立体声音响效果，有时候需要进行"多声道"录音，最起码有左右两个声道，较好的则采用 5.1 或 7.1 声道的环绕立体声。所谓 5.1 声道，是指含有左、中、右、左环绕和右环绕这 5 个有方向性的声道，以及一个无方向性的低频加强声道，如图 3.3 所示。

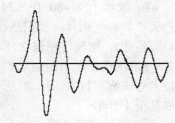

图 3.3

采样频率越高，量化精度越高，声道数越多，则数字化后的数据量也就越大。例如，采用 44.1kHz 采样，精度为 16bit，在左右两声道的情况下，每秒声音所占数据量为 44.1k 次/秒×2 字节/次×2 声道＝176.4k 字节/秒，一秒钟的声音就占 176kb 容量，一张软盘只能存储 8 秒钟的声音。所以必须对声音数据事先进行压缩，到播放时再进行解压。

在计算机系统中常用的存储声音的文件有如下几种。

WAV：PC 机使用的声音文件，体积很大。

MP3：根据 MPEG-1 视像压缩标准，对立体声伴音进行第三层压缩的方法所得到的声音文件，它保持了 CD 激光唱片的立体声高音质，压缩比达到了 12：1。

MID：称为 MIDI 音乐数据文件，这是 MIDI 协会设计的音乐文件标准。MIDI 文件并不记录声音的采样数据，而是包含了编曲的数据，它需要具有 MIDI 功能的乐曲的配合才能编曲和演奏。由于不存储声音采样数据，所以所需的存储空间非常小。

3. 图形（Graphics）

图形的显著特点是主要由线条组成，最典型的图形是机械结构图和建筑结构图，包含的主要是直线和弧线（包括圆）。直线和弧线比较容易用数学的方法来表示，例如，线段可以用始点坐标和终点坐标来表示，圆可以用圆心和半径来表示，这使得计算机中图形的表示常常使用"矢量法"而不是采用位图来表示，这可以使存储量大大减少，也便于绘图输出时的操作。

AutoCAD 是著名的图形设计软件，它使用的 DXF 图形文件就是典型的矢量化图形文件。在实际应用中，有些图形文件既可以存储位图，也可以存储矢量图形，而有些图形文件里面存储的都是一些绘图命令。新的图形设计软件在增加亮度和色彩效果后，使所设计的图形与图像已十分接近。

4. 图像（Image）

最典型的图像是照片，它不像图形那样有明显规律的线条，因此难以用矢量来表示，而基本上只能用点阵来表示。显示时，每一个点通常显示一个像素，普通 PC 显示模式中，VGA 模式的全屏幕显示就是由 640 像素/行×480 行＝307200 这么多像素来组成的。

与二值位图不同，图像的每一个像素不再仅仅只占一位，而是需要用许多位来表示。例如，一个像素使用 8 位来表示时，黑白图像可以表示出由白到黑 256 种灰度，彩色情况下可以表示 256 色。如采用 24 位来表示一个彩色像素，则可以得到的颜色数为 1677 万种，称为"真彩色"图像。

数字化图像的最大特点是其所占用的存储量极其巨大，例如，一幅能在标准 VGA（分辨率为 640×480）显示屏上作全屏显示的真彩色图像（即以 24 位表示），其所占的存储量接近一张软盘的存储容量：640 像素/行×480 行×24 位/像素÷8 位/字节＝921600 字节≌900kb。而一张 3 英寸×5 英寸的彩色相片，经扫描仪扫描进入计算机中成为数字图像，若扫描分辨率达到 1200dpi（点/英寸），则数字图像文件的大小为：5 英寸×1200dpi×3 英寸×1200dpi×24 位÷8 位/字节＝64800000 字节≌62MB。可见数据量之庞大，因此很有必要对数字图像进行压缩。科学技术界研究了许多压缩算法，对于静态图像，在失真不大的情况下，压缩比可达到 10 倍、30 倍甚至 100 倍。

在微型计算机系统中，最常用的图像文件有如下几种：

BMP：BMP 是 BitMap 的缩写，即位图文件。它是图像文件的最原始也是最通用的格式，其存储量极大。

JPG：即 JPEG（Joint Photographic Experts Group,联合图像专家组），代表一种图像压缩标准。这个标准的压缩算法用来处理静态的影像，去掉冗余的信息，比较适合用来存储自然景物的图像。它具备两大优点：文件明显变小以及可以保存 24 位真彩色的能力，而且可用参数调整压缩倍数，以便在保持图像质量和争取文件尽可能小两个方面进行权衡。

GIF（Graphic Interchange Format）：该格式是由美国最大的增值网络公司 CompuServe 研制，适合在网上传输交换。它采用交错法来编码，使用户在传送 GIF 文件时就可以提前粗略地看到图像内容，并决定是否要放弃传输。GIF 采用 LZW 法进行无损压缩，减小了传输量，但压缩倍数不大（压缩到原来的 1/2~1/4）。

TIF：这是一个被设计来作为工业标准的文件格式，应用较普遍（例如某些扫描仪扫描的图像存盘文件的缺省扩展名）。

此外，还有较常用的 PCX、PCT 和 TGA 等许多格式。

5. 视频（Video）

视频图像是一种活动影像，它与电影（Movie）和电视的原理是一样的，都是利用人眼的视觉暂留现象，将足够多的帧（Frame）连续播放，只要能够达到每秒 20 帧以上，人的眼睛就觉察不到画面之间的不连续性。活动影像如果帧率在 15 帧/秒以下，则将产生明显的闪烁感甚至停顿感；相反，若提高到 50 帧/秒，则感觉到图像极为稳定。

视频图像的每一帧实际上就是一幅静态图像，所以存储量大的问题更加严重。幸运的是，视频中的每幅图像之间往往变化不大，因此，在对每幅图像进行 JPEG 压缩之后还可以采用移动补偿算法去掉时间方向上的冗余信息，这就是 MPEG 动态图像压缩技术。

有时为了进一步减小存储量，把视频的尺寸（点阵数）缩小，从全屏显示减小到 1/4 屏幕甚至 1/16 屏幕大小。

视频图像文件的格式在 PC 机中主要有两种：

① AVI：即 Audio Video Interleaved 的缩写，是 Windows 所使用的动态图像格式，不需要特殊的设备就可以将声音和图像同步播出。

② MPG：MPG 是 MPEG（Motion Pictures Experts Group，运动图像专家组）制定出来的压缩标准所确定的文件格式，供动画和视频影像用。

6. 动画（Animation）

动画是一种活动影像，它与视频影像不同的是，视频影像一般是指生活上所发生的事件的记录，而动画通常是用来指人工创造出来的连续图形所组合成的动态影像。

动画也需要每秒 20 幅以上的画面。每个画面可以是逐幅绘制出来的，也可以是"计算"出来的。二维动画相对简单，而三维动画就复杂得多，常需要高速的计算机或图形加速卡及时地计算出下一个画面才能产生较好的立体动画效果。

FCI/FLC 是 AutoCAD 的设计厂商设计的动画文件格式，MPG 和 AVI 也可以用于动画。

7. 超文本与超媒体（HyperText and HyperMedia）

所谓 Hyper 就是"超越"的意思，超文本文件是在内容的适当位置处建有链接信息，用来指向和文本相关的内容。通常的做法是只需要用鼠标对准链接点击一下，就可以直接调出和这个链接相关的内容。

超文本实际上是一种描述信息的方法，在这里，文本中所选用的词在任何时候都能够被"扩展"（expand），以提供有关的其他信息。这些词可以连到文本、图像、声音、动画等任何形式的文件中，也就是说：一个超文本文件含有多个指针，这一指针可以指向任何形式的文件。正是这些指针指向的"纵横交错"，"穿越网络"，使得本地的、远程服务上的各种形式的文件如文本、图像、声音、动画等连接在一起。

超文本所建立的连接往往是网状的，如图 3.4 所示。

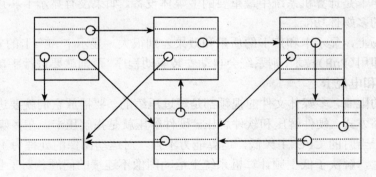

图 3.4　超文本的网状链接

如果把超文本的概念加以延伸，就是超媒体了。超媒体不仅可以包含文字而且还可以包含图形、图像、动画、声音和电视片断，这些媒体之间也是用超级链接组织的，而且它们之间的链接也是错综复杂的。

超媒体与超文本之间的不同之处是，超文本主要是以文字的形式表示信息，建立的链接关系主要是文字之间的链接关系。而超媒体除了使用文本外，还使用图形、图像、声音、动画和影视片断等多种媒体来表示信息，建立的链接关系是文本、图形、图像、声音、动画和影视片断等媒体之间的链接关系。

在超媒体中，可以将声音、视频、图片和动画等媒体集成，并根据其相互关系建立连接，使用时就能依照用户的操作指示将各个媒体一一呈现出来。

Windows 中常常使用的"帮助"文件就是一个超文本的例子。当我们在阅读帮助文件时，有些重要的位置的文字会呈现绿色，同时文字的下方会出现下画线。当把鼠标移动到这些位置时就会变成手指形的指针，这就暗示此处有一个链接，只需单击鼠标左键，相关的内容就会马上呈现出来。

Internet 上的万维网（World Wide Web）也使用了一种称为 HTML 文件（Hyper Text Markup Language，超文本标记语言）的超媒体文件格式。利用这种格式，除了可以将文字、声音、图像、动画和视频等媒体集成在一起外，还可以通过网络的传输协议将文件的内容提供给远方的网络用户读取。

3.2 常用多媒体设备

多媒体设备能够输入和输出多媒体信息，使用户真正感到多媒体的综合娱乐和应用效果。随着计算机硬件技术的发展，多媒体设备越来越多，下面就对其中较重要的多媒体设备进行介绍。

1. 光盘驱动器

光盘驱动器是一个支持压缩光盘（CD）的硬件设备。就像磁盘驱动器支持软盘一样，光盘驱动器支持 CD。光盘最大的特点是容量大，一张光盘可存放超过 600MB 的信息。

现在通常使用的光盘驱动器有只读光盘驱动器 CD-ROM 和可读写的光盘刻录机 CD-RAM。

2. 显示卡和声卡

显示卡和声卡是计算机系统中最重要的多媒体设备。如果没有显示卡和声卡，就无法展现计算机系统的多媒体功能。

现在的市场上，显示卡和声卡的质量和效果差别很大。显示卡和声卡的安装比较简单，如果支持即插即用（PnP）技术，则系统会自动安装驱动程序，否则就要进行手动安装（Setup）。

3. 解压卡和电视卡

由于空间的限制，多媒体文件的视频都是经过压缩的，要播放它们就要进行解压缩。目前有两种解压缩方式：硬件解压和软件解压。硬件解压就是指解压卡。在多媒体技术刚进入实用阶段，由于当时的 CPU 主频低，运算能力不强，对运动图像的处理力不从心，因此，解压卡应运而生，解决了低主频计算机系统上运动图像不连续的问题。对于目前的 PC 机，由于主频较高，用软件解压缩的效果已经很好，但硬解压卡由于其自身的特点，决定了它具有很多软解压所不具有的优点。

除了解压卡外，电视卡也是一个重要的多媒体输入设备，它可以使用户在计算机上欣赏电视节目。电视卡最主要的功能是完成将视频模拟信号转变成 VGA 数字信号。

3.3 Windows Media Player

Windows Media Player 是一种通用的多媒体播放器，可用于播放当前流行格式制作的音频、视频和混合型多媒体文件。用户可以使用 Windows Media Player 播放和组织计算机和 Internet 上的数字媒体文件。

Windows Media Player 把收音机、视频播放机、CD 播放机和信息数据库等都装入了一个应用程序中。使用 Windows Media Player，用户可以收听世界各地电台的广播、播放和复制用户的 CD、查找在 Internet 上提供的视频，还可以创建计算机上所有数字媒体文件的自定义列表。通过 Windows Media Player，用户不仅可以听 CD、MP3 和 MIDI 等音乐文件，还可以收听或查看实况新闻，观看 Web 站点，并且和一些便携式的媒体播放，如 MP3 播放器、CD 随身听等音频设备进行文件传输。

1. Windows Media Player 的特点

Windows Media Player 是一个综合性的多媒体应用工具，它可以用来播放各种多媒体文件，包括 CD、MIDI、MP3、MPEG、Microsoft 流式文件和 QuickTime 等多种视频音频文件格式。它具有以下的功能优点：

（1）简化了的多种文件播放。以前，每种媒体文件格式都需要单独的播放器，而且还必须下载和配置这些播放器。有了新的 Windows Media Player，除了本地的多媒体文件类型以外，用户还可以播放来自 Internet 或局域网的流式媒体文件。在播放流文件时，Windows Media Player 在播放前并不下载整个文件，而只是在开始时有些延迟，在播放时，边播放边下载。所有内容都可以在一个 Windows Media Player 中欣赏到，而且简单易用。

（2）高品质的多媒体享受。即使在播放包含多种媒体类型的文件时，Windows Media Player 也可以提供连续的观赏效果。此外，它还可以监视网络的工作状况并可以自动进行调整以保证最佳的接收和播放效果。

（3）打开和保存功能。如果用户知道要播放的流式媒体文件或已存储的多媒体文件的 URL 或路径，可选择"文件"菜单中的"打开"或"打开 URL"命令，然后输入相应的路径，或单击"浏览"按钮搜索该文件，即可打开所需的文件。要保存打开的媒体文件，应单击"文件"菜单中的"添加到库中"命令，然后输入保存文件的位置的路径和名称即可。在 Windows Media Player 8.0 中既可以保存非流式媒体文件，也可以保存流式媒体文件。

在"开始"菜单中选择"所有程序"→"附件"→"娱乐"→"Windows Media Player"将打开如图 3.5 所示的 Windows Media Player 主窗口。

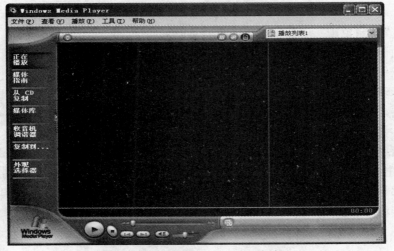

图 3.5　Windows Media Player 主窗口

如图 3.5 所示，在窗口的下方，有许多控制按钮，用于控制当前正在播放的文件，其中每个按钮的作用和普通家电上的功能按钮相同。

位于窗口右上角的播放列表选择区包含以下控件：一个用于选择播放列表和要播放的其他项的框和一组显示正在播放工具和播放列表框的按钮，以及一组用于随机播放播放列表中各项以及显示菜单栏的按钮。

正在播放工具框中包含的几个工具可用来调节图形均衡器级别、视频设置、音频效果以及 DVD 变速播放。在该框中，还可以查看当前唱片曲目或 DVD 的字幕和有关信息。

2. 组织数字媒体文件

用户可以通过以下方式使用 Windows Media Player 来组织计算机上的数字媒体文件以及与 Internet 上数字媒体内容的链接：保存指向计算机或网站上数字媒体文件的链接；使用计算机、网络或 Internet 上不同的数字媒体文件来创建播放列表。

"媒体库"是计算机上所有可用数字媒体内容的集合，包括计算机上的所有数字媒体文件以及指向以前播放过的内容的链接（如果用户选择了在播放时向"媒体库"添加内容）。

搜索音频和视频文件

可以在计算机和网络上搜索音频和视频文件，并将其添加到"媒体库"中。Windows Media Player 自动将除了系统以外的所有数字媒体内容都添加到"媒体库"，这将比在计算机上或网页上搜索要播放的单独文件更加方便。搜索音频和视频文件的步骤如下：

（1）单击"工具"菜单上的"搜索媒体文件"命令，出现如图 3.6 所示的对话框。

图 3.6 "搜索媒体文件"对话框

（2）在"搜索范围"中按如下说明进行选择。

要搜索所有的驱动器，选择"所有驱动器"。

要搜索映射的驱动器，选择该驱动器。

要搜索未映射的计算机，选择"用户选择的搜索路径"。

如果必要，在"查找范围"中输入特定文件夹的路径，或者单击"浏览"按钮选择要搜索的特定文件夹。

要在搜索中包括系统文件夹，单击"高级"，然后选中"包括系统文件夹"复选框。

（3）单击"搜索"按钮，弹出如图 3.7 所示的对话框。在指定位置找到的所有数字媒体文件链接都将添加到媒体库中。音频曲目和链接将添加到用户的"所有音频"类别中；视频剪辑和链接将添加到用户的"所有剪辑"类别中。

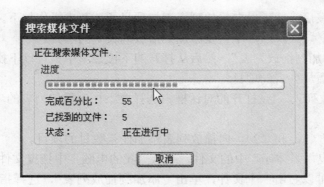

图 3.7　搜索媒体文件

3. 查找 Internet 上的媒体文件

在 Windows Media Player 中，通过媒体指南，用户可以查找 Internet 上的 Windows Media 文件。"媒体指南"包含 windowsmedia.com 提供的实时 Web 页，该指南就像一份电子杂志，每天都在更新，它所涉及的主题范围相当广泛，包括从国际新闻到娱乐业的最新动态等诸多方面。

查找 Internet 上的 Windows Media 文件的步骤如下：

● 在 Windows Media Player 窗口单击"媒体指南"按钮。
● 显示 windowsmedia.com Web 页，执行以下操作之一：

要查看或收听文件，则单击一个链接。

要查看特定内容，则使用搜索工具。

（注意：用户要使用"媒体指南"时，计算机必须连接到 Internet。）

4. 使用播放列表

可以通过以下步骤创建播放列表。

（1）单击"媒体库"，然后单击"新建播放列表"，弹出如图 3.8 所示的对话框。

（2）在"输入新播放列表名称"中输入播放列表的名称。用户的新播放列表将添加到"我的播放列表"文件夹。

图 3.8　创建播放列表

创建好播放列表后，就可以向播放列表添加项目了，基本操作如下。

（1）单击"媒体库"，然后单击要添加到播放列表中的项目。

（2）单击"添加到播放列表"，然后从打开的下拉菜单中执行以下操作之一：

单击要添加到播放列表的项目。

单击"其他播放列表"，在打开的对话框中选择要添加到播放列表的项目，然后单击"确定"按钮。

（3）重复步骤（1）和（2），向播放列表添加任意数目的项目。

注意：通过拖曳"媒体库"中的文件，或从"我的电脑"中拖曳文件，也可以将文件添加到播放列表，还可以右击一个文件，单击"添加到播放列表"，选择指定的播放列表，然后单击"确定"。只要项目在"媒体库"中列出，就可以将其添加到播放列表。如果要添加到播放列表的项目不在"媒体库"中，必须先将其添加到"媒体库"后才能添加到播放列表中。

习　题

1．多媒体的含义是什么？
2．多媒体涉及哪些领域？
3．多媒体计算机系统主要由哪些设备和软件组成？
4．何为超文本？何为超媒体？
5．Windows Media Player 主要有哪些功能？

第4章 计算机安全基础及计算机病毒防治

4.1 计算机安全知识简介

计算机安全是一个越来越引起业界和用户高度关注的重要问题,也是一个十分复杂的课题,现在也是计算机科学的一个重要研究方向。

随着计算机在人类生活各领域中的广泛应用,计算机病毒也在不断产生和传播。

同时,计算机网络不断地遭到非法入侵,重要情报资料不断地被窃取,甚至由此造成网络系统的瘫痪等,已给各个国家以及众多公司和个人造成巨大的经济损失,甚至危害到国家和地区的安全。因此计算机系统的安全问题是一个关系到人类生活与生存的大事情,必须充分重视并设法解决它。

如今 Internet 上的每一个人实际上都可能遭到攻击,Internet 的安全问题成了关注的焦点。计算机和通信界对安全问题的考虑,给认为 Internet 已经完全胜任商务活动的过高期望泼了一盆冷水,许多个人和公司之所以对加入 Internet 持观望态度,主要原因就是出于安全的考虑。

尽管众说纷纭,但有一点是大家都同意的,那就是 Internet 需要更多更好的安全机制。早在 1994 年,在 IAB(Internet 体系结构理事会)的一次研讨会上,扩充与安全就成为关系 Internet 发展的两个最重要的问题了。

然而安全性,特别是 Internet 的安全性,是一个很含糊的术语,不同的人可能会有不同的理解。但是,本质上,Internet 的安全性只能通过提供下面两方面的安全服务来达到:
- 访问控制服务。用来保护计算和联网资源不被非授权使用;
- 通信安全服务。用来提供认证,数据机要性与完整性和各通信端的不可否认性服务。

例如,基于 Internet 的电子商务就必须依赖于通信安全服务的广泛采用。在电子商务技术中,为了确认交易各方的身份以及保证交易不可否认,需要有一份数字证书来进行验证,这就是电子安全证书。又如,SET 协议(Secure Electronic Transaction,安全电子交易)是由 VISA 和 Master Card 两大信用卡公司于 1997 年 5 月联合推出的规范。SET 主要是为了解决用户、商家和银行之间通过信用卡支付的交易而设计的,以保证支付信息的机密、支付过程的完整、商户及持卡人的合法身份以及可操作性。SET 中的核心技术主要有公开密钥加密、电子数字签名、电子信封、电子安全证书等。

在计算机学科中的信息安全主要从事的研究方向:

密码学:密码编码技术,主要任务是产生安全有效的密码算法实现对信息的加密或认证;密码分析技术,主要任务是破译密码或伪造认证码以窃取保密信息或进行破坏。

网络安全:基于网络运作和网络间的互联互通造成物理线路的连接安全、网络系统安全、操作系统安全、应用服务安全、人员管理安全和信息安全等。

互操作性与软件可靠性。

4.2 计算机病毒概述

4.2.1 计算机病毒的概念

什么是计算机病毒？较为普遍的说法是：计算机病毒是一种人为制造的、寄生在系统的可执行部分中或可执行的文件中、能够自我复制的程序。在宿主程序（被寄生的程序）的执行过程中，它可以获取控制权以对计算机资源产生破坏和自我表现。

计算机病毒起源于20世纪80年代中期，首先是一些"恶作剧者"为了表现自己在计算机方面的才华而制造的一种可以自我复制的小程序段，他们想实验一下这种程序到底能够传播多远。当这种复制与传播成为可能以后，便有另外一些"蓄意破坏"的人出于报复的目的故意研制这种程序，于是"计算机病毒"便产生并大肆泛滥开来。

面对计算机病毒的"横行肆虐"，计算机界并不是束手无策，许多有识之士致力于计算机病毒的防治，先后研制了检测与清除计算机病毒的软件及防治病毒传染和破坏的"病毒卡"以及监视病毒的"病毒防火墙"等。应该看到：新的病毒的出现是不可预知，针对杀毒软件和"病毒防火墙"的新病毒层出不穷，在同病毒作斗争的过程中，反病毒工具总是处于被动滞后的状态。

计算机系统特别是系统软件本身的开放性和脆弱性是致使计算机病毒得以产生和发展的根本原因，这一点已逐步被计算机界人士所接受。另外，信息资源共享（如软件拷贝、网上资源共享、网络上下载文件、收发电子邮件、通信等）使计算机病毒得以传染和泛滥。由于计算机病毒也是一种程序，所以我们不得不承认：计算机病毒的存在是不可避免的事实，制造病毒和反病毒的斗争将会永远存在。

4.2.2 计算机病毒的特性

计算机病毒是一种特殊的程序，与其他程序一样可以存储和执行，但它具有其他程序没有的特性：

● 传染性：计算机病毒的传染性是指病毒具有把自身复制到其他程序中的特性。病毒可以附着在程序上，通过磁盘、光盘、计算机网络等载体进行传播，被传染的计算机又成为病毒生存的环境及新传染源。

● 潜伏性：计算机病毒的潜伏性是指计算机病毒具有依附其他媒体而寄生的能力，可能会长时间潜伏在计算机中，病毒的发作是由触发条件来确定的，在触发条件不满足时，系统没有异常症状。

● 破坏性：计算机系统被计算机病毒感染后，当病毒发作的条件满足时，就在计算机上表现出一定的症状。其破坏性包括：占用CPU时间；占用内存空间；破坏数据和文件；干扰系统的正常运行。病毒破坏的严重程度取决于病毒制造者的目的和技术水平。

● 多态性：某些病毒能在传播过程中改变自己的形态，从而衍生出另一种不同于原版病毒的新病毒，这种新病毒称为病毒变种。有变形能力的病毒能在传播过程中隐蔽自己，使之不易被反病毒程序发现和清除，有的病毒能产生几十种变种病毒。

4.2.3 计算机病毒的危害

计算机病毒一旦发作，其破坏性相当严重，主要表现在：
- 破坏数据，使大量宝贵的资料和信息丢失；
- 引发计算机产生错误的运行结果，造成灾难性后果；
- 破坏计算机系统启动运行机制，造成系统不能启动和运行不正常；
- 消耗系统资源，降低运行速度，浪费存储空间；
- 阻塞网络，造成网络瘫痪。倘若计算机网络染上了病毒，其破坏程度不可估量。

病毒的危害如：
- Word 菜单有关于宏的选项丢失；
- 加密或系统区域错位，如主启动引导记录；
- 操纵 Windows 注册表；
- 因装入宏病毒而产生垃圾或破坏合法宏；
- 对磁盘或磁盘特定扇区进行格式化，使磁盘中信息丢失。

4.3 计算机病毒结构与分类

4.3.1 计算机病毒的结构

病毒有三个主要的构成机制：
- 感染。感染机制可以定义为病毒传播的途径或方式。
- 载荷。载荷机制定义为除了自我复制以外的所有动作（若其存在）。
- 触发。触发机制定义为决定是否在此时传送载荷（若存在载荷）的例程。

根据这种结构构成，若程序被定义为病毒，只有感染机制的存在是强制性的，而有效载荷和触发机制是非强制性的。

4.3.2 病毒分类

（1）硬件病毒

病毒的操作平台并不一定要与操作系统连接，如多数引导扇区型病毒都不是 DOS 病毒，而是 BIOS 病毒，它们传染硬件（破坏 BIOS 芯片中的内容），而不传染操作系统。

（2）引导扇区感染型病毒

在系统启动、引导或运行的过程中，病毒利用系统扇区及相关功能的疏漏，直接或间接地修改删除部分内容，实现直接或间接地传染、侵害或驻留等目的。

（3）文件型病毒

通过文件传染的病毒程序，又称为文件病毒或寄生病毒，这种病毒一般只传染磁盘上的可执行文件（.COM、.EXE）。当用户调用被病毒感染的可执行文件时，病毒首先被运行，然后驻留内存，伺机传染其他文件。

文件病毒以多种不同的方式连接它们的目标程序文件，实际上主要通过以下 4 种主要途径将代码附加到一个实际存在的程序上：
- 覆盖已存在的程序代码
- 在程序开头增加代码

- 在程序末尾增加代码
- 把病毒程序代码插入命令行中，从而当执行合法程序时，病毒程序就会运行。

（4）混合型病毒

具有引导型病毒和文件型病毒的特点，既传染引导区又传染文件。

如操作系统型病毒，这是最常见且危害最大的病毒。这类病毒把自身贴附到一个或多个操作系统模块或系统设备驱动程序或一些高级编译程序中，并主动监视系统的运行，用户一旦调用这些系统软件时，病毒便实施感染和破坏。

（5）外壳型病毒

此类病毒把自己隐藏在主程序的周围，一般情况下不对原程序进行修改，许多病毒是采取这种外围方式传播的。

（6）入侵型病毒

将自身插入到感染的目标程序中，使病毒程序和目标程序合为一体。

（7）译码病毒

此类病毒在源程序被编译之前，隐藏在用高级语言编写的源程序中，随源程序一起被编译成目标代码。主要包括：

- 宏病毒

20世纪90年代，宏病毒处于支配地位，一直以来宏病毒都主要受Microsoft Office应用程序的约束。许多宏病毒是同Word相联系的，而余下的则多数与Excel有关。

- 脚本病毒

认为脚本病毒和宏病毒都同一个数据文件相关，如果该病毒文件隐藏在一个.DOC.或XLS文件里，那么这个病毒就是宏；如果该文件作为电子邮件中的一个VBS附件，那么这个病毒就是一个脚本。

4.4 计算机病毒的防治

4.4.1 如何判定计算机系统是否染有病毒

计算机被病毒感染以后，总会有一些异常现象，我们可以通过观察分析这些异常现象，初步确定计算机系统是否染有计算机病毒。用户在使用计算机的过程中，如果有下列现象发生，则可以怀疑有病毒存在：

（1）系统运行速度明显减慢，用户使用的内存变小，经常发生死机现象。

（2）数据或文件发生丢失。这可能是病毒无故删除文件。

（3）程序的长度发生变化，发现可执行文件的长度莫名其妙地增加。

（4）磁盘的空间发生了改变，可用空间明显缩小。

（5）访问外设时发生异常，例如打印机无故不能联机。

（6）显示器上突然出现莫名其妙的数据或图案。这种现象可能由于是条件满足了，计算机病毒在表现自己。

（7）系统出现文件分配表错误的信息。

（8）磁盘上出现了用户不认识的文件。

（9）用户运行的程序没有读盘、写盘的操作，但软盘或硬盘的指示灯却在闪亮。

（10）对有写保护的软盘执行读操作时（如 DIR 命令），驱动器磁头却在反复多次写操作（发出咯吱、咯吱的声音），这种现象在对多块带写保护的软盘操作时若发生，且排除驱动器硬件故障后，几乎可以断定计算机系统带有病毒，因为病毒要传染就要执行写操作。

（11）硬盘不能引导系统。这可能是病毒对硬盘的系统进行了毁灭性破坏。

（12）命令处理文件 COMMAND.COM 被修改了。可以先备份 COMMAND.COM 文件，再用 FC.EXE 文件比较工具对其进行比较。

4.4.2 计算机病毒的预防

计算机病毒和反病毒软件是两种以软件编程技术为基础的技术，它们的发展是交替进行的。计算机病毒是一个实体，它利用计算机的资源进行传播和复制，通过计算机使用者的一些操作（哪怕只是开机）来完成。病毒的主要威力就是利用正常的操作去做它自己邪恶的工作，因此对以前不知道的病毒没法去确认，但它并不是不能防治的。采取以下措施，可以有效地预防计算机病毒感染：

（1）安装具有实时监测功能的反病毒软件或防病毒卡，防止计算机病毒的侵袭。经常或定期检测计算机，以便病毒感染后能及时地发现并及时清除。

（2）不使用盗版软件或来历不明的软盘或光盘。

（3）需要使用外来的软盘或光盘时，先进行检查，确保没有病毒时再使用。

（4）对不需要写入数据的磁盘进行写保护处理。

（5）定期对文件作备份，培养随时进行备份的良好习惯。

（6）有些计算机病毒有特定的发作日期，例如 CIH 病毒是每月 26 日发作。当某种病毒流行的时候，应尽量避免在病毒发作的日期开机，或事先调整系统日期，避开病毒发作的日期。

（7）及时对硬盘的分区表及重要的文件进行备份，以便一旦系统遭到破坏，可以及时恢复。

（8）经常更新升级反病毒软件的版本。

（9）不要轻易打开未知电子邮件的附件。

（10）坚持用硬盘引导计算机，如要用软盘引导计算机应确保软盘无病毒。

4.5 恶意软件实例分析

4.5.1 蠕虫

（1）定义

所谓蠕虫，是指一种不一定是病毒的自我复制程序，可以这样下一个粗略的定义：一个经常在网络上传播但并不将自身寄生在另一个程序上的程序。

（2）实例分析

蠕虫时代的开始并没有使宏病毒随之消失，近来宏病毒和常使用的 Visual Basic 语言与用来书写蠕虫的 VBScript、Visual Basic 的脚本语言有着密切的关系。如 Melissa（中文译作"美丽杀手"）就是一个宏病毒/蠕虫的杂交病毒，它的出现成为电子邮件病毒发展的转折点。这里讨论一个蠕虫的实例。

VBS/Stages 也被称为 I-Worm.Scrapworm 和 IRC/Stages.ini，在其他名称下，通过 Prich、mIRC（两者都是 Internet 聊天客户端程序）、电子邮件和网络驱动器传播。如果它通过电子邮件传播，会显示以下特征：

- 主题字符串是 3 个可变项的合并。第一项通常是"FW:"或空格。第二项一般是以下的一个："Life stages"、"Funny"或"Jokes"。第三项是"text"或空格。
- 消息一般包括文本"The mail and female stages of life"。
- 附件常被称为 LIFE_STAGES.TXT.SHS

扩展名.shs 表示一个 Windows 的碎片体，一个在原理上可以成为任何文档的文件。不管文件扩展名是否被设置为显示，Windows 资源管理器并不显示这个.shs 文件扩展名。如果你在属性下检查文件，它的类型显示为 Scrap Object，但属性框和常规栏显示其名称为 LIFE_STAGES.TXT。然而，其 MS-DOS 名字以 8.3 格式（LIFE_S~1.shs）显示，而 DOS DIR 命令显示了它的全名，并含有完整的.SHS 扩展名。通过把注册表 HKEY_CLASSES_ROOT\ShellScrap 从"NeverShowExt"＝编辑到"AlwaysShowExt"是有可能改变这种行为的。尽管如此，一个后来的病毒很有可能将注册表改回去。

"Stages of Life"这个名称起源于当病毒安装自己时显示的文本文档。此文本包括一个扩展了的玩笑。以下片段给出了其中的部分内容：

Age. Seduction Lines.

17 My parents are away for the weekend.

25 My girlfriend is away for the weekend.

35 My fiancée is away for the weekend.

48 My wife is away for the weekend

66 My second wife is dead.

病毒将 REGEDIT.exe 移到循环器中，并重命名为 REGENDIT.vxd，还修改注册表以使用重新部署的文档。它还生成少数一些有固定名称的文档，例如 C:\Windows\System\Scanreg.vbs，并在所有可利用的驱动器上传播一些具有随机生成名称的其他文档。随机的文件名被创建时先以下面这些词中的一个开头：

- IMPORTANT
- INFO
- REPORT
- SECRET
- UNKNOWN

这后面跟随了一个连字线或下画线字符，然后是 0 到 999 之间的一个随机数字，接着是.TXT.SHS。因此，一个典型的文件名就如 INFO_97.TXT.SHS。

4.5.2 特洛伊木马

（1）定义：

当提到特洛伊木马时，可能指并非病毒或蠕虫的一些东西，因为它并不自我复制。可以将它定义为：一种程序，声称会做有用的或合乎需要的工作，有可能会这样做，但也会执行受害者没有预料到的或不预期的动作。这些行为也许包括像窃取口令或彻底破坏之类的有效载荷。

（2）类型：

- 远程控制型木马：可以访问受害者的硬盘
- 发送密码型木马：这些木马的目的是得到所有缓存的密码然后将它们送到特定的E-mail地址，并不让受害者知道E-mail。
- Keyloggers：它们做的唯一的事情就是记录受害人在键盘上的敲击，然后在日志文件中检查密码。
- 破坏型木马：这种密码的功能是毁坏和删除文件。
- FTP型木马：这种木马在你的电脑上打开端口21，然后任何有FTP客户软件的人都可以不用密码连上你的电脑并自由上传和下载。

（3）木马实例：BO（Back Orifice）

BO像是一种没有任何权限限制的FTP服务器程序，黑客先使用各种方法诱惑他人使用BO的服务器端程序，一旦得逞便可通过BO客户端程序经由TCP/IP网络进入并控制远程的Windows的微机。其工作原理如下：

Boserve.exe在对方的电脑中运行后，自动在Windows里注册并隐藏起来，控制者在对方上网后通过Boconfig.exe(安装设置的程序)和Boclient.exe(文本方式的控制程序)或Bogui.exe(图形界面控制程序)来控制对方。

网上更有一些病毒传播者将木马程序和其他应用程序结合起来发送给被攻击者，只要对方运行了这个程序，木马就会驻留到Windows系统中。

BO本质上属于客户机/服务器应用程序，它通过一个机器简单的图形界面和控制面板，可以对感染了BO（即运行了BO服务器）的机器进行Windows本身具备的所有操作。

这个仅有123KB的程序，水平一流，令那些复杂而庞大的商用远程管理软件相形见绌。而真正可怕的是：BO没有利用系统和软件的任何漏洞或Bug，也没有利用任何微软未公开的内部API，而完全是利用Windows系统的基本设计缺陷，甚至连普通的局域网防火墙和代理服务器也难以有效抵挡。

BO服务器可通过网上下载、电子邮件、盗版光盘、人为投放等途径传播，并且可极其隐蔽地粘贴在其他应用程序中。一旦激活，就可以自动安装并创建Windll.dll，然后删除自动安装程序，隐姓埋名，潜伏在机器中。外人就可以通过BO客户机程序，方便地搜索到世界任何一台被BO感染并上网的计算机的IP地址。通过IP地址就可对其轻易实现网络和系统控制功能。

BO可获取包括网址口令、拨号上网口令、用户口令、磁盘、CPU、软件版本等详细的系统信息；可删除、复制、检查、查看文件；可运行对方机器内任何一个程序；捕捉屏幕信息；上传文件；查阅、创建、删除和修改系统注册表；甚至可以使计算机重新启动或锁死机器。所有这些功能的实现，只需在菜单中进行选择，轻按一键，就可轻松完成。除了BO外，还有很多原理和它差不多的特洛伊木马程序，例如NetSpy、Netbus等。

虽然BO可以作为一个简单的监视工具，但它主要的目的还是控制远程机器和搜集资料。BO匿名登录和可能恶意控制远程机器的特点，使它成为在网络环境里一个极其危险的工具。

习　题

1. 简述计算机病毒的概念。
2. 病毒与特洛伊木马的主要区别是什么？

3. 反毒软件的功能是什么？
4. 简述蠕虫病毒的机理。
5. 简述特洛伊木马的感染过程。

第5章 计算机网络基础

计算机网络（Computer Network）是一门发展迅速、知识密集的综合性学科及高新信息科学技术，它是计算机、通信和多媒体等多种信息科学技术相互渗透和结合的产物，是建设信息高速公路（Information Highway）和实现现代化信息社会的物质和技术基础。本章重点介绍计算机网络的基本概念及 Internet 的基础知识。

5.1 计算机网络概述

5.1.1 计算机网络的定义

计算机网络的定义有多种。目前，比较公认的定义是：凡是将地理位置不同的、具有独立功能的多个计算机系统通过通信设备和线路连接起来，以功能完善的网络软件实现网络中的资源共享的系统，称为计算机网络。

5.1.2 计算机网络的拓扑结构

拓扑是几何的分支，是一个研究与大小、形状无关的线和面的特性的方法。计算机网络的拓扑结构思想是由图论演变而来的，抛开网络中的具体设备，把工作站、服务器等网络单元抽象为点，把网络中的电缆等通信媒体抽象为线，这样从拓扑学的观点看计算机系统，就形成了点和线组成的几何图形，从而抽象出了网络系统的具体结构，我们称这种采用拓扑学的方法抽象出的网络结构为计算机网络的拓扑结构。

计算机网络的拓扑结构可用于研究计算机网络的有关特性，它是影响网络性能和费用的重要环节。利用网络的拓扑结构，可研究网络的链路化价、最短路径、网络的重构、容错及最优结构等性能。网络的基本拓扑结构有网状、星形、树形、总线形以及环形五种，通常一个网络会把几个采取不同拓扑结构的子网连在一起组成一个混合形的拓扑结构（f）的网络，如图 5.1 所示。

5.1.3 计算机网络的分类

可以从不同的角度对计算机网络进行分类。

1. 按网络的地理覆盖范围进行分类

通常按网络辖域的不同将计算机网络分为局域网（Local Area Network，LAN）、广域网（Wide Area Network，WAN）和城域网（Metropolitan Area Network，MAN）。

LAN 的地理范围较小，数据传输率较高，误码率也较低，一般为一个单位拥有，其内部通信不受外界制约，而与外部交换信息时则可能受到某种形式的管理。

WAN 的地理范围很大，有时也称为远程网。

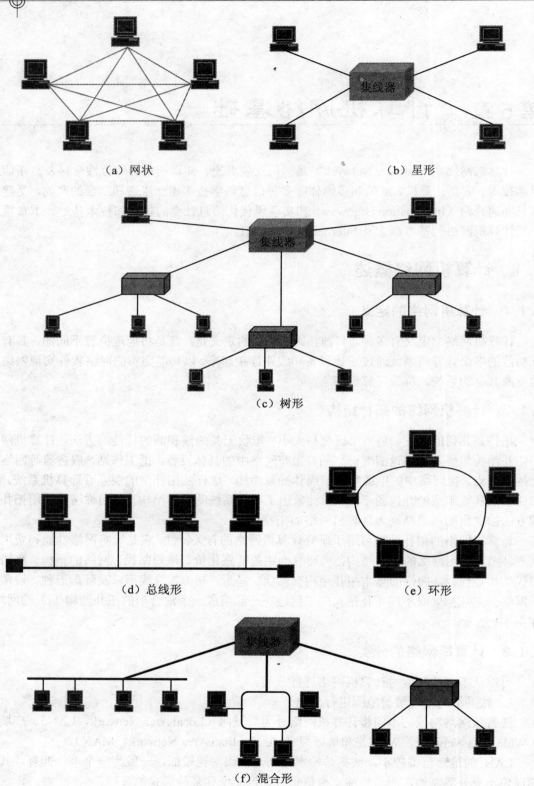

图 5.1 网络拓扑结构

MAN 的地理范围处于 LAN 和 WAN 之间，其传输速率比局域网高。

2. 按网络的使用目的进行分类

按网络的使用目的，可将计算机网络分为公用网和专用网。

公用网（Public Network）一般是国家的邮电部门建造的网络，所谓"公用网"就是为公众提供服务的网络，即所有愿意按邮电部门规定交纳费用的人都可以使用。

专用网（Private Network）是某公司或部门因为本系统的特殊业务工作需要而建造的网络，这种网络一般不向本单位以外的人提供服务。

3. 按组网的通信介质进行划分

按组网的通信介质进行划分，可将计算机网络分为有线网和无线网。

有线网是采用同轴电缆、双绞线、光纤等物理介质来传输数据的网络。

无线网是采用卫星、微波等无线形式来传输数据的网络。

5.1.4 计算机网络的功能

1. 资源共享

建立计算机网络的主要目的是实现资源共享。也就是说，网络中的所有用户都可以有条件地利用网络中的全部或部分资源，包括网络中的各种硬件、软件和数据资源。硬件资源包括超大型存储器、特殊的外部设备以及大型、巨型机的 CPU 处理能力等，共享硬件资源是共享其他资源的物质基础。软件资源包括各种语言处理程序、服务程序和各种应用程序等。数据资源包括各种数据文件、各种数据库等，共享数据资源是计算机网络最重要的目的。计算机网络实现了软件、硬件和数据资源的共享，因此可以不必在每台计算机中都配备齐全的软件和硬件。在计算机网络中功能齐全的高性能计算机和一些具有特殊功能的设备、软件都可供网络中所有的计算机用户使用。这样，用户就能大大节省软件、硬件资源的开销，同时提高其利用率，获得更高的经济效益。实现信息资源的共享，可以使某台设备中的数据库供全网使用，而且各个网络用户都能够及时地、不受地理位置限制地获取和交流信息，这是计算机网络追求的最主要的目标。

2. 提高可靠性

网络中的多台计算机还可互为备用，一旦某台设备出现故障或负担过重时，可将它所处理的数据转移到其他设备中去处理，这样就大大提高了整个系统的可靠性。

3. 分布式处理

在计算机网络中，根据实际工作的需要，既可以将本部门、本单位或本行业的各台计算机的数据集中起来通过高性能计算机集中处理，也可将一些大型的复杂的问题进行分解，通过网络中的多台计算机进行分布式处理，从而使得网络中的信息处理既灵活又高效。

4. 提高了性价比

计算机组成网络后，其性价比有明显的提高，而维护使用费用则明显下降，系统容易扩充。

5. 多媒体与可视化功能

在高速多媒体网络环境中可以实现各种远程服务功能，如协同式远程工作(Cooperative Teleworking)、远程咨询(Teleconsulting)、远程销售或交易(Telemarketing)、远程培训(Teletraining)，以及为分散在各地的人们提供一种"远程出席"(Telepresence)机制，从而使人们能通过画面来"面对面"地讨论问题、共用资料(如联合查阅、编辑和修改等)。此外，利用多媒体网络环境，还可以实现多媒体桌面会议(Multimedia Desktop Conference)等功能。利用多媒体服务器可以构成可视化网络，实现虚拟世界现实(Virtual Reality)环境。可视化技术在动画设计、视觉仿真、工业设计、计算机辅助工程等方面已显示出广阔的应用前景，而可视化网络将在其中扮演重要的角色。

计算机网络的功能与作用种类繁多，除传统功能和作用之外，新型业务功能与作用层出不穷，随着信息科学技术的不断发展，计算机网络的功能与作用将向着高速化、多元化、可视化和智能化的方向发展。

5.1.5 计算机网络的应用

正因为计算机网络有如此强大的功能，使得它在工业、农业、交通运输、邮电通信、文化教育、商业、国防以及科学研究等领域获得越来越广泛的应用。工厂企业可用网络来实现生产的监测、过程控制、管理和辅助决策；铁路部门可用网络来实现报表收集、运行管理和行车调度；邮电部门可利用网络来提供世界范围内快速而廉价的电子邮件、传真和 IP 电话服务；教育科研部门可利用网络的通信和资源共享来进行情报资料的检索、计算机辅助教育和计算机辅助设计、科技协作、虚拟会议以及远程教育；计划部门可利用网络来实现普查、统计、综合、平衡和预测等；国防工程能利用网络来进行信息的快速收集、跟踪、控制与指挥；商用服务系统可利用网络实现制造企业、商店、银行和顾客间的自动电子销售转账服务或更广泛意义下的电子商务。

网络的普及与应用也会对每个人的日常生活甚至娱乐方式产生很大影响，这方面最吸引人的莫过于视频点播 VOD(Video On Demand)，这项应用服务的实现和普及使得人们可以不再需要按照电视台安排的时间和节目表收看电视节目了，而是按照个人的爱好，自己安排时间随时点播大量影视数据库中的节目。

5.1.6 计算机网络的组成

计算机网络由硬件系统和软件系统组成。

计算机网络的硬件系统包括：主机、通信处理机、终端、联网部件和通信介质等。

1. 主机（Host）

包括巨型机、大型机、工程工作站、微型机、超级小型机、多媒体计算机系统等，如 IBM、DEC 的各类计算机，SUN 工作站（Workstation），Apple Macintosh 等，它们是计算机资源子网中的主要设备。在局域网中主机还可泛指服务器、网络打印机、绘图仪等资源主设备。

2. 通信处理机（Communication Processor）

通信处理机也称前端机，主机一般是通过处理机连接到通信子网上的。主机与通信处理机之间可采用高性能并行接口(HIPPI)连接。通信处理机主要用于对各主机之间的通信进行控制和处理。

计算机网络从逻辑功能可划分为通信子网和资源子网。由通信处理机组成的传输网络称为通信子网。主机主要负责数据处理，是网络资源的拥有者，它们组成网络的资源子网。通信子网为资源子网提供信息传送服务，是支持资源子网上用户之间相互通信的基本环境。在局域网中，通信处理机的角色一般可由网卡的通信控制器来承担。

3. 终端（Terminal）

终端是用户访问网络的直接界面。终端可作为主机的配置与主机连接，通过主机的网络软件来访问网络，并与其他用户进行交互。根据不同的应用环境，终端可分成图形、图像、文字处理、仿真、CAD/CAM 等常规终端和智能终端。

4. 联网部件

除上述通信处理机或网卡外，联网部件还包括：调制解调器(Modem)；ISDN 或 ADSL 设备；FAX 卡；集线器(Hub)，如 IBM 8260 多协议智能交换集线器(Multiprotocol, Intelligent Switch Hub)；交换机，如 ATM 交换机(AMT Switch)；BNC 连接器；外收发器(Transceiver)等。在网际环境中，网络互联部件还包括中继器(Repeater)、网桥(Bridge)、路由器(Router)、信关(Gateway)等。

5. 网络的传输介质

传输介质是网络中数据传输的载体和物质基础，它构成了信源和信宿间的物理通路，又称通信媒体。

局域网常用的传输介质有双绞线、同轴电缆和光纤。同轴电缆性能较好，应用普遍，但价格较高；双绞线成本低，易于铺设，性能不断改进，逐渐受到用户的欢迎；光纤的性能最好，频带宽，传输速度快，能传输文字、声音和图像等多媒体信息，是最有前途的传输介质。

广域网通常通过电话线、微波和卫星进行传输。微波属于无线通信媒体，一般指频率高于 300MHz 的电磁波，它在电离层不能反射，只能在视距内通信，但可通过每隔一段距离(例如 50km)设一个中继站构成微波中继系统来进行远距离通信。卫星通信是一种特殊的微波中继系统，它通过赤道上空每隔 120 度设置的一个通信卫星，利用卫星上的中继站及若干个地面站，即可实现全球范围内的卫星通信。

5.2 计算机网络的协议与体系结构

5.2.1 网络协议和体系结构

计算机网络系统是非常复杂的系统，计算机之间相互通信涉及许多复杂的技术问题。相互通信的两台计算机必须高度协调地工作才行。也就是说，在计算机网络中要做到有条不紊地交换数据，就必须遵守一些事先约定好的规则，这些规则明确规定了所交换的数据的格式以及有关的同步（在一定条件下应当发生什么事件，含有时序的意思）问题。这些为进行网络中的数据交换而建立的规则、标准或约定就是网络协议（Protocol）。

为了设计、理解和应用复杂的网络，人们提出了将网络分层的设想。"分层"是将庞大、复杂的问题转换为若干较小、简单和单一的局部问题，每一层完成一定的功能，这样就易于理解、研究和处理。最早提出分层思想的是 ARPANET 网，从它的成功可以看到，尽管连到网上的主机和终端的型号和性能各不相同，但由于它们共同遵守了计算机网络的协议，所以可以通信。

分层时应注意使每一层的功能非常明确。若层数太少，就会使每一层的协议太复杂。但层数太多又会在描述和综合各层功能的系统工程任务时遇到较多的麻烦。我们将计算机网络的各层及其协议的集合称为网络的体系结构（Architecture）。换句话说，计算机网络的体系结构就是这个计算机网络及其部件所应完成的功能的精确定义。这些功能究竟是用硬件还是软件完成的,则是一个遵循这种体系结构的实现问题。

5.2.2 几种典型的计算机网络体系结构

1. OSI/ISO 参考模型

世界上第一个网络体系结构 SNA(System Network Architecture),是 IBM 公司于 1974 年提出的。凡是遵循 SNA 体系结构的设备都可以很方便地进行互联。许多公司也纷纷建立自己的网络体系结构,如 DEC 公司提出的 DNA(Digital Network Architecture)体系结构,用于本公司的计算机组成网络。由于网络体系结构不一样,一个公司的计算机很难与另一个公司的计算机互相通信。于是,国际标准化组织 ISO,在 1977 年就开始制定有关异种计算机网络如何互联的国际标准,并提出了开放系统互联参考模型(OSI,Open System Interconnection)概念。OSI 参考模型的结构图见图 5.2。

应用层
表示层
会话层
传输层
网络层
数据链路层
物理层

图 5.2　OSI 参考模型

2. TCP/IP 参考模型

1969 年,美国国防部高级研究计划局(ARPA)资助了一个项目,该项目通过使用点到点的租用线路建立一个包交换的计算机网络,这个网络被称为 ARPANET,它为早期网络研究提供了一个平台。ARPA 制定了一套协议,指明了单个计算机如何通过网络进行通信,其中 TCP(Transmission Control Protocol,传输控制协议)和 IP(Internet Protocol,网际协议)是其中两个主要的协议,这套协议后来被称作 TCP/IP 参考模型。TCP/IP 参考模型的结构图见图 5.3。

应用层
传输层
网际层
网络接口层

图 5.3　TCP/IP 参考模型

3. TCP/IP 参考模型和 OSI 参考模型的对比

TCP/IP 是在 OSI 之前产生的,因此 TCP/IP 模型的层次结构与 OSI 模型有所不同。两者的对比如图 5.4 所示。

OSI 参考模型	TCP/IP 参考模型
应用层	应用层
表示层	
会话层	
传输层	传输层
网络层	网际层
数据链路层	网络接口层
物理层	

图 5.4 OSI 与 TCP/IP 的对比

OSI 试图达到一种理想境界：即全世界的计算机网络都遵循这个统一的标准，这样全世界的计算机都将能够很方便地进行互联和交换数据。然而到了 20 世纪 90 年代初期，虽然整套的 OSI 国际标准都制定出来了，但由于 Internet 已抢先在全世界覆盖了相当大的范围，而与此同时却几乎找不到有什么厂家生产出符合 OSI 标准的商用产品，因此人们得出了这样的结论：OSI 事与愿违地失败了。现今规模最大的、覆盖全世界的 Internet（互联网）并未使用 OSI 标准而是使用的 TCP/IP 协议。TCP/IP 协议实际上已经应用了大约 20 个年头，在世界范围内证明了自己的有效性，已成为事实上的国际标准。而 OSI 比较严格的功能层次的划分，成为用来对通信功能进行分类的标准模型。

5.3 Internet

5.3.1 Internet 的产生与发展

自 1969 年 ARPANET 问世后，其规模一直增长很快。1984 年 ARPANET 上的主机已超过 1000 台。ARPANET 于 1984 年分解成两个网络：一个仍称为 ARPANET，是民用科研网；另一个是军用计算机网络 MILNET。

美国国家科学基金会（NSF）认识到计算机网络对科学研究的重要性，因此从 1985 年起，美国国家科学基金会就围绕其六个大型计算机中心建设计算机网络。1986 年，NSF 建立了国家科学基金网 NSFNET，它是一个三级计算机网络，分为主干网、地区网和校园网，覆盖了全美国主要的大学和研究所。NSFNET 后来接管了 ARPANET，并将网络改名为 Internet。1987 年 Internet 上的主机超过了 1 万台。最初，NSFNET 的主干网的速率不高，仅为 56kb/s。1989 年 NSFNET 主干网的速率提高到 1.544Mb/s，即 T1 的速率，并且成为 Internet 中的主要部分。到了 1990 年，鉴于 ARPANET 的实验任务已经完成，在历史上起过重要作用的 ARPANET 正式宣布关闭。

1991 年，NSF 和美国的其他政府机构开始认识到，Internet 必将扩大使用范围，不会仅限于大学和研究机构。世界上的许多公司纷纷接入到 Internet，使网络上的通信量急剧增大，每日传送的分组数达 10 亿个之多，Internet 的容量又满足不了需要。于是美国政府决定将 Internet 的主干网转交给私人公司来经营，并开始对接入 Internet 的单位收费。1992 年 Internet 上的主机超过 1 百万台。1993 年 Internet 主干网的速率提高到 45Mb/s(T3 速率)。到 1996 年速率为 155Mb/s 的主干网建成。1998 年又开始建造更快的主干网 Abilene，数据率最高达

2.5Gb/s。1999年MCI和Worldcom公司开始将美国的Internet主干网速率提高到2.5Gb/s。到1999年底，Internet上注册的主机已超过1千万台。

Internet已经成为世界上规模最大和增长速率最快的计算机网络，没有人能够准确说出Internet究竟有多大。Internet的迅猛发展始于20世纪90年代，由欧洲原子核研究组织CERN开发的万维网WWW(World Wide Web)被广泛使用在Internet上，大大方便了广大非网络专业人员对网络的使用，成为Internet的这种指数级增长的主要驱动力。万维网的站点数目也急剧增长。1993年底只有627个，1994年底就超过1万个，1996年底超过60万个，1997年底超过160万个，而1999年底则超过了950万个，上网用户数则超过2亿，在Internet上的数据通信量每月约增加10%。

由于Internet存在着技术和功能上的不足，加上用户数量猛增，使得现有的Internet不堪重负，因此1996年美国的一些研究机构和34所大学提出研制和建造新一代Internet的设想，同年10月美国总统克林顿宣布在今后5年内用5亿美元的联邦资金实施"下一代Internet计划"，即"NGI计划"(Next Generation Internet Initiative)。

NGI计划要实现的一个目标是：开发下一代网络结构，以比现有的Internet高100倍的速率连接至少100个研究机构，以比现在的Internet高1000倍的速率连接10个类似的网点，其端到端的传输速率要超过100Mb/s，甚至达到10Gb/s。另一个目标是使用更加先进的网络服务技术和开发许多带有革命性的应用，如远程医疗、远程教育、有关能源和地球系统的研究、高性能的全球通信、环境监测和预报、紧急情况处理等。NGI计划将使用超高速全光网络，能实现更快速的交换和路由选择，同时具有为一些实时(Real Time)应用保留带宽的能力。在整个Internet的管理和保证信息的可靠性和安全性方面也会有很大的改进。

1992年由于Internet不再归美国政府管辖，因此成立了一个国际性组织叫做Internet协会（Internet Society，ISOC），以便对Internet进行全面管理并促进其在全世界范围内的发展和使用。

5.3.2 TCP/IP

TCP/IP是多台相同或不同类型的计算机进行信息交换的一组通信协议，它最早是为ARPANET所制定的，而Internet是由ARPANET发展而来的，所以Internet上使用的协议也是TCP/IP。它是一个集合术语，可简称为Internet（互联网）协议簇。图5.5列出了TCP/IP参考模型的主要协议。

TELNET FTP SMTP DNS	应用层
TCP　　　　UDP	传输层
IP	网际层
与各种网络接口	网络接口层

图 5.5　TCP/IP 参考模型的主要协议

5.3.3 IP 地址

1. 概述

Internet中有数百万台的主机和路由器，为了确切地标识它们，TCP/IP建立了一套编址方案，为每台主机和路由器分配一个全网唯一的地址，即IP地址，一台主机至少拥有一个

IP 地址，任何两台主机的 IP 地址不能相同，但是允许一台主机拥有多个 IP 地址。如果一台计算机虽然也连入 Internet，能使用 Internet 的某些功能，但它没有自己的 IP 地址，就不能称为主机，它只能通过连接某台具有 IP 地址的主机实现这些功能，因此只能作为上述主机的仿真终端，其作用如同该主机的普通终端一样，而不论其自身的功能有多强。

2. IP 地址结构及分类

IP 地址是由 32 位二进制数，即 4 个字节组成的（这里介绍的是 IPv4 版本的 IP 地址，而 IPv6 版本的 IP 地址将是 128 位，16 个字节），它与硬件没有任何关系，所以也称为逻辑地址，由网络号和主机号两个字段组成，如图 5.6 所示。IP 地址的结构使我们可以在 Internet 上很方便地进行寻址，这就是：先按 IP 地址中的网络号(net-id)把网络找到，再按主机号(host-id)把主机找到。所以 IP 地址并不只是一个计算机的代号，而是指出了连接到某网络上的某台计算机。IP 地址现在由 Internet 名字与号码指派公司 ICANN(Internet Corporation of Assigned Names and Numbers)进行分配。

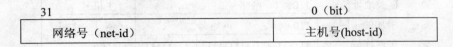

31	0（bit）
网络号（net-id）	主机号(host-id)

图 5.6　IP 逻辑地址

为了便于对 IP 地址进行管理，同时还考虑到网络的差异很大，有的网络拥有很多主机，而有的网络上的主机则很少。因此 Internet 的 IP 地址分为五类，即 A 类到 E 类，如图 5.7 所示。目前大量使用的 IP 地址是 A、B、C 三类。

当某单位申请到一个 IP 地址时，实际上只是获得了一个网络号 net-id，具体的各个主机号由本单位自行分配。

	31	23	15	7	0
A	0 net-id		host-id		
B	10　net-id			host-id	
C	110　　net-id				host-id
D	1110		组播地址		
E	11110		保留为以后使用		

图 5.7　IP 地址的类型

通常将 IP 地址 32 位中的每 8 位对应一个十进制数，这样一个 IP 地址共用 4 个十进制数，并且把这些数字用下脚点隔开，这就是点分十进制记法（Dotted Decimal Notation）。例如 11000110 00100000 00000111 11001001 这是一个 C 类地址，点分十进制记法为 198.32.7.205。

3. 子网掩码

我们知道，一个单位分配到的 IP 地址是 IP 地址的网络号（net-id），而后面的主机号（host-id）则由本单位进行分配。本单位所有的主机都使用同一个网络号。当一个单位的主机很多而且分布在很大的地理范围时，为了使本单位的主机便于管理，可以将本单位所属主机划分为若干个子网(Subnet)，然后在各子网之间用路由器互联。

子网号字段是用 IP 地址的主机号字段中的前若干个比特来表示，后面剩下的仍为主机号字段。请注意，子网的划分纯属本单位内部的事，在本单位以外是看不见子网划分的。从外部看，这个单位仍只有一个网络号。

当外面的分组进入到本单位网络后，本单位的路由器如何确定应转发的子网呢？这就是子网掩码的作用。TCP/IP 体系规定用一个 32 位的子网掩码来表示子网号字段的长度。具体的做法是：子网掩码由一连串的"1"和一连串的"0"组成，"1"对应于网络号和子网号字段，而"0"对应于主机号字段。

现在我们来看一个例子。假设一个单位分配到一个 C 类 IP 地址为：202.114.16.0，为方便管理，将本单位所属主机划分为 5 个子网（要用 3 位二进制表示子网字段），那么应该如何确定子网掩码？如图 5.8 所示，根据子网掩码的规定（网络号和子网号字段用"1"表示，主机号字段用"0"表示）可得：

C 类地址	110	网络号		主机号	
增加的子网号	110	网络号		子网	主机
子网掩码	11111111	11111111	11111111	11100000	
	255	255	255	224	

图 5.8　子网掩码的意义

该单位网络应设置的子网掩码为：255.255.255.224。

为进一步了解子网掩码的作用，我们现假设外面某分组的目的地址是 202.114.16.98，当该分组进入到本单位网络后，本单位的路由器用子网掩码和目的地址相"与"，如图 5.9 所示：

	202	114	16	98
IP 地址	11001010	01110010	00010000	01100010
子网掩码	11111111	11111111	11111111	11100000
相"与"的结果	11001010	01110010	00010000	01100000
	202	114	16	96

图 5.9　子网掩码的作用

上面相"与"的结果的最后一个字节是子网号和主机号，其中前 3 位是子网号，后 5 位是主机号。因为前 3 位是 011，可见目的地址的子网号为 3。最后，路由器将该分组转发到第 3 个子网上。

若一个单位不划分子网，则其子网掩码为默认值，此时子网掩码中"1"的长度就是网络号的长度。因此，对于 A、B 和 C 类 IP 地址，其对应的默认子网掩码分别是 255.0.0.0、255.255.0.0 和 255.255.255.0。

5.3.4　域名系统

1. 概述

每个主机都有一个 IP 地址，但是 IP 地址由数字组成，不便于用户记忆和使用，所以每个主机应该有一个容易记忆的名字。但是这样的名字只是为了记忆，主机在运行过程中，真正使用的还是 IP 地址,所以在主机名和 IP 地址之间应该有一个映射。DNS(Domain Name System)是一个联机分布式数据系统,主要用来把主机名和电子邮件地址(用字符命名的)映射为 IP 地址。运行域名服务器程序的主机叫域名服务器。

2. 主机名的结构

Internet 采用了层次树状结构的命名方法。连接在 Internet 上的任何一台主机都有唯一的一个名字,这里把名字称为域名。

"域"是名字空间中一个可被管理的划分。域可以再划分为子域。域名的结构如下:

…….三级域名.二级域名.顶级域名

每一级的域名都是由英文字母和数字组成,字符不超过 63 个,不区分大小写。由它们合成的域名不超过 255 个字符。域名只是一个逻辑的概念,它不反映主机的物理地点。

顶级域名由 Internet 的有关机构管理(现为 Internet 指派名字和号码的公司 ICANN),其他级域名由其上级管理。

顶级域名分为三类:

- 国家顶级域名:如 cn 表示中国。
- 国际顶级域名:int。
- 通用顶级域名:com 表示公司企业、net 表示网络服务机构、edu 表示教育、gov 表示政府、mil 表示军事、org 表示非营利机构、firm 表示公司企业、shop 表示销售公司和企业、web 表示突出万维网活动的单位、arts 表示突出文化、娱乐活动的单位、rec 表示突出消遣、娱乐活动的单位、info 表示提供信息服务的单位、nom 表示个人等。

Internet 名字空间的结构实际上就是一棵倒置的树,树根在最上面而没有名字。树根下面一级的结点就是最高一级的顶级域结点,在顶级域结点下面的是二级域结点,最下面的叶结点就是单台计算机,如图 5.10 所示。

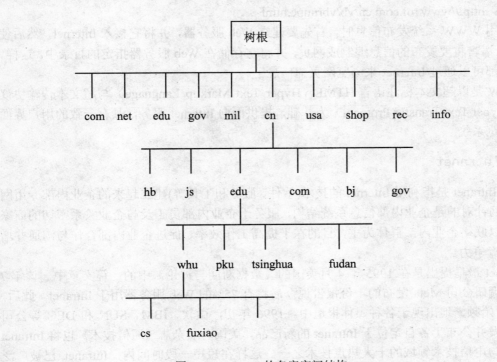

图 5.10 Internet 的名字空间结构

一个单位一旦拥有了一个域名，它就可以自己决定是否要进一步划分其下属的子域。

Internet 的名字空间是按照机构的隶属关系来划分的，与物理网络无关，与 IP 地址的子网也没有关系。

5.3.5 World Wide Web

WWW 是一种多媒体信息服务系统，它基于客户/服务器模式，它改进了传统的客户/服务器计算模型，将原来客户端一侧的应用程序模块与用户界面分开，并将应用程序模块放到服务器上，形成基于 Web 浏览器的用户界面、应用程序和服务程序三部分。这样应用程序可独立于客户端平台，使系统具有用户界面简单，地理、系统间的可移动，应用程序间可移植和可伸缩等优点。

WWW 多媒体信息服务系统由 Web 服务器、浏览器（Browser）和通信协议三部分组成。其中通信协议采用的是超文本传输协议 HTTP。在 Web 服务器上，主要以网页的形式来发布多媒体信息。

在 WWW 系统中，使用了一种简单的命名机制——统一资源定位器 URL 来唯一地标识和定位 Internet 中的资源。它由三部分组成：

（1）客户与服务器之间所使用的通信协议；
（2）存放信息的服务器地址；
（3）存放信息的路径和文件名。

其结构如下：

      协议名　+　主机名　+　路径与文件名

例如：

URL：http://www.rol.com.cn/vb/vbrunpc.html

当使用 WWW 系统发布信息时，首先要建立 Web 服务器，并将它接入 Internet，然后使用 HTML 语言将要发布的信息编制成网页，并将它存储在 Web 服务器指定的目录中。这样，任何用户都可以通过 Internet 来浏览网页的信息了。

WWW 是以超文本标注语言 HTML（Hyper Text Markup Language）与超文本传输协议 HTTP（Hyper Text Transfer Protocol）为基础，提供面向 Internet 服务，具有一致的用户界面的信息浏览系统。

5.3.6 Intranet

所谓 Intranet 是指利用 Internet 的技术(软件、服务和工具等)建立起来的企业内部专用网络。内部网针对的是企业内部信息系统结构，服务于企业内部员工及与企业关系密切的商家或用户，以联络企业内部群体为主，目的在于提高工作效率、促进企业内部合作与沟通并增强企业的竞争力。

Intranet 最早提出是在 1995 年 4 月美国的《数据新闻与评论》中的一篇文章中。该年 7 月，市场调研公司 Meta 发布的一份报告说今后将有 75%的 Web 服务器用于 Intranet。此后，Intranet 开始频繁地出现于各种媒体报道中。1996 年初，微软、IBM、SUN 和 DEC 等公司都加紧开发并公布了各自定位于 Intranet 的新产品，美国著名杂志《通信技术》也将 Intranet 评为网络与电信技术领域的十大热点技术之一。这样在短短一段时间内，Intranet 已被广泛认为与 Internet 一样甚至更为重要的网络技术。

Intranet 的迅速崛起与 Internet 在大众中的印象与意识、网络技术上的先行垫铺密不可分，但它自身也具有一些特点。

1. 克服了 Internet 的不少弱点

这种企业内部网建立在公共的互联网上，应用着 Internet 的大部分技术。然而它缩小了网络伸展的范围，服务专门化，网络管理严格，Internet 在商业应用上的许多难解决的问题，在内部网上能较好地得到解决。例如，首先，内部网上的信息都要经过严格的审查和编辑，其电子邮件定位清楚，需求明确，使与企业业务相关的信息一目了然，信息查找率极大地提高。第二，摒弃了外界与企业无关的信息垃圾和电子邮件，信息传输量大大减少，带宽这一瓶颈问题得到缓解，多媒体技术、虚拟技术在网上可以顺利地加以应用。第三，系统相对简单，还可采用防火墙技术与外界隔离，使网络系统有内在安全性和可控性，相对于 Internet 有很大的改善。

2. 建设费用低，安装、维护和人员培训相对简单

建立内部网的关键是 TCP/IP 协议和 Web 服务器。假如已有 TCP/IP 结构网络，就只需增加几台 Web 服务器即可，花费很少，不必更换原有装置，而且 Internet 上所有的文件、资料，都能以简单邮件传递协议 HTML(Hyper Text Markup Language，超文本标识语言)格式展现。资料格式统一，包含文字图形等，多媒体人机界面使其应用简单易学，培训简单。

3. 具有统一、友好的用户界面和跨平台运行的性能

由于采用 TCP/IP 为其传输协议，TCP/IP 的优势是标准化，容易集成各种信息系统，能很好地处理广域网与局域网的结合。Web 使用的软件和硬件都可以与它相联，所以，建立内部网不必更换已有的技术，它把提高企业信息能力的解决方案建立在现有系统的基础上，只是扩展和增强现有系统的能力。

5.4 计算机网络的互联

5.4.1 internet 与 Internet

internet：泛指由多个计算机网络互联在一起而构成的一个更大的网络。

Internet：特指目前全球最大的、开放的、由众多网络相互连接而构成的特定的计算机网络。它采用 TCP/IP 协议簇，其前身是 ARPANET。现代 Internet 的核心技术之一就是 TCP/IP 协议，在 Internet 的发展史中，存在着被广泛认同的说法——"Internet＝UNIX+TCP/IP"。

5.4.2 网络互联

1. 互联网络要解决的问题：

- 不同的寻址方案
- 不同的最大分组长度
- 不同的网络接入机制
- 不同的超时控制
- 不同的差错恢复方法
- 不同的状态报告方法
- 不同的路由选择技术

- 不同的用户接入控制
- 不同的服务

2. 网络互联的设备
- 转发器
- 网桥
- 路由器
- 网关

5.5 计算机网络安全

　　计算机网络技术的发展使得计算机应用日益广泛与深入，同时也使计算机系统的安全问题日益复杂和突出。一方面，网络提供了资源共享性，提高了系统的可靠性，通过分散工作负荷提高了工作效率，并且还具有可扩充性，这些特点使得计算机网络深入经济、国防、科技与文教等各个领域。另一方面，也正是这些特点，增加了网络安全的脆弱性和复杂性，资源共享和分布增加了网络受威胁和攻击的可能性。计算机的应用使机密和财富集中于计算机，计算机网络的应用使这些机密和财富随时受到联网用户的攻击的威胁。以各种非法手段企图渗入计算机网的"黑客"，随着网络覆盖范围的扩大而迅速增加。

　　一个计算机网络进行通信时，一般要通过通信线路、调制解调器、网络接口、终端、转换器和处理机等部件。通信线路的安全令人担忧，通过通信线路和交换系统互联的网络是窃密者、非法分子威胁和攻击的重要目标。

　　网络安全的威胁的因素主要有以下四个方面：
- 网络部件的不安全因素。如电磁泄漏、搭线窃听、非法入侵、黑客攻击等。
- 软件的不安全因素。如网络软件的漏洞、网络软件安全功能不健全、错误的路由等。
- 工作人员的不安全因素。
- 环境因素。如局域网的缺陷和 Internet 的脆弱性、薄弱的网络认证环节、缺乏先进的网络安全技术和工具等。

　　因此，为了保证计算机网络的安全，必须从法律和技术上采取一系列安全和加密措施。

习　题

1．什么是计算机网络？它有哪些功能？如何对它进行分类？
2．为什么要建立计算机网络体系结构？
3．什么是 IP 地址？请给出 A、B、C 三类地址的范围。
4．子网掩码的作用是什么？如果对 202.112.64.0 划分 4 个子网，请给出子网掩码。
5．什么是域名？什么是域名服务器？
6．简述 URL 的作用。
7．网络互联设备主要有哪些？它们的作用是什么？

第6章 计算机学科简介及主要研究方向

计算机科学技术是研究计算机的设计与制造和利用计算机进行信息获取、表示、存储、处理、控制和传输等的理论、原则、方法和技术的学科（Discipline）。

事实上，科学是反映自然、社会、思维等客观规律的分科的知识体系。科学在不同时期、不同场合有其不同的意义，是一种复杂的社会现象，是一个历史的概念，是一种特殊的意识形态。

科学领域分为三个层次：基础理论、技术科学和应用技术。自然科学是工程技术的基础，但又不能完全包括工程技术。

当然，正是由于不同时期可以用不同的概念去定义科学，我们就很难界定科学，或许这就是人类不断追求科学的真谛的原因所在。伟大的物理学家爱因斯坦(Einstein)索性认为："科学的全部就是对每天的思考加以提炼。"具体而又不失一般性，他昭示我们不趋向科学就不会思考与提炼。

对计算机学科而言，计算机科学侧重于研究现象、揭示规律；计算机技术则侧重于研制计算机和研究使用计算机进行信息处理的方法与技术手段。"科学是技术的依据，技术是科学的体现"，或者说："技术是科学的物化，科学是技术的升华"。科学与技术相辅相成、互为作用，二者高度融合是计算机科学与技术学科的突出特点。计算机科学技术学科还具有较强的工程性，因此，它是一门科学性与工程性并重的学科，表现出理论性和实践性紧密结合的特征，包含了计算机科学、计算机工程、软件工程、信息工程等领域。

计算机科学技术的迅猛发展，除了源于微电子学等相关学科的发展外，主要源于其应用的广泛性与巨大的需求。它已逐渐渗透到人类社会的各个领域，成为经济发展的倍增器，成为科学文化与社会进步的催化剂。

应用是计算机科学技术发展的动力、源泉和归宿，而计算机科学技术又不断为应用提供日益先进的方法、设备与环境。计算机学科与电子学、工程学以及数学有很深的渊源。计算机科学家一向被认为是具有独立思考、富有创造性和想象力的人。数学是计算机科学与技术学科的重要基础之一，数学及其形式化描述、严密的表达和计算是计算机科学与技术学科所使用的重要工具。建立物理符号系统并对其实施变换是计算机科学与技术学科进行问题描述和求解的重要手段。

6.1 计算机科学技术的研究范畴

计算机科学技术的研究范畴包括计算机理论、硬件、软件、网络及应用等。按照研究的内容，也可以划分为基础理论、专业基础和应用三个层面。在这些研究领域中，某些方面已经研究得比较透彻，取得了许多成果；而有些方面则还不够成熟和完备，需要进一步研究、完善和发展。

6.1.1 计算机理论的研究内容

（1）离散数学　由于计算机所处理的对象是离散型的，所以离散数学是计算机科学的理论基础，主要研究数理逻辑、集合论、近世代数和图论等。

（2）算法设计与分析　主要研究算法设计与分析中的数学方法与理论，如组合数学、概率论、数理统计等，用于分析算法的时间复杂性和空间复杂性。

（3）形式语言与自动机　研究程序设计语言以及自然语言的形式化定义、分类、结构等有关理论以及识别各类语言的形式化模型（自动机模型）及其相互关系。

（4）程序设计语言理论　运用数学和计算机科学的理论研究程序设计语言的基本规律，包括形式语言文法理论、形式语义学（如代数语义、公理语义、操纵语义、指称语义等）和计算机语言学等。

（5）程序设计方法学　研究如何从结构程序的定义出发，通过对构成程序的基本结构的分析，给出能保证高质量程序的各种程序设计规范与方法等。

6.1.2 计算机硬件的研究内容

（1）元器件与存储介质　研究构成计算机硬件的各类电子的、磁性的、机械的、超导的元器件和存储介质。

（2）微电子技术　研究构成计算机硬件的各类集成电路、大规模集成电路、超大规模集成电路芯片的结构和制造技术等。

（3）计算机组成原理　研究通用计算机的硬件组成结构以及运算器、控制器、存储器、输入和输出设备等各部件的构成和工作原理。

（4）微型计算机技术　研究目前使用最为广泛的微型计算机的组成原理、结构、芯片、接口及其应用技术。

（5）计算机体系结构　研究计算机硬件的总体结构、计算机的各种新型体系结构（如并行处理机系统、精简指令系统计算机、共享存储结构计算机、阵列计算机、集群计算机、网络计算机、容错计算机等）以及进一步提高计算机性能的各种新技术。

6.1.3 计算机软件的主要研究内容

（1）程序设计语言的设计　根据实际需要设计新颖的程序设计语言，即定义程序设计语言的词法规则、语法规则和语义规则。

（2）数据结构与运算　研究数据的逻辑结构和物理结构以及它们之间的关系，并对这些结构定义相应的运算，设计出实现这些运算的算法，而且确保经过这些运算后所得到的新结构仍然是原来的结构类型。

（3）程序设计语言翻译系统　研究程序设计语言翻译系统（如编译程序）的基本理论、原理和实现技术。包括：词法规则和语法规则的形式化定义、程序设计语言翻译系统的体系结构及其各模块（如词法分析、语法分析、中间代码生成、优化和目标代码生成）的实现技术。

（4）操作系统　研究如何自动地对计算机系统的软件和硬件资源进行有效的管理，并最大限度地方便用户。研究内容包括进程管理、处理机管理、存储器管理、设备管理、文件管理以及现代操作系统中的一些新技术（如多任务、多线程、多处理机环境、网络操作系统、分布式操作系统等）。

（5）数据库系统　主要研究数据模型以及数据库系统的实现技术。包括层次数据模型、网状数据模型、关系数据模型、E-R 数据模型、面向对象数据模型、基于逻辑的数据模型、数据库语言、数据库管理系统、数据库的存储结构、查询处理、查询优化、事务管理、数据库安全性和完整性约束、数据库设计、数据库管理、数据库应用、分布式数据库系统、多媒体数据库、网络数据库以及数据仓库等。

（6）软件工程学　是指导计算机软件开发和维护的学科，研究如何使用工程的概念、原理、技术和方法来开发和维护软件。包括软件开发和维护中所使用的技术和描述工具。

（7）可视化技术　是研究如何用图形和图像来直观地表征数据，即用计算机来生成、处理、显示能在屏幕上逼真运动的三维形体，并能与人进行交互式对话。它不仅要求计算结果的可视化，而且要求计算过程的可视化，使人们可以更加直观、全面地观察和分析数据或过程行为。

6.1.4　计算机网络的主要研究内容

（1）网络结构　研究局域网、远程网、Internet、Intranet 等各种类型网络的拓扑结构和构成方法及接入方式。

（2）数据通信与网络协议　研究实现连接在网络上的计算机之间进行数据通信（如有线、无线、光纤、宽带、微波、卫星通信等）的介质、原理、技术以及通信双方必须共同遵守的各种协议。

（3）物联网　通过射频识别（RFID）、红外感应器、全球定位系统、激光扫描器等信息传感设备，按照约定的协议，把任何物品与互联网连接起来，进行信息交换和通信，以实现智能化识别、定位、跟踪、监控和管理的网络技术。

（4）网络服务　研究如何为网络用户提供方便的远程登录、文件传输、电子邮件、信息浏览、文档查询、网络视频以及全球范围内的超媒体信息浏览等服务。

（5）网络安全　研究网络的设备安全、软件安全、信息安全以及病毒防治等技术，以提供计算机网络的可靠性和安全性。

6.1.5　计算机应用的主要研究内容

（1）软件开发工具　研究软件开发工具的有关技术（如软件描述技术、程序验证与测试技术、程序调试技术、代码优化技术、软件重用技术等）以及研制各种新型程序设计语言及其翻译程序、文字和处理工具、数据库开发工具、多媒体开发工具，以及如 CAD 等计算机辅助工程使用的工具软件等。

（2）完善既有应用系统　根据新的技术平台和实际需求，对既有的应用系统进行升级、改造，使其功能更加强大、更加便于使用。

（3）开拓新的应用领域　研究如何拓展计算机的传统应用领域，扩大计算机在国民经济以及社会生活中的应用范围。

6.2 人—机工程

人的一生中涉及时间和空间两种财富，时间是生命的持续度量，而空间则是生命活动的媒介。然而，空间数据特性有其多维性、多表现形态、海量性（人类社会拥有的数据80%以上是空间数据，日增长900TB）。因此，人—机工程实际上是基于人素工程概念，研究人与计算机的交互和协同技术，为人们使用计算机提供一个更加友好的环境和界面，不断提高人使用计算机的效率。人与计算机能更好地共同完成预定的任务（比如，行为科学研究表明："人对发出请求后期待回应过程所容许的等待时间小于10秒钟"，所以，就给计算机的人—机界面技术提出了"超时等待的限制"规范）。

6.2.1 计算机学科的教育

计算机学科的发展非常迅速，计算机软件和硬件系统的不断更新，使得本学科的教育已经完全不能通过跟踪流行系统的变化来跟踪学科的发展，更不能以流行的系统来确定教学内容。对计算机学科而言，"有限的在校学习时间与不断增长的知识的矛盾"更为突出。另一方面，经过几十年的发展，本学科目前正在逐步走向深入，这给计算机学科的教育既提出了新的要求，也提供了新的机遇。实践证明：基于计算机学科面向稍纵即逝的技术变化态势，更为有效的教育教学方法应该是让学生掌握与计算机科学技术紧密关联的分析问题和解决问题的能力，"以不变的基础支撑万变的技术"。

6.2.2 技术的创新

影响计算机学科变化的大部分因素来自技术的进步。Inter公司创造人戈登·摩尔在1965年预测：微处理器芯片的密度将每十八个月翻一番，称之为"摩尔定律"。该定律目前继续成立。

可以看到，计算机系统的计算能力是以指数速度增加的，这使得几年前还无法解决的问题在近期得到解决成为可能，而且使用起来更加方便。计算机学科其他方面的变化更大，例如WWW(万维网)出现后，网络技术迅速发展（据统计，在用户达到5000万的过程中，广播经过了38年，电视则经过了14年，而Internet仅只用了4年），这给人们的工作和生活提供了新的方式。所有这些都要求计算机学科教育所需的知识体系能够有效地适应技术的进步。

6.2.3 发展较快的相关技术

网络技术（包括基于TCP/IP的技术，万维网及其应用）。
图形学和多媒体技术、嵌入式系统数据库技术。
面向对象程序设计、应用程序接口（API）的使用技术、人—机交互技术。
软件安全和信息安全技术。
以上技术的快速变化，应该考虑将它们添加到本科生的教学过程中，但由于学生有限的在校学习时间与不断增长的知识之间存在着矛盾，迫使人们要以不断进步的、系统的观点去调整每年的教学计划，让学生能够在生成计算机学科知识体系的基础上动态地优化自身的知识结构。

6.2.4 技术进步与文化变迁

计算机的教育除了受到计算机技术发展的影响外,还受到文化与社会发展的影响。

(1) 新技术带来的教学方法改革　计算机网络使远程教育在广播、电视之后又有了更方便的手段。它使得远程的在线交互成为现实,从而导致这一领域的更快发展。网络还使得地理位置相隔甚远的教学单位之间能方便地共享课程资源,演示软件、计算机投影、实验室工作站都显著地改变了传统的教学方法。

(2) 全世界计算机数量和用户直接可用的计算功能大幅增加　计算机在近十年迅速普及。美国商务部的一项研究显示,已有超过五分之四的美国人能访问 Internet,在其他大多数发达国家也有类似的情况。在我国,这一方面的发展更是令人瞩目,截至 2010 年 6 月,我国网民超过 4 亿。随着使用计算机获取信息和处理事务的机会增多,使得人们对计算机技术有了更多更新的认识。

(3) 计算机技术进步对经济产生影响　高技术产业的良好发展势头,社会的极大需求所导致的极具吸引力的高待遇的良好就业前景,吸引了一大批人希望走入计算机领域。在我国,相应产业的发展现状影响着人才市场对毕业生的要求,也使得更多的学生选择计算机学科作为所学专业,这些因素都或多或少地影响着计算机学科的教育。

(4) 学科的拓宽　当计算机学科不断发展并逐渐成为基础技术学科时,其应用范围更加广泛。近年来,计算机学科已变得更宽广、内容更丰富,计算机学科的教育必须对此有所体现。例如,社会对各类复合人才的需求,计算机科学技术教育必须考虑学科交叉与融合等学科发展态势,以提高计算机科学技术教育的效率与效益。

6.2.5 社会发展对计算机学科毕业生的基本要求

计算机学科最初源于数学学科和电子学科。所以,该学科的毕业生除了要掌握计算机科学与技术学科的各个知识领域的基本知识和技术之外,还必须具有扎实的数学功底、掌握科学的研究方法、熟悉计算机实际应用的相关领域和关联学科的知识,并且具有良好的沟通技能及和谐的团队协同能力。

6.2.6 知识、能力和素质

"知识"是基础,是载体,是表现形式。一个具有较强能力和良好素质的人必须掌握丰富的知识,而一个掌握丰富的知识的人并不一定具有较强的能力和良好的素质。知识还具有"载体"的属性,能力和素质的培养与教育必须部分地通过具体知识的传授来实施。在许多场合下,能力与素质,尤其是专业能力和专业素质,是通过知识表现出来的。"能力"是技能化的知识,是知识的综合体现。在教学中,应强调运用知识发现问题、分析问题、解决问题的能力,反对只读书、读死书。要保证知识运用的综合性、灵活性与探索性,就需要有丰富的知识作支撑。一般说来,知识越丰富,就越容易具有更强的能力。反过来,能力增强后,又有利于学习更多的知识。"素质"是知识和能力的升华,是获取的知识通过自身的充分内化而生成的一种永远起作用的内在品质。高素质可使知识和能力更好地发挥作用,同时还可促使知识和能力得到不断的扩展和增强,是"知识引擎",是人才成长的"DNA"。因此,教育绝对不能只停留在传授书本知识上,要重视科学的世界观和方法论的启迪,使学生学会自动获取知识的能力。知识、能力、素质是进行高科技创新的基础,只有将三者融会贯通于教育的全过程,才可能培养出高水平人才。爱因斯坦说过:"想象力比知识更重要。"丰富的想象力加上扎实的基本功是构成创新的源泉,对于飞速发展和不断变化的计算机学科更是如此。在大学里,尤其是计算机学科的学生,有效地构建通识平台非常重要。

通识中的"通"取义于清代学者章学诚的解释,章氏将"通"释为"达",通者,所以"通天下之不通也";"识"取唐代学者刘知己对"学者博闻旧事,多识其物"中的"识"解。刘氏解"识"引用孔子的"博闻,择其善而从之",博闻是学问之要求,择善的功夫则取决于"见识"和"器识"。所以通识强调博闻与广识其物,且泛指博学多才,通古达今。

海纳百川,而成其巨;山积纤石,而形其峰;业容万众,而兴其盛。所以,前节指出的:"以不变应万变"就是强调通识平台支撑的专业之峰。显然,厚实的地基才能托起高大的"专业大厦"。

6.2.7 对人才的评价标准

为毕业生建立一个统一的标准是非常困难的,但是可以给出一个基本标准。这个基本标准主要包括以下几个方面:

(1) 掌握计算机的基本理论和本学科的主要知识体系。

(2) 在确定的环境中能够理解并应用基本的概念、原理、准则,具备对工具及技术进行选择与应用的能力。

(3) 完成一个项目的设计与实现,该项目应该涉及问题的描述与定义、分析、设计和开发,为完成的项目撰写适当的文档等。该项目的工作应该能够表明自己具备有一定的解决问题和评价问题的能力,并能表现出对质量问题的适当理解和认识。

(4) 具备在适当的指导下进行独立工作的能力,以及作为团队成员和其他成员进行合作的能力。

(5) 能够综合应用所学的知识。

(6) 能够保证所进行的开发活动是合法和合乎道德的。

所以,应该为有才华的学生提供发挥潜能的机会,使这些有才华的学生能应用课程中学到的原理进行有创新性的工作,能在分析、设计、开发适应需求的复杂系统过程中做出有创意的贡献,他们能够对自己和他人的工作进行确切的评价与检验。需要在计算机学科的教育过程中,鼓励从事该学科的从业人员树立起强烈的创新意识和信心,鼓励他们去探索。

6.3 信息化社会的挑战

当今世界正在迈入信息时代,信息技术与信息产业已经成为推动社会进步和社会发展的主要动力。信息化社会的发展对计算机科学技术提出了新的挑战。为了收集、存储、传输、处理和利用日益剧增的信息资源,以通信、网络和计算机技术相结合为特征的新一代信息革命方兴未艾,深刻地影响着社会和经济发展的各个领域。

"信息"被定义为是 "事先不知道,随时间变化的参数",而所谓"信息化社会"则内涵十分广泛。"关乎天文,以查时变,关乎人文,以化成天下,故而称为'文化',且以'文'化成天下。"所以,信息化则以"信息"化成天下也。因此,信息化可以理解为:在国民经济和社会活动中,通过普遍地采用电子信息设备和信息技术,更有效地利用和开发信息资源,推动经济发展和社会进步,使信息产业在国民经济中的比重占主导地位。信息化社会使人的生活方式、工作方式发生改变：所有流程和内容都从物理的、静态的转变成数字的、移动的、虚拟的以及个性的；对简单化、易管理性和适应性的需求更明显；形成了一个扁平的、异构的、联网的世界，标准成为连接和通用的语言。信息化社会一般应具有以下主要特征：

1. 完善的信息基础设施

信息基础设施是由信息传输网络、信息存储设备和信息处理设备集成的统一整体，建立完善的信息基础设施是信息化社会的重要标志。信息基础设施需要在全国乃至全球范围内收集、存储、处理和传输数量巨大的文字、数据、图形、图像以及声音等多媒体信息，具有空前的广泛性、综合性和复杂性，它的建立过程是一项庞大的系统工程。信息基础设施包括了遍布全球的各种类型的计算机网络和高性能的计算机系统，它是一个"网中网"，即由计算机网络组成的计算机网络。所有的计算机信息中心乃至个人计算机都应该接入这个一体化的网络。

2. 采用先进的信息技术

先进的信息技术是信息化社会的根基，其中所涉及的关键技术包括：半导体和微电子技术、网络化的计算机系统和并行处理技术、数字化通信技术、计算机网络技术、海量信息存储技术、高速信息传输技术、可视化技术、多媒体技术等。

3. 广泛的信息产业

信息产业是信息化社会的支柱。主要包括：计算机硬件制造业、计算机软件业、信息服务业以及国民经济中各行业的信息化工作（如电子商务、电子政务、电子金融等）。是一种高技术、高智力、高增长、高附加值的产业，其种类繁多，应用广泛，综合规模大，价值链特别长，也被称为多媒体交互式数字内容产业（MIDC）。信息产业不仅包括了计算机硬件和软件的研究、开发与生产能力以及信息服务业，而且还包括了使用信息技术对传统行业的改造，这体现了利用信息资源创造的劳动价值。

4. 对高素质信息人才的需求

在信息化社会中，无论是信息基础设施的建设、信息技术的提供和信息产业的发展都离不开信息人才，没有或缺乏高素质的信息人才将一事无成。信息产业是资本密集型、知识密集型的产业，它的高新技术含量高，对人才素质的要求高。信息化社会不仅需要维护型、服务型、操作型的人才，还特别要求信息人才具有高度的创新性和良好的适应性。足够数量的高素质信息人才是实现信息化社会的保证和原动力。信息化社会不仅是科学技术进步的产物，而且也是社会管理体制和政策激励的结果。良好的信息环境包括为了保障信息化社会有序运作的各项政策、法律、法规和道德规范，如知识产权、信息安全、信息保密、信息标准化、产业政策、人才政策、职业道德规范等。构建良好的信息环境是实现信息化社会的重要组成部分。拥有足够数量的、高素质的信息技术人才是实现信息化社会的保证和原动力，是信息化社会的基本特征之一。在信息化社会中所需要的计算机人才是多方位的，不仅需要研究型、设计型的人才，而且需要应用型、工程型的人才；不仅需要开发型的人才，而且需要维护型、服务型、操作型的人才。由于信息技术发展日新月异，信息产业是国民经济中变化最快的产业，因此要求计算机人才具有较高的综合素质和创新能力，并对新技术的发展具有良好的适应性。

6.4 计算机学科知识体系

为了做好计算机学科本科生的教育工作，由中国计算机学会、全国高校计算机教育研究会、清华大学出版社联合组织了研究小组，研究小组在参考国外相关研究成果的基础上，就计算机学科的教育思想、观念、教学计划等进行了探讨，提出了学科教育的指导思想和基本要求，提出了计算机科学与技术学科的知识体系，形成了《中国计算机科学与技术学科教程2002》（简称 CCC2002），教育部高等学校计算机科学与技术教学指导委员会 2006 年发布《高等学校计算机科学与技术专业发展战略研究报告暨专业规范》，将参照 CCC2002 的有关章节介绍计算机学科的知识体系的结构、知识领域（area）、知识单元（unit）和知识点（topic）的概念及课程体系，并对其中的有关问题作简要说明。

6.4.1 知识体系结构

计算机学科的知识体系结构组织成如下三个层次：知识领域、知识单元和知识点。一个知识领域可以分解成若干个知识单元，一个知识单元又包含若干个知识点。

知识体系结构的最高层是知识领域，表示特定的学科子领域。每个知识领域用两个英文字母的缩写表示，例如 OS（Operating System）表示操作系统，PL（Programming Language）表示程序设计语言等。

知识体系结构的中间层是知识单元，表示知识领域中独立的主题（thematic）模块。每一知识单元用知识领域名后加一个数字表示，例如 OS3 是操作系统中有关并发性的知识单元。

知识体系结构的最底层是知识点。

6.4.2 学科知识体系一览

对计算机学科知识体系的概要总结如下，它展示了知识领域、知识单元、核心知识单元及各自所需的最少时间。

1. DS. 离散结构（72 核心学时）

DS1. 函数、关系和集合（12），DS2. 基本逻辑（18），DS3. 证明技巧（24），DS4. 计数基础（12），DS5. 图与树（6）。

2. PF. 程序设计基础（69 核心学时）

PF1. 程序设计基本结构（15），PF2. 算法与问题求解（8），PF3. 基本数据结构（30），PF4. 递归（10），PF5. 事件驱动程序设计（6）。

3. AL. 算法与复杂性（54 核心学时）

AL1. 算法分析基础（6），AL2. 算法策略（12），AL3. 基本算法（24），AL4 分布式算法（4），AL5 可计算性理论基础（8），AL6 复杂性类：P 类和 NP 类，AL7 自动机理论，AL8 高级算法分析，AL9 加密算法，AL10 几何算法，AL11 并行算法。

4. AR. 计算机组织与体系结构（82 核心学时）

AR1. 数字逻辑与数学系统（16），AR2. 数据的机器级表示（6），AR3. 汇编级机器组织（6），AR4. 存储系统组织和结构（10），AR5. 接口和通信（12），AR6. 功能组织（14），AR7. 多处理和其他系统结构（6），AR8. 性能提高，AR9. 网络与分布式系统结构。

5. OS. 操作系统（40核心学时）

OS1．操作系统概述（2），OS2．操作系统原理（4），OS3．并发性（12），OS4．调度与分派（6），OS5．内存管理（10），OS6．设备管理（2），OS7．安全与保护（2），OS8．文件系统（2），OS9．实时和嵌入式系统，OS10．容错，OS11．系统性能评价，OS12．脚本。

6. NC. 网络及其计算（48核心学时）

NC1．网络及其计算介绍（4），NC2．通信与网络（20），NC3．网络安全（8），NC4．客户/服务器计算举例（8），NC5．构建管理（4），NC6．网络管理（4），NC7．压缩与解压缩，NC8．多媒体数据技术，NC9．无线和移动计算。

7. PL. 程序设计语言（54核心学时）

PL1．程序设计语言概论（4），PL2．虚拟机（2），PL3．语言翻译简介（6），PL4．声明和类型（6），PL5．抽象机制（6），PL6．面向对象程序设计（30），PL7．函数程序设计，PL8．语言翻译系统，PL9．类型系统，PL10．程序设计语言的语义，PL11．程序设计语言的设计。

8. HC. 人—机交互（12核心学时）

HC1．人—机交互基础（8），HC2．简单图形用户界面的创新（4），HC3．以人为本的软件评估，HC4．以人为本的软件开发，HC5．图形用户界面的设计，HC6．图形用户界面的编程，HC7．多媒体系统的人—机交互，HC8．协作和通信的人—机交互。

9. GV. 图形学和可视化计算（8核心学时）

GV1．图形学的基本技术（6），GV2．图形系统（2），GV3．图形通信，GV4．几何建模，GV5．基本的图形绘制方法，GV6．高级的图形绘制方法，GV7．先进技术，GV8．计算机动画，GV9．可视化，GV10．虚拟现实，GV11．计算机视觉。

10. IS. 智能系统（22核心学时）

IS1．智能系统基本问题（2），IS2．搜索和约束满足（8），IS3．知识表示和知识推理（12），IS4．高级搜索，IS5．高级知识表示和知识推理，IS6．主体，IS7．自然语言处理技术，IS8．机器学习和神经网络，IS9．人工智能规划系统，IS10．机器人。

11. IM. 信息系统（34核心学时）

IM1．信息模型和信息系统（4），IM2．数据库系统（4），IM3．数据模型化（6），IM4．关系数据库（2），IM5．数据库查询语言（6），IM6．关系数据库设计（6），IM7．事务处理（6），IM8．分布式数据库，IM9．物理数据库设计，IM10．数据挖掘，IM11．信息存储和信息检索，IM12．超文本和超媒体，IM13．多媒体信息和系统，IM14．数字图书馆。

12. SP. 社会与职业问题（11核心学时）

SP1．信息技术史（1），SP2．信息技术的社会环境（2），SP3．分析方法和分析工具（2），SP4．职业责任和道德责任（1），SP5．基于计算机的系统的风险和责任（1），SP6．知识产权（3），SP7．隐私和公民自由（1），SP8．计算机犯罪，SP9．与信息技术相关的经济问题。

13. SE. 软件工程（54核心学时）

SE1．软件设计（12），SE2．使用 APIs（8），SE3．软件工具和环境（4），SE4．软件过程（4），SE5．软件需求和规划（也称规格说明），SE6．软件确认（8），SE7．软件演化（5），SE8．软件项目管理（5），SE9．基于构件的计算，SE10．形式化方法，SE11．软件可靠性，SE12．特定系统开发。

14. CN. 数值计算科学（无核心学时）

CN1. 数值分析，CN2. 运筹学，CN3. 建模与模拟，CN4. 高性能计算。

从以上叙述中可以看出计算机科学与技术知识体系主要有 14 个知识领域，下面简要介绍 14 个知识领域。

6.4.3 离散结构（DS）

离散结构是计算机科学的基础内容，计算机科学与技术的许多领域都要用到离散结构中的概念。离散结构包括集合论、逻辑学、图论和组合数学等重要内容。数据结构和算法分析与设计中含有大量离散结构的内容，为了理解将来的计算技术，需要对离散结构有深入的理解。

6.4.4 程序设计基础（PF）

程序设计基础领域的知识由程序设计基本概念和程序设计技巧组成。这一领域包括的知识单元有程序设计基本概念、基本数据结构和算法等，这些内容覆盖了计算机科学与技术专业的本科生必须了解和掌握的整个程序设计的知识范围。熟练掌握程序设计语言是学习计算机科学与技术大多数内容的前提，学生至少应该熟练掌握两种程序设计语言。

6.4.5 算法与复杂性（AL）

算法是计算机科学和软件工程的基础，现实世界中，各软件系统的性能依赖于算法的设计及实现的效率和适应性。好的算法对于软件系统的性能是至关重要的，因而学习算法会对问题的本质有更深入的了解。并不是所有问题都是算法可解的，如何给问题选择适当的算法是关键所在。要做到这一点，先要理解问题，知道相关算法的优点和缺点以及它们在特定环境下解的复杂性，一个好的算法的效率一定是比较高的。

6.4.6 计算机组织与体系结构（AR）

作为计算机专业的本科生，应当对计算机的内部结构、功能部件、功能特征、性能以及交互方式有所了解，而不应当把它看作一个执行程序的黑盒子。还应当了解计算机的系统结构，以便在编写程序时能根据计算机的特征编写出更加高效的程序。在选择计算机产品方面，应当能够理解各种部件选择之间的权衡，如 CPU 时钟频率和存储器容量等。

6.4.7 操作系统（OS）

操作系统是硬件性能的抽象，人们通过它来控制硬件，它也负责计算机用户间的资源分配和管理工作。要求学生在学习内部算法实现和数据结构之前对操作系统有比较深入的理解。因而这部分内容不仅强调操作系统的使用（外部特性），更强调它的设计和实现（内部特性）。操作系统中的许多思想也可以用于计算机的其他领域，如并发程序设计、算法设计和实现、虚拟环境的创建、安全系统的创建及网络管理等。

6.4.8 网络及其计算（NC）

计算机和远程通信网络尤其是基于 TCP/IP 网络的发展，使得联网技术变得十分重要，网络及其计算领域主要包括计算机通信网络概念和协议、多媒体系统、万维网标准和技术、网络安全、移动计算及分布式系统等。

要精通这个领域必须具有理论和实践两方面的知识，其中实验是必不可少的。实验可以使学生更好地理解概念，学会处理实际问题。实验包括数据收集和综合、协议分析、网络监控与管理、软件结构和设计模型评价等。

6.4.9 程序设计语言（PL）

程序设计语言是程序员与计算机之间"对话"的媒介。一个程序员不仅要熟练掌握一门语言，更要了解各种程序设计语言的风格。工作中，程序员会使用不同风格的语言，也会遇到许多不同的语言。为了能够迅速地掌握一门语言，程序员必须理解语言的语义及这些语言表现出来的设计风格。要理解编程语言实用的一面，也需要有语言翻译和诸如存储分配方面的基础知识。

6.4.10 人—机交互（HC）

这部分的重点在理解作为交互对象的人的行为，知道怎样利用以人为本的途径来开发和评价交互式软件。人—机交互的基础及简单图形用户界面创建等内容是各专业都需要的，是最基本的。

6.4.11 图形学和可视化计算（GV）

计算机图形学和可视化计算可以划分成计算机图形学、可视化技术、虚拟现实及计算机视觉4个相互关联的领域。

计算机图形学是一门以计算机产生并在其上展示的图像作为通信信息的艺术和科学。当前的可视化技术主要是探索人类的视觉能力，但其他的感知通道，包括触觉和听觉，也均在考虑之中。

虚拟现实是要让用户经历由计算机图形学以及可能的其他感知通道所产生的三维环境，提供一种能增进用户与计算机创建的"世界"交互作用的环境。

6.4.12 智能系统（IS）

人工智能领域所关注的是关于自动主体系统的设计和分析。这些系统中有些是软件系统，而有些系统则还配有传感器和传送器（如机器人或自动飞行器），一个智能系统要有能感知环境、执行既定任务及与其他主体进行交流的能力，这些能力涉及计算机视觉、规划和动作、机器人学、多主体系统、语音识别和自然语言理解等领域。智能系统介绍一些技术工具以解决用其他方法难以解决的问题，其中包括启发式搜索和规划算法、知识表示的形式方法和推理、机器学习技术以及语言理解、计算机视觉、机器人等问题领域中所包含的感知和动作问题的方法等。

6.4.13 信息管理（IM）

信息管理技术在计算机的各个领域都是至关重要的，它包括了信息获取、信息数字化、信息的表示、信息的组织、信息变换和信息的表现、有效存取算法和存储信息从更新、数据模型化和数据抽象以及物理文件存储技术。IM 也包含信息安全性、隐私性、完整性以及共享环境下的信息保护。学生需要建立概念上和物理上的数据模型，确定什么 IM 方法和技术适合于一个给定的问题，并选择和实现合适的 IM 解决方案。

6.4.14 社会和职业问题（SP）

学生需要对与信息技术领域相关的基本文化、社会、法律和道德等问题有所理解。应该知道这个领域的过去、现在和未来。应该有能力提出关于社会对信息技术的影响问题，有能力对这些问题的解决作出评价。将来的从业者必须能够在产品进入特定环境以前就能预测到可能的影响和后果。学生需要清楚软件和硬件经销者和用户的权力，还必须遵守相关的职业道德。将来的从业者要清楚背负的责任和失败后可能产生的后果，清楚自身的局限性和所用工具的局限性。所有的从业者必须经历长期的考验才能在信息技术领域站稳脚跟。

6.4.15 软件工程（SE）

软件工程涉及为高效率地构建满足客户需求的软件系统所需的理论、知识和实践的应用。软件工程适用于各类软件系统的开发，它包含需求分析和规约、设计、构建、测试、运行和维护等软件系统生存周期的所有阶段。软件工程使用过程化方法、技术和质量，它使用管理软件开发的工具、软件制品的分析和建模工具、质量评估与控制工具、确保有条不紊且有控制地实施软件演化和复用的工具。

6.4.16 数值计算科学（CN）

科学计算已形成一个单独的信息与计算科学学科，它与计算机科学技术与学科分离却又紧密相关。虽然数值方法和科学计算是计算机专业本科阶段的重要科目之一，但该知识领域的内容是否对所有计算机专业本科生都必需这一问题尚未得到一致的认可，因此这部分知识不列为计算机学科的核心知识单元。

6.5 课程体系结构

知识体系的 14 个知识领域及相应的知识单元、知识点，定义了计算机专业学生的知识结构。但这并不就是实施教学的课程体系，14 个知识领域并不恰好是 14 门课。完整的本科课程由 3 部分组成：奠定基础的基础课程，涵盖知识体系大部分核心单元的主干课程，以及选修课程。

基础课程在一、二年级开设，主干课程在二、三年级开设，选修课程则在高年级开设。计算机学科的学生在四年的学习生涯中应该认真学习这些课程。

6.6 计算机科学技术的研究前沿及相关技术

依据"自主创新、重点跨越、支撑发展、引领未来"的指导方针。业界提出了十大未来技术是：量子电线、硅光电池、新陈代谢学、核磁共振压力显微镜成像技术、纳米电子学、细菌工厂、环境信息学、生物与机电工程、手机病毒和机载网络。

以上技术都与计算机技术关联。所以，今后高等院校和研究机构除培养人才外，主要从事基础研究、前沿高技术研究、社会公益研究。并且给出了以下 20 个研究专题：

科技发展的宏观战略问题研究

科技发展的重大任务研究

科技发展的投入与政策环境研究

科技投入及其管理模式研究

基础科学问题研究

区域科技发展研究

现代服务业发展科技问题研究

人口与健康科技问题研究

制造业发展科技问题研究

农业科技问题研究

城市发展与城镇化科技问题研究

能源、资源与海洋发展科技问题研究

交通科技问题研究

由专家投票选出的影响未来的十大 IT 技术分别是：

DTV/HDTV（数字电视/高清晰电视）；

WLAN（无线局域网）；

3G（第三代移动技术规范）；

SOC（System of Chip）片上系统；

Linux 开放源码技术；

网格技术（Grid）；

万兆以太网；

90/65/45 纳米半导体工艺技术；

基于 XML（超文本管理语言）的 Web 服务技术；

生物识别技术。

中科院院士高庆狮提出了 21 世纪有关计算机领域的十二大难题。

自从 1946 年第一台电子数字计算机诞生以来，每隔 3～7 年，计算机的速度、性能和可靠性可提高十倍，价格和体积可降低十倍，整体性能以百亿倍的速度飞速发展。原先需要花几万年才能完成计算的数据，现在只需几小时，原本不可能实现的梦想变成了现实。计算机的应用使原先极其昂贵的计算成本变为可忽略不计的成本，令原先没有经济效益的应用项目具有巨大的经济效益，从而导致了新的产业革命和社会各领域的变革，成为计算机领域迅速发展的基础。

支撑计算机领域半个世纪辉煌的基础是器件、部件、理论、系统结构、软件技术和应用等方面的数十项根源性创新。根源性创新是指在根源部位推动新兴产业诞生或者影响产业发展的科学技术创新，例如阴极射像管、锗半导体、硅半导体、集成电路、磁心存储器、磁盘光盘、布尔代数、指令可以被当做数据来加工等。如果没有"指令可以被当做数据来加工"这项根源性创新，高级语言及其编译系统不可能诞生，软件不可能飞速发展，依赖于软件接口的互联网也不可能存在，计算机半个世纪的辉煌就不可能呈现。

很遗憾，数十项重大根源性创新没有一项是由中国人发明的，只有一项"磁心存储器"是由美籍华人王安发明的。然而随着中国经济的不断发展，这将成为永远的过去，中国人必将在创造未来计算机领域的辉煌中占有重要位置。

当今计算机领域繁荣的现状与特点：

虽然微软公司在当今计算机软件领域独占鳌头，但是其辉煌成就的基础不是比尔·盖茨创造的，而是帕洛阿尔托研究中心的四大根源性创新：图形用户界面(CUI)、面向客体的编程技术(OOP)、激光打印机和以太网。图形用户界面不仅使 DOS 操作系统被 Windows 所代替，而且还导致可视化编程技术的出现，最终微软公司获得了由图形用户界面带来的数千亿美元的经济效益。

随着计算机的飞速发展，它的应用范围也迅猛扩大，从军用到民用，从大工程、大企业到中小型企业、个人等。计算机与通信根源性创新发展的结合，造就了当代互联网的繁荣，形成了网络时代。计算机网络领域的发展是整个现实世界到网络空间的全面映射。映射的一致性产生了标准和协议，它们成为网络时代的时髦名词。当今计算机领域具有应用第一、服务第一的特点。如今，计算机应用的发展已远远超过计算机系统本身的发展，成本随之大幅下降，应用费用从原先取决于设备费用，人工费用忽略不计变成为取决于人工费用，设备费用忽略不计。随着设备费用的下降，计算机应用产业飞速发展，计算机领域的发展方向由软件和硬件系统第一转变成应用第一。网络的本质是服务，由最初的通信服务、信息服务发展到综合教育服务、娱乐服务、购物服务、计算服务、金融服务、旅游服务、社会服务等，并要求一体化服务。

21 世纪，计算机领域面临很多难题，其中十二个具有重大社会效益和经济效益的难题。

网络安全

网络安全有狭义和广义之分，狭义的网络安全指通信过程中信息的完整性、保密性；计算机系统及其安装的应用系统不被网络上的黑客直接攻击、盗窃和破坏，不被非法入侵活体(如病毒)盗窃和破坏；系统被破坏后，具有迅速恢复的能力。广义的网络安全还包括防止网络犯罪和维护网络可靠性。网络犯罪即社会的犯罪活动在网络上的映射，例如，利用互联网进行间谍、邪教、诈骗、黄黑活动等犯罪活动。维护网络可靠性的目的在于确保网络系统不中断地正确运作，使网络具备抗天灾人祸的能力。

当前，解决网络安全的方法主要依靠法律、管理、鉴别认证技术、加密技术和隔离技术等。法律的威力取决于严惩的力度，而且对众多的小公司往往难以有效。任何大型软件系统都难免有漏洞，操作系统也不例外。管理包括人事管理、网络管理和计算机系统管理。鉴别认证技术和加密技术是相对的，新的鉴别认证技术和加密技术发明后，经过一段时间，就可能出现新的冒充技术和破译技术。因此，网络安全的研究是长期的。另外，目前的安全技术产品基本为软件技术产品或软件固化，或者建立在通用机上的软件系统，如果病毒等非法入侵活体难以鉴别出来，杀毒软件也难以制止新病毒对计算机系统的破坏和盗窃。因此，采取计算机系统结构和软件"软硬结合"来防病毒破坏和盗窃是值得关注的方法。虽然采用隔离技术是有效的，但对网络行为也需要加以适当和合理的限制，彻底取消网络功能是行不通的，大面积完全隔离的网络也难以确保不被暗中快速入侵。

海量信息检索

网络上至少有四类海量信息资源，即付费开发的海量信息资源，无政府主义的互联网海量资源，巨大信息流的监控，巨量未整理的资料。20 世纪 80 年代初期面临的最大困惑是，在网络上常常查询不到需要的信息，相反却得到一大堆不需要的无用信息，20 年之后的今天依然如此。这个问题如何解决呢?关键是利用语义进行内容检索，不仅要统一人类混乱的术语和概念，还要实现计算机对自然语言知识层次的理解，这需要与目标库大小无关的高速搜索算法和类似于主体的网络机器人。

自然语言理解就是对语义的理解。语义有三种不同的层次：语言层次、知识层次和语用层次。例如，"把这杯水倒入那缸浓硫酸里。"这句话包含"这"，"杯"，"水"，"那"，"缸"，"浓硫酸"，"把倒入里"七个语义单元，其中，N 表示名词。如果一个机器人只有语言层次的理解，它能根据"这"找到一个标有"水"的"杯"，再根据"那"找到一个标有"浓硫酸"的"缸"，然后执行把"杯"中的"水"倒入标有"浓硫酸"的"缸"里。如果它具有知识层次的理解，就不会立即执行把"杯"中的"水"倒入标有"浓硫酸"的"缸"里，而是警告主人"危险"，因为它具有的知识层次的理解能考虑到把水倒入浓硫酸里会发生爆炸。知识层次的语义本身又可以分许多层次。例如对小孩和对植物学家而言，"苹果"的知识层次的语义差别极大，在小孩看来，它是一种可口的水果，对植物学家而言，其语义的描述可成为厚厚一本书。语用层次的理解更为复杂，例如"今天是星期天"具有多种语用层次的理解：仅仅是回答今天星期几，或许是妻子劝告丈夫该休息休息，或许是小孩提醒父母该实现星期天带他到动物园玩的许诺等。

上亿台闲置计算机的利用

全世界数亿台计算机大多数时间里被闲置或利用率不高，如果它们全被利用起来，不仅是一笔巨大的财富，而且具有每秒数亿亿次的神奇计算能力，但实现计算机的全球利用难度很大，最关键的问题是双向安全，即如何确保主系统不受客户的安全干扰，同时又确保客户的计算不受主人的安全干扰。

另外，不要把上亿台闲置计算机能力的利用与计算网络及网络计算混淆起来。计算网络早在 20 世纪 80 年代初期就已提出，其目的是让更多地区更多的人共享计算资源。当今，人们可以用更方便的方式共享网络上的计算资源，如用手机进行上网计算。网络计算即一个计算题目在网络上的分布计算。

互联网本质是一个服务系统

一体化服务的特点是使用户不需要考虑或者提供任何与服务需求无关的繁琐信息(如服务来源、地址、服务单位、如何服务等)，就可以轻松自由地得到高质量网络服务。

一体化服务将进一步发展成包括各种资源和服务在内的一体化服务，并构成下一代互联服务网。一体化服务的关键是服务一体化和资源一体化。服务一体化的目的是提高服务质量，资源一体化则是服务一体化的必要条件，同时也是提高资源利用率的有效途径，其核心是信息资源的一体化。资源包括客户端的资源和服务端的资源，涵盖各种信息、软件和设备装置。

下一代互联服务网的关键技术是 Cddn Crid，在词典中不仅有"网栅"、"网格"的含义，还有"电"、"气"、"铁路"、"服务网和网络"的含义。语义一体化服务网是一体化进一步发展中的一个新的生长点，它是在一体化服务中引入服务所需的不同层次的语义内容，以便有利于实现信息资源一体化及服务一体化，是实现服务一体化及信息资源一体化不可或缺的部分。

自然语言自动翻译

自然语言自动翻译的巨大经济效益和社会效益的前提要求是实用，即没有语无伦次，没有正错混杂，合乎目标语言的习惯。历史上，实用的翻译方法有整句和句型模式翻译，近代有翻译记忆，它们的缺点是语言覆盖范围和语言知识库的比例太小。基于实例的方法能有效提高上述比例，但仍为近似方法，存在语无伦次、正错混杂和夹杂不合乎目标语言习惯的成分。历史上的主流方法至今仍然不能解决实用问题。目前比较热门的机器翻译方法是基于统计的方法，它可以迅速从很低的水平快速提高到较高的水平，但总有一部分不正确；它可以作为很好的工具，但难以独立使用。

自然语言自动翻译半个世纪以来没能实用的关键原因是自然语言缺乏精确描述,现有的机器翻译方法难以达到实用。由于翻译是在任何复杂的点集之间的变换,其在几何基坐标的精确描述基础上是十分简单和容易的。基于这个几何提示,建立自然语言基坐标,在语义单元(点)组成的语义语言(点集)的机器翻译方法可能是解决问题的有效途径。

软件设计

软件的本质是设计。从本质上说,软件设计最核心的五个基本难题是可靠性、再用、时空群体工作、尽量自动和自然化,其中以可靠性为首。通常,软件维护费用远远超过开发费用,一个大型软件即使工作了许多年,仍然会有一大堆错误。在某些使用中,软件不可靠将导致灾难性的后果。软件可靠性的核心是软件的正确性,包括已经存在的软件系统错误的发现及排除、新软件系统的正确设计。软件可靠性还包括硬件故障时无副作用的恢复能力,硬件偶尔故障或操作错误时的安全、快速、自动或半自动恢复能力等。

库函数、类库和构件是常见的再用技术。如果一个待设计的大型软件其功能与已经存在的软件大体相同,只有5%不同,且不同之处处于分散状态,那么新软件的设计工作量是原先的5%、10%、40%,还是更多?能不能控制在15%以内成了再用的关键。

如果许多软件设计人员共同设计一个大型软件系统,其中部分人员是流动的,即分布在不同的时间段和空间,那如何有效地组织大的群体来设计大型软件系统?特别是在保持软件人员自由创造力的前提下有效地组织群体工作。"软件工程"正在努力解决这个问题,但往往以牺牲软件设计人员的创造性为代价。

软件研究工作一开始就以尽量自动为目标,但实际上并没有完全做到,它在不断提高的过程中。

自从引入图形用户界面后,非计算机专业的用户可不需要计算机专业知识,仅依靠自身的专业知识来使用计算机。这是自然化的第一步,现已实现。但是能否让不懂计算机或者懂得不多的各种专业人员设计自己的专业软件?这在当前似乎是天方夜谭,但并非不可能。18年前,物理学家李政道的两名物理专业的博士生设计出研究需要的巨型机,这台巨型机的开发是自然化的典范,这两位博士生并没有改行。

下一代程序语言

软件设计效率的发展十分迅速,无论是编程语言、技术、方法、工具、界面与环境,还是包括使用界面在内的软件本身质量,都有重要的发展。这几方面的发展相互关联,每一个都面临下一步问题。例如,面向客体的编程技术和可视化是否会发展成下一代程序语言?从模块化符号化编程技术、高级语言、结构程序化编程技术、面向客体的编程技术发展到面向客体的编程技术加可视化,每个飞跃都集成了解决五个基本难题的成果,极大地提高了编程效率。面向客体的编程技术的下一步将是通过编程语言来集成软件设计中五个基本难题的成果。

下一代操作系统

有人认为 DOS 是一维操作系统,Windows 是二维操作系统,接下来应该出现三维系统,况且 CAD 技术、虚拟现实都需要三维技术支持,但这种猜想太过简单和幼稚。人们宁愿牺牲兼容性而采用图形用户界面的 Windows,是因为它与 DOS 相比,在方便人们使用、思考和编程方面有本质的飞跃。下一代操作系统也是集成软件设计中五个基本难题的成果。

人类智能及其模拟和应用

智能是能自动学习知识,而且能自动有效地利用学习到的知识去解决问题的通用能力。

学习分为许多类，鸟学习飞翔、人学习骑自行车都进行了识别学习和训练学习，许多动物都具备这两种学习能力。知识学习仅仅是人类及少数动物才具有的能力，人工智能的最初目标就是让计算机模仿人类智能，协助人类进行部分创造性劳动的"认知"目标。但是50年来，没有任何人造系统具有智能。严肃的人工智能学家早就已经把人工智能的目标改为：专门研究那些人类比机器做得好的领域的问题。例如，人类下棋比机器下得好，那么机器下棋就是人工智能要研究的领域。如果一个不再修改程序的下棋系统，一开始输给大师，下过几盘棋后，有输有赢，接着再下几盘，赢的比例越来越高，可以认为这个下棋系统具有智能，因为智能是通用能力，而下棋能力不是通用能力。

20世纪70年代以来，有些人喜欢用"智能"表示灵巧。智能缝纫机是计算机芯片控制的灵巧缝纫机，没有智能。西方有一些学者喜欢混淆概念，极力模糊智能的原意，这是不恰当的。

人类登月的愿望已经超过五千年，但是实现登月只有五十年。牛顿创立牛顿四大定理(1666年的万有引力和1687年力的三大定理)给登月建立了理论基础。光有理论基础，仍然不可能实现登月。直到约300年之后，控制技术和燃烧技术成熟以后，人类登月的愿望才得以实现。要实现计算机协助人类进行某些创造性劳动，首先要解决理论基础，并考虑技术前提。

计算科学

计算科学与理论科学、实验科学具有同等的重要性，三者并称为三大科学。当今的计算不仅仅是一门科学，也是一个大产业。20世纪后期，计算流体力学、计算化学、计算物理学发展已经十分成熟。20世纪70年代初期，钱学森院士提出的计算流体力学的计算要求是浮点64位以上的一万亿字存储容量，每秒一万亿次计算速度。当今的生物信息学的计算量远远超过以往的各种计算科学，且这仅仅是一个开始，因为至今还不清楚生物信息如何具体控制细胞的发育。计算速度需求的宝座现在似乎要让位给生物信息学了。

集成电路的下一代

20世纪70年代就开始议论集成电路的极限，以及预测光逻辑集成器件将代替集成电路。30多年过去了，集成电路的极限还未到达，光逻辑集成器件热了十多年后现已消失得无影无踪。集成电路之后一定会出现新事物，但是现在肯定它是什么似乎早了一些。

光纤的后继者

随着通信能力的迅速发展，人们大多看好光纤之后是无线，至少小区接入采用无线方式。然而，未来似乎存在通信能力过剩的问题，它可能会促使具有更大通信能力的新应用出现。

根源性创新人员的生长土壤：

人才资源与能源资源的区别在于能源资源在使用中消耗、减值，人才资源在使用中成长、增值。根源性创新人员的生长土壤由生活环境、目标环境、人员环境、实践环境、分工环境、自由创造环境、学风环境等多种环境构成。生活环境指研究人员必要的物质和生活条件，目标环境指参与前沿、重大的研究项目，人员环境是指拥有的一大批跨学科人才的研究队伍和所营造的高水平学术交流氛围，信息环境是指能提供丰富及时的国际化信息的渠道，实践环境则是包括资金、人员及物质条件的重要支撑环境。此外，分工环境也是一种重要的支撑环境。良好的"研究—开发—市场"分工环境相当于成果放大器，在这种环境下，任何重大创新成果能迅速增益，实现巨大的经济效益和社会效益。而糟糕的分工环境相当于成果衰减器，创新成果的增益效果常常等于零。自由创造环境是根源性创新的"必然基础"，即根源性创新往往源于偶然，而不是根据某些人的计划而产生。根源性创新人员以社会重大需求为动力，经过长期观察、思考、研究和探索而产生创新成果，这些是不可能事先计划的。虽然创新人员观察到的目标未必在计划或者规划中，但聪明的规划人员常常会把创新人员捕获的重大新目标灵活及时地补充纳入其规划，并且给予及时和充分的支持。学风环境则要求根源性创新人员进行独立思考，追求、服从真理，不人云亦云。

2010年6月在北京召开的中国科学院第十五次院士大会、中国工程院第十次院士大会就当前要重点推动的科技发展工作提出8点意见中指出：大力发展信息网络科学技术，抓住新一代信息网络技术发展的机遇，创新信息产业技术，以信息化带动工业化，发展和普及互联网技术，推进国民经济和社会信息化。强调中国要重点推动八个关键项目，其中就包括大力发展信息网络科学技术。要积极发展智能宽带无线网络、先进传感和显示、先进可靠软件技术，建设由传感网络、通信设施、网络超算、智能软件构成的智能基础设施，构建泛在的信息网络体系。

强调信息产业领域的数字化、网络化、智能化；大力发展集成电路、软件等核心产业；重点培育数字化音视频、新一代移动通信、高性能计算机及网络设备等信息产业群；加强信息资源开发与共享，由此而引发的十大科技发展趋势是：

视频点播

视频博客（VLOG）

语音聊天 VOIP（Voice IP）

无线网络的普及

无所不能的移动电话

Office 文档进入网络

干细胞研究将取得进展

生物科学瞄准流感疫苗

新兴厂商走向全球

新的清洁技术兴起

6.7　计算机科学技术人才的研究意识生成与成就

当今信息社会，贫穷不再是土地和石油等自然资源的缺乏，而表现为知识的贫乏与技术的落后，更关键的是研究意识和获取与管理知识的能力更差。在农业经济时代知识对 GDP 的贡献为 10%，工业经济时代知识对 GDP 的贡献为 30%，而知识经济时代，知识对 GDP 的贡献占到 80% 以上。全球收入最高国家中的五分之一人口拥有全球国内生产总值（GDP）的 86%，其互联网用户总数占世界互联网用户总数的 93%。

6.7.1　研究意识与知识获取的能力与效率

现代工业文明之所以在发达的西方率先萌发，这与西方文化中强调事物的量化概念，习惯对事物进行肢解和剖析，用内涵清晰的符号、公式、几何学频谱等量化的概念表述事物与事物的内在联系，即便是感情的表露或"美"的感受等也是如此。

信息社会，技术更新的周期缩短到 3~5 年，对稍纵即逝的商机把握哪怕是存在一个很短的时滞，就有可能带来灭顶之灾。所以，研究意识乃至于对知识的资源性认识是能否跟上经济全球化发展潮流的关键。

由于信息社会的边际成本不断递增，信息成本越来越大（如广告开销），资源的稀缺性和人类需求无限性的矛盾突出，技术成分越来越决定产品的市场。所以说："市场的竞争是人才的竞争"。美国斯坦福大学权威学者，"知识工程"之父依．费金鲍母（E.Feigenbaum）说："中国有句俗话，一个强壮的人可以帮助一个人，而一个聪明的人能帮助上千个人。"

事实告诉我们："创造新时代富足的、高水平的有效率的生活只能用强烈的研究意识去奠基。"正因为如此，才有了跟踪高新技术前沿、经济全球化、产业信息化的呐喊和呼唤。

1993 年，信息科学界就有人预言：到 2010 年半导体超大规模集成电路将受到光速的限制和生产半导体芯片磁场规模的限制，并且确认 0.1μm 集成电路的引线宽度将是物理或工程极限。然而到了 2001 年，已经开始研究建造宽度仅几个原子线度的纳米计算机，甚至量子计算机用单个原子里的电子组建处理器的基本模块(逻辑门)。五年以后，超紫外线(EUV)平版印刷将使引线宽度转向 0.07μm（70nm），科学家得到的工程极限值在被刷新。显然，人们对信息技术发展所做的预见会滞后或超前，但决不会影响信息技术本身的进步。同样，一个群体的观念滞后、研究意识体系退化也绝不会出现"车到山前必有路"的运气，最终的结果是："物竞天择，适者生成"。

当今信息社会，全世界有用的信息 85%还不是电子式的。那么如何让信息处理技术更有效地处理这 85%的非电子信息，这就需要人的"知识引擎（创新性知识）"去拖动，靠研究意识支撑的信息技术去引领，并且这一进程中不存在先来后到的区别，完全凭借实力。中国从甲骨文开始的 3000 年前的通信方式演变到网络神经，每一步的演进都是基于前一步知识的驱动，并且这一步一步的前行，都是研究者永不枯竭的研究意识作用的结果。

所以，秉承对信息是一种可再生资源的认识，坚持"将最恰当的知识在最恰当的时间传递给最恰当的人"这种信息化的运作方式，就能够做出最恰当的决策。正如古人云，只有察觉起于青萍之末的微风，方能见微之著，把握时机，永远使之处于不败之地。

6.7.2 研究意识与研究意识生成

研究意识是人的头脑对于客观物质世界的反映，是感觉、思维等各种心理过程的总和。"存在决定意识，意识又反作用于存在"，所以研究意识与存在紧密关联。按照行为主义的理论，客观环境一定刺激反应，也就是认为处在不同的环境里，会由于许许多多的存在决定人的研究意识。这可以引入很多范例，比如老三很厉害，老大、老二必须前行，否则就不好过日子。

人面临特殊的环境会生成相应的研究意识，即对存在产生简单的反应或感觉。然而，研究意识又是一个多种存在的反映或感觉，甚至是思维的集合。如果通过大脑的智力活动产生对客观存在的反作用，那么就试图去改变客观的存在形式。这样循环作用，最终是研究意识和存在都会改变，并且朝着符合客观规律的方向改变，科学上称之为自适应(Adaptive)。

恩格斯在《自然辩证法》一书中把"思维着的精神"称为"地球上最美的花朵"，说明了基于精神的思维过程能得到精神所支撑的美好。所以，任何形式的想象都应该是人的精神驱动的对客体的主观建构。按照唯物史观，精神以物质为基础。所以，想象应该源于对客观现实的描绘，实际上真正基于科学的想象，人们通常认为是一种联想，它取决于人的知识空间，也就是说不存在离开了知识的想象或者说无法实现脱离了知识的联想。

所以，信息社会的存在必然反映到人的意识空间，生成基于自身知识结构的面向信息社会行为的研究意识。理想情况是一种好的"社会生态"（通常讲自然生态、社会生态、人际生态）不断的演进。反之，不构成好的社会生态就难以进化。

有很多前人尚未曾开掘的先河总是由某一群体或团队最先踏入，或者说创造性的成果总属于那些人们仰慕的仁人志士，在信息社会尤为突出。

比如巴黎时装表演，我们并不是设法让展示的服装都穿在大众的身上，而是向拥有服装生产加工和设计的经理们展示一种新的服装潮流或者未来时装的走势，从而生产出代表时尚的服装，以占领市场，这就是基于服装知识的知识派生或者驱动。这显然是一种基于研究意识的感悟，缺少那种特有的研究意识，不可能有相应的感悟，这就是"心有灵犀一点通"的原因。

要在纷繁复杂的信息社会找准自身发展的方向，更多的是靠研究意识作铺垫的。由于信息社会知识的非线性特征，我们获取的信息或信息技术，它们与知识的积淀又有着本质上的区别，对于多变数空间仅仅靠线性的知识积淀是远远不够的。就如同计算机应用初期，人们建一个信息系统就像农民盖三间瓦房，大体估计一下就干，而现在建计算机网络系统如同盖摩天大厦，不能如此草率。

未来的环境，本质是原发的、跳跃式变化的，因而要求每一个人以新的知识为基础，以更快的行动和知识创新的反馈循环来对这种全新的环境做出有预见性的反应。

考查一个个体，他对某一具象存有研究意识，那就能实时地在大脑内对这一特定具象形成动态的知识地图，就如同智能交换机能够实时映像所管辖的网络动态拓扑图一样，他才能够实现有效的调度与管理。至于调度策略或管理思想则是基于知识的发现过程的产物，也就是知识引擎驱动的，即所谓"灵蛇吞巨象"。

存在决定意识，实践出真知。要具备任何特质的研究意识，必须坚持不懈地从事相关实践。在美国麻省理工学院（MIT），强调什么时间，什么地点，什么事情，一个想法先在图纸上画一画，到机器里去测一测，用激光机打出来看一看，只有做了，你才有想法。我们建立研究意识，肯定源于对事业的认知，绝不是一种盲从与盲动或者是一种表象，更不是柏拉图式的精神依恋。追求推动事业进步的研究意识显然不是以精神依恋的人本性为前提的，它需要某些超越人本性的追求作支撑，否则就是空谈。

任何进步的研究意识只要建立在科学的平台上，就是一种极具内涵的混沌（Chaos）——即用简单的规则来解决复杂的动力学。"对初始条件的敏感性"是混沌的基本形态。早在公元前560年左右，中国古代思想家老子就有了关于"道可道非常道"之说，并初步提出了关于宇宙起源于混沌的哲学思想。因此，一种研究意识所导致的深远影响也是混沌。混沌中蕴含着有序，有序的过程也可能出现混沌。我们建立有效的研究意识源于对事业的认知，这种研究意识作用引发的产业发展及对社会的影响是难以估量的。

国外有句谚语："天上飞的老鹰不如手上抓的小鸟。"拓荒者的价值如同春季的风向标，其周围肯定洋溢着一股清爽的看不见摸不着却可以让人强烈感知的活力，这种活力可让春江水暖，万物复苏。

6.7.3 研究意识的一致性特征

爱因斯坦说过："这个世界可以由音乐的音符组成，也可以由数学公式组成。"数学公式和音乐的音符看似分属于不同的学科，当然研究者也自然分为数学家和音乐家，但无论是研究数学或研究音乐，其研究过程存在着同一性。

任何研究意识所支撑的客观实在都会在精细层面遵循其满射关系（量化分析），就像我们追寻一种过失的原因一样能找到为什么会有过失的每一个细节，如果我们企图对每一件事都如此考证，我们可能就不会有失败。不是提倡防微杜渐吗？就是这个道理。

如前所述，研究意识生成有赖于环境，不同地域或群体内应遵从的研究意识规范更受相应的文化操守制约。

以上不同的意识规范显然都基于客观实在的传统，并且遗存千百年，都建立在各自科学范畴之内。正是如此，信息社会在不同的地域或文化背景的约束下难以实现国际通行。然而，信息社会原本就是以国际化为特征的，所以，越是固守本地思维习惯或秉承意识的地域越是要在国际化进程中耗费大量的边际开销。比如我们持表意文字语言的民族要掌握西方符号语言，就得开销大量的精力，然而为了追踪世界文明的脚步，必须如此，并且越是快速跟进越是节省开销，反之亦然。

任何事业的成功肯定不是偶然的，它是客观上满足了成功条件后的水到渠成，是一座塔楼，其研究意识是底层的基础，是长期培植且符合社会生态成长的。

任何研究意识的表象就是智慧。如果说研究意识从精神上历练集成，则从智慧上日趋圆融。就如同书卷上的艺术来自思维中的精华一样。即便我们看到是表象的智慧，但它的确源自于内在的精神。无论主体所从事的事业性质如何，这种特定研究意识驱动的研究行为与方法，本质上是不会被改变的，而尽管做事的方式不同或者研究的领域不一样。

6.7.4 研究意识迁移与成就

研究意识的一致性说明了另外一个事实：就是一个人从一个研究领域(或工作环境)到另一个领域，他的研究意识不会改变。如果改变，更多的应该是行为或风格等外在的因素，而作为研究意识层面的科学精神，研究惯性等符合客观社会进步与发展规律的精髓不可能改变，否则，整个人类社会将失去了发展与进步的基础。

中国几千年文明史中永垂不朽的诚信与坚毅，就是支撑成就事业研究意识的宽厚平台。为什么一种技艺、一种文化现象等很难千古流传，而唯有"德"能万年不朽，就是因为人类社会的发展与进步必须基于这一共同的"操守。""修身、齐家、治国、平天下"，强调只有先"修身"，最终才能"平天下"，"一屋不扫，何以扫天下"。

伟大的科学家居里夫妇渴望弄清射线来源的究竟，历时四年，在极端困难的情况下，真可算"烈火焚烧若等闲"，从 80 吨沥青中通过 5677 次试验，遭受 458 次分离试验的失败，终于获取了 1/10 克的氯化镭，这难道不是一种责任心、一种追求科学真理的研究意识之结晶吗？

马克思说："搬运夫和哲学家之间的原始差别要比家犬和猎犬之间的差别小得多。"（《马克思恩格斯全集》第 4 卷，第 160 页）这就说明事业的成功不能过分地强调人的智力差异，关键在于刻苦努力，勤于思考，不断发现问题和解决问题。中国有句古话："勤能补拙、工能补天"，就是说的这个意思。

在经济学中有一条定律：如果交易费用等于零，资源配置和制度安排便没有关系。反之，资源配置与制度安排的偏实性，将大大增加交易成本。要真正做到配置与安排的优化，最重要的一条是资源本身的优化。一堆品质不好的矿石资源到了冶炼车间，无论如何配置与安排都会存在固有的成本，人才资源的配置何尝不是如此呢?就终极效果而言，一个高素质的人才(肯定具备成就事业的研究意识)无论被安排在哪里，都不会增加配置与安排过程中的开销

(不是所有的精英都要配置在优越的环境里),这也证明了研究意识基于不同的研究领域能被有效迁移。通常所说的"多面手"、"复合型人才"、"思想家"等,他们都是研究意识在不同研究领域实现平滑迁移的典范。

当然,高素质人才的良好研究意识不是简单的客观存在直接反映的结果,它是特定个体基于本体积淀的思维综合的产物。例如,德国大作曲家贝多芬(Beethoven,1770—1827年)的交响乐是由音符组成,并且它能够客观地分成章节,但如果由不同的人分别去完成这些章节,就不可能成为著名的交响乐。它是一个貌似可分割的整体,融入了音乐家的生活经历和对社会的深刻体悟与阐释,绝不是几个音乐家能分别实现与包装的。一首好的诗,虽然它同样由普通人都熟知的字组成,但它所表达的意境和对真、善、美的诠释,则是一般人的作品所难以企及的。研究意识以智慧为表象,但绝不是简单的对应。

所以,研究意识虽然是主观感觉、思维的综合,但它总是基于人大脑中长期积淀而构建的研究意识平台,这一平台往往更多地打上文化或基础性研究意识的深深烙印。

生成科学研究意识不是一种简单的投入产出过程,不是一种普适的能力,不是一般人出于某种热情的阐发;也不是某种个性的映射,它是一种内聚性素质,无法用显现的外在投入去获取,但的确是一种隐性资源或无形资产,它对人生的贡献是难以估量的。

人的重要品德就是在科学研究意识的作用下不断地超越自我,不断地有所作为。像昆明滇池边西山的两副对联"置身须在极高处,回首还有在上人","高山仰止疑无路,曲径通幽别有天"。在巴黎的任何地方都能看到埃菲尔铁塔的雄姿,只有一个地方除外,那就是在塔底下。人也只有不在人下,才知道人的伟大,只有研究了才知道研究的价值,只有经历了才会有体悟。要获取人生最美丽的体验,决不能放弃追求。走到哪里,永恒的研究意识伴随到哪里,并且通过有效的知识管理,高尚的文化认同感,去缩短易域时的研究意识迁移暂态。记住:到达率(Reach)+使用时间(Usage)=成功(Success)。

要保证某种研究意识强度与迁移暂态的优化,研究意识支撑的知识管理是十分重要的。知识管理就是对自身获取的知识进行科学合理的归纳与演绎(两种基本的分析问题的方法)。

归纳的目的是驱使知识局部自立,即基于一个局部,这块知识能独立解决问题。演绎的目的是加速对所面向的领域或环境的辨识,对自身方略的动态或静态仿真(Simulation)。即在没有开始实施具体方案时的决策审视与考验。毛泽东的军事思想中"不打无准备之仗"就是这个概念。事实上,几乎所有的人,在将一个行动付诸实施之前都会做某些打点与考虑,会"三思而后行"。但往往在复杂条件下,仅仅靠一般的打点与揣摩是不够的,它是强烈的研究意识支持的科学决策过程,不能只看到人家"过五关斩六将",改革开放成绩显著,其实更应该懂得他是"如何走麦城的"。每一个单位或个人的成功都会有"走麦城"的一段,能够潜心研究这一段很有意义,他是人正确运用知识的根本。常言道:"知耻而后勇、知耻常止不耻。"

世界著名的美国通用汽车公司前总裁韦尔奇也说过:"如果你想让列车再快10公里/小时,只需要加加马力,而若想使车速增加一倍,你就必须更换铁轨了。"意思是,如果一个人要想干一番大事业,不能仅仅靠改变一下原来的工作方式,而关键在于系统性的研究意识提升,然而这是以全面素质为基础的,得量身定做,切忌盲从与凭一时的冲动。就像火腿与鸡蛋的寓意,火腿是猪的全身心投入,而鸡蛋则是鸡的参与。如果仅仅考虑到参与,肯定就不要企盼着有事业的永久辉煌。

在人的一生中免不了要遇到一些机会,甚至寻找一些机会。所以,对机会的把握与要开销的成本不能不注意。首先是研究意识迁移的动态开销，即要花去多少成本才能实现平滑迁移，自身的研究意识强度能否做到只开销短时限的迁移暂态，暂态如果很长，就相当于重新创业，要开销创业成本的。转移一个环境的成本=原来收入 + 职业上的升迁 + 生活质量的变化 + 放弃的机会 + 做新事件成功与失败的比率。为什么很多人不断地"跳槽"，这山望着那山高，一辈子没能有所建树（大凡成就事业者更多出自于专注，有志者立长志，无志者常立志），因为他至少要开销重新创业的成本。

科学研究意识的迁移速率在慢节奏的社会形态里不构成一种成功的条件，而在信息社会它变得尤为重要与关键。微软总裁 Bill. Gates 在他的《未来之路》之后写了《未来时速》，其核心思想是：每个组织必须使用数字信息流才能快速思考和运作。如果说 20 世纪 80 年代是注重质量的年代，20 世纪 90 年代则是注重设计的年代，那么 21 世纪的头 10 年就是注重速度的时代。

谁能整体培育客观上能支撑事业成功的研究意识，并不断强化这种研究意识，保证这种研究意识在大范围内能几乎实时地平滑迁移，谁就能运筹帷幄，出奇制胜。

常言道 "将相本无种"。成就事业者不是遗传的结果，更不能被拷贝（即成功不能被复制，唯有失败可雷同），是他们实践科学人生的必然。我们国家有约 3.7 亿个家庭，如果每个家庭有一个成员能够基于良好的科学研究意识从事社会活动，我们就有可能产生 3.7 亿个"精英"，中华民族一定能振兴，中国一定能强大！

6.8 小　　结

计算机科学是以计算机为研究对象的一门科学，它是一门研究范畴十分广泛、发展非常迅速的新兴学科。通过本节的学习，应该理解计算机的基本概念、信息化社会的特征、信息化社会对计算机人才的需求，初步了解计算机科学技术学科的内涵、知识体系、课程体系和研究范畴等，了解作为一名计算机专业的学生应具有的基本知识和能力，明确今后学习的目标和内容，树立作为一个未来计算机工作者的自豪感和责任感。

应用篇

第 7 章　Windows XP 环境及应用

微软公司的 Windows 操作系统在继 Windows3.X、Windows9X、Windows NT、Windows 2000 后，最近又推出了最新和更强大的版本——Windows XP。XP 代表体验（Experience）之意。微软公司希望这版操作系统成为大家新的更好的体验。Windows XP 是 Microsoft 公司第一个将 Windows 9X 代码和 Windows NT 结合起来的操作系统，它有客户端和服务器端两个不同的版本。客户端产品是 Windows XP Home(家庭版)和 Windows XP Professional(专业版)，服务器端产品是 Windows XP Server 和 Windows XP Advanced Server。因为一般的用户并不会用到这两个版本，通常是网络管理员或其他专业技术人员才使用这两个产品，所以本章主要对客户端 Professional 版本的内容作介绍。

7.1　Windows XP 基础知识

7.1.1　鼠标

Windows 环境下鼠标是最常用的输入设备。下面是与鼠标相关的几个术语。
指向：移动鼠标，使鼠标指针位于屏幕上某个目标或对象之上。
单击：按下鼠标左键然后释放。
双击：快速连续的两次单击鼠标左键。
右击：按下鼠标右键然后释放。
拖放：按住鼠标左键或右键并移动鼠标到某个区域后释放鼠标键。

7.1.2　桌面

Windows XP 启动后呈现在用户眼前的整个屏幕我们称为 Windows XP 的桌面，它是一个活动桌面，用户可灵活设置。与办公桌桌面类似，用户可以在桌面放置一些完成和方便完成日常工作的东西。Windows XP 桌面主要由下述几个部分组成，如图 7.1 所示。

鼠标指针：用于在屏幕上定位的向左斜指的小箭头，当移动鼠标时它在桌面上朝相同方向移动。不过，鼠标指针的形状依计算机工作状态的不同会有所不同。

桌面图标：桌面上显示的小图片。每个图标代表某个文件或文件夹或其位置，一般双击某一图标即可打开该图标所代表的文件或文件夹。

"开始"按钮：正如其名字，"开始"按钮是启动计算机程序的起始点。单击"开始"按钮就打开"开始"菜单。Windows XP 开始菜单分两列，左列是最近使用的几个程序的列表，右列是经常用到的文件夹、"帮助和支持"及 Windows 其他特性的访问。要访问已安装到计算机上的所有程序则应单击"开始"菜单上的"所有程序"按钮，在弹出的级联菜单中单击希望运行的程序即可。

计算机导论

图 7.1 Windows XP 桌面

快速启动工具栏：提供通过单击操作快速访问常用程序的功能。该工具栏中有个"显示桌面"图标，单击该图标可以最小化桌面上的所有窗口，使桌面立即显示，让用户能快捷地启动桌面上的某个程序。再次单击该图标，最小化的窗口又在桌面上恢复原状。

任务栏：用于显示正在运行的应用程序和打开的窗口的对应按钮，单击任务栏上的按钮可快速切换应用程序。

提示栏：包含时钟、输入法等一系列图标，这些图标显示计算机上运行的特定程序或服务的状态。把鼠标指向时钟，则系统自动显示当前日期，双击时钟则会弹出"日期和时间属性"对话框，用户能对其进行修改。

7.1.3 窗口

窗口是用户操作 Windows XP 的基本对象，Windows XP 的应用程序都是以一个窗口的形式出现的，因此了解窗口的基本组成及操作非常必要。以 Microsoft Word 的窗口为例，如图 7.2 所示。

标题栏：用于显示窗口的名字。拖放标题栏可移动窗口位置，双击标题栏可使窗口最大化或还原。

控制图标：该图标隐含一个控制菜单，单击此图标会产生一个下拉菜单，可以控制窗口。双击控制图标就关闭窗口。

最小化按钮：单击此按钮，窗口缩小为任务栏上的一个按钮。

最大化按钮和恢复按钮：中间的方框按钮是最大化按钮，单击此按钮，窗口最大化充满桌面；此时最大化按钮变成为有两个重叠方框的恢复按钮，单击恢复按钮，窗口大小恢复成最大化前的尺寸。

第 7 章　Windows XP 环境及应用

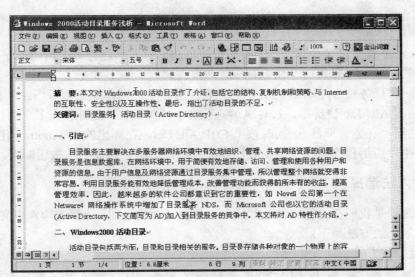

图 7.2　窗口

关闭按钮：最右边的"×"按钮是关闭按钮。单击此按钮将关闭窗口。

菜单栏：位于标题栏的下面。每个菜单包含一系列的命令，通过它用户可完成各种功能。

工具栏：是可选的，即既可显示，也可不显示。工具栏上有一系列小图标，单击图标可完成特定程序的某种功能。这些图标的功能菜单一般都有。工具栏往往是为用户操作提供了更快速的途径。

滚动条：当窗口无法显示所有内容时，可使用滚动条查看窗口的其他内容。垂直滚动条使窗口内容上下滚动，水平滚动条使窗口内容左右滚动。

窗口边框：用鼠标拖放窗口边框，可任意改变窗口的大小。

调整片：用鼠标拖放窗口调整片，可同时改变窗口相邻边框的长度。

工作区域：窗口内部区域，用于显示或编辑内容。

7.1.4　快捷方式

"快捷方式"是一个图标，它提供对计算机上的任何程序、文档、文件夹和几乎任何其他资源的快捷访问。快捷方式图标与原始图标在外观上不同之处是其左下角有一个箭头。当快捷方式存放在一个文件夹中并以"平铺"方式查看该文件夹时，快捷方式图标的文件名下方会出现"快捷方式"字样。

原始图标和其快捷方式图标使用的方法不同。原始图标代表真正的文件和文件夹，删除该图标，也就删除了它所代表的文件或文件夹；快捷方式图标是包含指向实际文件或文件夹位置的"指针"，删除它，只删除图标本身，图标所指向的实际文件或文件夹将不被删除，也不发生任何改动。

单击或双击快捷方式与单击或双击其原始图标作用相同。不过，可以把快捷方式放到所需要的任何地方。通常，Windows 桌面和"快速启动"工具栏是放置快捷方式的最佳位置，因为这些地方最容易访问。

7.1.5 切换应用程序

Windows XP 是多任务操作系统，即用户可以同时打开和运行多个应用程序（任务），这就涉及任务的切换。一般来讲，任务有三种切换方式：

（1）利用"任务栏"。在任务栏处单击代表应用程序的图标按钮即可切换到相应的任务。

（2）应用 Alt+Tab 快捷键。按住 Alt 键不放，多次按动 Tab 键可在多个窗口间切换。

（3）使用"任务管理器"。同时按下 Ctrl+Alt+Del，在弹出的"Windows 任务管理器"窗口中，选中"应用程序"选项卡中要切换的程序，单击"切换至"按钮即可。

7.1.6 输入法选择

输入法选择是我们在进行文件处理或与计算机进行交互时，选择的输入中文或英文的方法。选择输入法的方法如下：

1. 键盘操作方式

系统默认设置下，按下 Ctrl+Shift 键在英文和各种中文输入法之间进行切换；按下 Ctrl+Space 键显示或关闭中文输入法。需要说明的是，这些设置可由用户自己设置。

2. 鼠标操作方式

单击任务栏上输入法指示器，显示如图 7.3 所示的菜单，该菜单列出了可选的输入法名称，单击自己想要的输入法名称即可。

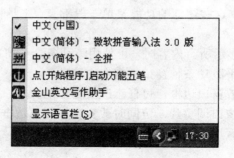

图 7.3 输入法指示器菜单

7.1.7 注销和关机

使用完计算机后，用户可以通过注销或关机来处理计算机。如果与他人共用一台计算机，自己结束工作后，其他人还要接着工作，一般采用注销方式，这样既可保存自己刚做的工作，又可使其他人立即登录工作。注销步骤如下：

（1）单击"开始"按钮。

（2）单击弹出菜单底部的"注销"按钮。

（3）再次单击对话框的"注销"按钮。

关机则可按下述步骤进行：

（1）单击"开始"按钮。

（2）单击弹出菜单底部的"关闭计算机"按钮，弹出"关闭计算机"对话框，如图 7.4 所示。

图 7.4 "关闭计算机"对话框

单击希望使用的关机方式对应的按钮。

待机：使计算机处于最低功耗状态，但不保存桌面设置，即唤醒计算机后，回到用户的普通桌面。待机状态下的唤醒速度比冷启动或复位快得多。

休眠：按住 Shift 键单击待机按钮进入休眠状态。与待机不同的是休眠将保存桌面设置。

关机：彻底关闭计算机，不再耗电。

重新启动：先暂时关闭计算机，再立即自动重新启动计算机。一般在安装某些硬件驱动程序和更改系统有关设置后系统要求重新启动。

7.2 自定义桌面

桌面是计算机用户每天使用计算机时的工作平台，它是一个活动桌面，用户可灵活设置。因此，按自己的喜好和需要进行设置，不仅有利于增加美观，还可以提高工作效率。

桌面定义包括桌面背景设置、屏幕保护程序设置、屏幕外观设置、显示属性设置等。这些设置都可通过在桌面空白处单击鼠标右键，从弹出的快捷菜单中选择"属性"命令，打开"显示属性"对话框来实现，如图 7.5 所示。

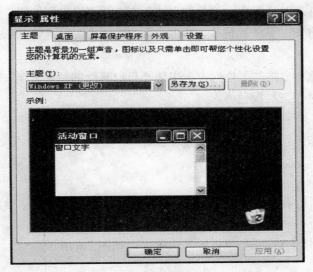

图 7.5 "显示 属性"对话框

7.2.1 设置桌面背景

背景指 Windows XP 桌面上的底图或墙纸。设置桌面背景的操作如下：

（1）选中"显示属性"对话框中的"桌面"选项卡。在"背景"列表框中选择喜爱的图片或单击"浏览"按钮在打开的浏览对话框中查找选择本地硬盘或网络驱动器上的图片。

（2）在"位置"下拉列表框中选择图片显示方式，可在"平铺"、"居中"和"拉伸"三种方式中任选其一。

（3）单击"确定"按钮，完成桌面背景的设置。

7.2.2 设置屏幕保护程序

屏幕保护程序是用户在规定时间内不操作计算机时，系统自动启动的屏幕画面不断变化的程序。其作用主要有两个：一个是保护计算机屏幕，另一个是防止其他用户随意操作计算机。设置屏幕保护程序的操作步骤如下：

（1）选中"显示属性"对话框中的"屏幕保护程序"选项卡，从"屏幕保护程序"下拉列表框中选择一种自己喜爱的屏幕保护程序。

（2）如有必要，单击"设置"按钮，在弹出的屏幕保护程序设置对话框进行相关设置，并按下"确定"按钮。

（3）调整"等待"时间，可设定系统在空闲多长时间后自动运行屏幕保护程序。选中"在恢复时使用密码保护"复选框则系统进入屏幕保护程序状态后，需要输入当前用户和系统管理员的密码才能返回 Windows 桌面。

（4）设置完成之后，单击"确定"按钮完成屏幕保护程序的设置。

7.2.3 定义外观

在 Windows XP 中，设置屏幕外观是指设置 Windows XP 窗口的风格，即显示窗口菜单、按钮、图标和对话框时所使用的颜色和字体。

选中"显示属性"对话框中的"外观"选项卡。从"窗口和按钮"下拉列表框中选择自己喜爱的预定外观方案。系统提供了"Windows XP 样式"和"Windows 经典样式"两种外观方案。

用户可以从"色彩方案"下拉列表框中选择自己喜欢的色彩方案，本系统提供了"橄榄绿"、"蓝"和"银色"三种配色方案。

从"字体大小"下拉列表框中选择采用的字体。

单击"确定"按钮，完成自定义外观的操作。

7.2.4 调整显示设置

调整显示设置，即调整显示器的设置，主要指对显示的色彩数、分辨率、刷新频率的设置，其设置操作如下：

选中"显示 属性"对话框 "设置"选项卡，如图 7.6 所示。

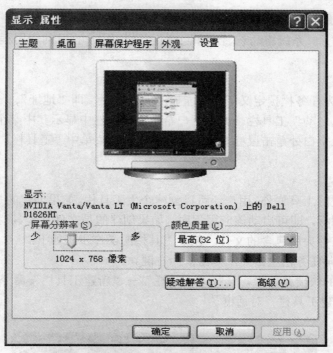

图 7.6 "设置"选项卡

在"颜色质量"下拉列表框中选择所需要的颜色数目。在显示卡和显示器能够支持的情况下，一般推荐使用增强色 16 位或真彩色 32 位，这样可以显示出所有的图像颜色效果。

在"屏幕分辨率"选项区域拖动滑块改变屏幕分辨率。

单击"高级"按钮，打开显示适配器属性对话框。默认情况下"常规"选项卡被选中。在"兼容性"选项区域，可以设定在系统更改颜色和屏幕分辨率后是否要重启计算机后再应用新的设置，还是直接应用新的设置，一般选后者。

单击"监视器"选项卡。在"屏幕刷新频率"下拉列表框中选择所需的刷新频率。

单击"确定"按钮，返回"显示属性"对话框，再次单击"确定"按钮完成显示设置。

7.2.5 自定义任务栏

在默认状态下，任务栏以始终显示的方法位于 Windows XP 桌面的底部。为使任务栏适合自己的操作习惯，系统允许用户进行个性化的定义。

1. 移动任务栏

鼠标指向任务栏空白处，拖动鼠标到桌面的顶部、左侧或右侧，释放鼠标，即可改变任务栏的默认位置。

2. 隐藏任务栏

有时为了能够完整地浏览整个屏幕的内容，我们可以将任务栏暂时隐藏起来，只有当用户将鼠标移动至任务栏的位置时，任务栏才动态显示出来。设置任务栏隐藏的操作步骤如下：

（1）鼠标指向任务栏上没有按钮的位置，单击右键，在弹出的快捷菜单中选择"属性"命令。打开"任务栏和[开始]菜单属性"对话框，系统默认选中"任务栏"选项卡。

（2）在"任务栏外观"选项区域，选中"自动隐藏任务栏"复选框。

(3)单击"确定"按钮。

经过上述操作后,系统将动态显示和隐藏任务栏。用户打开的应用程序窗口就可以使用整个屏幕。

3. 添加工具栏

Windows XP 为任务栏预定义了 5 个能显示的工具栏,即"地址"、"链接"、"语言栏"、"桌面"与"快速启动"工具栏。如果用户希望在任务栏中显示其中某个或某几个工具栏,可通过在任务栏上空白处单击鼠标右键,单击弹出快捷菜单中"工具栏"子菜单中相应的工具菜单项即可。

4. 创建工具栏

除了系统预定的工具栏外,用户还可以创建个人工具栏。如果创建的是应用程序工具栏,鼠标单击工具栏图标,即可启动该应用程序;如果创建的是文件夹工具栏,鼠标单击工具栏图标,将打开该文件夹所包含的文件。创建工具栏的操作步骤如下:

(1)鼠标指向任务栏空白处,单击鼠标右键。

(2)在弹出的快捷菜单中,选择"工具栏"→"新建工具栏"命令,在屏幕上弹出如图 7.7 所示的"新建工具栏"对话框。

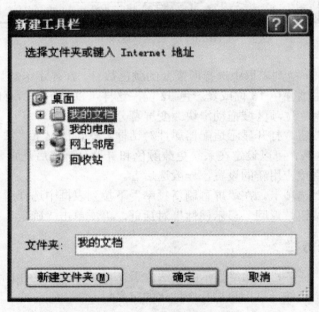

图 7.7 "新建工具栏"对话框

(3)在弹出的"新建工具栏"对话框中选择新建工具栏的文件夹,也可以在对话框中输入 Internet 地址。

(4)单击"确定"按钮,完成新建工具栏的创建。

7.2.6 添加桌面快捷方式

1. 添加桌面快捷方式

在桌面上放置常用程序的快捷方式,可以方便快捷地打开这些应用程序或文件,道理正如从办公桌上取东西比从抽屉或橱柜中取东西要方便快捷得多一样。

在桌面上创建程序快捷方式有多种方式，选择哪一种取决于用户的习惯或方便。下面给出三种创建方式：

（1）右击桌面空白处，在弹出的快捷菜单中选择"新建"→"快捷方式"，这时屏幕上就会弹出"创建快捷方式"向导窗口，该向导窗口带有一个"浏览"按钮，用户通过它找到想要为其创建快捷方式的项目即可。

（2）在"我的电脑"或"资源管理器"中右击要为其创建快捷方式的图标，在弹出的快捷菜单中选择"发送到"→"桌面快捷方式"选项。

（3）单击"开始"按钮，选择"所有程序"，找到要为其创建快捷方式的程序选项，右击该程序选项，从弹出的快捷菜单中选择"发送到"→"桌面快捷方式"选项。

2. 把快捷方式添加到"快速启动"工具栏

虽然快捷方式图标置于桌面使用起来很方便，但也有一个缺点：桌面经常被一些窗口覆盖。要重新显示桌面，得单击"快捷启动"工具栏中的"显示桌面"图标。如果不想这么麻烦，则可以把快捷方式图标放到"快速启动"工具栏中，这样只需单击"快速启动"工具栏上相应图标即可启动相应程序或文档。

要把桌面快捷方式图标复制到"快速启动"工具栏，只需把快捷方式图标拖放到"快速启动"工具栏上的任何位置即可。如果要将其移到"快速启动"工具栏，则可用鼠标右键拖放其到"快速启动"工具栏，然后释放鼠标，并从弹出的快捷菜单中选择"移动到当前位置"选项即可。

7.3 应用程序和文档

在 Windows 中，储存在磁盘上的文件可分为两类：应用程序和文档。应用程序是指具有某种特定功能的程序，如文字处理程序 Microsoft Word，平面图像处理程序 PhotoShop 等。文档是指通过应用程序创建的以某种方式组织的数据集合，如扩展名为 doc 的文档由 Microsoft Word 程序创建，扩展名为 txt 的文档由记事本创建。

7.3.1 启动应用程序

启动应用程序的方式在 Windows XP 中非常灵活，下面是常用操作方法：

（1）单击"开始"按钮，打开开始菜单。如果要启动的应用程序在菜单上，单击即可。否则，单击菜单上的"所有程序"按钮，在打开的下一级菜单中选择要运行的程序。

（2）通过"我的电脑"或"资源管理器"浏览计算机文件，找到要启动的程序，双击其图标。

（3）双击桌面上程序的快捷图标，或右击图标后在弹出快捷菜单中选择"打开"。

（4）单击快速启动工具栏上程序图标。

（5）利用"搜索"工具查找应用程序，找到后双击程序图标。

7.3.2 关闭应用程序

（1）单击应用程序窗口标题栏的关闭按钮。

（2）双击应用程序控制图标。

(3) 单击应用程序控制图标菜单中的"关闭"命令。

(4) 选择应用程序菜单"文件"→"退出"命令。

(5) 按下 Alt+F4 快捷键。

7.3.3 打开/创建文档

不论是打开还是新建文档，一般有两种方式：

1．传统方式。启动用来打开/创建文档的应用程序，选择应用程序菜单"文件"→"打开"或"文件"→"新建"命令打开或创建文档。

2．现代方式。在桌面或文件夹窗口空白处单击鼠标右键，选择弹出快捷菜单中的"新建"命令，然后单击要创建的文档类型就可以创建新文档。要打开文档，双击文档图标，系统自动先启动与该文档类型相关联的应用程序，然后装入文档。

下面以在桌面上创建一个文本文档"测试"为例，介绍这种快捷创建文档的方式。

（1）在桌面空白处单击鼠标右键，出现如图 7.8 所示的快捷菜单。

（2）从菜单上选择"新建"→"文本文档"，桌面上出现如图 7.9 所示的快捷文本文档图标。

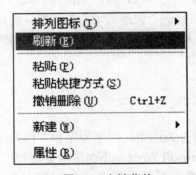
图 7.8　右键菜单

图 7.9　文本文档

（3）键入"测试"给新文档命名，按 Enter 键。双击"测试"图标。"记事本"程序自动启动，并打开"测试"文本文档，这可由"记事本"标题栏中的文档名为"测试"看到。编辑该文档后，选择菜单"文件"→"保存"命令，最后单击"记事本"窗口关闭按钮关闭记事本程序。

7.4　文件与文件夹

7.4.1　文件与文件夹概念

"文件"是被赋予了名称并存储于磁盘上的相关信息的集合，它既可以是我们平时说的文档，也可以是可执行的应用程序。"文件夹"是计算机中文件的存放地方。一般来讲，为便于查找和管理，相关的文件被存放在同一个文件夹中。

7.4.2 管理工具

在 Windows XP 中用于文件与文件夹管理的工具主要有"我的电脑"、"资源管理器"和"回收站"。

1. 我的电脑

"我的电脑"是文件和文件夹以及其他计算机资源管理的中心，还可直接对映射的网络驱动器、文件和文件夹进行管理。

双击桌面上"我的电脑"图标，打开"我的电脑"管理工具，如图 7.10 所示。"我的电脑"窗口分两个窗格，启动的开始在左侧有三个域，即"系统任务"、"其他位置"和"详细信息"。

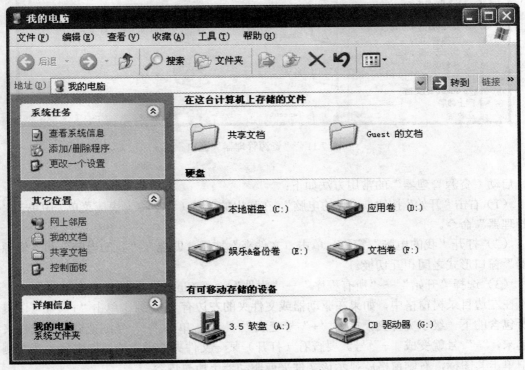

图 7.10　"我的电脑"窗口

单击"系统任务"和"其他位置"中的超链接即可进入相应的功能窗口。

"详细信息"区域显示被选中对象的概要信息。右侧则是文件和文件夹或驱动器。

在"我的电脑"中浏览文件时，从"我的电脑"开始，按照层次关系，逐层打开各个文件夹，在文件夹内容窗口中查看文件和子文件夹。

2. 资源管理器

"资源管理器"是"我的电脑"延伸出的一个专门的文件和文件夹管理工具。资源管理器窗口包括两个不同的信息窗格。左边的窗格以目录树的形式显示计算机中的所有资源项目，称为目录窗格；右边的窗格显示左边目录窗格中所选中项目的详细内容，称为内容窗格。如图 7.11 所示。

图 7.11 "资源管理器"窗口

启动"资源管理器"的常用方法如下:

（1）右击"开始"按钮或"我的电脑"，在弹出的菜单（以下称为快捷菜单）中单击"资源管理器"命令。

（2）打开"我的电脑"窗口，单击"文件夹"按钮，即能在"我的电脑"和"资源管理器"窗口形式之间相互切换。

（3）选择"开始"→"所有程序"→"附件"→"Windows 资源管理器"。

在左边目录树窗格中，如果在驱动器或文件夹的左边有"+"号，单击"+"号可以展开它所包含的下一级子文件夹，此时"+"号变成"-"号。单击"-"号则把展开的文件夹折叠起来，"-"号就变成"+"号。要查看（打开）某一文件夹或磁盘的详细内容，在左侧窗格中单击其图标，右侧窗格就显示该文件夹或驱动器下所有内容。

3. 回收站

"回收站"是用户加强文件和文件夹安全管理的一个重要工具，它可以将用户删除的文件和文件夹暂时保存起来，以便用户恢复误删数据。当然，用户也可通过右击桌面"回收站"图标，单击弹出快捷菜单中的"清空回收站"命令来彻底删除不再需要的文件和文件夹，以释放它们所占用的磁盘空间。

7.4.3 文件与文件夹管理

由于资源管理器是 Windows XP 中一个专门的高效的文件和文件夹管理工具，因此下面的各种操作都将在资源管理器窗口下完成。当然，这些操作也同样适用于"我的电脑"窗口。

1. 选择文件与文件夹

（1）选择一个文件或者文件夹，在文件夹窗口中单击要操作的对象即可。

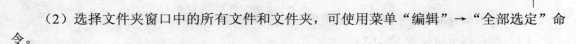

（2）选择文件夹窗口中的所有文件和文件夹，可使用菜单"编辑"→"全部选定"命令。

（3）选择文件夹窗口中的多个不连续的文件和文件夹，按住 Ctrl 键，然后单击要选择的每个文件和文件夹。

（4）选择排列连续的文件和文件夹，按住 Shift 键，然后单击第一个文件/文件夹图标和最后一个文件/文件夹图标。

（5）另外，用户还可按住鼠标左键在文件夹内容窗口中画框选中文件和文件夹，凡是鼠标所划矩形框中的文件和文件夹都会被选中。

2. 创建文件夹

打开要在其中创建新文件夹的文件夹，选择菜单"文件"→"新建"→"文件夹"即可创建一个名为"新建文件夹"的新文件夹。或在右边窗格中右击空白处，在弹出快捷菜单中选择"新建"→"文件夹"命令，在文件夹名称处输入想要命名的文件夹名称后回车即可。

如果要更改文件夹名称，右击该文件夹，单击弹出快捷菜单中的"重命名"命令，输入新文件夹名称后回车。

3. 复制文件或文件夹

复制文件或文件夹是制作源文件或文件夹的副本。从操作步骤来讲，它分为先复制源文件夹中的源文件和文件夹信息到内存，再依据内存信息制作副本到目的文件夹两步。

第一步打开要复制文件或文件夹所在的文件夹，选中要复制的文件/文件夹，然后进行下面任意一种操作：

（1）选择菜单"编辑"→"复制"命令。

（2）单击鼠标右键，在弹出快捷菜单中选择"复制"命令。

（3）按下快捷键 Ctrl+C。

第二步打开目的文件夹，然后选择下面任意一种操作：

（1）选择菜单"编辑"→"粘贴"命令。

（2）右击内容栏空白处，单击弹出快捷菜单中的"粘贴"命令。

（3）按下快捷键 Ctrl+V。

4. 删除文件或文件夹

选中要删除的文件/文件夹，单击鼠标右键并选择弹出快捷菜单中的"删除"命令或直接按下 Delete 键，系统将弹出确认框，单击"是"按钮就将选中的文件/文件夹移到回收站，单击"否"按钮则不进行删除操作。

如要物理地删除，即不放入回收站，删除的文件/文件夹不可恢复，在选"删除"命令或按下 Delete 键时，按住 Shift 键即可。

5. 移动文件或文件夹

移动文件/文件夹是将文件/文件夹转移到与源文件夹相区别的其他文件夹。从操作步骤来讲，它分剪切源文件夹中的源文件/文件夹信息到内存，再依据内存信息转移目标文件/文件夹到目的文件夹两步。

第一步，打开源文件/文件夹所在的文件夹，选中要移动的文件/文件夹，进行下面任意一种操作：

（1）选择菜单"编辑"→"剪切"。

（2）单击鼠标右键，在弹出快捷菜单中选择"剪切"命令。
   （3）直接按下快捷键 Ctrl+X。
第二步，切换到要移动到的目的文件夹，进行下面任意一种操作：
   （1）选择菜单"编辑"→"粘贴"。
   （2）右击内容栏空白处，单击弹出菜单中的"粘贴"命令。
   （3）直接按下快捷键 Ctrl+V。

7.4.4　查找文件和文件夹

用户要对文件和文件夹进行管理，首先必须查找到它们。在 Windows XP 中，一般采用两种方法来进行查找：

一是已知文件/文件夹正确位置或路径的查找。利用"我的电脑"或"资源管理器"，通过逐级打开驱动器和文件夹，直至找到要查看的文件/文件夹。

一是未知文件/文件夹的确切位置或路径的查找。这时需要借助系统提供的文件/文件夹搜索功能进行查找，启动搜索窗口可选择下面的操作：
   （1）选择"开始"→"搜索"。
   （2）单击"我的电脑"或"资源管理器"工具栏中的"搜索"按钮。

在弹出的"搜索助理"窗格中单击"你要查找什么"区域中的查找类型进行有针对性的查找。这里要进行文件/文件夹查找就应单击"所有文件和文件夹"，在随即弹出的窗口中输入搜索条件，单击"搜索"按钮即可。

7.4.5　查看文件和文件夹

"我的电脑"和"资源管理器"中，在文件和文件夹太多时，为方便用户浏览和管理，Windows XP 提供了文件/文件夹查看方式和图标的排列方式。

当图标排列混乱或希望图标以某种方式排列时，可选择下面操作之一实现图标的排列：
   （1）打开菜单"查看"→"排列图标"子菜单，单击希望的排列方式。
   （2）右击内容窗格空白处，选择弹出快捷菜单中"排列图标"子菜单中的一种排列方式。

当窗口中的图标被排列之后，用户可能想选择文件/文件夹查看方式。查看文件或文件夹的查看方式有五种，即"缩略图"、"平铺"、"图标"、"列表"和"详细资料"。"平铺"和"图标"方式分别是以多列大图标和小图标的格式排列显示文件；"列表"方式是以单列小图标格式排列显示文件；"缩略图"方式则可以预览图像和 Web 页内容；"详细资料"方式则以每行分名称、大小、类型、修改日期和时间四栏格式来显示文件，在这种查看方式下，单击各栏的标题即可以使文件和文件夹按其排序，排序标题右边三角符号的正立和倒立分别指示升序和降序。

要实现所希望的文件/文件夹排列方式，可选择下面的任意一种操作：
   （1）单击"查看"菜单中的查看方式菜单项。
   （2）单击工具栏最右边窗格状图标下拉菜单中排列选项。
   （3）右击内容窗格空白处，单击弹出快捷菜单中"查看"子菜单中排列选项。

7.4.6　设置文件夹常规选项

一般情况下，"资源管理器"对文件和文件夹的管理风格是在系统默认设置下进行的。

为设置适合自己的操作风格，提高工作效率，用户可对资源管理器管理风格进行定制，定制可以通过"文件夹选项"来实现。通过设置文件夹选项，可以改变文件夹访问的方式，可显示或隐藏系统文件（夹）、设置脱机文件等。

选取菜单"工具"→"文件夹选项"命令，弹出如图 7.12 所示的"文件夹选项"对话框。下面对四个选项卡设置进行说明。

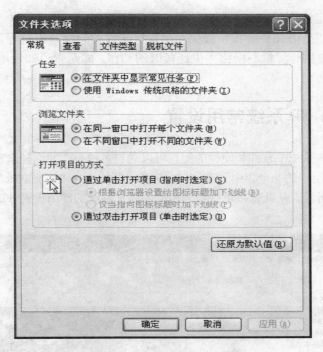

图 7.12　"文件夹选项"对话框

（1）"常规"选项卡。

选中"在文件夹中显示常见任务"单选按钮，可以在文件夹中显示相应的常见超级链接。

选中"使用 Windows 传统风格的文件夹"单选按钮，可以不显示常见任务，这样可以提高 Windows 的显示速度。

在"浏览文件"栏中用户能选择是否在同一窗口中打开每个文件夹。

在"打开项目方式"栏中选择打开项目时使用单击还是双击。如果选择单击，则当鼠标指向某一项目时，将自动选中该项目。

如果要恢复原来的设置，可以单击"还原为默认值"按钮恢复默认的设置。

（2）"查看"选项卡

在"高级设置"列表中，可以设置文件和文件夹的各种高级显示属性。比如可以隐藏或者显示受保护的操作系统文件，以免用户无意对其进行破坏，可以隐藏已知文件类型的扩展名，可以在窗口的标题栏显示文件的完整路径等。

（3）"文件类型"选项

"已注册的文件类型"列表框显示系统已经注册的文件扩展名和文件类型。所谓注册就是在系统中记录了具有某种扩展名的文件与某个或某几个应用程序关联的信息。当双击具有该种扩展名的文件时,系统会自动首先启动相关联的应用程序,然后装入双击的文件。通过单击不同的按钮,可以删除、新增和修改注册文件类型。

(4)"脱机文件"选项卡

选中"启用脱机文件"复选框,可以使存储在网络上的文件能在脱机时工作,即与网络断开连接后还可以使用。选中它后其他复选框才可用。其他复选框设定文件同步即更新的方式。

进度条用于设定允许脱机文件可以使用的磁盘空间。

"删除文件"、"查看文件"按钮提供对已脱机文件的删除、浏览等管理。

"高级"按钮提供计算机与网络丢失连接时的动作,即是否通知使用脱机工作或不允许脱机工作的设置。

7.5 Windows XP 系统常用设置

在 Windows XP 系统中软件和硬件的配置可以通过多种不同的途径来实现,而控制面板是 Windows XP 提供给用户的一个集中管理窗口。选择"开始"→"控制面板"命令,打开控制面板窗口。如图 7.13 所示。从此窗口可以看到控制面板把系统的常用设置分成了九大类。

图 7.13 "控制面板"窗口

"外观和主题":对系统的桌面进行设置,包括桌面背景、主题、分辨率、屏幕保护程序,此外还可以对相关的其他项进行设置,例如对"任务栏和开始菜单"和"文件夹选项"进行设置。

"网络和 Internet 连接":用户在此可以进行联网操作,包括设置局域网、Internet 连接和局域网共享连接,设置 Internet 连接属性和访问局域网连接。

"添加/删除程序":在此可安装新程序或删除系统中已安装的程序。如果用户在安装 Windows XP 的过程中没有安装所要的组件,通过"添加和删除程序"可以调整系统中的组件。

"声音、语言和音频设备":用户在此可以对系统中所有和声音有关的硬件、驱动程序和系统声音方案进行设置。

"性能和维护":包括传统 Windows 版本系统、电源选项、计划任务和管理工具 4 个图标。对这些项的设置将影响到系统的整体性能的发挥。

"打印机和其它硬件":Windows XP 中添加硬件时都将打开添加硬件向导,在控制面板中,将打开各个专门的添加硬件向导,用户可以在此设置打印机、键盘、鼠标、传真和调制解调器等设备。

"用户账户":Windows XP 是多户操作系统,在此可设置用户类型、账号及其使用计算机的权限。

"日期、时间、语言和区域设置":设置相应项将影响计算机对时间、计算机语言和货币的解释方式。

"辅助功能选项":在此可为使用计算机有困难的用户设置一些方便使用的辅助程序和功能键。

7.5.1 添加打印机

在电脑外设中,打印机是我们常用的硬拷贝设备,文稿、图形等文档的打印都得用到它。使用打印机前,先得安装。不论是安装本地打印机还是网络打印机,开始步骤都是一样的。

在"控制面板"窗口中,单击"打印机和其它硬件"链接,打开"打印机和其它硬件"窗口,如图 7.14 所示。

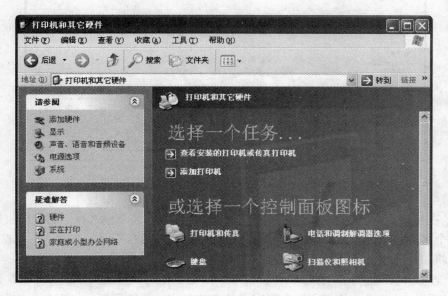

图 7.14 "打印机和其它硬件"窗口

如果不能肯定将要安装的打印机是否已经安装,则可单击"查看安装的打印机或传真机"。在打开的"打印机和传真"窗口中，显示用户已安装的打印机和传真机。如窗口中没见到要安装的打印机，单击窗口左边超链接"添加打印机"来启动"添加打印机向导"。单击"欢迎"屏幕窗口中的"下一步"，弹出安装本地或网络打印机窗口。

1. 安装本地打印机

（1）在"本地或网络打印机"屏幕上，选中"连接到这台计算机的本地打印机"单选按钮，并单击"下一步"。

（2）等待 Windows 检测将要安装的打印机。如果安装成功，单击弹出窗口中"下一步"按钮，然后跳到第八步；如果 Windows 没有查找到将要安装的打印机，在弹出的"新打印机检测"屏幕上将会出现含有"向导未能检测到即插即用打印机。要手动安装打印机，请单击'下一步'。"信息的窗口。单击"下一步"。

（3）在弹出的"选择打印机端口"屏幕中，选中"使用以下端口"并从右边的下拉列表框中选择正确的端口，然后单击"下一步"。

（4）在弹出的"安装打印机软件"屏幕中，系统将会列出一些著名打印机生产厂商及生产的打印机型号，如图 7.15 所示。选择正确的厂商及型号，单击"下一步"。如果用户的打印机型号列表中没有，单击"从磁盘安装"来代替该列表中的选择。

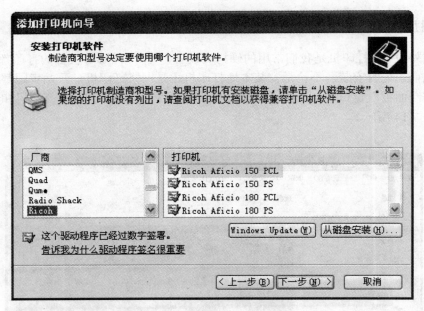

图 7.15 "安装打印机软件"窗口

（5）在接下来弹出的"命名打印机"窗口的"打印机名"输入框，为打印机输入一个名称，这个名称将出现在"打印机和传真"窗口的打印机图标下面。选中"是"或"否"来决定是否将该打印机设置为默认打印机。然后单击"下一步"。

（6）在接下来的"共享打印机"窗口中，如果要在局域网上共享该打印机，选中"共享名"单选按钮，并输入该打印机在网络上使用的名称；否则保留对"不共享这台打印机"的选择，然后单击"下一步"。

（7）如在上一步中共享打印机，则在弹出的"位置和注解"屏幕上，在"位置和注解"

文本框中输入必要的附加信息，然后单击"下一步"。

（8）在"打印测试页"屏幕，单击"是"或"否"来打印测试页或不打印测试页。一般选"是"，以便测试该打印机是否安装正确，然后单击"下一步"。

（9）在结束屏幕上，单击"完成"按钮来结束该向导，系统便安装必要的驱动程序。

2. 安装网络打印机

如要共享局域网上其他某台计算机上已共享的一台打印机，用户就应该安装网络打印机。

（1）在"本地或网络打印机"屏幕上，选择"网络打印机或连接到另一台计算机的打印机"，然后单击"下一步"。

（2）在"指定打印机"屏幕上，选中"浏览打印机"单选按钮，单击"下一步"。

（3）Windows 搜索网络，并显示网上所有可用打印机的一个列表，选中要使用的打印机，然后单击"下一步"。

（4）在"默认打印机"屏幕上，选择"是"或"否"把这台打印机是否设置为默认打印机。

（5）在结束屏幕上，单击"完成"。Windows 将转到网络上，从具有这台打印机的本地计算机上为该打印机下载并安装驱动程序。

现在，用户就能使用这台网络打印机，就像使用本地打印机一样。

7.5.2 管理用户账号

Windows XP 系统允许多个用户共享同一台计算机。管理用户账号主要包括创建、修改和删除账户。下面以创建账户为例。

（1）单击"用户帐户"，出现如图 7.16 所示的"用户帐户"窗口。

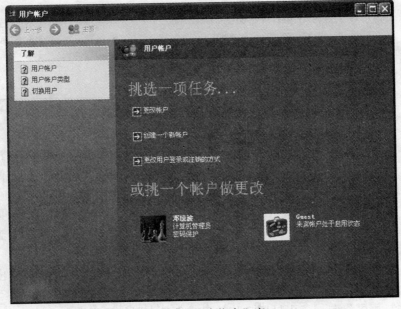

图 7.16 "用户帐户"窗口

（2）单击"创建一个新帐户"按钮，在弹出的在文本框中输入新账户的名称。单击"下一步"按钮。

（3）出现选择新账户的类型窗口。系统提供两种类型的账户，一种是管理员账户，一种是受限账户。选择账户类型，单击"创建帐户"按钮。系统立即创建新的账户，并返回"用户帐户"窗口。

对于已创建的用户可以单击"修改"按钮进行名称、密码和类型等修改或删除。

7.5.3 添加/删除程序

使用"添加/删除程序"可以往计算机上添加新应用程序或删除已安装的程序。一般应用程序在安装时，除了向多个文件夹拷贝文件，往注册表中添加注册信息外，还会在"程序"或桌面建立快捷方式等。因此，如果用"资源管理器"进行删除，往往不能完整、安全地删除。"添加/删除程序"则能利用反安装信息快速、完整和安全地删除，具体操作步骤如下：

单击"添加/删除程序"图标，打开"添加或删除程序"窗口，如图7.17所示。

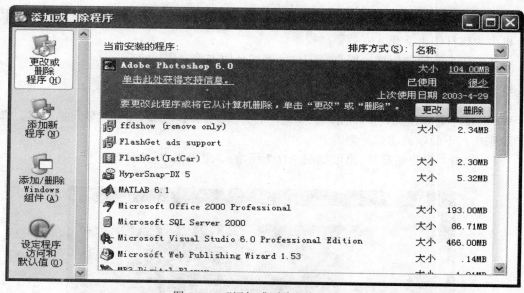

图7.17 "添加或删除程序"窗口

在"添加或删除程序"窗口的左侧，有"更改或删除程序"、"添加新程序"、"添加/删除 Windows 组件"和"设定程序访问和默认值"四个功能按钮，在窗口的右侧窗格中是与功能按钮相对应的操作内容。默认打开的是"更改或删除程序"窗口。

单击某个应用程序时其会高亮显示，并显示出该软件比较详细的信息，如果决定更改或删除选中的应用程序，则单击"更改"或"删除"按钮会弹出一个确认框，得到用户的再次确认后即将选中的程序更改或删除。

如果要往计算机中添加新的应用程序，可以单击"添加新程序"按钮。弹出一个安装方式对话框。此时，若要从CD或软盘安装新程序，则单击"CD或软盘"按钮，可以打开"从软盘或光盘安装程序"向导，引导用户从软盘或光盘中添加新程序；若要从Internet上添加Windows功能、设备驱动器和更新系统，可以单击"Windows Update"按钮，系统将会自动连接到 Internet 指定的网页中并下载安装所需信息。

单击"添加/删除 Windows 组件"按钮，可以打开"Windows 组件列表清单，有 Internet Explorer、MSM Explorer 等。如果希望看到组件更详细的信息，可以双击或者选中要查看的组件，然后单击"详细信息"按钮，打开组件的详细信息清单供用户选择。通过向导的引导，用户能方便地完成 Windows 组件的添加或删除操作。

7.5.4 设备管理器

Windows XP 系统使用了许多设备，如 DVD/CD-ROM 驱动器、网卡、调制解调器、显卡、显示器等，设备管理器提供了用户查看和修改这些设备属性的途径。

1. 打开设备管理器窗口

（1）打开"系统属性"窗口。可采用下面任意一种方法。

• 选择"开始"→"控制面板"命令，打开"控制面板"窗口。单击"控制面板"窗口中的"性能和维护"图标，在打开的"性能和维护"窗口中单击"系统"图标。

• 右击"我的电脑"，单击弹出快捷菜单中的"属性"命令。

不管采用哪一种方式，都将打开"系统属性"窗口，如图 7.18 所示。该窗口中显示了当前操作系统的版本、软件的注册信息、计算机处理器、内容的数量等内容。

图 7.18 "系统属性"窗口

（2）在"系统属性"对话框中单击"硬件"标签，打开"硬件"标签选项卡，如图 7.19 所示。

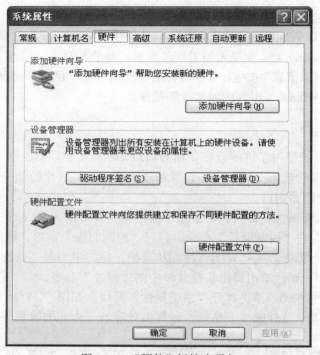

图 7.19 "硬件"标签选项卡

（3）单击"设备管理器"按钮，就打开了"设备管理器"窗口，如图 7.20 所示。在该窗口中用户能查看已安装到系统中的硬件设备并对其有关属性作修改。

图 7.20 "设备管理器"窗口

单击"添加硬件向导"便启动添加硬件向导窗口,将引导用户把新硬件添加到系统中。这是一个通用的添加系统硬件向导入口。前面介绍的调制解调器和打印机的安装能通过该向导进行。

单击"硬件配置文件"按钮则可以打开"硬件配置文件"对话框。通过该对话框,可以为不同的硬件配置创建硬件配置文件,而且若有多个硬件配置文件,在启动时可以选择希望使用的配置文件,以便用户使用系统设备。

2. 停用和启用设备

当某一设备暂时不用时,用户可以将其停用,以便于保护系统设备。如通过网卡上网时,就可以禁用 MODEM。

在设备管理器窗口中,右击要停用的设备,从弹出的快捷菜单中选择"停用",在接下来弹出的禁用确认信息框中单击"是"按钮即可。此时,被禁用设备前的图标变成带有红颜色"×"号的停用图标。

若要启用设备,只需在设备管理器中右击被禁用的设备,在弹出的快捷菜单中单击"启用"命令即可。

3. 查看设备属性

通过"设备管理器"窗口,用户可以查看系统设备属性。如果有必要,还可以修改设备的某些属性,如中断号、输入/输出范围等。下面以"网络适配器"为例介绍如何查看设备属性。操作步骤如下:

(1)在设备管理器窗口中,右击要查看的设备,从弹出的快捷菜单中选择"属性"命令即可打开属性对话框,这里右击系统网络适配器"Macronix Mx98715-Based Ethernet Adapter(Generic)",在弹出的快捷菜单中选择"属性"命令,弹出对应设备的属性对话框,如图 7.21 所示。图 7.21 中"常规"选项卡显示了网络适配器的设备类型、制造商、设备状态及设备使用方法。

图 7.21 设备属性窗口

（2）用户可以单击"高级"、"驱动程序"和"资源"标签，然后打开相应的选项卡进行查看和修改相关属性。如在"资源"选择卡可以修改中断号、输入/输出范围；在"驱动程序"选项卡可以对设备的驱动程序进行升级等。

7.6　局域网和Internet

7.6.1　网络基础知识

计算机网络是计算机技术和通信技术密切结合的产物，网络最大优势就在于消除地理距离的限制并且共享资源和交流信息（详见本书基础编《第五章　计算机网络基础》中的内容）。

1. 硬件

硬件一般包括网卡、网线及其他联网设备（如中继器、网桥、路由器等）。计算机网络硬件随着网络规模和类型的不同而发生变化。网卡，即网络适配器，是连接计算机与网络的硬件设备。网卡插在计算机扩展槽中，通过网络线与网络交换数据、共享资源。网线是网络传输介质，是信息的载体，网线的种类很多，如双绞线、同轴电缆、光纤等，网络信息还可以利用无线电系统传输。

2. 软件

软件一般包括网卡的驱动程序、协议、服务和客户。

协议是计算机间通信的语言，是双方先定义的通信标准。Windows XP提供了以下几个协议：Internet 协议（TCP/IP），它是默认的广域网协议，负责管理计算机通信任务；Netware Monitor Driver；NWLink NetBIOS；NWLink IPX/SPX/NETBIOS compatible transport(兼容协议)。Network Monitor Driver用于监视网络性能，后两个用于Netware和Windows NT服务器或Windows XP计算机进行通信。两台计算机必须用相同的协议才能通信，用户在连接其他类型的网络时，可以根据网络的需求安装不同的协议。

服务是网络提供的使用功能程序，如文件和打印机服务等。Windows XP提供了3个基本服务功能。Microsoft 网络文件和打印共享、服务公布协议和QoS数据包计划程序。服务公布协议用于公布网络上的服务器和地址。连接局域网时文件和打印机共享服务是必需的服务。QoS数据包计划程序，负责网络交通控制，包括流量率和优先服务。

客户提供访问网络中其他计算机和文件的功能。"Microsoft 网络用户"用于与其他Microsoft Windows计算机和服务器相连接的软件，"Netware 网络客户"用于与Netware服务器相连接的软件。

7.6.2　建立LAN

组建LAN实际上分三个大的步骤：网络硬件的连接和网卡及驱动程序安装，组件安装，网络设置。因网络的硬件连接比较简单，网卡驱动程序的安装下一节调制解调器安装类似，下面就组件安装和网络设置作介绍。

1. 安装组件

右击桌面上"网上邻居"图标，单击弹出快捷菜单中的"属性"命令。在弹出的"网络连接"窗口中右击"本地连接"，从弹出的快捷菜单中选择"属性"，打开"本地连接属性"对话框。"此连接使用下列项目"列表框中列出了已安装的组件，如图7.22所示。

图 7.22 "本地连接"属性窗口

在此对话框中单击"安装"按钮，打开"选择网络组件类型"对话框，一次选择一个组件，单击"添加"按钮来安装未安装的客户端、服务和协议。对于不用或不常用的组件，用户可在"本地连接属性"对话框中选中并单击卸载或取消其复选框前面的"√"来实现。这样一方面可提高通信速度，另一方面也能节约设备资源。

2. 网络设置

安装好各种必需的客户端、服务和通信协议后，一般并不是马上就能连接到网络上。为保证连接到网络上，用户还得对网络组件进行必要的设置。

局域网有对等网和基于服务器的网络。在对等网中，每一台计算机既可以是客户机又可以是服务器，每个用户都是自己计算机的管理员，负责本机的资源和安全管理。这种网络结构简单，连接方便，适用于小型的网络。

（1）对等网的设置

① 右击桌面上"我的电脑"图标，单击弹出快捷菜单中的"属性"命令。

② 选中打开的"系统属性"对话框中的"计算机名"选项卡，单击"更改"按钮。出现"计算机名更改"对话框，如图 7.23 所示。

③ 在"隶属于"选项组中，选择"工作组"单选按钮，输入要加入工作组名称 WORKGROUP，单击确定。

④ 重新启动计算机使设置生效。

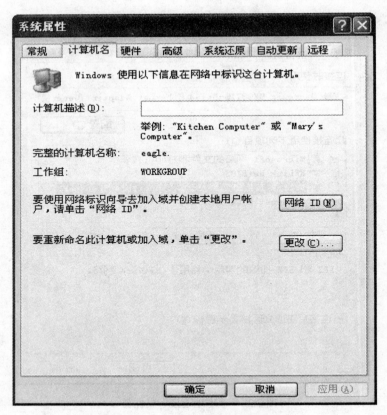

图 7.23 "计算机名更改"对话框

（2）基于服务器的设置

基于服务器的网络是指网络的架构是服务器/客户机类型，即在网络中有专门的服务器。基于 Windows XP/2000/NT 服务器的网络一般是带有域的网络。域是指网络中相连接的计算机共享的一个目录数据库，它以层的形式来管理，在网络中其名称是唯一的。域中所有计算机都被看做是一个单元，它们有共同的标准和规则。要连接到一个域中，需要安装 TCP/IP 协议及 Microsoft Network 客户端。

由于计算机要加入域，因此，协议的设置与服务器配置有关。一般来讲，网络管理员会通过服务器为用户配置好一切，如通过 DHCP 来动态为用户机配置 IP 地址，并告诉客户机 DNS 服务器的 IP 地址等。此时工作站使用 TCP/IP 属性中的"自动获得 IP 地址"选项即可。手动配置 TCP/IP 协议比较复杂，下面具体介绍。

① 手动 TCP/IP 配置

1）右击桌面"网上邻居"，在弹出的快捷菜单中单击"属性"命令。

2）在打开的"网络连接"窗口中，右击"本地连接"，在弹出的快捷菜单中单击"属性"命令，双击打开的"本地连接属性"对话框"此连接使用下列项目"列表框中的"Internet 协议（TCP/IP）"，打开"Internet 协议（TCP/IP）属性"对话框。如 7.24 所示的画面。

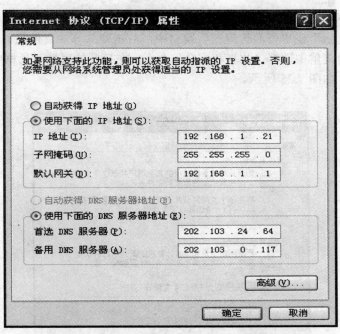

图 7.24 "Internet 协议（TCP/IP）属性"对话框

3）先选中"使用下面的 IP 地址"单选按钮，然后在"IP 地址"输入框中输入"192.168.1.21"，单击"子网掩码"输入框，计算机将自动填入"255.255.255.0"。在默认网关中输入"192.168.1.1"

4）选中"使用下面的 DNS 服务器地址"。在"首选 DNS 服务器"输入框中输入"202.103.24.64"，"备用 DNS 服务器"输入框中输入"202.103.0.117"

5）单击"确定"按钮完成 TCP/IP 设置。

② 添加到域

1）右击桌面上"我的电脑"，单击弹出快捷菜单中的"属性"命令。

2）选中打开的"系统属性"对话框中的"计算机名"选项卡，单击"更改"按钮。出现"计算机名更改"对话框。如上图。

3）在"隶属于"选项组中，选择"域"单选按钮。输入所要加入域的名称，单击确定。在下一个对话框中，输入加入该域权限的账户名称和密码，重新启动计算机使设置生效。

7.6.3 使用网上共享资源

用户计算机与网络连接后，就可以设置、访问和使用共享信息和资源，这也正是联网的目的所在。

1. 共享资源的设置

设置共享资源就是用户将自己计算机上的文件夹设置为共享，供网络上其他用户访问和使用。同时，用户也可以将自己的打印机设置为共享打印机。

（1）共享文件夹

如果某一用户希望其他用户可以访问自己计算机上的某个文件夹，而又不希望他们访问自己计算机上的其他资源，就可以只将该文件夹设置为共享。设置共享后，该网络中所有用户就可对该共享文件夹进行访问，访问的权限将依用户设置共享时所授予权限而定。设置文件夹共享步骤如下：

①在"我的电脑"或"资源管理器"窗口中，右击要共享的文件夹。

②从弹出快捷菜单中选择"共享和安全"命令，在打开的属性对话框中，系统默认选中"共享"选项卡，如图7.25所示。

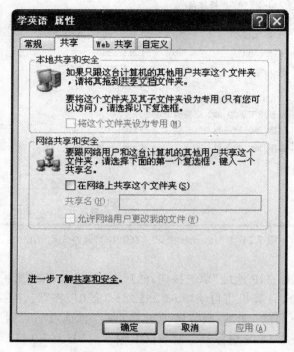

图7.25 "共享"选项卡

③在"网络共享和安全"选项区域，选中"在网络上共享这个文件夹"复选框，然后在"共享名"文本框中输入该文件夹的共享名。若还选中了"允许网络用户更改我的文件"复选框，则该文件夹将设置为完全共享，网络中其他用户不但可以进行读取操作，还可以进行修改或者删除；否则，网络用户只能对该文件夹进行读取操作。

④单击"确定"按钮，该文件夹就被设置成为共享。

（2）设置共享打印机

①选择"开始"→"控制面板"→"打印机和其它硬件"→"打印机和传真"，弹出"打印机和传真"窗口。

②在"打印机和传真"窗口中，右击将要设置为共享的打印机图标，单击弹出快捷菜单中的"共享"命令，系统弹出该打印机属性对话框，且"共享"选项卡被选中。

③单击"共享这台打印机"单选框。在"共享名"文本输入框中输入共享名。这个名称将出现在网络上其他人可以选择的网络打印机列表中，这个名称不必和本地计算机上的打印机名相同。

④单击"确定"按钮来关闭"属性"对话框。

现在，局域网上的用户就可以在自己的计算机上通过添加网络打印机来共享该台共享的打印机。

2. 共享资源的访问

共享资源设置好后，就可通过"网上邻居"来浏览和访问。双击"网上邻居"，出现如图 7.26 所示的窗口。

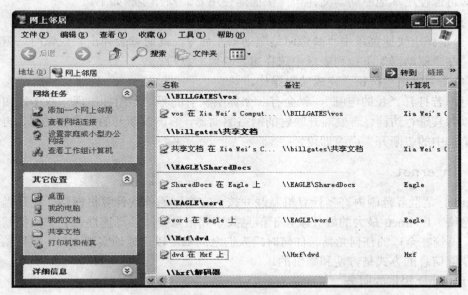

图 7.26 "网上邻居"窗口

在"网络任务"区域有四个超级链接。"添加一个网上邻居"可以连接到其他局域网；"查看网络连接"允许查看本机已建立的连接；"设置家庭或小型办公网络"将启动"网络安装"向导，引导用户与家庭或办公室其他计算机建立连接；"查看工作组计算机"能浏览与自己同在一个工作组中的计算机及它们共享的资源，对于这些共享的资源用户可以像在"我的电脑"或"资源管理器"中操作本地文件一样，对它们进行复制粘贴。

细心的用户可能注意到"网上邻居"有"地址"栏，同 Internet Explorer 一样，可在"地址"栏中输入想要访问文件的 URL 地址，即可转到相应的文件夹。如要访问 hxf 计算机上的 download 文件夹，输入"\\hxf\download"，按下回车键即可。

利用搜索功能查找网络上的计算机。单击"网上邻居"窗口工具栏上的"搜索"按钮，在弹出的"搜索助理"窗格的"计算机名"输入框中输入要搜索的计算机名后，单击搜索或直接按下 Enter 键即可。

3. 网上资源的使用

使用网上资源主要有两种方法，一种方法是通过本机的应用程序来打开其他计算机上的文件，另一种方法是通过映像网络驱动器。

（1）使用应用程序访问网络资源

启动应用程序后，就可以把网络上共享的文件当做是本地的文件来处理。例如，要编辑 hxf 计算机上的名为"自组织神经网络"的 Word 文档，可按如下步骤来操作：

① 打开"Microsoft Word"编辑器，选择菜单"文件"→"打开"。

② 在"打开"窗口中的"查找范围"中选择"网上邻居"，然后双击下面窗口中的"整个网络"，自上而下逐层查看，直到所要找的计算机名及其共享的文件。

③ 选中要打开的文件，单击"打开"或双击该文件就行了。

(2) 映像网络驱动器

如果经常访问网上某项共享资源，就可以将它映像成网络驱动器。一旦映像成网络驱动器后，即可像使用本地驱动器文件一样快捷地使用它。操作步骤如下：

① 打开"网上邻居"窗口，找到想要映像的网络资源，右击该图标。

② 单击弹出快捷菜单中"映像网络驱动器"命令，此时就会弹出"映像网络驱动器"对话框，在"驱动器"下拉列表框中选择想要映像的盘符。

③ 单击"确定"按钮，完成映射操作。

此时，若打开"我的电脑"，就会有一个你刚映射的驱动器图标出现。双击该图标，用户就可以对其进行访问。若要断开映射的网络驱动器，右击要断开的网络驱动器，再单击弹出快捷菜单中的"断开"命令即可。

7.6.4 Internet

Internet 是世界范围内许多计算机互联并按一定规则通信的计算机网络，它是当今全球最大的网络。Internet 最大的好处就在于信息共享和信息交流的迅速性，它使人们摆脱地域的限制，不管在全球的任何角落，任何时候人们之间都可以迅速地实现交流，获取信息，而且这种获取信息的方式是方便和廉价的。

1. Internet 提供的服务

Internet 提供的服务非常丰富，一般来说，Internet 提供的信息和服务方式主要有如下几类：

E-mail（电子邮件）。使用电子邮件程序，如 Outlook Express、Foxmail 等就可以通过 Internet 收发电子邮件。

WWW(world wide web)又称万维网，是一种基于超文本信息结构的信息查询和浏览工具。利用 Web 浏览器，如 Internet Explorer(IE)、Netscape Communicator 可以方便地浏览、下载 WWW 服务器上的各种资源。

NEWS（新闻组）是为有共同兴趣的用户提供的，方便用户查找信息，收发某一主题的新闻和信息。

FTP 是基于字符的实用程序，它允许连接到 FTP 服务器并传送文件。

GOPHER 一种基于菜单界面的 Internet 信息查询和浏览工具。

TELNET 是图形应用程序，它允许用户登录到远程计算机上，发布命令，就像对本地电脑进行操作一样。

Interactive Communication(交互式通信)可以实时地与其他人交谈，如使用 Netmeeting 举行联机会议。有时也称为 Instant Message（即时信息通信）如使用 Icq，Oicq,Windows Messager 等客户端软件在线即时聊天等。

2. Internet 接入方式

要想接入 Internet，一般有两种方式：专线方式和拨号方式。专线方式设置好软件和硬件后，能直接上网，速度快，费用较高。该方式一般适合较大的商业机构，科研单位和大学院校。拨号方式在上网之前先得拨号，拨通后方可上网，速度较慢，费用相对低，一般适合小单位和家庭个人使用。本节以 Modem 拨号上网为例来讲述如何联网。

(1) 安装调制解调器

调制解调器是拨号上网的必备设备，有内置和外置之分。一般外置价格稍高，使用自带电源，通过串口与计算机通信。内置调制解调器如计算机其他扩展卡一样，插到计算机主板扩展槽上。安装调制解调器，包括硬件的连接和其驱动程序的安装。

假定用户已正确连接了调制解调器，启动计算机，进入 Windows XP 系统。一般情况下，如果用户的调制解调器是 PNP 型的，Windows XP 会识别出其类型并自动安装相应驱动程序。这里我们假定 Windows XP 无法检测出用户的调制解调器类型，介绍完整的安装步骤，方便用户实际应用。

① 选择"开始"→"控制面板"，在打开的"控制面板"窗口中单击"打印机和其它硬件"链接，再单击"电话和调制解调器选项"。

② 若是首次使用调制解调器调，将弹出一个"位置信息"对话框，如图 7.27 所示。在用户使用调制解调器连接之前，Windows XP 需要知道当前用户的位置信息。在这个对话框中选择用户当前所在的国家（地区），然后输入区号，如果需要拨外线号码，也得输入外线号码。然后单击"确定"，此时可以看到"电话和调制解调器选项"窗口的拨号规则选项卡中已经有了一个用户刚才设置的拨号位置。

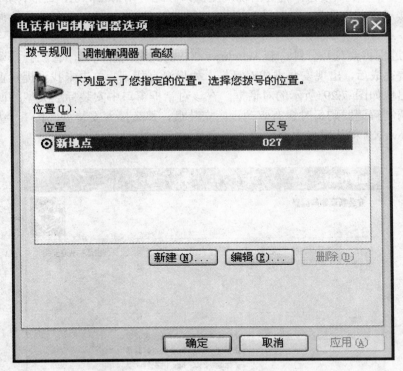

图 7.27 "信息位置"对话框

③ 选中"调制解调器"选项卡，单击"添加"按钮，将出现如图 7.28 所示的对话框。此对话框中有一个复选框，即"不要检测我的调制解调器，我将从列表中选择"，如果用户的调制解调器是著名品牌的调制解调器，选择该项，Windows XP 的调制解调器列表中会列出，用户就可直接从列表中选择调制解调器。不过，如果用户首次连接调制解调器，最好不使用该项，让 Windows XP 为用户检测。

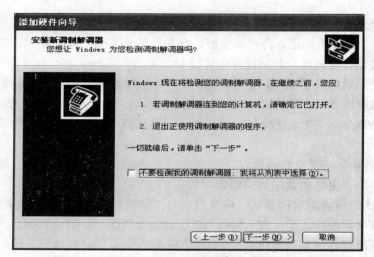

图 7.28　检测调制解调器对话框

④ 单击"下一步"按钮,就会出现检测窗口。此时 Windows XP 查询计算机的串行口,检查是否连接了调制解调器,并通过和连接的调制解调器交换数据判断连接的调制解调器的型号。

⑤ 查询过程将会花几分钟。若 Windows XP 找到调制解调器,它就会自动安装相应驱动程序,安装完成后,出现安装完成对话框。如果没有找到,单击未找到提示窗口的"下一步"按钮。出现如图 7.29 所示的对话框,在该对话框窗口中安装标准类型的调制解调器,如果用户的调制解调器购买时含有驱动程序安装盘,那么插入安装盘,按下"从磁盘安装"按钮,Windows XP 将从磁盘中查找驱动程序并进行安装。

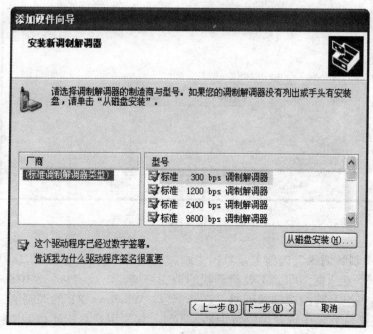

图 7.29　选择调制解调器对话框

安装后的调制解调器将显示在"电话和调制解调器"选项窗口的"调制解调器"选项卡列表中。在选中该选项卡的情况下,按下"删除"按钮可以删除选中的已安装的调制解调器;按下"添加"按钮,可以安装多个调制解调器。按下"属性"按钮,弹出相应的属性设置对话框,可以对调制解调器进行进一步的设置。

(2)建立 Internet 连接

新建连接向导是 Windows XP 提供的帮助用户快速设置 Internet 连接的工具。通过新建连接向导,用户只需要回答一些有关用户的 Internet 账户信息就可以快速设置好 Internet 连接。建立 Internet 连接的步骤如下:

① 选择"开始"→"所有程序"→"附件"→"通讯"→"新建连接向导",就打开了新建连接向导,这个向导有建立多种连接的功能,这里我们仅仅介绍使用它连接 Internet 的方法。

② 在"新建连接向导"对话框,单击"下一步",出现"网络连接类型"屏幕,如图 7.30 所示。选择"连接到 Internet",单击"下一步"。

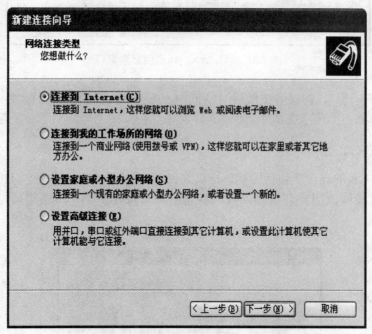

图 7.30 "网络连接类型"窗口

③ 在弹出的"准备好"屏幕中,选中"手动设置我的连接"单选按钮,单击"下一步"。

④ 在出现的"Internet 连接"屏幕中,选中"用拨号调制解调器连接"单选按钮,单击"下一步"继续。

⑤ 在接下来的"连接名"屏幕的"ISP 名称"输入框中输入建立的连接名称,这里输入"我的连接",单击"下一步"。

⑥ 接下来输入与 ISP 的服务器建立 Internet 连接的拨号的电话号码,如 663。单击"下一步"。

⑦ 接下来需要设置由 ISP 提供的 Internet 账户信息，如图 7.31 所示。此对话框下面的 3 个复选框根据用户自己的需要选择或取消。

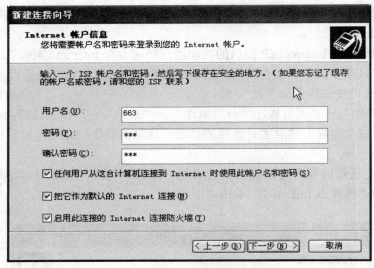

图 7.31 "Internet 帐户信息"窗口

⑧ 单击"下一步"，在接着出现的对话框中，选中"在我的桌面上添加一个到此连接的快捷方式"复选框，单击"完成"，即完成设置并且在桌面上建立了"我的连接"的快捷方式图标。

（3）配置拨号规则

双击桌面上"我的连接"快捷图标，出现如图 7.32 所示的连接界面。此时，对于这个连接，用户可以直接修改用户和密码，或为特定的用户保存密码。单击"属性"按钮，如图 7.33 所示。

图 7.32 连接界面

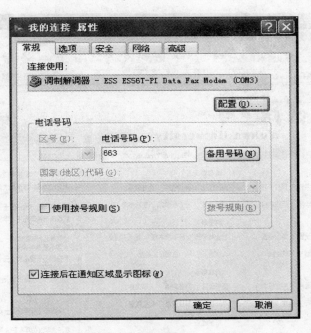

图 7.33 "我的连接"属性

在"常规"选项卡中可以重新设定连接使用的硬件设备，如调制解调器。

在"选项"选项卡中可以设定"拨号选项"和"重拨选项"。

在"安全"选项卡中设定拨号的安全规则。

在"网络"选项卡中可以选择连接使用的服务器类型、协议和服务。服务器类型选择"PPP:WINDOWS 95/98/NT4/2000,INTERNET"也就是 PPP 连接方式。使用的协议和服务项列表中选择"Internet 协议（TCP/IP）必不可少"。

在"高级"选项卡中可以设定是使用 Internet 防火墙和是否共享当前的拨号连接，以供其他局域网用户通过此连接访问 Internet。

3. 浏览 Internet 内容

双击桌面上"我的连接"图标，打开"连接我的连接"对话框。输入正确的登录信息，单击"拨号"按钮，就开始拨号连接，一旦建立了连接，在任务栏的提示区就会出现两台电脑互联的连接图标。启动 Web 浏览器，如 Internet Explorer 或者 Netscape Communicator 等即可浏览 Web 信息。

（1）启动 IE

启动 Internet Explorer(IE)常用下面三种方法：

① 单击快速启动工具栏上的 Internet Explorer 图标。

② 双击桌面上 Internet Explorer 图标。

③ 选择"开始"→"Internet Explorer"。

（2）IE 应用

启动 IE 后，用户设定的主页就显示在 IE 中，如图 7.34 所示（该图主页地址是 http://www.whu.edu.cn）。

图 7.34 IE 主页

① 更改主页

主页是每次启动 IE 时自动显示在 IE 中的网页，主页可根据用户的喜好进行设定。用户可以按下面的步骤设置自己喜爱的主页：

1）转到希望设置为主页的网页。

2）选择菜单"工具"→"Internet 选项"。

3）选中弹出"Internet 选项"窗口中"常规"卡，在"主页"区域，单击"使用当前页"即可。当然，你也可以单击"使用空白页"按钮，将主页设置为空网页，这样可以加快 IE 的启动。

② 使用地址栏

除了显示缺省主页外，用户可通过单击网页上的超链接转到其他网页，不过这显得比较被动。要直接访问一个网页，就要使用地址栏。地址栏是输入和显示网页地址的地方。

在地址栏中键入用户要访问网页的地址。地址栏具有"自动完成"功能，当往地址栏中输入地址时，其下拉列表框将自动显示用户以前访问过的与当前输入部分相匹配的网址。如果列表中有自己正要输入的网址，利用鼠标或上下光标键即可快捷选入地址栏。键入完整网址或通过"自动完成"地址输入后，按下 Enter 或单击地址右边的"转到"按钮，IE 即开始访问该网址所对应的网页。

当然也可以直接单击地址栏中右边向下箭头键按钮，从下拉列表中选择一个想要的网址，然后按下 Enter 键即可。

③ 信息搜索

Internet 信息浩如烟海，要便捷准确地获取自己想要的信息或网页，就得借助搜索工具，即搜索引擎。一般来讲，我们使用两种搜索方式。一是利用 IE 内含的搜索功能，一是利用一些专门的搜索引擎。

1）使用 IE 内含搜索功能
- 在工具栏中，单击"搜索"按钮。
- 在浏览器左边随即出现的搜索窗格栏的"查找包含下列内容的网页"输入框中，键入要查找的单词或短语，然后单击"搜索"按钮。

在搜索结果列表中，单击任何链接就可在浏览器窗口的右侧显示相应的网页。单击搜索栏的"新建"按钮可以重新建立一个新的搜索任务。

2）使用专门搜索引擎
- 在地址栏中键入某一搜索引擎的网址。这里以 google 为例，即输入 www.google.com，按下 Enter 键。
- 此时 IE 显示 google 搜索引擎 Web 页。在搜索引擎 Web 页上一般都有一个输入搜索关键字的地方。在"google 搜索"按钮上的输入框中键入关键字，单击"Google 搜索"按钮。几秒钟后，搜索结果显示出来，在搜索结果列表中，单击链接即可显示含有关键字的 Web 页。

④ 重新访问最近浏览过的 Web 页

为方便用户访问最近浏览过的 Web 页，IE 提供了"历史"功能，该功能将用户最近访问的网页的地址按访问日期保存在历史列表中。

- 单击 IE 工具栏中的"历史"按钮。
- 随即将会在 IE 左侧出现"历史记录"窗格栏。在历史记录的文件夹列表中，文件夹名称为 Web 站点，文件夹下的文件列表为访问过的该站点的网页。单击任一文件或网页，右边窗格中即显示相应 Web 页内容。

⑤ 收藏网页

在 Internet 上冲浪，总会遇到一些钟爱或经常要访问的 Web 页，为方便用户不用记忆网址又快速地返回这些 Web 页，IE 为用户提供了收藏夹，专门存放网址，方便用户随时返回。收藏网页的步骤如下：

- 打开要添加到收藏夹中的网页。
- 选择菜单"收藏"→"添加收藏夹"，出现如图 7.35 所示的对话框。在"名称"栏中键入想为该页起的名称。

图 7.35

- 若把该页收藏于收藏夹的顶层,直接按下"确定"按钮,若要放入收藏夹的子文件夹,单击"创建到"按钮。
- 选中将要放入其中的子文件夹,单击"确定"按钮即可。如要创建子文件夹按下"新建"按钮即可自己创建。

到此,该网页就被收藏了。要打开它,单击工具栏上的"收藏夹"按钮,然后从左边出现的窗格栏收藏夹列表中单击收藏的网页名称即可转到该网页。当然也可通过"收藏"菜单找到相应的网页名称单击即可。

⑥ 脱机浏览

为使用户在与 Internet 断开连接的情况下仍能访问 Web 页,节省上网费用,IE 提供了脱机浏览功能。设置脱机浏览的 Web 站点操作如下:

- 在线时,转到要脱机浏览的 Web 站点。
- 选择菜单"收藏"→"添加到收藏夹"。在弹出的"添加到收藏夹"对话框中,选中"允许脱机使用"。如果要指定脱机下载链接层数、用户计划、通知选项,单击"自定义"按钮,脱机收藏夹向导就会启动,出现简介信息,单击"下一步"按钮。
- 弹出如图 7.36 所示的窗口。首先让用户选择的是仅下载此页还是下载与此页相链接的几层网页。选中"否"则仅下载此页,此页上的链接在脱机时无法访问;选中"是",则能设定下载与此页链接的网页的层数,然后单击"下一步"。

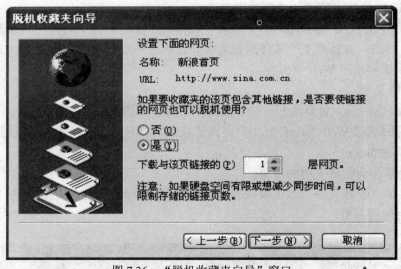

图 7.36 "脱机收藏夹向导"窗口

- 弹出如何同步该页的对话框。默认选项是手动更新,可以通过在联机状态下,单击"工具"菜单上的"同步"项来实现。如果选择"创建新的计划",则可以进一步设定同步时间,也可以使用以前设定的计划。
- 设定好同步方式后,单击"下一步",再单击"完成"按钮,就自动开始第一次同步。

⑦ 同步脱机内容

对于脱机网页,如要对其进行同步和重新设定同步计划,可以通过下述步骤来实现:

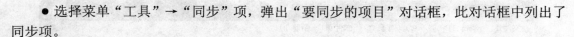

● 选择菜单"工具"→"同步"项,弹出"要同步的项目"对话框,此对话框中列出了同步项。

● 选中要更改设置的同步项,单击"属性"按钮,出现相应的属性对话框。可以看到预订属性对话框包含"Web 文档"、"计划"、"下载"3 个选项卡。可以分别在这 3 个选项卡上对预订的设置进行更改。

● 按下"要同步的项目"对话框中的"同步"按钮,开始手工同步。

4. 电子邮件使用

Microsoft Outlook Express 是 Windows XP 内含的一款电子邮件和新闻组管理软件。因此,无论是与同事和朋友交换电子邮件,还是加入新闻组进行思想与信息的交流,它都将成为用户的得力助手。

(1)启动 Outlook Express

启动 Outlook Express,可通过下面任意一种方式:

① 选择"开始"→"电子邮件"命令。

② 单击"开始"→"所有程序"→"Outlook Express"。

③ 单击"快速启动"工具栏中的 Outlook Express 图标。

(2)建立邮件账户

要使用 Outlook Express 必须至少建立一个电子邮件账户才行。首次启动 Outlook Express,如还没有一个电子邮件账户,"Internet 连接向导",会引导你建立账户,具体过程如下:

① 在"你的姓名"屏幕上的"显示名"文本框中,键入你希望出现在发送邮件上的名称。然后,单击"下一步"。

② 输入你的电子邮件地址,然后单击"下一步"。

③ 在接下来弹出的窗口中,选择用何种电子邮件服务器来处理传入邮件。如果用户是 Hotmail 账户,则它是 Http,是基于 Web 的服务器。否则,一般是 pop3 服务器,imap 服务器不太常见。

如果选择 Http,则要确保在上一步中选取的是 Hotmail;如果选择 pop3 或其他服务器类型,则需要输入发送和接收邮件服务器地址。一般用户可以从自己的邮件 ISP 那里获得这些信息,选择好后单击"下一步"。

④ 输入账户名及密码。如果选中"记住密码"复选框,则在每次检测电子邮件时,用户不必输入密码。单击"下一步"继续。

⑤ 在祝贺屏幕上,单击"完成"完成第一个账户的建立。

建立一个帐户后,就可以使用 Outlook Express 了。如要修改、新建或删除账户,可以通过单击 Outlook Express 窗口菜单"工具"→"帐户"命令,在弹出的 Internet 账户对话框中,单击"邮件"选项卡来进行。

(3)阅读邮件

Outlook Express 收件箱窗口一般分成 4 个窗格,如图 7.37 所示。左上窗格列举可用文件夹,类似于文件管理窗口,左下窗格列举联系人(如果有);右上窗格列举出选定文件夹中的电子邮件。新邮件显示为粗体,以引起用户的注意。右下窗格预览选定的邮件。

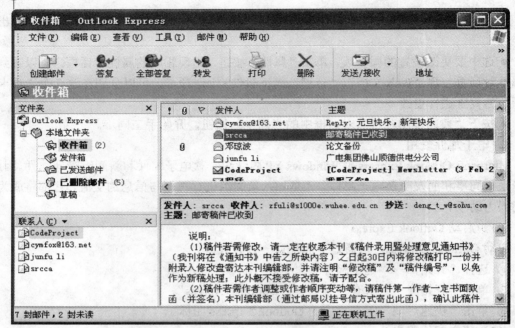

图 7.37　Outlook Express 收件箱窗口

双击右上窗格中某一邮件,即可将该邮件在一个单独的窗口中打开阅读。在这个打开的窗口中通过单击工具栏上的"答复"和"转发"按钮即可对该邮件作回复和转发。

在右上窗格中,用户可能会注意到有些邮件前有一个回形针图标,该回形针图标表明该邮件携带附件,即该邮件还带有一个其他文件。阅读附件有下面两种方法:

① 如带附件的邮件在独立的窗口中打开,双击"附件"行上的附件名称即可。

② 如带附件的邮件在预览窗格中打开,单击其右上角的大回形针图标。在出现的附件显示菜单中,单击想看的附件(如果有多个的话)即可将其打开。

（4）接收邮件

启动 Outlook Express 时,它总是试图连接到用户的邮件服务器上,并检查是否有新邮件。若在建立账户时输入密码时没有选中"记住密码"复选框,则会弹出一个"登录"对话框,输入密码后单击"确认",若信息无误,Outlook Express 就连接到用户邮件服务器上并接收新邮件和发送发件箱中的邮件。如要主动接收邮件,用户可通过下面操作之一实现:

① 单击"发送/接收"按钮。

② 选择菜单"工具"→"发送和接收"→"接收全部邮件"。若想只发送或接收某个具体账户的邮件,选择菜单"工具"→"发送和接收",然后选择某个具体账户;也可以单击"发送/接收"按钮右侧的下指箭头,选择某一具体账户。

（5）书写新邮件

书写新邮件有下面几种方法:

① 双击左下窗格中"联系人"列表中一个姓名来开始书写一份新邮件。

② 选择菜单"文件"→"新建"→"邮件"。

③ 单击工具栏上的"创建邮件"按钮。

不论使用哪一种方法,都将打开一个新邮件书写窗口,如图 7.38 所示。在该窗口中,只需要填写收件人的电子邮件地址（如果未填上）、主题及邮件正文，其中邮件地址是必填的，否则邮件将无法投递。

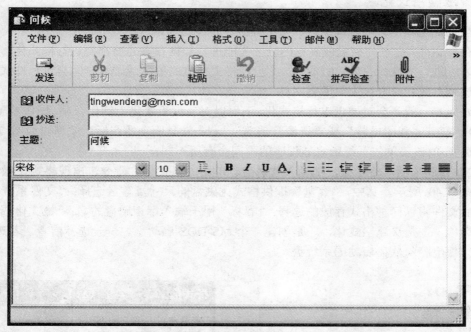

图 7.38　新邮件书写窗口

如果想给邮件添加一个附件，在发送邮件前进行如下操作：

① 单击"附件"按钮。

② 在弹出的"插入附件"对话框中选择要附加的文件。要想选取多个文件，先按住 Ctrl 键，然后单击要附加的每个文件。

③ 单击"附件"按钮。

（6）发送邮件

邮件写完后（包括新邮件、答复邮件和转发邮件），单击"发送"按钮发送邮件。不过此时邮件并没有真正发送出去，而是转移到了收件箱文件夹中。这些邮件将会在下次"发送和接收"邮件时发送出去。如想立即发送它，单击"发送和接收"按钮即可。

（7）处理联系人列表（通信簿）

Outlook Express 中的"联系人"列表内容从通讯簿中提取出来。通讯簿与 Outlook Express 集成在一起。用户可以通过两种方式把某个人加入通信簿：

① 选中收件箱，在右上窗格右击某一邮件，选择弹出快捷菜单中"将发件人添加到通信簿"。

② 单击工具栏上的"地址"按钮，在出现的"通信簿"窗口中，单击"新建"按钮。在出现的下拉菜单中，单击"新建联系人"，在弹出的新建联系人"属性"对话框中输入其信息，单击"确定"按钮即可。

7.7 磁盘管理和数据备份

7.7.1 磁盘格式化

磁盘格式化就是对磁盘或磁盘的某个分区进行磁道和扇区的划分，并作相应的记录，为数据的存取做准备。任何磁盘或磁盘的分区在能进行数据存取之前都得进行格式化，只有格式化后才能进行文件的存取。如果对一个已经格式化过的磁盘或磁盘分区再进行格式化，则会删除该磁盘或相应分区上的所有文件。

普通用户一般不会对硬盘进行格式化，下面以对软盘格式化为例作介绍。操作步骤如下：

（1）打开"我的电脑"或"资源管理器"，右击软盘驱动器图标，就弹出如图 7.39 所示的快捷菜单(该菜单依系统所安装程序的不同会有所不同)。

（2）若尚未插入软磁盘，则插入软磁盘。单击"格式化"命令，出现格式化磁盘对话框，如图 7.40 所示。其中，"容量"提供格式化磁盘的尺寸及容量选择；"文件系统"提供格式化后文件将以何种格式存放的选择；"卷标"用于输入标识磁盘的名；"格式化选项"提供两个选项，一是快速格式化，一是创建一个 MS-DOS 启动盘。一般选择前者，若选后者，则能制作使电脑从软盘启动的系统盘。

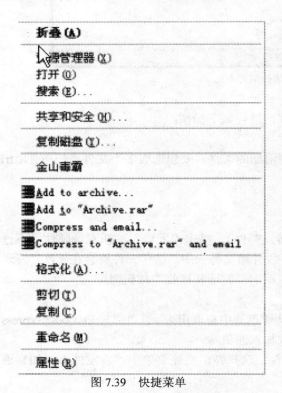

图 7.39　快捷菜单　　　　　　图 7.40　"格式化"对话框

（3）单击"开始"按钮就开始对软磁盘进行格式化。

（4）格式化完成后，单击弹出信息框"确定"按钮即可。

若要查看软磁盘的有关信息，如容量、文件系统类型、已用空间、可用空间等，则可以右击磁盘图标,在弹出的快捷菜单中单击"属性"即可。对于硬盘格式化及属性的查看与软磁盘类似,这里不作介绍。

7.7.2 磁盘清理

在计算机使用过程中,如频繁地读写磁盘,安装/卸载程序,死机等,往往会产生一些垃圾文件和临时文件,时间一长,它们不仅会占用大量的磁盘空间,而且会降低系统性能。因此,定期或不定期地进行磁盘清理工作,清除掉这些垃圾文件和临时文件十分必要。执行磁盘清理操作的步骤如下:

(1) 打开资源管理器,选定要进行磁盘清理的驱动器。

(2) 在选定的驱动器图标上单击鼠标右键,在弹出的快捷菜单上单击"属性"命令,打开属性对话框,如图 7.41 所示。

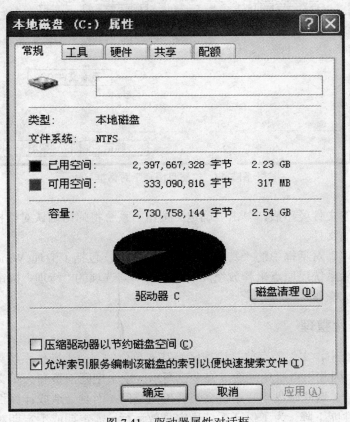

图 7.41 驱动器属性对话框

(3) 在对话框中选中"常规"选项卡,单击"磁盘清理"按钮,即出现扫描统计释放空间的提示框。

(4) 在完成扫描统计等工作后,弹出"磁盘清理"对话框,如图 7.42 所示。对话框的文字说明通过磁盘清理可以获得的空余磁盘空间。在"要删除的文件"列表框中,系统列出了指定驱动器上所有可删除的文件类型,用户可通过单击这些文件前的复选框来选择是否删除该文件。

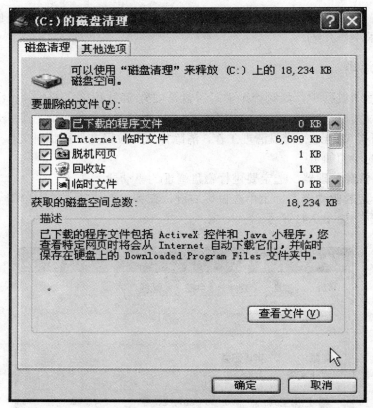

图 7.42 "磁盘清理"对话框

选定要删除的文件类型后,单击"确定"按钮。系统将弹出确认对话框,单击"是"按钮即可删除选定的文件。

在"磁盘清理"对话框中的"其他选项"选项卡内,包括了清理 Windows 组件、清理安装程序以及删除系统还原点来释放空间的选项。不同选项的"清理"按钮将弹出相应的向导,引导用户完成操作。

7.7.3 磁盘碎片整理

在计算机系统中,文件的存放是以扇区为基本单位的,由于操作系统频繁地创建、修改和删除磁盘文件,因此不可避免地造成许多已写扇区空余空间浪费和大量文件非物理地连续存放,即磁盘碎片。这些磁盘碎片不仅会浪费磁盘空间,而且会造成计算机访问数据效率的降低,系统整体性能下降。为了保证系统稳定高效运行,需定期或不定期对磁盘进行碎片整理。整理磁盘碎片的操作步骤如下:

(1) 打开资源管理器,选定需要进行碎片整理的驱动器,在盘符图标上单击鼠标右击,打开快捷菜单。

(2) 单击弹出快捷菜单中"属性"命令,打开选定驱动器的属性对话框。

(3) 在对话框中选中"工具"选项卡,单击"开始整理"按钮,打开"磁盘碎片整理程序"对话框,如图 7.43 所示。

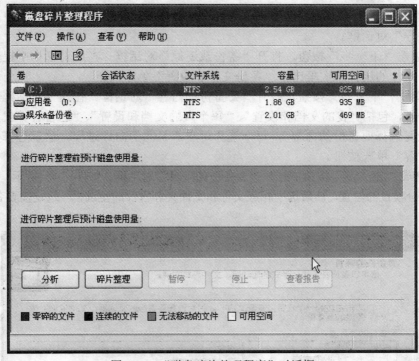

图 7.43　"磁盘碎片整理程序"对话框

（4）在"磁盘碎片整理程序"对话框中选中"逻辑驱动器"，单击"分析"按钮，先进行磁盘分析。"分析"条中动态地显示磁盘分析的进度。完成碎片分析后，系统自动弹出包含建议是否需要对该卷进行碎片整理的对话框，如图 7.44 所示。此对话框中，系统给出了选定驱动器的碎片信息。

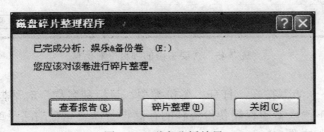

图 7.44　磁盘分析结果

（5）单击"碎片整理"按钮，系统即开始进行碎片整理工作。

7.7.4　数据备份

为防止病毒感染、供电中断、磁盘驱动器损坏等意外故障造成数据丢失和损坏，我们一般要对计算机中的重要数据做备份，以便在需要时对它们进行恢复，以尽量减少数据错误或丢失造成的损失。

备份的方法和工具很多。下面介绍系统提供的备份和还原向导来说明备份和还原操作的过程。

（1）选择"开始"→"程序"→"附件"→"系统工具"→"备份"命令，打开"备份或还原向导"对话框。

（2）单击"下一步"按钮，打开"备份或还原"对话框。在此对话框中提供是进行备份还是还原操作的选择，这里选中"备份文件和设置"单选按钮。

（3）单击"下一步"按钮，打开"要备份的内容"对话框。在这个对话框中可以选择要备份的内容，包括"我的文档和设置"、"每个人的文档和设置"、"这台计算机上的所有信息"和"让我选择要备份的内容"，每个选择对应着不同的向导过程。这里选择"让我选择要备份的内容"单选按钮。

（4）单击"下一步"按钮，打开"要备份的项目"对话框，如图 7.45 所示。在左边列表中指定要备份项目的位置，然后选中相应文件和文件夹名称前的复选框，选定需要备份的内容。

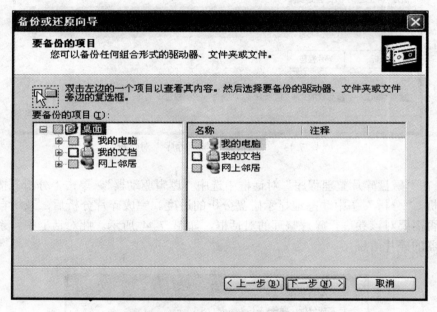

图 7.45 "要备份的项目"对话框

（5）单击"下一步"按钮，打开"备份类型、目标和名称"对话框。在"选择保存备份的位置"列表框中输入希望存储备份资料的存储设备以及完整的路径或者单击"浏览"按钮来选择备份媒体和文件名。

（6）单击"下一步"按钮，进入"正在完成备份或还原向导"对话框，其中显示了所创建的备份设置的相关内容，包括名称、描述、内容和位置。单击"完成"按钮，系统自动开始备份操作。

7.8 注册表

注册表是一种特殊形式的数据库，它记录了所有的 Windows 系统配置信息，如系统界面、计算机硬件参数、应用程序的运行参数以及用户的个人信息等都存放在其中。所有用户对系统所做的改动（如通过控制面板进行的设置等）也都在注册表中记录下来。系统是通过注册表来控制的，如果注册表内部出现错误，就可能严重影响 Windows 系统的运行性能和稳定性，甚至出现系统崩溃的现象。因此，可以说注册表是 Windows 系统的灵魂。

7.8.1 注册表的发展

注册表并不是随着 Windows 操作系统的诞生而产生的，它是在早期 Windows 3.X 使用扩展名为 .ini 的文件存放操作系统及各种软件和硬件的初始化信息和运行参数存在太致命缺陷的情况下的改进。从 Windows 95 开始，微软引入了注册表这种方式，用以集中地存放和管理系统配置信息。使用注册表后不仅加强了系统的安全性，而且简化了数据的管理，提高系统的性能。因为注册表按照层次结构组织，把具有相似性质的信息存放在相近的层次中，这样可加快操作系统查找信息的速度，也使系统管理员的工作更加方便、高效。

注册表包含 system.dat,software.dat,default.dat 及 user.dat 等文件。在 Windows XP 操作系统环境下，这些文件位于 c:\windows_xp\system32\config 目录下中（假定 Windows XP 操作系统安装在 c:\windows_XP 目录下），它们都具有特殊的数据组织形式，不能使用文本编辑器修改，只能通过专用的注册表工具才能浏览和编辑。这样可避免一些在意外情况下对系统信息的破坏。

尽管自 Windows 95 开始就已采用了注册表，但为了保持 Windows 系统的向下兼容性，在 Windows XP 中依然保留了 Windows 3.X 中的系统配置文件 system.ini 和 win.ini。不过，现在这两个文件中只剩下了一些 16 位应用程序和硬件驱动程序的接口，而其他的系统配置信息都保存在面向 32 位操作系统的注册表中。

7.8.2 注册表基本结构和术语

注册表是一个特殊形式的数据库，它的内部信息按照层次结构来组织，这与资源管理器中目录和文件的组织形式类似。注册表必须用专门的工具才能打开，如 Windows 自带的注册表编辑器。单击"开始"按钮，选择弹出菜单中的"运行"命令，在弹出的对话框中输入"regedit"，回车或单击"确定"按钮就可以打开注册表编辑器，如图 7.46 所示。

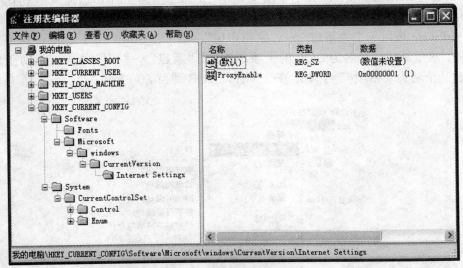

图 7.46　注册表编辑器界面

从图 7.46 可看到 Windows XP 的注册表由 5 大根键组成，分别是 HKEY_CLASSES_ROOT，HKEY_CURRENT_USER，HKEY_LOCAL_MACHINE，HKEY_USERS 和 HKEY_CURRENT_CONFIG。这些根键相当于磁盘上的根目录。每个根键下面包含若干项和子项，项和子项中又有若干个存放信息或数据的值项。值项是注册表存储信息的基本单位，每个值项由 3 部分组成：名称、类型和数据（值项的值）。常见的值项的类型有字符串（REG_SZ）、多字符串（REG_MULTI_SZ）、可扩充字符串（REG_EXPAND_SZ）、二进制（REG_BINARY）和双字节（REG_DWORD）等。除此之外，应用程序和驱动程序也可以为选定的目的定义更加复杂的类型。

HKEY_CLASSES_ROOT 包括为组件 COM 和分布组件 DCOM 对象设置和文件关联（不同文件的文件名和与之对应的应用程序）的有关信息。

HKEY_CURRENT_USER 包括当前登录到计算机上的用户配置信息，其中包括用户文件夹、桌面布局和控制面板等的设置信息。

HKEY_USERS 包含计算机上所有用户的配置信息。每当一个新用户登录到计算机上时，其配置信息都会存储到 HKEY_USERS 根键中。

HKEY_LOCAL_MACHINE 包含了当前运行 Windows XP 的计算机的信息，主要有应用程序、驱动程序以及硬件设置等信息。

HKEY_CURRENT_CONFIG 包含当前本地计算机在系统启动时所有的硬件配置信息。

7.8.3 注册表的使用

下面介绍 Windows XP 自带的注册表管理工具——注册表编辑器 regedit。当然，除 regedit 外，我们也可用一些第三方软件厂商开发的其他工具进行编辑，如超级兔子等。

使用 regedit 可以方便地新建、删除、修改注册表的项、子项和键值，下面作简单介绍。

1. 项或子项操作

（1）在注册表编辑器 regedit 的左窗格中选择要对其进行操作的项或子项，这里选择 HKEY_CURRENT_CONFIG 根键下的 Software 项。

（2）右键 Software 项，就弹出如图 7.47 所示的快捷菜单，单击快捷菜单中不同命令即可进行相应的操作。如单击"新建"→"项"则可建立 Software 项的子项，单击"删除"则可删除 Software 项，单击"新建"→"字符串值"，则可在 Software 下建立一个字符串类型的值项等。这里新建一个名为 DQB 的子项，则单击"新建"→"项"，则系统自动在 Software 项下新建一个名为"新项#"子项，修改其名为 DQB 即可。

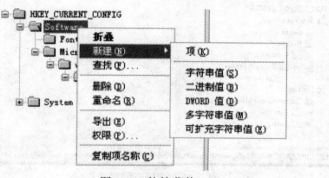

图 7.47　快捷菜单

2. 值项操作

（1）在注册表编辑器 regedit 的右边窗格中选择要对其进行操作的值项，这里选择 HKEY_CURRENT_CONFIG 根键下的 Software 项 DQB 子项下的 email 值项。

（2）右键点击 email 值项，就弹出如图 7.48 所示的快捷菜单。

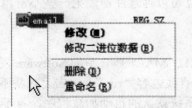

图 7.48　值

（3）根据操作的需要，选择"修改"、"删除"等进行相应操作。这里单击"删除"命令，再单击弹出的"确定数值删除"确认框，单击"是"按钮，即可删除 email 值项。

3. 查找

注册表往往很庞大，内容很多，为方便用户快速地定位到注册表的项、子项或值项，注册表提供了查找功能。注册表查找的步骤如下：

（1）确定要查找范围。可以是整个注册表，也可以是某个根键、项或子项，这取决于用户的选择。

（2）使用以下任一方式启动查找功能：

① 选择 regedit 菜单"编辑"→"查找"命令。

② 在 regedit 的左窗格中单击鼠标右键，单击弹出快捷菜单中的"查找"命令。

③ 直接按下 F3 功能键。

无论使用哪一种方式，系统都将弹出如图 7.49 所示的"查找"对话框。

图 7.49　"查找"对话框

（3）"查找目标"输入框中输入要查找的内容，单击"查找下一个"按钮，系统就从用户选定的位置开始向下查找，并停留在找到的第一个目标上（如果有匹配的内容）。

（4）若要继续查找其他匹配的内容，直接按 F3，直到查找所需的内容或穷尽搜索范围为止。

此外，还可以通过选择 regedit 菜单"编辑"→"权限"来设定各用户对注册表的使用权限,从而增强系统的安全性。

7.8.4 修改注册表实例——加快 Windows XP 的启动速度

Windows XP 在启动时,会自动加载一些应用程序。如果 Windows XP 在启动时加载的程序过多,就会使系统启动速度降低,因此可以通过注册表把一些不常用的自启动应用程序删除。操作步骤如下:

(1)启动注册表编辑器。
(2)选查找范围为根键 HKEY_LOCAL_MACHINE 下的 Software 项。
(3)按 F3 启动查找对话框,并输入查找内容"run",单击"查找下一个"按钮。
(4)找到的 run 子项中的值项都是系统默认的自动加载程序,将不需要自动加载的程序的值项删除。
(5)选中 HKEY_LOCAL_MACHINE 根键下的项 Software,查找其下的"runonce"子项。
(6)runonce 子项下的值项也是系统默认的自动加载程序,将不需要自动加载的程序的值项删除。
(7)注销当前用户或重新启动计算机。

习 题

1. 关于鼠标有哪几个专业术语?实际是如何操作的?
2. Windows XP 的桌面由哪几部分组成?每部分的功能是什么?
3. Windows XP 通用窗口由哪几部分组成?每部分有什么作用?
4. 比较普通图标与快捷方式图标的异同。
5. 怎样在应用程序间进行切换?如何选择输入法?如何关闭系统?
6. 怎样设置桌面背景、屏幕保护程序、屏幕显示属性(如分辨率、颜色深度)?
7. 怎么样快速显示桌面上的内容?如何把快捷方式添加到桌面和"快速启动"工具栏?
8. 通过什么途径对 Windows XP 进行系统常用设置?它主要提供了对系统哪些方面的设置?
9. 以打印机为例,说明如何添加新的硬件设备,是否有不同的途径?
10. 怎样对计算机用户进行管理?如新建、修改和删除一个计算机用户。
11. 如何删除不用的程序?怎样安装 Window XP 尚未安装的组件?
12. 怎样打开设备管理器窗口?如何查看和更改相关属性?

第8章 文字处理系统 Word 应用

8.1 概述

8.1.1 Office 组件简介及安装

将 Office 安装盘放入 CD-ROM,依据提示选择缺省安装或自定义安装即可。

8.1.2 Word 中文版的启动及退出

1. 启动

启动 Word 有多种方式,常用的有以下几种:

(1) 从桌面的 Word 快捷方式启动

为了方便使用一些常用的工具软件,一般都把这些工具软件的快捷方式放在桌面上。如果已在桌面上建立了 Word 的快捷方式,当需要启动 Word 时,只需双击该快捷方式即可,如图 8.1 所示。

图 8.1 使用桌面快捷方式启动 Word 2007

(2) 从"开始"菜单启动

单击任务栏"开始"处,在弹出的菜单中选择"程序",这时会弹出下一级子菜单。在子菜单中选择"Microsoft Office",再单击"Microsoft Office Word 2007"即可启动 Word,如图 8.2 所示。

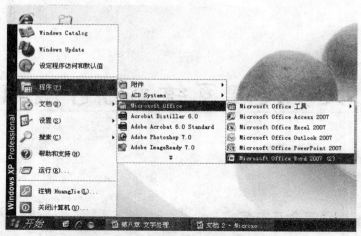

图 8.2 使用开始菜单方式启动 Word 2007

（3）通过文档启动

如果已经在机器中保存了 Word 文档，先找到要打开的 Word 文档，然后双击该文档，同样可以启动 Word。

2. 退出

退出 Word 的方法和退出一般 Windows 应用程序的方法是一样的，在这里就不再赘述。

8.1.3 Word 中文版的屏幕介绍

Word 具有非常友好的界面。当成功启动 Word 后，屏幕如图 8.3 所示，可以看到应用程序窗口主要由标题栏、Office 按钮、功能区、标尺栏、工作区和状态栏等组成。

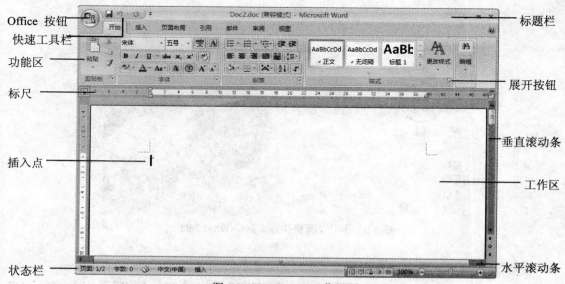

图 8.3 Word 2007 工作界面

1. 标题栏

应用窗口最上端的部分称为标题栏。标题栏左侧的文字指示当前打开文件的文件名，如果该文件是新建的还没有保存到磁盘则显示程序默认的名称。右侧的三个按钮分别为"最小化"按钮、"最大化"按钮和"关闭"按钮。

2. Office 按钮

点击"Office 按钮"可以弹出菜单。使用菜单时只要用鼠标单击菜单栏中的选项，然后在弹出的下拉菜单中选择所需的命令即可。如果菜单子项过多，则在弹出的下拉菜单的最下面还有向下的箭头，当鼠标指向箭头时，下拉菜单就会显示隐藏的选项，选择其中的命令即可。

按功能划分，菜单中的命令可以分为如下几类：

（1）普通命令

这类菜单命令选择后即可执行操作。例如：单击"Office 按钮"→"保存"菜单项将为打开的文件执行一次保存操作。

（2）对话框命令

选择这类菜单命令后将弹出可完成所需任务的对话框。例如：单击"Office 按钮"→"新建"菜单项，将会弹出如图 8.4 所示的"新建"对话框，选中其中的一项即可新建一个文档。

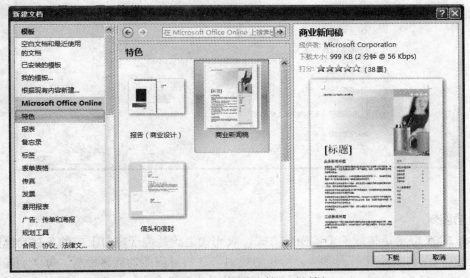

图 8.4 "新建文档"对话框

（3）子菜单命令

这类命令以一个三角箭头结尾，选择这类命令的时候不需要用鼠标单击它们，只要将鼠标移动到该命令上就会在旁边弹出子菜单，再在子菜单中选择即可。例如：选择"Office 按钮"→"打印"菜单，这时在右方会弹出一个子菜单，选择所需的选项即可。

3. 快速访问工具栏

快速访问工具栏在 Word 2007 窗口的左上角，快速访问工具栏是一个可自定义的工具栏，它包含一组独立于当前显示的功能区上选项卡的命令。可以从两个可能的位置之一移动快速访问工具栏，并且可以向快速访问工具栏中添加代表命令的按钮。

单击"Office 按钮"→"Word 选项"命令，在弹出的"Word 选项"窗口中选择"自定义"选项,在这里可以自定义快速访问工具栏,如图8.5所示。

添加命令的方法是:在功能区上,单击相应的选项卡或组以显示要添加到快速访问工具栏的命令,右键单击该命令,然后单击快捷菜单上的"添加到快速访问工具栏"。删除命令的方法是:右键单击要从快速访问工具栏中删除的命令,然后单击快捷菜单上的"从快速访问工具栏删除"。

图 8.5　自定义快速访问工具栏

4. 功能区

Word 2007 取消了传统的菜单操作方式,取而代之的是位于窗口上方的各种功能区。当单击这些功能区时并不会打开菜单,而是切换到与之相对应的功能区面板。每个功能区根据功能的不同又分为若干个组,每个功能区拥有不同功能的命令。如图 8.6 所示为"开始"功能区,分为"剪贴板"、"字体"、"段落"、"样式"、"编辑"五个功能组,每个功能组又包含多个命令,可实现多种功能。

图 8.6　Word 功能区

在以上这些命令中，有些命令后面带有快捷键，有些前面带有图标，有些是两者都带。快捷键的作用就是使用键盘上的按键组合完成和它所在的命令相同的操作。例如"开始"→"剪贴板"→"粘贴"命令的快捷键是 Ctrl+V，当同时按下 Ctrl+V 时就会实现粘贴功能，和通过命令操作是一样的结果。

除了上述命令及快捷键外，还有一种经常使用的菜单叫做快捷菜单。在工作区、标题栏、工具栏、任务栏等几乎所有窗口元素中单击鼠标右键都可以弹出快捷菜单，然后在快捷菜单中选择所需的操作即可。

5. 标尺

标尺分为水平和垂直标尺。使用标尺栏可以调整段落的缩进量，页面的左、右边距，表格的行高等，如图 8.7 所示。

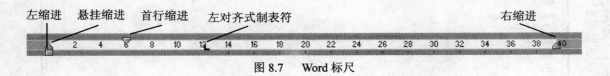

图 8.7 Word 标尺

6. 滚动条

滚动条分为垂直滚动条和水平滚动条。使用鼠标指针可以移动滚动条，对文档进行上、下、左、右滚动。垂直滚动条下部还有"前一页"、"后一页"和"选择浏览对象"按钮。

7. 工作区

工作区是用于输入和编辑文档的区域。

8. 状态栏

状态栏指示当前的编辑状态，如当前插入点在页面中的位置、当前的页号等。

8.2 文档的编辑

8.2.1 新建及打开文档

1. 新建文档

当用户成功启动 Word 后，系统会自动为用户创建一个新文档。还可以通过其他方法建立文档：

- 单击快速访问工具栏的新建按钮建立文档，如果没有此按钮需添加后再点击。
- 单击"Office 按钮"→"新建"命令，弹出"新建文档"对话框，如图 8.8 所示。在对话框的模板中选中"空白文档和最近使用的文档"选项卡，然后单击"空白文档"图标，再点击"创建"按钮即可新建一个文档。
- 快速创建一个空白的文档，可以按 Ctrl+N 键。
- 根据 Word 提供的模板来新建带有格式和内容的文档方法：单击"Office 按钮"→"新建"命令，如图 8.8 所示，在左侧"模板"库中选中具体的模板列表，选中的模板会在右侧显示预览，点击"创建"按钮即可新建一个文档。

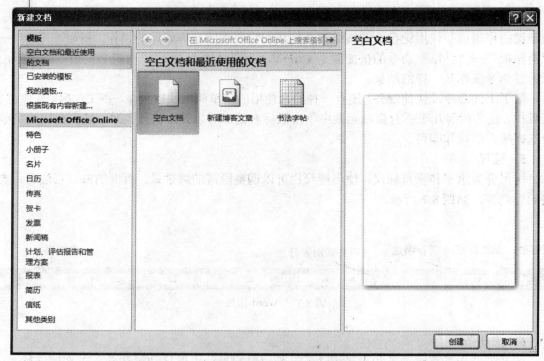

图 8.8 "新建文档"对话框

所谓模板，就是定义了标题格式、背景图案、表项甚至某些通用文字的一类文件，在 Office 2007 中，除了可以使用应用程序已经安装的系统模板或者 Internet 上的联机模板外，用户还可以根据需要创建自己的模板。

在 Word 中，新建第一个文档的缺省文件名是"文档 1"。如果再建立新文档，文档序号会自动增加，即"文档 2"、"文档 3"、"文档 4"等。当用户要保存一个新建文档时，系统会弹出如图 8.9 所示的一个对话框，提示用户输入一个有意义的文件名。

图 8.9 文档保存对话框

2. 打开文档

当用户要对一个已经存在（在外存上保存）的文档再次编辑时，首先要打开该文档。所谓打开文档就是要把文档从外存调入内存。打开 Word 文档有以下方式：

（1）已打开 Word 环境

单击快速访问工具栏的打开按钮，或者单击"Office 按钮"→"打开"命令，就会出现如图 8.10 所示的对话框。在对话框中选中所要打开的文档，然后单击"打开"按钮即可。

图 8.10　打开文档对话框

（2）也可以在启动 Word 的过程中打开

这个方法在 Word 启动内容中已经讲过，这里就不再赘述。

默认情况下，Word 都以读写方式打开文档，但在某些情况下，希望以只读方式打开 Word 文档，以保护原文档不被修改。此时，只需在图 8.10 所示的"打开"对话框中，单击"打开"旁的下拉按钮，在弹出菜单中选择"以只读方式打开"即可。

8.2.2　文本输入

输入文本是用户使用 Word 最基本的操作，包括输入中文、英文、各类符号。

在输入文本之前，需要选择输入法。用户可以单击"任务栏"右侧的"输入法指示器"按钮，也可以使用"Alt+Shift"组合键在英文和各种中文输入法之间切换。

在输入文本的过程中，有一些符号无法通过键盘直接输入，如£、¥、ω、φ。这时，用户可以通过插入特殊符号的功能区命令来完成。步骤如下：

第一步，单击"插入"→"符号"→"符号"→"其他符号"，此时，会弹出一个如图 8.11 所示的对话框。

第二步，选择对话框的"符号"选项卡，通过操作"字体"或"子集"列表框，找到所需要的符号并选中它，单击"插入"按钮或双击该符号即可完成。如果用户使用的是一些常用的印刷符号，那么要在对话框的"特殊字符"选项卡下进行操作。此外，如果文档中经常要用到某些符号，还可以在"符号"对话框中选中该符号后，单击"快捷键"按钮为其定义快捷键，以后只要简单地按快捷键即可快速插入这些符号。

图 8.11　插入符号对话框

为了加强 Word 文档的智能性，Word 提供了自动更正功能。利用该功能，在需要输入某些符号时（如☆），可直接输入该符号的代用符号（如 D）。要查看和编辑自动更正功能，可在"符号"对话框中单击"自动更正"按钮，打开"自动更正"对话框，用户可在其中设置或清除自动更正选项，如图 8.12 所示。

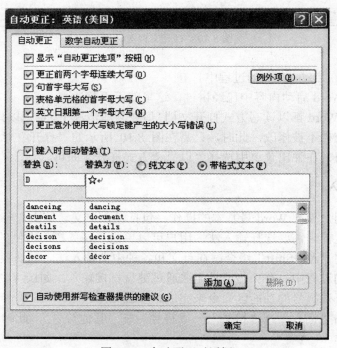

图 8.12　自动更正对话框

要插入特殊符号，可单击"插入"→"特殊符号"→"符号"命令的下拉按钮，在下拉列表中浏览并选择所需的特殊符号，如果没有所需的符号，可单击"更多"按钮，打开"插入特殊符号"对话框，浏览并选择需要的特殊符号，如图 8.13 所示。

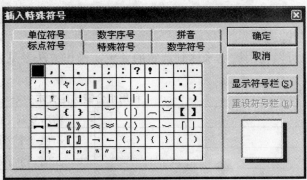

图 8.13　插入特殊符号对话框

随着文本的输入插入点不断向后移动,当移至行尾时会自动换行,而不需要按回车键。当按下回车键时会产生一个段落结束的标记,同时光标移至新段的开始处。

当光标还没有移到行尾,而想换行又不想开始一个新段时,可以使用 Shift+Enter 组合键来达到目的。

8.2.3　选定文本

下面介绍两种选定文本的方法:

1. 鼠标选定

(1) 双击

如果要选定的是词或词组,首先将鼠标指针移到目标词或词组所在的地方,然后双击即可选中。

(2) 拖动鼠标

这种方法可以选定任意数量的文字。操作时,首先把鼠标移到所要选定的文字的开始处,然后按住鼠标左键不放,拖动鼠标经过所要选定的文字(这些文字会变成黑底白字),一直到所选文字的末尾,然后释放鼠标。

(3) 选定一个句子

把鼠标移到需要选择的句子的任意地方,按住 **Ctrl** 键同时单击鼠标左键。

(4) 选定一行和多行文本

如果要选定的是一行文本,那么,先把鼠标移动该行的左边选择区,当鼠标指针变成指向右上方的箭头时单击左键即可。

如果要选定的是多行文本,同样先把鼠标移到所选文字的某一行的左边选择区,当鼠标指针变成指向右上方的箭头时,按住鼠标左键不放向下或向上拖动到最后一行即可。

(5) 选定一段文字

把鼠标移到需要选择的文字段落的任意地方,三击鼠标左键即可。也可以先把鼠标移到所选段落的左边选择区,当鼠标指针变成指向右上方的箭头时,双击鼠标左键即可选中。

(6) 选定任意一块文字

首先把鼠标移到所选文字的开始处单击,然后按住 Shift 键不放,移动鼠标到所选文字的末尾再单击即可。

(7) 选定整篇文档

将鼠标移到左边选择区，然后三击鼠标左键。也可以按住 Ctrl 键同时单击左边选择区。

2. 组合键选定

用户也可以使用键盘来达到选定的要求，操作方法参见表 8.1。

表 8.1 利用组合键选定文本

组合键	将所要选定的范围扩展到
Shift+→	右侧一个字符或一个汉字
Shift+←	左侧一个字符或一个汉字
Shift+↑	上一行
Shift+↓	下一行
Shift+End	行尾
Shift+Home	行首
Shift+PageUp	上一屏
Shift+PageDown	下一屏
Ctrl+ Shift+→	右侧一个单词或汉字
Ctrl+ Shift+←	左侧一个单词或汉字
Ctrl+ Shift+↑	段落首部
Ctrl+ Shift+↓	段落尾部
Ctrl+ Shift+ End	文档结尾
Ctrl+ Shift+ Home	文档开始
Ctrl+A	整篇文档

8.2.4 插入、改写、撤销、恢复及重复

1. 插入和改写

不论插入点在什么位置，在插入方式下，总是将输入的字符放置在插入点的位置，同时插入点后面的字符依次向后移动。

当在改写方式下，输入的字符总是覆盖或替换插入点后面的字符。

在 Word 中，可以实现插入和改写两种方式之间切换，它们的切换就是通过键盘上的"Insert"或"Ins"键实现的。

2. 撤销和恢复

在 Word2007 中编辑文档的过程中，如果进行了不合适的操作而想返回到原来的状态，可以通过"撤销"或"恢复"命令进行撤销或恢复操作。

"撤销"功能可以保留最近执行的操作记录，用户可以按照从后到前的顺序撤销若干步操作，但不能有选择地撤销不连续的操作。可以按下"Ctrl+Z"组合键执行撤销操作，也可以单击"快速访问工具栏"中的"撤销"命令按钮 。

执行撤销操作后，还可以将 Word 文档恢复到最新的状态。当用户执行一次"撤销"操作后，用户可以按下"Ctrl+Y"组合键执行恢复操作，也可以单击"快速访问工具栏"中已经变成可用状态的"恢复"命令按钮 。

此外，还有"重复"命令按钮 ，它的作用是重复刚刚所做的操作。

8.2.5 查找和替换

1. 查找

在编辑过程中，如果想要查看在文件中出现的字符串，特别是不是近期文档中出现的，自己已记不清楚位置的，而且在文档中多次出现的那些字符串，使用查找命令会非常方便。单击"开始"→"编辑"→"查找"命令，会出现如图8.14所示的窗口。

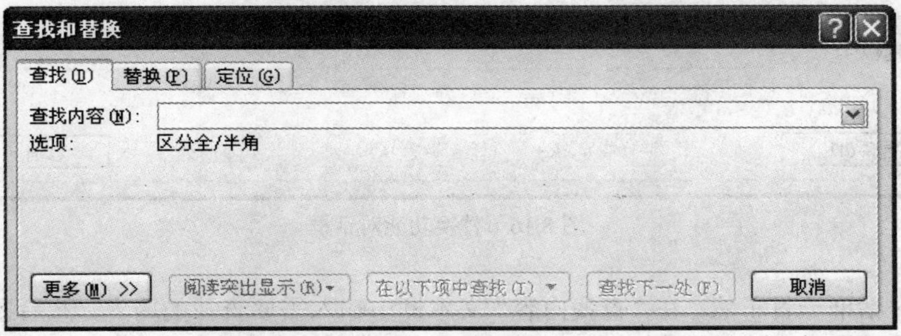

图8.14 查找功能

在该对话框的"查找内容"文本框中输入需要查找的内容，然后不断地点击"查找下一处"，就会依次把文本中所有需要找的内容都找到。但是如果不是想在整篇文档中查找，可以通过对话框中的"更多"按钮限定查找条件。当点击"更多"按钮后会出现如图8.15所示的对话框，在对话框中可以达到对查找范围、格式、特殊字符等的设定。

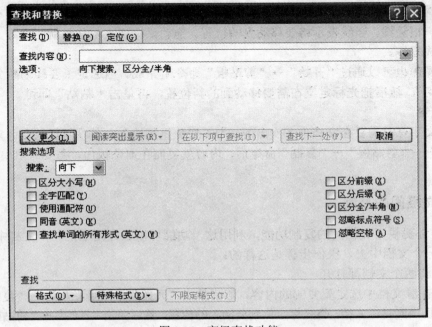

图8.15 高级查找功能

2. 替换

替换命令是在查找的基础上所进行的。单击"开始"→"编辑"→"替换"命令时，会出现如图 8.16 所示的窗口。

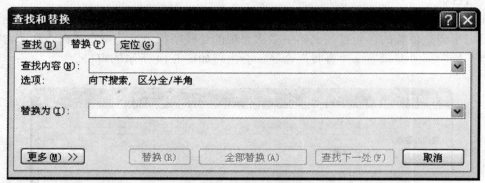

图 8.16 替换功能对话框

这个对话框一目了然，在"查找内容"文本框中输入需要查找的内容，然后在"替换为"文本框中输入所要替换的内容，再点击"替换"命令即可。

8.2.6 移动和复制

1. 移动

使用移动命令可以很方便地把一段文字从文档中的一个地方移到另一个地方，操作步骤如下：

（1）选定要移动的文本。

（2）将鼠标指针指向被选定的文本，按下鼠标左键，这时指针尾部会出现一个小方框，旁边会有一根竖线，竖线表示将要移动到的位置。拖动鼠标将文本移到新的地方，然后松开左键即完成操作。

上述操作也可以通过"开始"→"剪贴板"命令组完成。当选定了要移动的文字后，请单击"剪切"，然后把光标定位在需要移动到的新位置，再单击"粘贴"即可。

2. 复制

有些文字有时需要在文档中多次出现，为了避免重复输入，可以用复制命令来完成。单击"开始"→"剪贴板"→"复制"命令后，内容就复制在剪贴板内，需要时再单击"粘贴"命令即可。

8.2.7 文档间的复制

Word 还提供了文档间的复制功能，利用这一功能可以很方便地把一个文档中的内容复制到另外一个文档中去。操作步骤是这样的：

（1）将两个文档都打开。

（2）在源文档中选定要复制的内容，然后单击"开始"→"剪贴板"→"复制"命令。

（3）切换到目标文档，将光标定位到要插入的位置，然后单击"开始"→"剪贴板"→"粘贴"命令。

此外，还可以进行键盘复制，首先选中文本，使用 Ctrl+C 进行复制，Ctrl+V 进行粘贴。

8.2.8　选择性粘贴

当进行跨文档复制时，选择性粘贴的功能十分有用。操作步骤如下：

（1）选择文本。

（2）单击"开始"→"剪贴板"→"粘贴"命令的下拉选项，单击"选择性粘贴"，打开"选择性粘贴"的对话框，如图 8.17 所示：

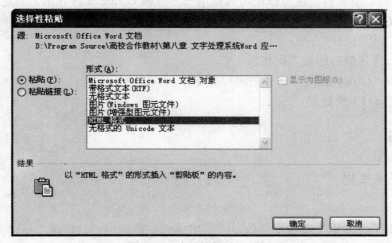

图 8.17　选择性粘贴对话框

8.2.9　保存及关闭文档

1. 保存文档

一篇文档编辑完成后，应把它保存起来。保存的方法如下：

（1）通过菜单操作完成

- 单击"Office 按钮"→"保存"命令，这时会弹出如图 8.9 所示的对话框。
- 在"保存位置"中选择需要保存的文件夹。
- 在"文件名"中输入一个有意义的文件名，然后单击"保存"按钮即可。

（2）通过快速访问工具栏完成

单击快速访问工具栏的保存命令图标按钮 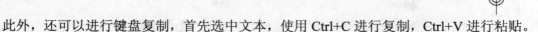，其他步骤和通过菜单操作完成文件保存一样。一篇文档在编辑过程中，为了防止突然断电或一些误操作造成文件丢失，应该经常保存。对于一个已打开的文档想保存为其他的文件类型，那么应该通过单击"Office 按钮"→"另存为"命令来保存。

Word 2007 采用了全新的开放式 XML 技术，其默认的扩展名为.docx，它其实是一个压缩包文件，所以在保存文档时，用户应针对不同的文档，选择合适的保存方式。

- Word 文档：保存为 Word 2007 文档格式，可以修改副本的名称和保存路径。
- Word 模板：保存为用户自己的模板，但对于采用这种方式创建的模板，用户利用它新建文档时，在"新建文档"对话框中将无法看到该模板，因而建议用户单击"Office 按钮"→

"新建"命令,在弹出的"新建文档"对话框中,选择"我的模板"方式来创建一个模板。

● Word 97—2003 文档:保存为 Word 97—2003 兼容模式。如果用户希望该文档发送或让其他仅安装了 Word 2003、Word 2000 或 Word 97 的用户能够阅读该文档,就需要采用这种"另存为"方式,此时文档的扩展名为.doc。

● 查找其他文件格式的加载项:在很多情况下,需要以容易共享和打印而不易修改的固定版式格式保存文件,如简历、法律文档和主要用于阅读和打印的任何其他文件。Office 2007 提供了一个免费加载项来保存或导出这种类型文件(PDF 或 XPS 文档格式),但必须首先安装该加载项才能使用它们,也可以使用其他第三方产品 Office 文件导出为固定版式文档。

2. 关闭文档

关闭一篇文档有三种方法:
(1)单击窗体最右边的关闭按钮 ✕ 。
(2)单击"Office 按钮"→"关闭"命令。
(3)按 Ctrl+F4 快捷键。

8.3 排版

8.3.1 字符格式化

1. 字体

Word 提供了很多中文和英文字体。改变字体方法是利用"功能区"→"开始"→"字体"命令组,如图 8.18 所示。下面介绍具体操作步骤:

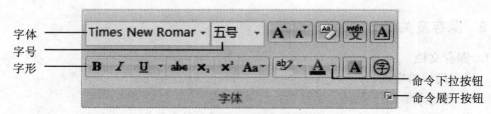

图 8.18 开始功能区字体命令组

(1)在文档中选定需要改变字体的文本。
(2)选择"开始"→"字体"命令组,单击"字体"选项下拉框,在弹出的下拉列表框中选择所要的字体,如"楷体_GB2312"。

2. 字号

改变字号的方法同样是利用工具栏上的"字号"选项。操作步骤和字体格式化一样。
下面介绍一下操作步骤:
(1)在文档中选定需要改变字号的文本。
(2)选择"开始"→"字体"命令组,单击"字号"选项下拉框,在弹出的下拉列表框中选择需要的字号,如五号。

3. 字形

Word 提供了粗体、斜体、下画线等多种字形。

操作步骤如下:
(1) 在文档中选定需要改变字形的文本。
(2) 选择"开始"→"字体"命令组,点击所需要的字形按钮即可。

4. 使用浮动菜单

在 Word 文档中选中要设置格式的文字,当鼠标稍微离开选中的文字,就会以半透明方式显示一个浮动的字符设置菜单。将光标移动到该浮动菜单上,菜单项以不透明的方式显示,如图 8.19 所示。可以通过该浮动菜单设置选中文字的字体、字号、颜色、对齐方式等,只需单击相应的按钮或选项即可。

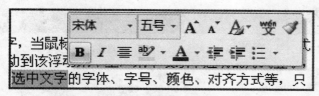

图 8.19　使用浮动菜单设置字体格式

5. 使用字体对话框

使用"字体"对话框对文本进行格式化的步骤如下:
(1) 在文档中选定需要格式化的文本。
(2) 选择"开始"→"字体"命令组,单击命令组右下角的命令展开按钮,弹出"字体"对话框如图 8.20 所示。

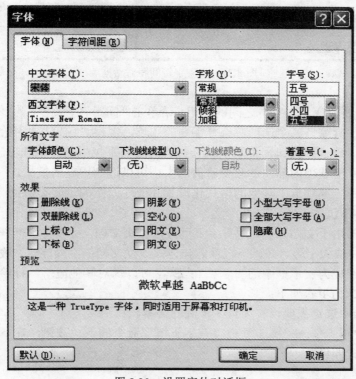

图 8.20　设置字体对话框

（3）如果是要改变字体，那么请在"中文字体"列表框中选中所需的字体。这时，在"预览"框中可以看到预览效果。

在"字体"选项卡中其他的格式化设置和改变字体的步骤一样。

6. 设置字符间距

设置字符间距步骤如下：

（1）在文档中选定需要格式化的文本。

（2）选择"开始"→"字体"命令组的展开按钮或者按下 Ctrl+D 键，在出现的"字体"对话框中选择"字符间距"选项，如图 8.21 所示。

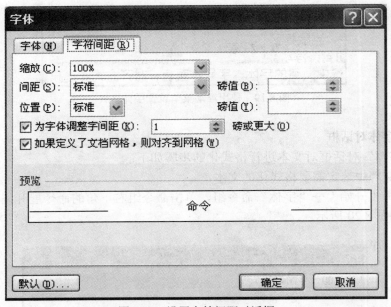

图 8.21 设置字符间距对话框

（3）如果需要改变文本字符之间的间距，请单击"间距"下拉框，在该下拉框中有"标准"、"加宽"和"紧缩"三个选项，选择需要的选项，观察"预览"框中的效果是否满意，如果满意就点击"确定"按钮，否则重试选择"间距"下拉框的其他选项。"间距"右边的磅值是对"间距"框选项的辅助，改变磅值的大小可以达到预期的效果。

在"字符间距"选项卡中其他的格式化设置和改变间距的步骤类似。

7. 设置首字下沉

首字下沉通常用于文档开头，用首字下沉方法修饰文档，可以将段落开头的第一个或若干个字母、文字变成大字号，并以下沉或悬挂方式改变文档的版面样式。被设置成首字下沉的文字实际上已经成为文本框中的一个独立段落，可以像对其他段落一样给它加上边框和底纹。设置首字下沉的步骤如下：

（1）在文档中选定需要设置为首字下沉的文本。

（2）单击"插入"→"文本"→"首字下沉"命令的下拉按钮，在下拉菜单中选择一种首字下沉的方式即可。

8.3.2 页面排版

1. 显示方式

Word 提供了普通视图、页面视图、大纲视图、Web 版式视图等多种视图方式。不同的视图方式分别从不同的角度,按照不同的方式显示文档,并适应不同的工作特点。因而,采用正确的视图可极大地提高工作效率。

(1) 普通视图

普通视图方式下可以非常方便地进行文本录入和图片插入。在这种显示方式下,不能显示页眉和页脚;多栏排版时,也不能显示多栏;同时也不能进行绘图操作。在这种视图方式下,绘图时会立即切换到"页面视图"。

当从别的视图模式切换到"普通视图"模式时,有以下三种操作方法:
- 单击"视图"→"文档视图"→"普通视图"命令。
  - 单击编辑窗口左下角的视图切换按钮 。
- 按下"Alt+Ctrl+N"组合键。

(2) 页面视图

页面视图方式下可以查看与实际打印效果相同的文档。与普通视图不同的是,页面视图还可以显示出分栏、环绕固定位置对象的文字。总之所有定义的文档格式化都呈现出来。

当从别的视图模式切换到"页面视图"模式时,有以下三种操作方法:
- 单击"视图"→"文档视图"→"页面视图"命令。
- 单击编辑窗口左下角的视图切换按钮 。
- 按下 Alt+Ctrl+P 组合键。

(3) 大纲视图

大纲视图用于显示、修改或创建文档的大纲,转入大纲视图后,通过在"大纲"→"大纲工具"→"显示级别"下拉列表选项,可决定显示至文档的哪一级标题,或显示全部内容。

当从别的视图模式切换到"大纲视图"模式时,有以下两种操作方法:
- 单击"视图"→"文档视图"→"大纲视图"命令。
- 单击编辑窗口左下角的视图切换按钮 。

(4) Web 版式视图

在 Web 版式中,所编制的文档和网页的外观是一样的,所以在该方式下可以非常方便地制作网页。

当从别的视图模式切换到"Web 版式视图"模式时,有以下两种操作方法:
- 单击"视图"→"文档视图"→"Web 版式视图"命令。
- 单击编辑窗口左下角的视图切换按钮 。

(5) 阅读版式视图

阅读版式视图以图书的分栏样式显示 Word 文档,Office 按钮、功能区等窗口元素被隐藏起来。在阅读版式视图中,用户还可以单击"工具"按钮选择各种阅读工具。

当从别的视图模式切换到"阅读版式视图"模式时,有以下两种操作方法:
- 单击"视图"→"文档视图"→"阅读版式视图"命令。
- 单击编辑窗口左下角的视图切换按钮 。

(6) 文档结构图

单击"视图"→"显示/隐藏"→"文档结构图"命令后,屏幕分为两个窗口,右窗口是文档编辑区,左边的窗口中显示文档标题,即文档结构图。可以通过文档结构图在整个文档中快速浏览并跟踪特定位置。文档结构图如图8.22所示。

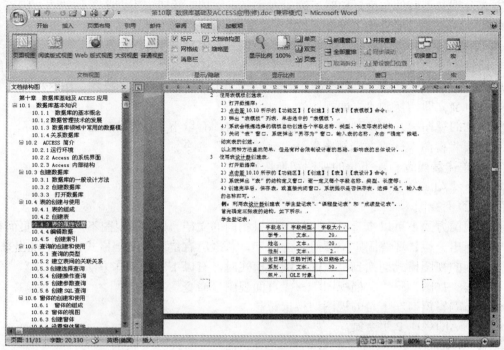

图8.22 文档结构图

2. 制表位

所谓制表位就是Tab键按下后,插入点移动的位置。当使用空格键来对齐文本时,可能会因为字号的大小不同而出现对不齐的烦恼。但是如果使用Tab键来对齐文本时就不会有这种现象。当需要左对齐时,按下Tab键,这时插入点就会从当前位置移到下一个制表位。它的移动距离和字号没关系,在缺省状态下一次移动0.75厘米。制表位如图8.23所示。

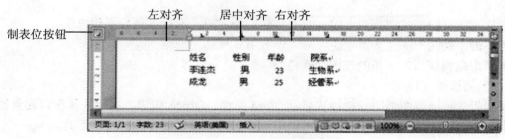

图8.23 制表位

(1)制表位按钮:单击该按钮,可在不同的制表位符之间进行切换。
(2)左对齐:从制表位开始向右扩展文字。

（3）居中对齐：使文字在制表位处居中。

（4）右对齐：从制表位开始向左扩展文字，文字填满制表位左边空白后，会向右扩展。

使用标尺设置制表位的步骤如下：

- 用鼠标不断单击水平标尺左边的制表位按钮，制表位就在 5 种类型间轮换。选定所需的制表位类型。
- 把鼠标指针移到水平标尺所需要的位置后单击左键，这时在标尺上就会出现一个制表位。
- 按下 Tab 键，插入点就会从当前位置移到下一个制表位。
- 输入文本。

如果在一段文本中需要使用多种制表位时，重复上述操作步骤即可。如果要修改或者删除自定义制表位，可在标尺上双击该制表位，打开"制表位"对话框，如图 8.24 所示。在列表框中选中要修改或删除的制表位，然后设置对齐方式和前导符即可。单击"清除"按钮，可删除选中的制表位。

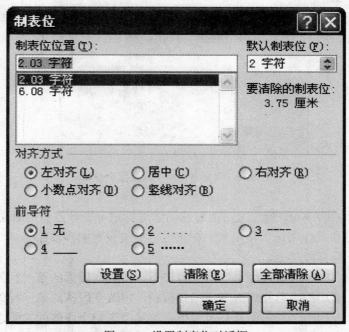

图 8.24　设置制表位对话框

3. 段落排版

（1）段落对齐方式

所谓段落就是以回车键结束的一段文本。段落的对齐方式有左对齐、右对齐、居中对齐、两端对齐和分散对齐五种。对齐方式设置的步骤如下：

- 选择需要排版的段落。
- 选择"开始"→"段落"命令组，如图 8.25 所示，在命令组中选择所需要的对齐方式，点击对齐方式工具栏。如果要详细设置，可单击右下角的命令展开按钮，打开"段落"对话框进行设置。

图 8.25　开始功能区段落命令组

（2）段落缩进方式

段落的缩进包括整段左缩进、整段右缩进、首行缩进和悬挂缩进。

使用菜单设置缩进的步骤：
- 将光标置于目标段落上。
- 选择"页面布局"→"段落"命令组中的"缩进"选项，在左、右数值选择框中设置合适的值，如图 8.26 所示。
- 单击命令展开按钮，打开"段落"对话框，在"特殊格式"下拉列表框中选择"悬挂缩进"或"首行缩进"，设置后单击"确认"按钮。

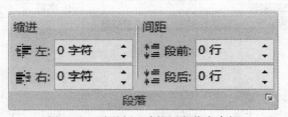

图 8.26　页面布局功能区段落命令组

在如图 8.7 所示的 Word 标尺上，通过移动缩进标记可十分方便地对文本进行左缩进、右缩进、首行缩进和悬挂缩进。使用水平标尺进行缩进设置的步骤：
- 将光标置于目标段落上。
- 拖动标尺上左边的"首行缩进"倒三角按钮，将改变段落的第一行的左缩进。
- 拖动标尺上左边的"悬挂缩进"正三角按钮，将改变段落除第一行外的其他行缩进。
- 拖动标尺上左边的"左缩进"长方形按钮，将改变整个段落的左缩进。
- 拖动标尺上右侧的"右缩进"正三角按钮，将改变整个段落的右缩进。

（3）行距和段前、段后间距设置

设置行距和段前、段后间距的步骤：
- 将光标置于目标段落上。
- 单击"开始"→"段落"→"行距"的命令下拉按钮，在弹出菜单中选择行距大小。
- 选择"页面布局"→"段落"命令组，在"间距"的"段前"、"段后"数值选择框中设置合适的值即可。

4. 页面布局

一篇文档编辑完毕，页面需经过精心布局然后才排版打印。下面简单介绍一些页面布局常用的操作。

（1）页面设置

页面设置包括文档的编排方式和纸张的大小等。在"页面布局"→"页面设置"命令组中可以很直观地进行设置，如图8.27所示。

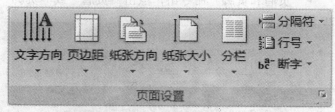

图8.27　页面布局功能区页面设置命令组

页边距是页面边沿和正文之间的距离。当切换到页面视图时就可以看到页边距的效果。设置页边距可以通过上图命令组中的"页边距"命令来设定。

具体设置方法：

选择"页面布局"→"页面设置"命令组，点击"页边距"命令下拉按钮，在弹出的菜单中单击所需页边距类型，整个Word文档会自动更改为已选择的页边距类型，如图8.28左图所示。用户也可以指定自己的页边距设置，单击"自定义边距"命令，打开"页面设置"对话框，在"页边距"选项卡中，输入新的页边距值即可，如图8.28右图所示。

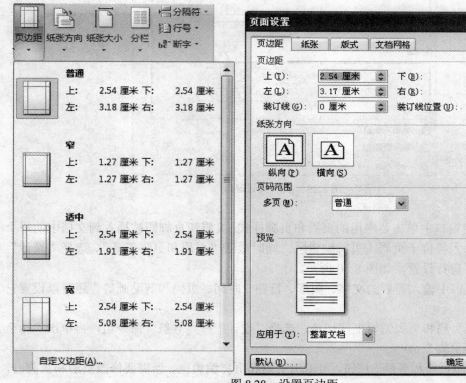

图8.28　设置页边距

（2）页眉和页脚

页眉处于每页的顶端，页脚处于每页的底部。通常把文章的章节名、页码、日期等文字放在页眉页脚中。具体方法如下：

● 选择"插入"→"页眉和页脚"命令组，点击"页眉"或"页脚"命令的下拉按钮，弹出的窗口如图 8.29 所示。

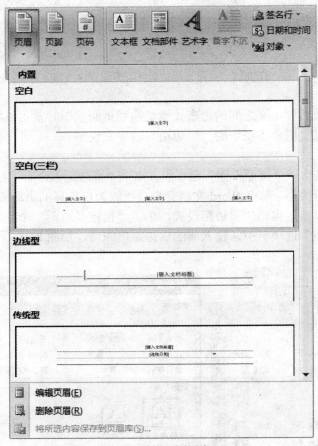

图 8.29　插入页眉窗口

● 在弹出的窗口中单击要应用的页眉和页脚样式，页眉和页脚即被插入到文档中的每个页中，此时，插入符位于页眉或页脚编辑区，同时激活"页眉和页脚工具"，选择"设计"功能区，用户可自行设置，如图 8.30 所示。

● 在编辑窗口中输入需要的文字、图形、日期、时间、页码和剪贴画等，还可以设置它们的格式。

● 如果要在页眉和页脚编辑框间切换，选择"设计"→"导航"命令组，再单击"转至页眉"或"转至页脚"命令。

● 单击"关闭页眉和页脚"按钮，可退出页眉和页脚编辑区。当需要修改页眉和页脚时，可以用鼠标直接双击页眉或页脚处，就可再次进入编辑方式。

第 8 章 文字处理系统 Word 应用

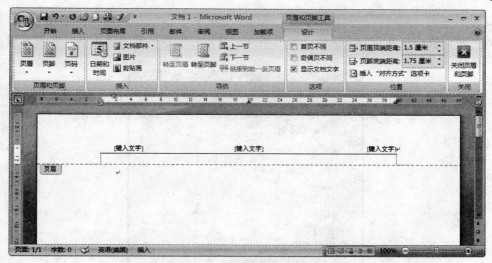

图 8.30 设置页眉和页脚

（3）页码

为了避免文档整理过程中出现不必要的混乱，需要为文档添加页码。方法如下：点击"插入"→"页眉和页脚"→"页码"命令的下拉按钮，首先选择页码的位置，然后在弹出的样式中单击并选中一种样式即可，如图 8.31 所示。

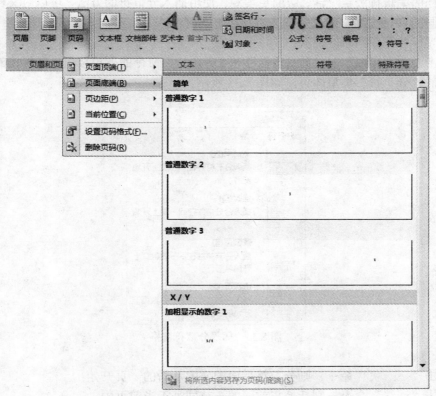

图 8.31 插入页码

如果需要对页码进行更复杂的设置，单击下拉菜单中的"设置页码格式"命令，打开"页码格式"对话框，里面可设置页码的编号格式，是否包含章节号的选项等，如图 8.32 所示。

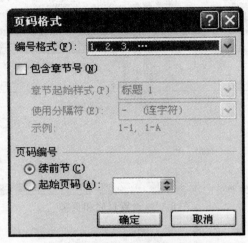

图 8.32　设置页码格式对话框

（4）分节

为了便于对同一个文档中不同部分的文本进行不同的格式化，可以将文档分割成多节。分节使文档的编辑排版更灵活、版面更美观。使用插入分节符的方法，可以对文档的不同章节进行不同的页面设置。插入分节符的方法如下：

● 将光标移至要插入的位置。

● 单击"页面布局"→"页面设置"→"分隔符"命令的下拉按钮，在弹出的菜单中单击要使用的"分节符"类型即可，如图 8.33 所示。

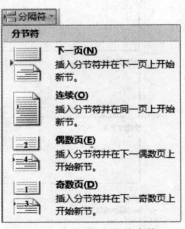

图 8.33　插入分节符窗格

● 单击"下一页"命令，则分节符后面的文本从新的一页开始；

● 单击"连续"命令，则新节与前面的一节同处于当前页中；

● 单击"偶数页"命令，则新节中的文本显示或打印在下一偶数页上。如果该分节已经

在一个偶数页上,则其下面的奇数页为一个空页;
　　● 单击"奇数页"命令,则新节中的文本显示或打印在下一奇数页上。如果该分节已经在一个奇数页上,则其下面的偶数页为一个空页。
　　如果要设置文档的自动分节功能,可单击"页面布局"→"页面设置"命令组右下角的命令展开按钮,打开"页面设置"对话框,在"版式"选项卡中,将"应用于"设置为"插入点之后",Word 将自动给插入符后的文档创建新节,如图 8.34 所示。

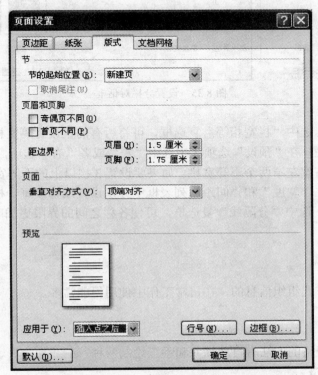

图 8.34　设置版式对话框

　　当要删除分节符时,可在选中要删除的分节符后按 Delete 键。由于分节符中保存着该分节符上面文本的格式,所以要删除一个分节符,就意味着删除了该分节符之上的文本所使用的格式,此时该节的文本将使用下一节的格式。如果要改变节的起始位置,可打开"页面设置"对话框,打开"节的起始位置"下拉列表从中选择新的起始位置即可。
　　(5) 分栏
　　分栏排版是报纸和杂志常用的排版方式。分栏的效果只有在页面视图和打印预览中才看得到。其操作步骤如下:
　　● 在页面视图方式下,选定需分栏的文本。
　　● 单击"页面布局"→"页面设置"→"分栏"命令的下拉按钮,可以预览并且设置文字分栏。单击"更多分栏"命令,打开"分栏"对话框,还可以设置分栏的列数、宽度、间距和应用范围,如图 8.35 所示。
　　● 取消分栏:在"预设"选项区选中"一栏",将已经分为多栏的文本恢复成单栏格式。
　　● 确定栏数:当需要设置的分栏栏数大于 3 时,可在"列数"框中设置。

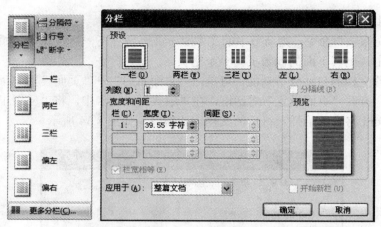

图 8.35 设置分栏对话框

- 设置等宽栏：选中"栏宽相等"复选框，可将所有的栏设为等宽栏。
- 设置不等宽栏：在"预设"选项区中选中"左"或者"右"选项，可以将所有的文本分成左窄右宽或者右宽左窄两个不等宽栏。如果要设置 3 栏以上的不等宽栏，必须取消"栏宽相等"复选，并在"宽度"和"间距"列表框中分别设置或修改每一栏的栏宽及栏间距。
- 设置分隔线：选中"分隔线"复选框，可使各栏之间的界限更加明显。

8.4 表格

表格是以行列方式组织信息的，在日常工作中使用得非常多。

8.4.1 建立表格

在文档中建立表格的方法有自动插入和手工绘制两种。

1. 自动插入表格

（1）单击"插入"→"表格"→"表格"命令的下拉按钮，在弹出的菜单中点击"插入表格"命令，打开"插入表格"对话框，如图 8.36 所示。

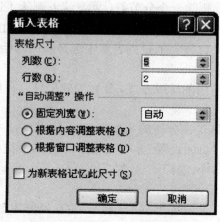

图 8.36 插入表格对话框

(2)在对话框的"列数"和"行数"数值选择框中输入需要的值。
(3)单击"确定"按钮。

2. 使用绘制表格命令

当所需的是一个不规则的表格时,可以使用绘制表格命令来达到目的。其操作步骤为:

(1)单击"插入"→"表格"→"表格"→"绘制表格"命令,即可使用鼠标在文档中直接绘制表格。

(2)当绘制完一个矩形框后,应用程序会激活"表格工具"动态命令标签,如图 8.37 所示。

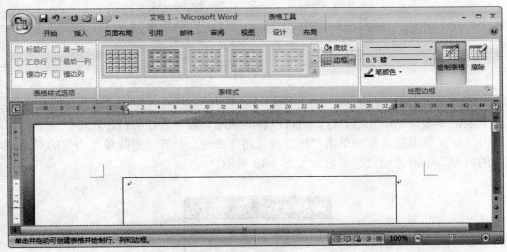

图 8.37 绘制表格工具

8.4.2 编辑表格

在文档中插入了空表格后,把插入点定位在某个单元格中,就可进行文本输入。单元格中文本的编辑同一般文本操作一样。

当需要把光标移到右边相邻的单元格时,使用 Tab 键或 "→"键;当需要把光标移到左边相邻的单元格时,请按 Shift+Tab 组合键或"←"键;当需要把光标移到下面相邻的单元格时,请按"↓"键;当需要把光标移到上面相邻的单元格时,请按"↑"键。

1. 选定表格中的内容

● 选定一个单元格:将鼠标置于单元格的左边缘,当鼠标变成⇗时,单击鼠标左键;或者三击鼠标左键也可以选定。

● 选定任意多个单元格:单击左键选定一个单元格后拖动鼠标可以选择任意多个单元格。

● 选定表格的一行:将鼠标置于一行的左边缘,当鼠标变成⇗时,单击鼠标左键。

● 选定表格的一列:将鼠标置于一列的上边缘,当鼠标变成↓时,单击鼠标左键。

● 选定整个表格:将光标移至表格的任意位置,当表格左上角出现带框的十字标记时,单击它即可。

2. 插入行、列和单元格

当表格中需要添加另一类数据时,可以按需求插入行、列和单元格。具体方法为:在表格中选中目标单元格所在位置，右击鼠标后从弹出的右键菜单中选择"插入"菜单下相关命令即可，如图 8.38 所示。

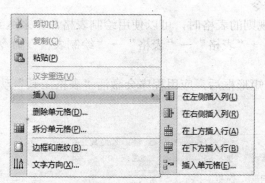

图 8.38　表格插入菜单

3. 删除行、列和单元格

对于表格中多余的单元格、行、列可以将其删除。具体方法为：在表格中选中目标单元格，右击鼠标在弹出的菜单中单击"删除单元格"命令，打开"删除单元格"的对话框，选择删除的内容，单击"确定"即可，如图 8.39 所示。

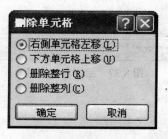

图 8.39　删除单元格对话框

4. 单元格的拆分和合并

（1）单元格的拆分

单元格的拆分就是把一个单元格拆分成几个单元格。操作步骤如下：

● 选定要拆分的单元格。
● 将光标置于目标单元格，右击鼠标后从弹出的菜单中选择"拆分单元格"命令，打开"拆分单元格"对话框，设置要拆分的行数和列数即可，如图 8.40 所示。

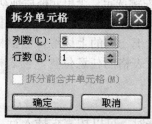

图 8.40　拆分单元格对话框

(2) 单元格的合并

单元格的合并就是把几个单元合并成一个单元格。操作步骤如下：
- 选定要合并的两个或多个连续的单元格。
- 右击鼠标从弹出的菜单中选择"合并单元格"命令即可。

8.4.3 表格属性设置

1. 改变表格的行高和列宽

改变行高和列宽的方法有两种：第一种是使用功能区命令，第二种是使用快捷菜单。

（1）使用功能区命令方法的步骤为：

第一步：选定要改变的行或者列，激活"表格工具"，如图 8.41 所示。

第二步：选择"布局"→"单元格大小"命令组，直接设置行高和列宽即可。

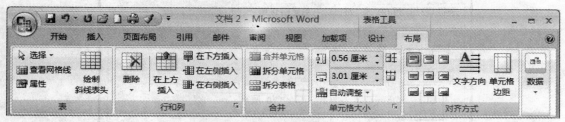

图 8.41　表格工具的布局功能区

（2）使用快捷菜单方法

首先将光标定位到需要设置的行或列中，右击鼠标从弹出的快捷菜单中选择"表格属性"命令，在打开的"表格属性"对话框中进行设置即可，如图 8.42 所示。

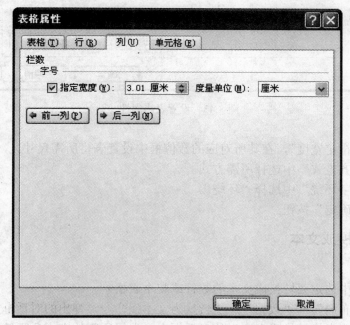

图 8.42　表格属性对话框

2. 单元格中文本对齐方式

其步骤为：

（1）选定单元格，激活"表格工具"，如图 8.41 所示。

（2）选择"布局"→"对齐方式"命令组中直接选择设置即可。

3. 设置表格的尺寸、对齐和文字环绕

操作如下：

（1）选中表格的任意单元格。

（2）右击鼠标从弹出的快捷菜单中选择"表格属性"命令，在弹出的"表格属性"对话框中选择"表格"选项卡，如图 8.43 所示。

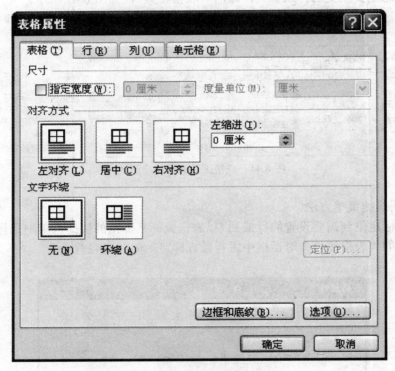

图 8.43　设置表格属性

（3）选中"指定宽度"，在其所对应的数值框中设置表格所需尺寸。

（4）在"对齐方式"中选择所需方式。

（5）在"文字环绕"中选择"环绕"。

（6）单击"确定"按钮。

8.4.4　表格转换成文本

操作如下：

（1）在表格中选定要转换成文本的数行或整个表格。

（2）单击"布局"→"数据"→"转换为文本"命令，弹出的对话框如图 8.44 所示。

（3）在弹出"表格转换成文本"的对话框中，选择所需的文本分隔符。

(4) 单击"确定"按钮。

图 8.44 表格转换为文本对话框

8.4.5 打印设置

操作过程步骤如下：

（1）单击"Office 按钮"→"打印"命令，出现如图 8.45 所示对话框。
（2）在"名称"下拉列表框中，选择所连接的打印机的名称。
（3）在"页面范围"单选项中，指定要打印的页码范围。
（4）设置打印"份数"、"内容范围"等参数。
（5）点击"确定"。

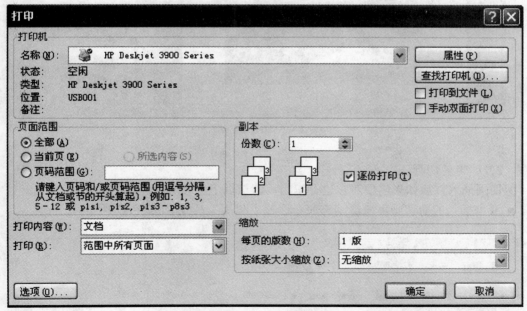

图 8.45 打印设置对话框

8.5 图文混排

8.5.1 图片

1. 插入剪切画

（1）插入剪切画

Word 自带了一个剪切画库。插入剪切画的步骤如下：
- 将插入点定位在要插入的位置。
- 单击"插入"→"插图"→"剪贴画"命令，打开"剪贴画"窗格。在"搜索文字"文本框输入要查询的剪贴画的特点，如"小狮子"，单击"搜索"按钮。稍后，Word 2007 将搜索与关键字相匹配的所有的剪贴画，右键点击要插入的剪贴画，从弹出菜单中选择"插入"命令即可，如图 8.46 所示。

图 8.46　插入剪贴画

（2）编辑剪切画

剪切画插入以后如果需要对它进行编辑，请按以下步骤进行：
- 双击插入的剪切画可激活动态命令标签"图片工具"，如图 8.47 所示。

图 8.47　图片编辑工具

● 使用"图片工具"中"格式"功能区中的操作命令，编辑剪贴画达到所需效果即可。如图 8.48 所示，是一张插入后并设置好样式的图片。

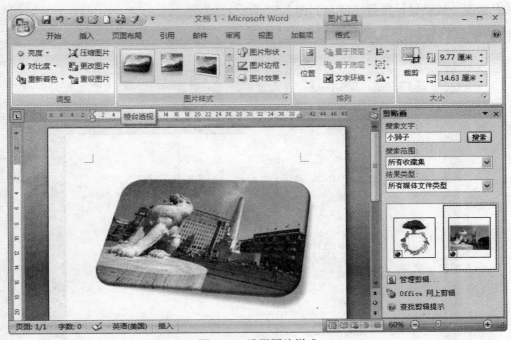

图 8.48　设置图片样式

2. 插入图片

在 Word 中还可以插入图片文件，插入方法如下：

（1）将插入点定位在要插入的位置。

（2）单击"插入"→"插图"→"图片"命令，打开"插入图片"对话框，选择要插入的图片，点击"插入"即可，如图 8.49 所示。

图 8.49　插入图片对话框

8.5.2 自选图形

(1) 单击"插入"→"插图"→"形状"命令,然后在下拉列表中选择一个图形,在文档中单击并拖动鼠标进行绘制,如图 8.50 所示。

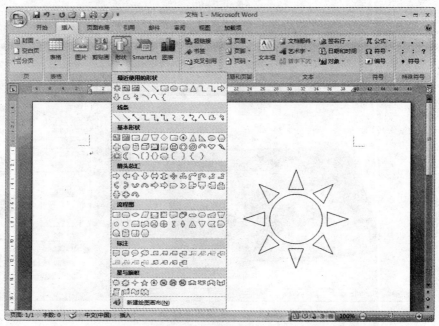

图 8.50　插入自选图形

(2) 图形绘制完成后,双击该图形,将出现"绘图工具"动态命令标签,可以选择"格式"→"形状样式"命令组为图形应用 Word 预设的图形样式,也可以选择其他命令为图形设置更多的效果,如图 8.51 所示。

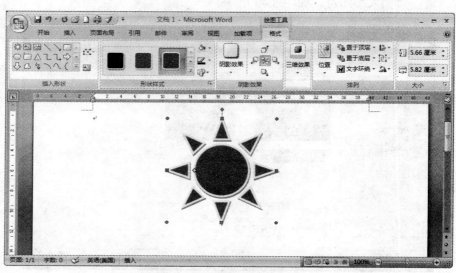

图 8.51　设置图形形状样式

（3）除了直线、箭头等线条图形外，所有其他的图形都允许向其中添加文字。可在绘制图形后，右击鼠标从弹出的菜单中选择"添加文字"命令，如图 8.52 所示。

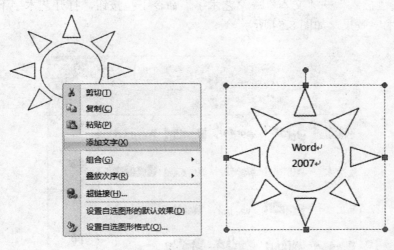

图 8.52　添加图形文字

（4）对于图形中添加的文字，可以像设置正文一样设置其字体格式和段落格式，如要编辑图形中的文字，直接单击这些文字即可进入编辑状态。

（5）选中一个图形后，其四周将出现一组控制点，将光标移至这些控制点，光标呈双箭头形状时，单击并拖动这些控制点可调整图形大小。如果将光标移至旋转控制点（即绿色的控制点），光标将变成环形，此时单击并拖动光标可旋转图形。

（6）如果希望精确设置图形，可以选中图形，右击鼠标从弹出的菜单中选择"设置自选图形格式"命令，打开"设置自选图形格式"对话框进行设置，如图 8.53 所示。

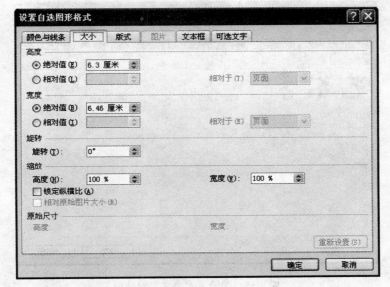

图 8.53　设置自选图形格式对话框

8.5.3 插入艺术字

(1) 将插入点定位在要插入位置。

(2) 单击"插入"→"文本"→"艺术字"命令下拉按钮,打开艺术字下拉菜单,可浏览到多种艺术字效果,如图 8.54 所示。

图 8.54　插入艺术字下拉窗格

(3) 选中其中一种艺术字效果后单击,弹出"编辑艺术字文字"对话框,在"文本"文本框中输入要设置的文字,可通过"字体"和"字号"下拉列表设置字体和字号大小,还可以设置字体为粗体或斜体,如图 8.55 所示。

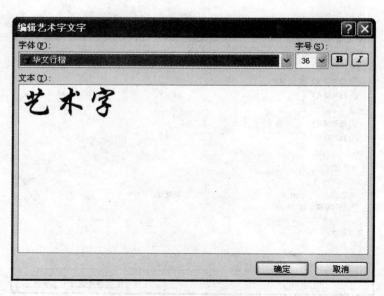

图 8.55　编辑艺术字文字对话框

(4) 点击"确定",艺术字即被插入到文档。

(5) 艺术字创建好后,双击艺术字即出现"艺术字工具"动态命令标签,可根据需要进行设置,如图 8.56 所示。

图 8.56 艺术字工具

8.5.4 文本框

(1) 单击"插入"→"文本"→"文本框"命令下拉按钮,打开文本框下拉菜单,可浏览多种文本框效果,如图 8.57 所示。

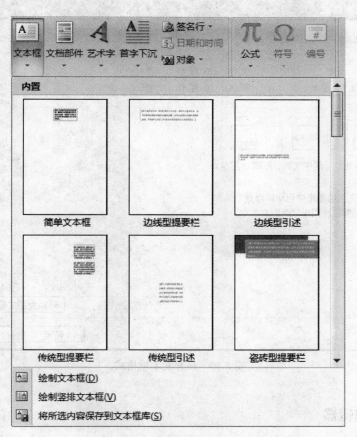

图 8.57 插入文本框下拉窗格

(2) 将光标移至文档中要插入文本框的位置,选择所需的文本框。

（3）在文本框中进行文字输入。

（4）文本框创建好后，会出现"文本框工具"动态命令标签，可根据需要进行设置，如图 8.58 所示。

图 8.58　文本框工具

（5）如果需要对文本框进行精确设置，还可以单击"格式"→"文本框样式"命令组右下角的"命令展开"按钮，打开"设置自选图形格式"对话框，选择其中的"文本框"选项卡进行设置，如图 8.59 所示。

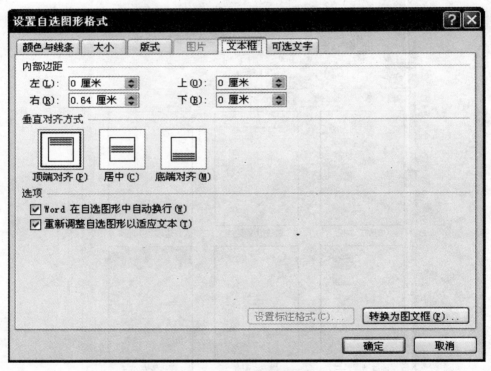

图 8.59　设置文本框格式

8.5.5　公式编辑器

（1）将插入点定位在公式所需插入的位置。

（2）单击"插入"→"符号"→"公式"命令下拉按钮，弹出如图 8.60 所示选项。

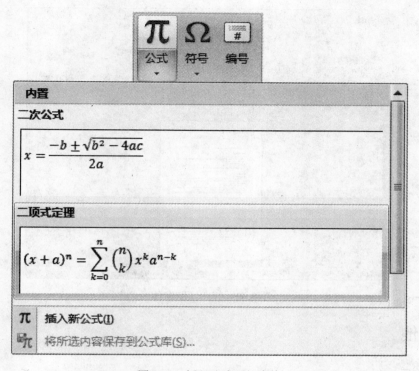

图 8.60　插入公式下拉窗格

（3）如果选项中没有所需的公式，则单击"插入新公式"选项，会出现"公式工具"动态命令标签，如图 8.61 所示。

图 8.61　公式工具

（4）根据需求直接进行公式编辑即可。

8.6　打印预览

在文档编辑排版完成后，往往需要先将文档打印出来。在正式打印之前一般应先预览一下效果，免得浪费纸张。操作如下：

（1）文档处于打开方式。

（2）单击"Office 按钮选择"→"打印"→"打印预览"，打开"打印预览"窗体，如图 8.62 所示。

（3）根据所希望的版面调整好以后就可以输出到打印机打印了。

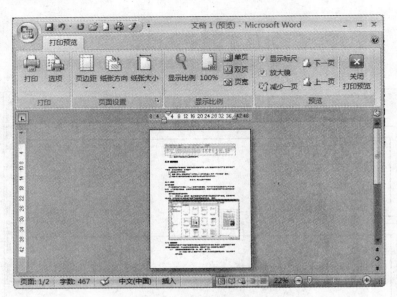

图 8.62 打印预览窗体

8.7 其他

8.7.1 模板

所谓模板就是一个框架。Word 提供了很多模板，用户利用它来处理文档可以节省很多操作，从而提高工作效率。当使用模板建立文档时，模板中的文本和式样将自动添加到新文档中。

使用模板建立文档的方法：

（1）新建 Word 文档时，在"新建文档"对话框左侧的"模板"列表中单击"已安装的模板"选项，即可在右侧列表框显示系统中已安装模板的列表，如图 8.63 所示。

图 8.63 新建文档对话框

(2)选择一个模板,在对话框右下角选中"文档",单击"创建"即可。

(3)如果右下角选中的是"模板",则将会在选择模板的基础上自定义一个新的模板。

8.7.2 超链接

超链接是将文档中的文字或图形与其他位置的相关的信息链接起来。当单击建立了超链接的文字或图形时,可以跳转到相关的信息。在文档中插入超链接的步骤如下:

(1)选定要建立超链接的内容,如文字、图片等。

(2)单击"插入"→"链接"→"超链接"命令,弹出如图8.64所示的对话框。

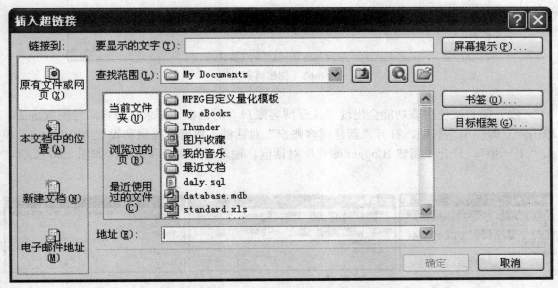

图8.64 插入超链接对话框

(3)需要链接已存在的其他文件,单击"链接到"选项中的"原有文件或网页"。

(4)在"查找范围"中选择文件存储的地址。

(5)在对话框中确定需要链接的文档。

(6)单击"确定"按钮。

也可以链接电子邮件地址、新建文档或本文档中的内容,其操作步骤和上述方法类似。

如果要删除所建的超链接,简单的方法就是:将光标指向要删除的超链接,单击右键,在弹出的快捷菜单中选择"取消超链接"即可。

8.7.3 博客的创建与编辑

1. 创建博客文档

(1)单击"Office 按钮"→"新建"命令,打开"新建文档"对话框,选中"新建博客文章"选项,单击"创建",如图8.65所示。

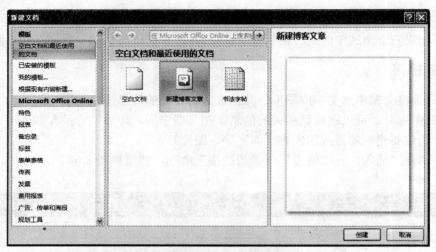

图 8.65　创建博客文档

（2）第一次使用该功能会出现"注册博客账户"对话框，要求把博客账号配置进去，单击"立即注册"按钮，打开"新建博客账户"对话框，将博客提供商设置为 Blogger，单击"下一步"，打开"新建 Blogger 账户"对话框，输入用户账号和密码，如图 8.66 所示。

图 8.66　在 Word 中配置博客账号

（3）账户信息输入正确，将进入博客编辑和发布页面，如图 8.67 所示。

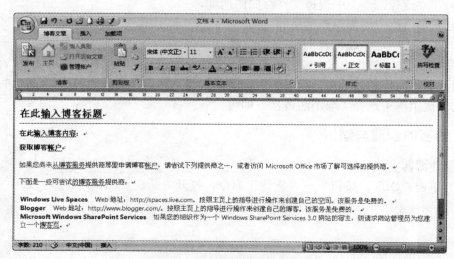

图 8.67　博客的编辑和发布页面

2. 编辑和发布博客内容

（1）在编辑页面输入博客的标题和内容，单击"博客文章"→"博客"→"发布"命令，发布成功后，将会提示发布成功的信息。

（2）单击"博客文章"→"博客"→"主页"命令，可直接访问该博客站点，在该博客站点可以看到该博客内容已经成功发布。

第9章 电子表格 Excel 应用

Microsoft Excel 是微软公司的 Microsoft Office 中的重要组件之一,是一个优秀的电子制表软件,主要用于电子表格方面的各种应用。用户可使用该软件制作各种形式的表格。

本章将介绍 Excel 的主要特点、窗口的组成以及对表格、数据清单、数据透视表等基本操作和应用。

9.1 Excel 概述

9.1.1 Excel 的功能

1. 工作表管理

Excel 具有强大的电子表格操作功能,用户可以在计算机提供的巨大表格上,随意设计、修改自己的报表,还可以使用图表来更形象地表现数据。

2. 数据库的管理和宏

Excel 作为一种电子表格工具,对数据库进行管理是其最有特色的功能之一。Excel 中的数据库是结构化数据的集合,数据库中的数据按照一定的逻辑层次存放。同时,Excel 还为用户提供了宏的功能。宏的功能十分强大,用户可使用宏来完成十分复杂的任务。许多工作对于用户或普通的制表软件来说是很困难的事情,但使用宏后,会变得十分简单。这样,用户对数据的管理和维护就变得方便且容易了,同时,数据的一致性也得到了保证。

3. 数据分析和图表管理

除了完成一般的计算工作之外,Excel 还以其强大的功能、丰富的格式设置选项、地图功能项为直观化的数据分析提供了强大的帮助,可以进行大量的分析与决策方面的工作,对用户的数据进行优化和资源的更好配置提供帮助。

Excel 可以根据工作表中的数据源迅速生成二维或三维的统计图表,并对图表中的文字、图案、色彩、位置、尺寸等进行编辑和修改。数据地图工具可以使数据信息和地图位置信息有机地结合起来,完善电子表格的应用功能。

4. 对象的链接和嵌入

利用 Windows 操作系统中对象的链接和嵌入技术,用户可以将其他软件制作的对象,插入到 Excel 工作表中,并对该对象进行修改、编辑。

5. 数据清单管理和数据汇总

可通过记录单添加数据,对清单中的数据进行查找和排序,并对查找到的数据自动进行分类汇总。

6. 数据透视表

数据透视表中的动态视图功能可以将动态汇总中的大量数据收集到一起,可以直接在工作表中更改"数据透视表"布局,交互式的"数据透视表"可以更好地发挥其强大的功能。

7. Excel 和 Web

Excel 使用增强的"Web 查询"功能可以创建并运行查询来检索全球广域网上的数据,可在 Interent 上共享工作簿,通过电子邮件发送或传送工作簿,还可以将工作表和图表中的数据转换为能在 WWW 上进行邮寄的 Web 数据页,能够将工作簿或工作表另存为网页并在 Internet 上发布。

9.1.2 Excel 基础知识

1. Excel 的启动

第一种办法:单击"开始"→"程序"→"Microsoft Excel"程序项。

第二种办法:双击 "桌面"上的"Excel"快捷图标。

第三种办法:双击一个 Excel 文件,可以直接启动 Excel 同时打开这个电子表格文件。

2. 工作簿与工作表的概念

要求理解"工作簿"和"工作表"的概念,一个工作簿包含若干工作表。

工作簿就是指在 Excel 中用来保存并处理工作数据的文件,它的扩展名为.xls。一个工作簿通常包含若干个工作表,最多达 255 个。Excel 启动后,在默认情况下,用户看到的是名称为"Book1"的工作簿。

工作簿中的每一张表称为工作表。工作表是 Excel 用来存储和处理数据的最主要的文档,其中包含排列成行和列的单元格。工作表有时也称为电子表格。新建的工作簿文件会同时新建 3 张空工作表,默认的名称依次为 Sheet1、Sheet2、Sheet3。每张工作表最多可达 65536 行和 256 个列,行号的编号自上而下从"1"到"65536",列号则由左到右采用字母"A","B",…,"Z","AA","AB",…,"AZ",…,"IA","IB",…,"IV"作为编号。

3. 单元格和区域

一个工作簿由多张工作表组成,一张工作表由单元格组成。单元格是工作表的基本元素,可以有文字、数字或者公式等。

单元格是组成 Excel 工作表的最小单位,如图 9.1 所示,图中每个小格就是单元格。单元格的长度、宽度以及单元格中字符串的大小和类型是可变的,Excel 本身对单元格中的内容没有任何限制。

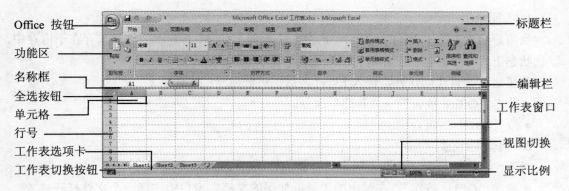

图 9.1 Excel 2007 工作界面

Excel 为每个单元格定义了标识,用来标识在工作表中的位置,即序号,包含单元格所在的列号和行号。默认情况下,Excel 列号用字母表示,行号用数字表示。例如,序号 D4 表示位于 D 列第 4 行的单元格。

区域是指工作表中的一个连续的矩形区间,用户可以选择区域,对整个区域进行编辑操作。

4. Excel 窗口的组成

(1)与 Word 相类似的窗口:标题栏、Office 按钮、功能区、工作区和状态栏。

(2)其他的窗口:

- 名称框:显示当前编辑的单元格的名称。
- 编辑栏:输入或显示当前单元格中被编辑的内容。
- 单元格:工作表中的每一个方格。
- 工作表窗口:显示当前工作表的内容,以表格形式出现。
- 工作表选项卡:显示当前工作表的名称,单击进行工作表的切换。

5. 鼠标指针及相关操作

- "空心十字"状:在工作表范围内,可选中单个、连续多个、不连续多个单元格、行、列的方法。
- "左箭头"状:鼠标移至活动单元格边框时,可用拖放的办法移动单元格内容。
- "双向箭头"状:鼠标移至行间或列间(分隔线处),可自动或手动调整行高和列宽。
- "带加号的左箭头"状:鼠标移至活动单元格边框并按下 Ctrl 键,可用拖放的办法对单元格内容进行复制操作。
- "小黑十字"状:鼠标移至活动单元格边框的右下角的小黑方块处,可用拖放的办法按等比或等差序列填充所拖过的单元格数据。
- "I"状:某一单元格内,表示处于数据输入状态。

9.2 使用工作簿和工作表

9.2.1 创建和打开工作簿

1. 创建工作簿

当用户启动 Excel 时,Excel 自动产生一个新的工作簿,新建的工作簿只存在于内存中,默认状态下,一个新建的工作簿有三张工作表:Sheet1、Sheet2、Sheet3。

除了启动时自动创建外,进入 Excel 之后也可创建新的工作簿。

- 单击"Office 按钮"→"新建"命令。
- 按"Ctrl+N"组合键。

2. 编辑工作簿

对于已经编辑过的工作簿,用户可打开进行查看或编辑。方法有:

- 单击"Office 按钮",在弹出的"最近使用的文档"窗口中选择一个文件打开。
- 单击"Office 按钮"→"打开"命令,在出现的对话框中选取所要打开的工作簿。

- 按 Ctrl+O 组合键。
- 在 Windows 资源管理器中找到并打开所要的 Excel 文件。

3. 同时打开多个工作簿

Excel 允许用户同时打开多个工作簿，在"打开"对话框中使用光标选择文件的同时，按下 Shift 键，可以选定相邻的多个文件，按下 Ctrl 键，可以选定多个文件。用户可以在多个工作簿之间自由地切换。

9.2.2 输入数据

在 Excel 的工作表中，用户可输入两种基本的数据类型，即常量和公式。常量指的是不以等号（＝）开头的单元格数值，包括文本、数字以及日期和时间（一种具有特殊意义地数字）。常量是不可改变的，即一旦输入一个常量后，除非用户特意去改变，否则它会一直保留着。Excel 中的公式基于用户所输入的数值进行计算，如果改变公式计算时所涉及的单元格中的值，就会改变公式的计算结果。

1. 输入数字

数字值可以是日期、时间、货币、百分比、分数、科学计数等形式，由数字字符 0～9、＋、-、(、)、/、$、%、E、e、￥等数值型数据组成，包括整数、分数和小数，对于正数，Excel 会自动忽略"＋"号。除此之外所有数字和非数字的组合均被视为文字符号。数值型数据在单元格中自动右对齐。

2. 输入文本

在工作表中输入文本的过程与输入数字很相似：先选择单元格，然后再输入文本。在 Excel 中，文本可以是数字、空格和非数字字符的组合。例如：下列数据项在 Excel 中均是合法的文本：22AA150、128ABT、14-556 和 65 584。字符型数据在单元格中自动左对齐。

3. 输入时间和日期

日期和时间也是数字，输入日期时使用斜杠"/"或连字符"-"作为分隔符；输入时间时使用冒号":"作为分隔符。

或者可以利用函数来输入时间和日期。

时间使用函数"TIME"来输入，"TIME"函数的一般格式为：＝TIME（时、分、秒）。

日期的输入使用函数"DATE"，"DATE"函数的一般格式为：＝DATE（年，月，日）。

24 小时显示方式是 Excel 的缺省时间显示方式，如果使用 12 小时时钟显示时间，则需要键入 am 或 pm。

4. 逻辑值

在单元格中可以输入逻辑值 True 和 False。逻辑值经常用于书写条件公式，一些公式也返回逻辑值。

5. 出错值

在使用公式时，单元格可能给出出错的截获。例如，在公式中让一个数除以 0，单元格中就会显示#DIV/0。出错值。

6. 自动输入序列数据

当向工作表中输入一个序列数据（如"1，2，3，…"）时，可以利用 Excel 的自动输入数据功能。自动输入的方法：

- 在相邻的两个单元格中输入数据序列的前两个数据。

● 选择这两个单元格。
● 将鼠标移动到"自动填充"柄，此时鼠标变成十字形。
● 按鼠标左键柄拖动到所需要的单元格，释放鼠标，完成自动输入。此时，其他空白单元格自动填充为数据序列的其余部分。

举个例子：在 A2 到 F2 的单元格中分别填充 11 到 16。先在 A2、B2 中分别输入数字 11、12；然后选择 A2、F2 区域，拖动"自动填充"柄到 F2，如图 9.2 所示。释放鼠标左键，从 C2 至 F2 单元格分别自动填充为 13，14，15，16，如图 9.3 所示。

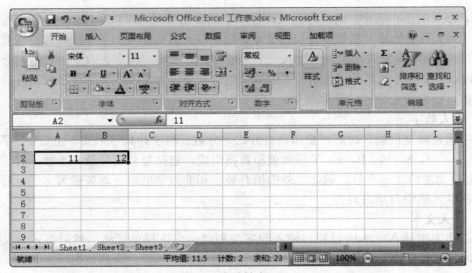

图 9.2 自动填充（1）

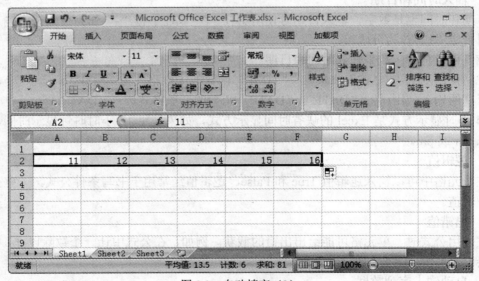

图 9.3 自动填充（2）

在填充时还可以精确地指定填充的序列类型，步骤如下：
● 选定序列的初始值，然后按住鼠标右键拖动填充柄，在松开鼠标按键后，弹出如图

9.4 所示的快捷菜单。
- 在快捷菜单上选择所需要的填充序列类型，完成自动填充数据的操作。

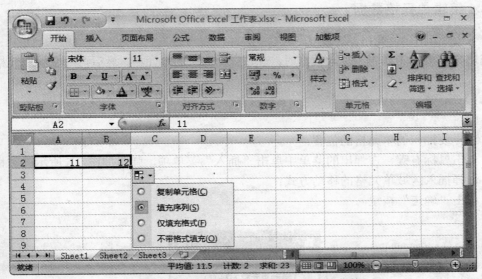

图 9.4　用鼠标右键拖动填充柄时的快捷菜单

7. 快速输入相同数据

（1）在多个单元格中同时输入相同数据，方法有：
- 使用组合键：首先选中所有要输入相同数据的单元格，在唯一激活的单元格中输入数据后，按住 **Ctrl** 键后按 **Enter** 键。
- 使用数据填充柄：使用光标拖动激活单元格边框右下角的数据填充柄，可以完成快速填充数据。
- 单击"功能区"→"开始"→"编辑"→"填充"命令，弹出的下级菜单如图 9.5 所示。

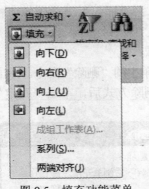

图 9.5　填充功能菜单

（2）在多个工作表同时输入数据
- 同时选中多个工作表形成"工作组"模式，再选中输入数据的单元格后，输入数据。
- 利用菜单命令同时填充多个工作表，单击"开始"→"编辑"→"填充"命令，弹出下拉菜单，单击"成组工作表"菜单项，出现"填充成组工作表"对话框。
- 注意："成组工作表"菜单项只有在"工作组"模式下才能使用。

9.2.3 编辑单元格数据

1. 插入和删除单元格

当用户需要在工作表中插入数据时，首先应插入空的单元格，然后再对空的单元格进行输入。

（1）插入空的单元格

步骤：
- 选择要插入的单元格的位置；
- 单击鼠标右键，在弹出的菜单中单击"插入"菜单项，弹出如图 9.6 所示的对话框；
- 选择插入区域单元格的移动方式；
- 单击"确定"按钮。

图 9.6　插入空的单元格

（2）插入整行或整列单元格
- 选中要在其前面或者左面插入整行或整列的行标或列标，选中的行标数、列标数就是用户要插入的行数或列数。
- 在如图 9.6 所示的选项中单击"插入"菜单中的"整行"或"整列"选项即可。

2. 删除单元格或区域

- 选定要删除的单元格或区域；
- 单击鼠标右键，单击弹出菜单中的"删除"命令，弹出"删除"对话框，如图 9.7 所示；
- 在"删除"对话框中选择删除方式后，单击"确定"按钮，完成删除操作。

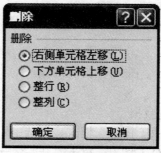

图 9.7　删除单元格

3. 移动和复制单元格数据

- 选定要移动或复制的单元格或单个区域；
- 点击"开始"→"剪贴板"→"剪切"命令进行单元格数据移动；
- 点击"开始"→"剪贴板"→"复制"命令进行单元格数据复制；
- 选定要移动或复制到的单元格，确定移动后的位置；
- 点击"开始"→"剪贴板"→"粘贴"按钮，完成移动或复制。

也可以选定需要移动或复制的单元格后，使用鼠标指向选定区域的选定框，此时鼠标形状为"向左箭头"，如果要移动选定的单元格，则用鼠标将选定区域拖到粘贴区域，然后松开鼠标；如果要复制单元格，则需要按住 Ctrl 键，再拖动鼠标进行随后的操作；如果要在已有的单元格中插入单元格，则需按住 Shift 键，复制需要按住 Shift+Ctrl 键，再进行拖动。

4. 选择性粘贴

除了复制整个单元格区域外，Excel 还可以通过"选择性粘贴"命令实现对所选单元格中的特定内容进行移动或复制，步骤如下：

- 选定需要移动或复制的单元格；
- 点击"开始"→"剪贴板"命令组的"剪切"或"复制"命令；
- 选定需要粘贴区域的单元格；
- 点击"开始"→"剪贴板"→"粘贴"下拉按钮，在弹出的菜单中单击"选择性粘贴"菜单项，出现"选择性粘贴"对话框，如图 9.8 所示；
- 在对话框的选项区中单击所需选项，再点击"确定"按钮。

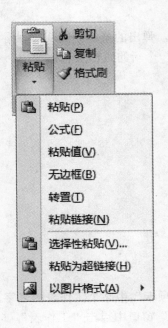
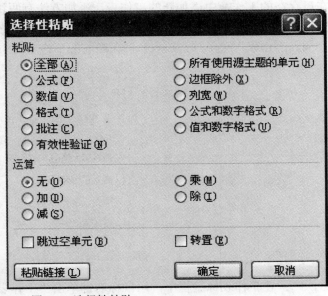

图 9.8　选择性粘贴

9.2.4　工作表的管理

新建一个工作簿时，系统会同时新建 3 个空工作表，其名称默认为 Sheet1，Sheet2 和 Sheet3。工作表名字的标签列在工作簿底部，Sheet1 是当前活动的工作表，如图 9.9 所示。

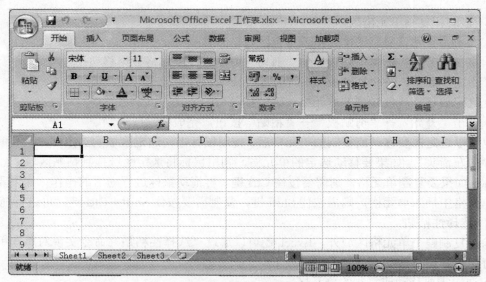

图 9.9 Excel 工作表

1. 插入和删除工作表

在一个工作簿内，可以有任意多个工作表，默认为 3 个。通过单击"Office 按钮"→"Excel 选项"按钮，在弹出的"Excel 选项"对话框中修改"包含的工作表数"微调框中的值即可。

在已存在的工作簿中添加新的工作表，添加方法有两种：

方法一：单击"开始"→"单元格"→"插入"下拉按钮，弹出的菜单如图 9.10 所示，单击"插入工作表"菜单项，Excel 将在当前的工作表前添加一个新的工作表。

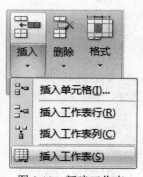

图 9.10 新建工作表

方法二：在工作表标签栏中，用鼠标右键单击"工作表选项卡"中某个工作表的名字，出现一个弹出式菜单，选择"插入"菜单项，在弹出的"插入"窗口中点击"工作表"，即可在当前工作表前插入一个新的工作表。

如果用户不想要工作簿中的某个工作表，则可删除该工作表，方法有两种：

方法一：选定要删除的工作表，单击"开始"→"单元格"→"删除"下拉按钮，在弹出的菜单中单击"删除工作表"菜单项即可。

方法二：在工作表标签栏中，用鼠标右键单击工作表名字，出现一个弹出式菜单，再选择"删除"菜单项,即可将当前工作表永久性删除。

2. 命名工作表

工作表的默认名为 Sheet1,Sheet2 和 Sheet3,它们并不代表工作表所包含的数据的意义。用户可对工作表进行命名操作,使自己的工作表名能反映表内所包含的数据的实际意义,这对于工作表的分类、记忆和识别都有好处。

方法一:选定要重命名的工作表,例如"Sheet3",单击"开始"→"单元格"→"格式"命令,在弹出的下拉菜单中选择"重命名工作表"菜单项,如图 9.11 所示。此时,工作表中的"Sheet3"标签会处于编辑状态,用户可直接在该处输入新的名称。

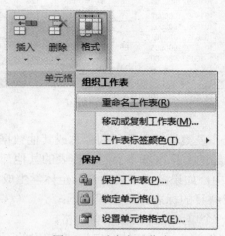

图 9.11 重命名工作表

3. 移动和复制工作表

Excel 还允许用户根据自己的需要重新安排工作簿中工作表的排列顺序。

要移动工作表,可首先通过"工作表选项卡"中单击要移动的工作表并沿着工作表标签进行拖动,到合适的位置后释放鼠标左键,即可将该工作表移动到该位置。通过移动工作表可改变工作表的原有顺序。

复制工作表的方法与移动工作表相似,不同之处在于:拖动工作表时需要按下 **Ctrl** 键。所复制的工作表由 Excel 自动命名,其规则是在源工作表的名称后加一个带括号的编号,例如 Sheet1(2)。

4. 工作表窗口的拆分和冻结

工作表窗口的拆分:当工作表很大时,屏幕较小限制视野而只能看到工作表部分数据,如果希望比较对照工作表中相距较远的数据,则可将工作表窗口按照水平或垂直方向分割成几个部分,如图 9.12 所示。首先选中某一单元格如 D4,单击"视图"→"窗口"→"拆分"命令,系统将自动把窗口拆分,先前选定的单元格所在的列及右侧的所有列在垂直拆分线的右侧;其余的列在垂直拆分线的左侧。同样,先前选定的单元格所在的行及下面的所有行在水平拆分线的下边,其余的行在水平拆分线的上边。

要撤销已建立的窗口拆分,再次单击"视图"→"窗口"→"拆分"命令即可。

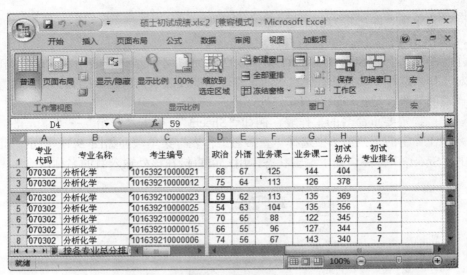

图 9.12 窗口拆分

窗口的冻结:为了在工作表滚动时保持行列标志或其他数据可见,可以"冻结"窗口顶部和左侧区域,窗口中被冻结的数据区域不会随工作表的其他部分一同移动,并始终保持可见。如图 9.13 所示的界面中,如果希望在滚动查看全体学生成绩的同时,总能够看到第一行的"学号"、"姓名"以及科目的标志,其步骤如下:

(1)在第二行上选中一个单元格作为活动单元格。

(2)单击"视图"→"窗口"→"冻结窗口",在弹出的下拉菜单中单击"冻结拆分窗格"菜单项,就在所选定的单元格的左侧和上边分别出现一条黑色的垂直冻结线和水平冻结线,将所选定的单元格左侧的列和上边的行全部冻结。

上述动作以后通过垂直滚动条滚动屏幕查看数据,第一行的列提示标志始终冻结在屏幕上,通过水平滚动条滚动屏幕查看数据时,冻结线左侧的列提示标志始终冻结在屏幕上。如果需要撤销窗口冻结,单击"冻结窗口"弹出菜单中的"取消窗口冻结"即可。

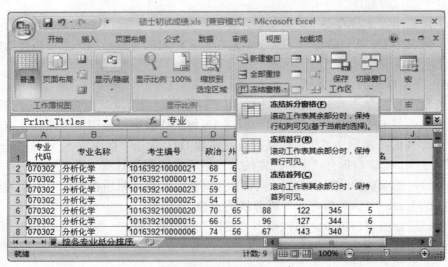

图 9.13 窗口水平冻结

9.2.5 工作表的格式化

通过对工作表进行格式化，可使其中所包含的数据更容易访问和理解。格式化工作表还可以将表格和其他数据相结合，形成最后的综合文章和报表。

1. 设置单元格格式

设置单元格格式之前，应先选择要设置格式的单元格、范围、一个或多个工作表。在完成对单元格格式的设置后单击"确定"按钮，所选中的单元格将自动套用新设置的单元格格式。

（1）设置单元格字体

在 Excel 中字体的格式包括字体、字号、字形、颜色和特殊效果等设置。

设置字体格式操作步骤如下：

● 选中要进行格式设置的文本；

● 单击"开始"→"字体"命令组的展开按钮，弹出"设置单元格格式"对话框；

● 在对话框中选取"字体"选项卡，如图 9.14 所示，进行设置"字体"、"字形"、"字号"、"下划线"、"颜色"、"特殊效果"等。

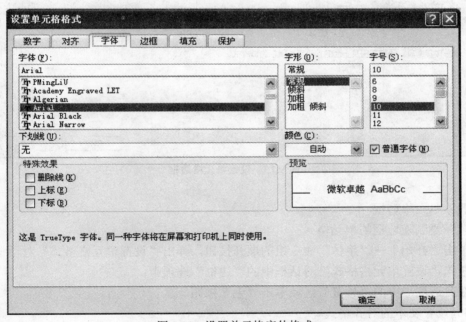

图 9.14 设置单元格字体格式

可以设置默认的工作字体，步骤如下：

● 单击"Office 按钮"；

● 在弹出的菜单中单击"Excel 选项"，在"常规"选项卡，设置在新建工作簿时使用的"字体"和"字号"即可；

● 修改默认的工作字体后必须重新启动 Excel 才有效。

（2）设置单元格边框

在工作表中为单元格添加边框可突出显示工作表数据。

①设置单元格边框
- 选定单元格中的数据；
- 单击"开始"→"字体"命令组的展开按钮，弹出"设置单元格格式"对话框；
- 在对话框中选择"边框"选项卡，如图9.15所示。

在"边框"选项卡中可以选择边框的预置形式，线条的样式、颜色，边框的形式等。

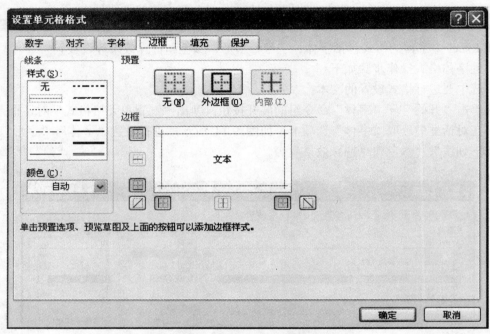

图9.15 设置单元格边框

②删除单元格边框
- 选择要删除边框的单元格
- 单击"开始"→"字体"命令组的展开按钮，弹出"设置单元格格式"对话框；
- 进入"设置单元格格式"对话框中的"边框"选项卡；
- 在此选项卡中的"预置"区域单击"无"按钮。

（3）设置文本的对齐格式

文本默认的对齐方式是：单元格中文本的对齐方式是左对齐，数字的对齐方式是右对齐。用户可以自行设置单元格对齐方式。

- 设置文本对齐方式；
- 选定要对齐的单元格；
- 单击"开始"→"字体"命令组的展开按钮，弹出"设置单元格格式"对话框；
- 在"对齐"选项卡中，可以根据需要设置文本对齐方式：水平对齐、垂直对齐、缩进、文本控制、文本方向等，如图9.16所示。

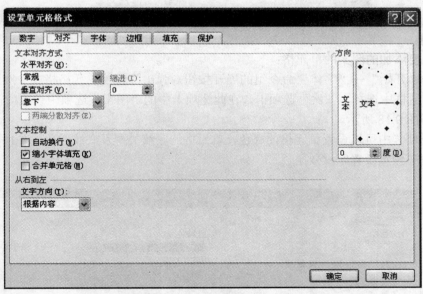

图 9.16 设置单元格对齐格式

(4) 设置数字类型
- 选择要进行设置的单元格;
- 单击"开始"→"字体"命令组的展开按钮,弹出"设置单元格格式"对话框;
- 在对话框中选择"数字"选项卡,在此选项卡中设置所需要的单元格格式,如图 9.17 所示。

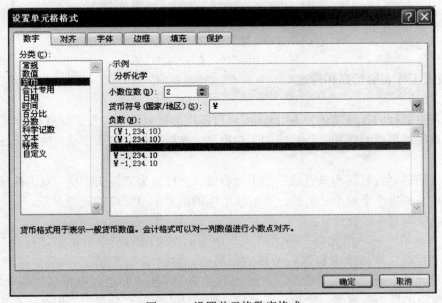

图 9.17 设置单元格数字格式

(5) 设置单元格底纹

为单元格增加图案可以大大增加工作表的视觉效果,对于工作表的明细数据可起到很好的强调作用。
- 选择要添加的图案的单元格;
- 单击"开始"→"字体"命令组的展开按钮,弹出"设置单元格格式"对话框;
- 在对话框中选择"图案"选项卡,在此选项卡中的"图案"选项中设置所需要的单元格格式,如图 9.18 所示。

在此选项卡中可以设置单元格的底色,单元格的底纹类型及底纹颜色,并且可以在"示例"预览框中预览设置底纹效果。

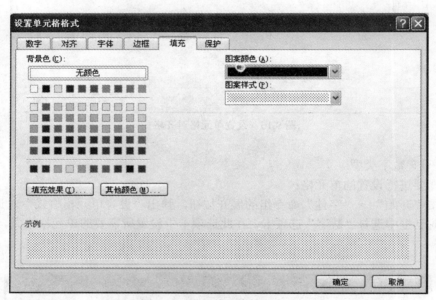

图 9.18　设置单元格填充底纹

2. 设置工作表的行高和行宽

（1）行高

工作表中每行的行高默认为 14.25,用户可以根据需要进行设置。步骤如下:
- 将鼠标移到行号区所选行数字的上边框处,光标变为双箭头形状,按住鼠标左键,拖动鼠标。
- 将鼠标移到行号区所选行数字的下边框处,光标变为双箭头形状,双击鼠标左键,将自动把行高调整为一个最小必要值,该值使所选的内容中单元格能充分显示。

也可以使用菜单进行设置:

单击"开始"→"单元格"→"格式"命令,在弹出的菜单中单击"行高"菜单项。在弹出的"行高"对话框中输入所希望的行高值,然后单击"确定"按钮。或者单击"开始"→"单元格"→"格式"命令,在弹出的菜单中单击"自动调整行高"菜单项,Excel 将自动调整所选行的高度为一个最小必要值,使所选内容能充分显示。但在工作表保护时,此命令失效。

（2）列宽

列的宽度取决于打印时列的间距,每列宽度的默认值为 8.38。用户可以根据需要设置列的宽度。步骤如下：
- 将鼠标移动到要调整宽度列的标题右侧的边线上；
- 当鼠标的形状变为左右双箭头时，按住鼠标左键；
- 在水平方向上拖动鼠标调整列宽；
- 当列宽调整到满意的时候，释放鼠标左键。

3. 使用自动套用格式

用户可以使用 Excel 的"自动套用格式"功能，为自己的工作表套用已有的格式。
- 用鼠标选择一个区域；
- 单击"开始"→"样式"→"套用表格格式"命令，打开"自动套用格式"对话框如图 9.19 所示，用户可以在对话框中的图形列表框中直接选择各种格式。

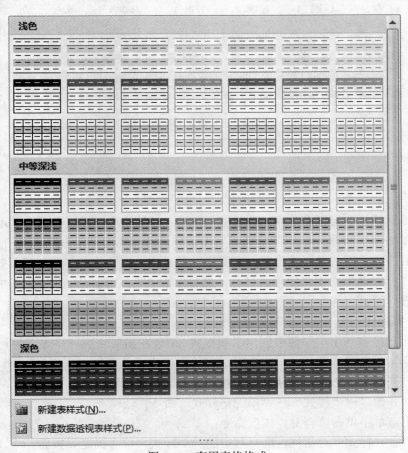

图 9.19　套用表格格式

4. 使用样式

样式是一系列已经预置的格式化指令。使用一种样式，就是使用了样式中定义的所有格式，它可以省去大量的重复操作。

（1）建立、删除和修改样式

可以通过单元格直接建立样式，最快的建立新样式方法是：

- 在工作表中设置好单元格格式,并选中该单元格;
- 单击"开始"→"样式"→"单元格样式"命令,在弹出的菜单中单击"新建单元格样式"菜单项,对话框自动显示选中单元格的样式,如图9.20所示。

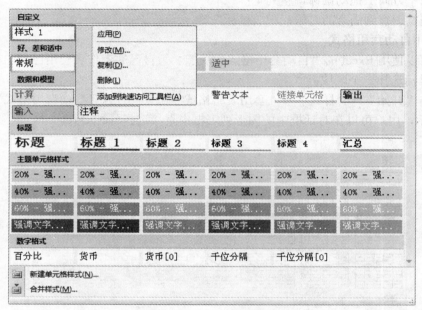

图9.20 使用单元格样式

同样在该对话框中可以删除和修改样式。单击"开始"→"样式"→"单元格样式"命令,弹出菜单如图9.20所示,删除样式时右击该样式,在弹出菜单中单击"删除"菜单项;修改样式时右击要修改的单元格样式,在弹出的菜单中单击"修改"菜单项,打开"样式"对话框,在"样式名"文本框中输入名称,然后单击"格式"按钮,在打开的对话框中对其样式进行修改即可。

(2) 合并样式

如果用户已经在一个工作簿中创建了新样式,而现在需要将这种样式应用到另一个工作簿中,此时不用重新建立新样式,而是可以直接将样式合并到第二个工作簿中。

- 同时打开两个工作簿,并使目标工作簿成为当前工作簿;
- 单击"开始"→"样式"→"单元格样式"命令;
- 在弹出菜单中单击"合并样式"命令;
- 弹出"合并样式"对话框,选择其中的一个样式,按"确定"按钮。

5. 设置工作表背景

使用工作表背景可以改善一个工作表表现效果,或者可以突出显示某些信息。

- 选择工作表背景图案;
- 单击"页面布局"→"页面设置"→"背景"命令,弹出"工作表背景"对话框,如图9.21所示;
- 在弹出的"工作表背景"对话框选择一幅图片作为工作表背景;
- 单击"插入"按钮,完成设置工作表背景操作。

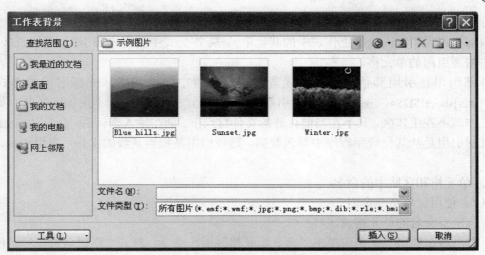

图 9.21　设置工作表背景

6. 删除工作表背景

如果已经设置了工作表背景,"背景"命令将变为"删除背景"命令,此时
- 单击"页面布局"→"页面设置"→"删除背景"命令;
- 工作表的背景图案消失,完成删除工作表背景操作。

9.3　公式和函数

公式和函数是 Excel 的重要组成部分,提供了非常强大的计算功能,是用户分析和处理数据必不可少的工具。通过公式和函数,用户不仅可以在工作表中进行数学计算而且还可以进行逻辑运算和比较运算。

9.3.1　单元格和区域的引用

在创建公式时,用户希望当相关内容变化时,公式的结果也能相应改变。因此用户需要通知公式去什么地方查找数据或文本,这在 Excel 中称为引用。对单元格可以通过地址来引用它们。

引用又被分为相对引用、绝对引用和混合引用,以及内部引用、外部引用和远程引用。

1. 相对引用、绝对引用和混合引用

在公式中输入 D4,称为相对引用。当复制包含这一引用的公式到其他区域时,行号和列号都会发生变化,新公式将不再对 D4 进行引用。相对引用对于单元格的位置而言,相当于记录从公式单元到被引用单元的相对位置保持行、列差值不变,即距离不变。也可以说公式移动的行数就是该引用变化的行数;公式移动的列数就是该引用变化的列数。"复制"功能的默认状态是"相对的"。

但有时用户希望在复制公式时,差单元格的位置不变,例如,总是取 D4 的内容,这时就要使用绝对引用,在列号和行号前加"$",即$D$4。同时,又出现了混合引用,即对行或列中的一个采用绝对引用,而另一个采用相对引用,例如,D$4,$D4。

相对引用和绝对引用的区别是前面是否有"$"。

2. 内部、外部和远程引用

内部引用为引用同一个工作表中的其他单元格。在公式中使用内部引用，可以直接键入，或单击需要引用的单元格。

外部引用是引用其他工作表，或者其他工作簿中的单元格。外部引用的形式为：[Book1.xls]sheet!D4。在方括号内为引用工作簿在当前工作区，则不用加路径名；如果引用的工作簿不在工作区，又不在当前打开的文件目录下，则在输入确认后，会自动向上搜索。

远程引用是从其他应用程序中导入数据。远程引用是相当高级的操作，应用不多，此处略去。

3. 单元格和区域中的命名

（1）使用菜单命令命名

● 选定要命名的单元格或区域；

● 右击后在弹出的菜单中单击"命名单元格区域"命令，打开"新建名称"对话框，如图9.22所示。

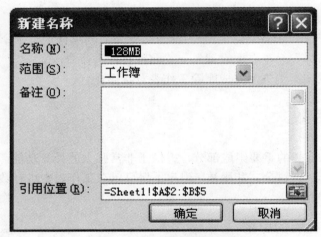

图 9.22　单元格和区域命名

● 单击"引用位置"文本框右端的按钮，此时标题栏中的"新建名称"变为"新建名称－引用位置"，且对话框变小，如图9.23所示。可以在文本框中输入或在Excel工作表中重新选择需要命名的单元格或区域，选定区域的引用直接显示在文本框上，然后再单击"引用位置"文本框右端的按钮，回到"新建名称"对话框。

图 9.23　设置引用位置

（2）使用功能区命令命名

● 在工作表中选定要命名的单元格或区域；

● 单击"公式"→"定义的名称"→"定义名称"命令；

- 在弹出的"新建名称"对话框中键入名称；
- 按 Enter 键完成命名操作。

（3）自动命名
- 选择包括文本单元格和相邻单元格的区域；
- 单击"公式"→"定义的名称"→"根据所选内容创建"命令，或者按 Ctrl+Shift+F3 组合键。
- 弹出"以选定区域创建名称"对话框，如图 9.24 所示，选择文本单元格在选定范围内的位置，单击"确定"按钮。

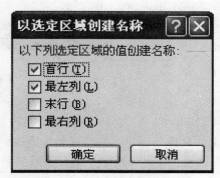

图 9.24　选定区域创建名称

（4）建立命名表

当创建了多个命名后，为了便于跟踪和记录，用户可以建立一个命名表。
- 将活动单元格的指针移到工作表的空白区域。
- 单击"公式"→"定义的名称"→"用于公式"→"粘贴名称"命令。
- 弹出"粘贴名称"对话框，如图 9.25 所示，选择要输出的名称，单击"确定"按钮，则可完成对该名称的应用。若要显示全部名称，可在"粘贴名称"对话框中单击"粘贴列表"按钮，则在工作表中列出全部的命名信息。在一般情况下，用户可以为粘贴列表创建一张工作表，以便查阅时使用，如图 9.26 所示。

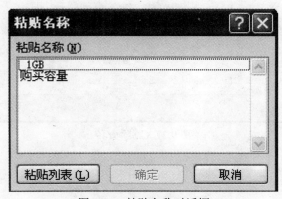

图 9.25　粘贴名称对话框

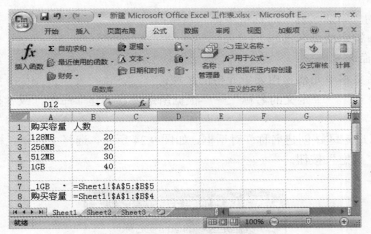

图 9.26　粘贴命名列表

（5）删除名称

当不需要一个名称时，可以删除它。

- 单击"公式"→"定义的名称"→"名称管理器"命令。
- 弹出"名称管理器"对话框，在列表框中单击要删除的名称，则该名称显示在"引用位置"文本框中。
- 单击"删除"按钮，完成删除，如图 9.27 所示。

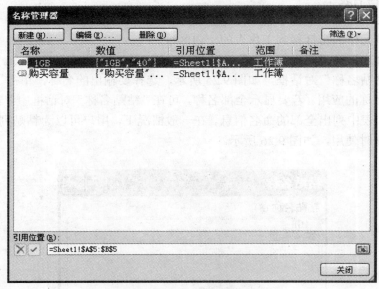

图 9.27　删除命名

9.3.2　公式的编辑

公式是一个等式，是包括下列要素的数学算式：数值、引用、名称、运算符和函数。在 Excel 中公式必须以等号"="开头。

1. 运算符

（1）运算符分类

运算符可分为以下几种类型：

- 算术运算符：可完成基本的数字运算，如＋、-、*、%、^（乘幂）等。
- 比较运算符：用于比较两个数值并产生一个逻辑值 TRUE 或 FALSE，包括=、>、<、>=、<=等。
- 文本运算符：文本运算符"&"将两个文本值连接起来产生一个连续的文本值。
- 引用运算符：可以将单元区域合并计算，如冒号、逗号、空格。

（2）公式的运算顺序

对于同级运算，按照从等号开始从左到右的顺序依次计算；对于不是同级运算公式，则按照运算符的优先级从高到低进行计算。表 9.1 列出了常用的运算符的优先级。

表 9.1 运算符的优先级

	运算符号	说明	
高优先级	:	区域运算符	引用运算符
	,	联合运算符	
	（空格）	义叉运算符	
	()	括号	
	-（负号）	负	
	%	百分比	
	^	乘幂	
	*和/	乘和除	
	＋和-	加和减	
	&	文本运算符	
	=, <, >, >=, <=, <>	比较运算符	

2. 公式的输入

公式的输入必须以"＝"开始。为单元格设置公式，应在单元格中或编辑栏中输入"＝"，然后直接输入所设置的公式，对公式中包含的单元格或单元格区域的引用可以直接用鼠标拖动进行选定或单击要引用的单元格或输入引用单元格的标志或名称，如"＝（C1+D3+E2）"表示将 C1、D3、E2 三个单元格中的数值求和并除以 3，把结果放入当前单元格中。在公式选项板中输入和编辑公式十分方便，公式选项板特别有助于输入公式表函数。

输入公式的操作步骤如下：

- 选中公式计算结果要存放的单元格。
- 在"编辑栏"中输入"＝"。
  - 输入公式。
- 按 Enter 键或者"编辑栏"旁的"输入"按钮 完成公式的输入。如果要撤销公式的输入，单击输入公式的"取消"按钮。

3. 公式的计算

公式的计算是指对公式求解的全过程，并在包含公式的单元格中以数值或其他要求的方式显示计算结果。

（1）自动计算

Excel 提供了自动计算功能。利用自动计算功能可以自动计算选定单元格的综合或其他预先设置的计算，并把结果显示在自动计算栏内，如图 9.28 所示。

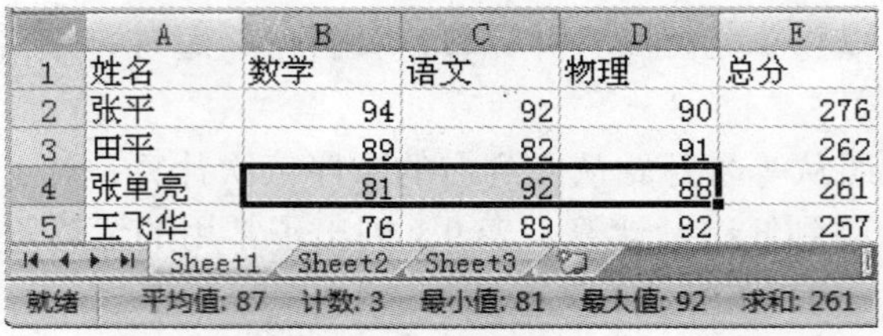

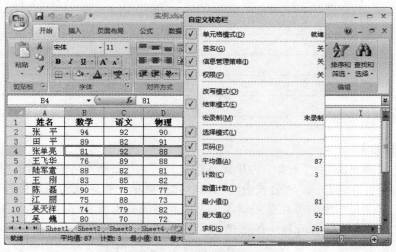

图 9.28 公式的自动计算

自动计算的函数可以改变，步骤如下：
- 移动鼠标，使鼠标指针移动到自动计算栏内。
- 单击鼠标右键，出现自动计算函数设置菜单，如图 9.29 所示。
- 单击所要选择的函数，自动计算函数设置完成。

自动计算函数设置后，系统将按新设置的函数进行自动计算。

图 9.29 修改自动计算函数设置

（2）自动重算

如果公式中引用的单元格数据发生了变化，Excel 会自动重新计算公式，并刷新引用该数据的单元格和图表。当单元格数据被少量引用时，重新计算是很方便的。步骤如下：
- 单击"Office 按钮"→"Excel 选项"，选择"公式"选项，如图 9.30 所示。
- 在"计算选项"框架中选择"自动重算"单选按钮。
- 单击"确定"按钮。

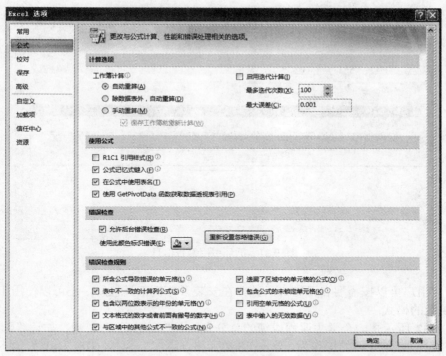

图 9.30　设置自动重算功能

4. 循环引用

当利用公式计算时，引用了当前单元格，即引用了本身单元格的数据，称为循环引用。

当循环引用进行时，每算一步，单元格的值改变一次，下一步又要用到它，这样会无穷循环下去。因此，一般情况下，循环引用是禁止的。因为 Excel 不能通过普通的计算来求解循环引用的公式，所以，当工作表中的公式产生循环引用时，Excel 将警告用户产生了循环引用，如图 9.31 所示。如果用户有意进行循环引用，则可在弹出的提示框中单击"确定"按钮。

9.3.3　函数的使用

函数是 Excel 系统中事先设置好的公式。函数的使用，给用户对数据进行运算和分析带来了极大的方便。常用的函数类型有：
- 财务函数
- 时间与日期函数
- 数学与三角函数
- 统计函数
- 查询与引用函数
- 数据库函数
- 文本函数
- 逻辑函数
- 信息函数

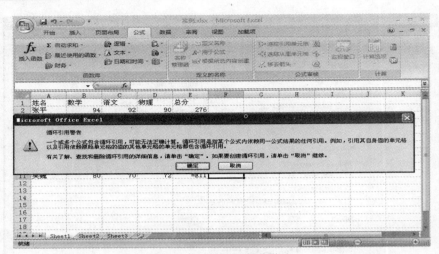

图 9.31 循环引用警告信息

此外，用户可以按需要自己定义函数。在安装了分析工具包后，还可以使用工程函数。

1. 函数的格式

如图 9.32 所示是一个学生课程成绩的总分表，并把总分放在 E 列，如计算陈磊的成绩总分并放置在 E8 单元格的操作为：单击 E8 单元格，输入"=SUM(B8：D8)"，然后按 Enter 键，计算结果出现在 E8 单元格中。

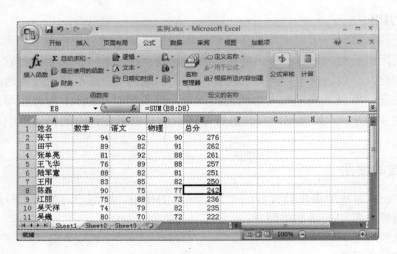

图 9.32 函数计算

从此例中可以看出，函数由以下几部分组成：
- 函数名；
- 等号；
- 括号；
- 参数；
- 参数间的分隔符。

2. 插入函数

除了直接在单元格中输入函数，Excel 还可以使用插入函数，可以方便地使用 Excel 提供的上百个函数。

仍然采用上面的例子：

- 选定 E8 单元格后，单击"公式"→"函数库"→"插入函数"命令，会弹出"插入函数"对话框，如图 9.33 所示；

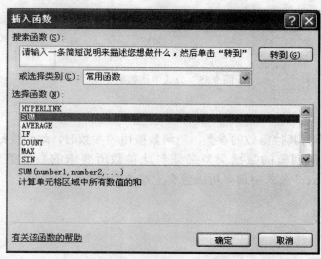

图 9.33 插入函数对话框

- 单击"选择函数"列表框中的"SUM"选项；
- 单击"确定"按钮，显示如图 9.34 所示的函数参数对话框；

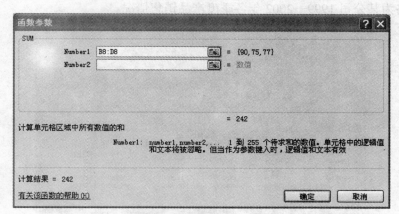

图 9.34 函数参数对话框

- 根据 Excel 自动赋予的 Number1 的求值范围，也可以自行定义求值范围然后用鼠标单击对话框中的"确定"按钮即可。

3. 在公式中使用函数

可以将函数加到公式中应用。举一个例子，如图 9.35，建立一个求一元二次方程解的公式。设此一元二次方程为 $ax^2+bx+c=0$，则可以求出该方程的两个解。具体方法如下：

- 在 A1 到 G1 单元格中分别输入 a，b，c，b*b，a*c，x_1，x_2；
- 在 A2 到 C2 单元格中分别输入 1，3，−4；
- 在 D2 单元格中输入=B2*B2，按 Enter 键；在 E2 单元格中输入=A2*C2，按 Enter 键；
- 在 F2 单元格中输入=(-B2+SQRT(D2-4*E2))/(2*A2)，按 Enter 键；
- 同理在 G2 单元格输入=(-B2-SQRT(D2-4*E2))/(2*A2)，按 Enter 键。

G2　=(-B2-SQRT(D2-4*E2))/(2*A2)

	A	B	C	D	E	F	G
1	a	b	c	b*b	a*c	x_1	x_2
2	1	3	-4	9	-4	1	-4

图 9.35　公式中函数的使用

4. 嵌套函数

一个函数可以作为其他函数的参数。当函数被用为参数时，此函数称为嵌套函数。作为参数使用的函数的返回值的数据类型必须与此参数所要求的数值类型相同，否则显示#VALUE!错误值。Excel 公式中最多可以包含七级嵌套函数。

9.4　数据图表

9.4.1　创建图表

Excel 的图表有内嵌式图表和工作表图表两种。内嵌式图表是置于工作表中的图表对象，保存工作簿是该图表随工作表一起保存；工作表图表是工作簿中只包含图表的工作表。

图表是依据工作表中的数据绘制出来的。所以在建立图表之前，先按图 9.36 格式输入数据。该表格为某公司 1999—2002 年各季度产品销售情况。

	A	B	C	D	E	F
1	1999-2002年度产品销售统计表					
2	年度	第一季度（元）	第二季度（元）	第三季度（元）	第四季度（元）	总计（元）
3	1999年	130000	78000	64000	62000	274000
4	2000年	65000	76000	72000	75000	291000
5	2001年	98000	97000	120000	96000	411000
6	2002年	145000	123000	110000	139000	517000
7	总计（元）	378000	374000	366000	375000	1493000

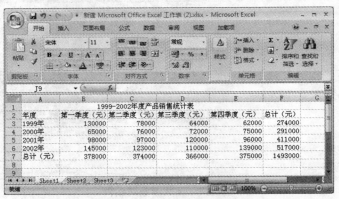

图 9.36　产品销售统计表

输入数据后，按下面步骤绘制内嵌表：

- 选取所需要绘图的数据区域，在本例中选定 A2: E6。
- 单击“功能区”→“插入”→“图表”→“柱形图”，如图 9.37 所示。

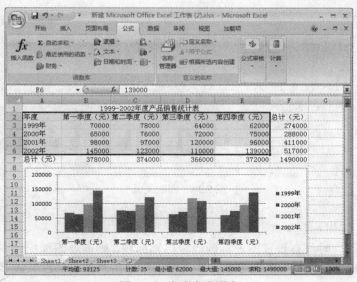

图 9.37 生成内嵌图表

用户可以根据自己的需要，选择最佳的图表类型，以便清晰地反映数据间的关系，从而对数据进行有效的分析。

9.4.2 图表的结构

图表通常是由下列部分组成：

- 图表标题：一般一个图表应该有一个文本标题，它可以自动与坐标轴对齐或在图表顶端居中。
- 绘图区：在二维图表中，以坐标轴为界并包含全部数据系列的区域；在三维图表中，绘图区以坐标轴为界并包含数据系列、分类名称、刻度线和坐标轴标题。
- 图表区：整个图表及包含的元素。
- 数据分类：图表上的一组相关数据点，取自工作表的一行或一列。
- 数据标记：图表中的条形面积圆点扇形或其他类似符号，来自于工作表单元格的单一数据点或数值。
- 坐标轴：为图表提供计量和比较的参考线，一般包括 X 轴、Y 轴。
- 刻度线：坐标轴上的短度量线，用于区分图表上的数据分类数值或数据系列。
- 网络线：图表中从坐标轴刻度线延伸开来并贯穿整个绘图区的可选线条系列。
- 图例：是图例项和图例项标示的方框，用于标示图表中的数据系列。
- 图例项标示：图例中用于标示图表上相应数据系列的图案和颜色的方框。
- 背景墙及基底：三维图表中包含在三维图形周围的区域，用于显示维度和边角尺寸。
- 数据表：在图表下面的网格中显示每个数据系列的值。

9.4.3 图表的编辑与格式化

1. 编辑图表对象

对图表的编辑，实际上就是对图表上各个组成元素进行的操作。

（1）图表工具

单击选中图表对象后，使图表对象处于编辑状态，便会显示"图表工具"。图表工具如图 9.38 所示。

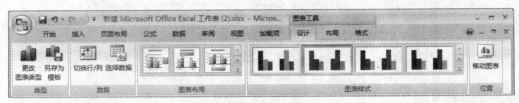

图 9.38　图表工具

（2）添加、编辑标题

如果在建立图表时没有设置图表标题或坐标轴标题，则需要添加标题。选定待编辑的图表后，选择"布局"→"标签"命令组，在命令组中单击"图表标题"或"坐标轴标题"命令，如果要更改、删除标题，重复前面的过程。

（3）格式设置

选定要编辑的对象，然后选择"格式"命令组，再选择相应的格式功能进行设置，如图 9.39 所示。

在此对话框中选择不同的标签，进行以下设置：
- 设置图表形状或线条的外框样式；
- 设置图案，包括边框及数据区域的填充；
- 设置图表的外观效果；
- 设置图表字体、艺术字；
- 设置图表的大小及位置；
- 设置图表的排列位置。

图 9.39　图表格式设置

2. 编辑图表数据

（1）修改数据

图表与原始数据之间是相互链接的，因而改变原始数据则图表中会随之作相应的变动，反之亦然。

在图表中更改数据，方法如下：
- 在情况表中修改 1999 年第一季度销售值，从 70000 元到 130000 元，那么图表也会出现相应的变化，选中数据项（如柱形图中每个矩形条），系统将显示数据项的数值，如图 9.40 所示。

第9章　电子表格 Excel 应用

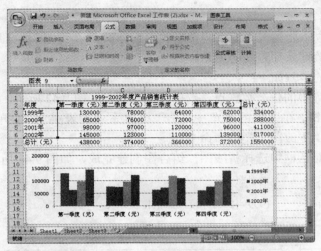

图 9.40　修改图表数据

（2）添加数据

可以使用以下方法添加数据：
- 利用复制、粘贴添加数据；
- 利用拖动添加数据；
- 利用功能区命令添加数据；
- 利用右键弹出菜单项添加数据。

（3）删除数据

选中图表中要删除的数据序列，单击 Delete 键即可。

9.4.4　数据图表的应用

1. 使用三维图表

三维图表在很多方面比二维图表具有更强的描述能力，如更容易明显标示数据的系列次序。如图 9.41 所示是上例中数据的一个三维柱形图示例。

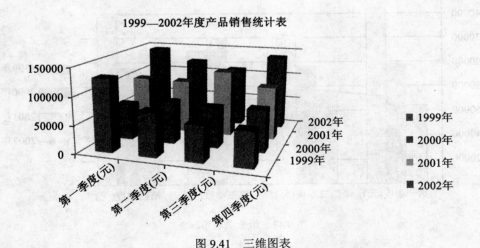

图 9.41　三维图表

2. 创建组合图表

组合图表是在同一张图表中用不同类型的图表分别表示不同的数据系列的方法。使用组合图表可以更强调数据系列之间的关系。

创建组合图表的步骤如下：
- 单击数据系列中的任一数据点，选中数据系列，如图 9.42 所示；
- 单击鼠标右键，在弹出的菜单中选择"更改系列图表类型"菜单项，或者单击"设计"→"类型"→"更改图表类型"命令；
- 在图表类型对话框中选择折线图，组合图创建完成，如图 9.43 所示。

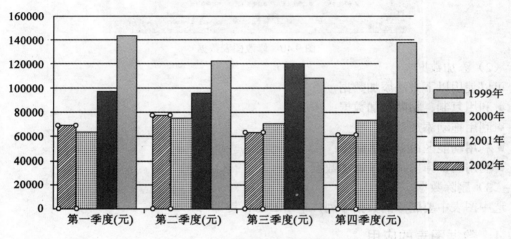

图 9.42　组合图表步骤 1

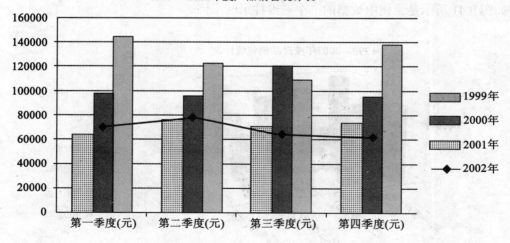

图 9.43　组合图表步骤 2

9.5 Excel 数据库

9.5.1 数据清单

Excel 中，数据清单是一些特殊的、包含有关数据的工作表数据行。事实上，用户可以将数据清单当做数据库，即 Excel 数据库。在执行对数据的查询、排序或汇总等操作时，Excel 会自动将数据清单作为数据库来使用。数据清单与电子报表的区别在于前者的第一行含有列标题，后者是包含数据清单在内的数据库，而且还有标题。

1. 数据清单结构
- 数据清单中的列是数据库中的字段；
- 数据清单中的列标志是数据库中的字段名称；
- 数据清单中的每一行对应数据库中的一个记录。

2. 建立数据清单

以如图 9.44 所示的表为例，表中的"姓名"、"数学"、"语文"、"物理"、"总分"等就可以作为数据清单中的列标题，使用鼠标选定如图 9.44 所示的单元格区域，一份数据清单就建立好了。

	A	B	C	D	E
1	姓名	数学	语文	物理	总分
2	张 平	94	92	90	276
3	田 平	89	82	91	262
4	张单亮	81	92	88	261
5	王飞华	76	89	88	253
6	陆军意	88	82	81	251
7	王 刚	83	85	82	250
8	陈 磊	90	75	77	242
9	江 丽	75	88	73	236
10	吴天祥	74	79	82	235
11	吴 魏	80	70	72	222

图 9.44 建立数据清单

建立数据清单，在其中输入数据的原则为：

（1）将类型相同的数据项置于同一列中。
（2）使数据清单独立于其他数据。
（3）将关键数据置于清单的顶部或底部。
（4）修改数据清单之前，应确保隐藏的行或列也被显示。
（5）注意数据清单格式，列表可以使用与数据清单中数据不同的字体、对齐方式、格式、图案、边框或大小写类型等。
（6）使用单元格边框突出显示数据清单。
（7）避免在数据清单中随便放置空行和空列，将有利于中文 Excel 检测和选定数据清单，因为单元格开头和末尾的多余空格会影响排序与搜索。

3. 使用记录单输入数据

如果数据清单中数据较多，直接在工作表添加会很繁琐，利用记录单添加数据会大大提高工作效率。其操作步骤如下：

- 单击需要添加数据的清单中的任一单元格；
- 按 Alt+D+O 快捷键，弹出如图 9.45 所示的记录单对话框；

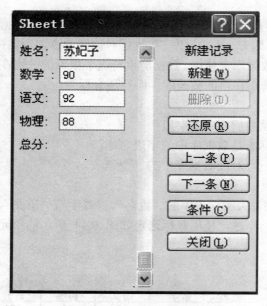

图 9.45　记录单对话框

- 单击"新建"按钮，在各文本框中键入要添加到数据清单中的数据；
- 单击"关闭"按钮，完成数据的添加，如图 9.46 所示。

	A	B	C	D	E
1	姓名	数学	语文	物理	总分
2	张　平	94	92	90	276
3	田　平	89	82	91	262
4	张单亮	81	92	88	261
5	王飞华	76	89	88	253
6	陆军意	88	82	81	251
7	王　刚	83	85	82	250
8	陈　磊	90	75	77	242
9	江　丽	75	88	73	236
10	吴天祥	74	79	82	235
11	吴　巍	80	70	72	222
12	苏妃子	90	92	88	270

图 9.46　用记录单完成数据添加

如果要继续添加数据，在输入完一行数据后按 Enter 键，然后重复上述步骤。

如果需要修改和删除记录，只需要在"记录单"窗口的相应文本框中键入新的数据或删除原有记录。

4. 数据导入

在 Excel 中，获取数据的方式有很多种，除了前面所讲的直接输入方式和记录单输入方式外，还可以通过导入方式获取外部数据。Excel 可以访问的外部数据库包括 Access、Foxbase、FoxPro、Oracle、Paradox、SQL Server 和文本数据库等。无论是导入的外部数据库，还是在 Excel 中建立的数据库，都是按行和列组织起来的信息的集合，每行仍然是一个记录，每列作为一个字段。可以利用 Excel 数据库工具对这些数据库的记录进行查询、排序、汇总等工作。

获取外部数据的步骤如下：

单击"Office 按钮"→"打开"命令，弹出"打开"对话框。在"文件类型"下拉列表框中选择"文本文件"，找到并双击要打开的文本文件。单击"打开"按钮，Excel 将自动打开"文本导入向导"，根据导入向导，选择与预览数据最接近的数据格式，以便 Excel 准确地转换导入数据。

9.5.2 数据的管理和分析

1. 筛选数据

对数据进行筛选是在数据库中查询满足特定条件的记录，它是一种用于查找数据清单中的数据的快速方法。

（1）自动筛选

以给定值在数据库中筛选，如选出数学成绩为 90 分的记录，具体操作方法如下：
- 单击数据区域中的任意一个单元格；
- 单击"数据"→"排序和筛选"→"筛选"命令；
- 单击数据库中的数学成绩右侧的下拉箭头并在其中选择等于 90，如图 9.47 所示。

图 9.47　自动筛选数据

（2）自定义自动筛选

要设置特殊条件进行数据筛选，可以使用自定义自动筛选。
如要选择各门功课在 80 分以上的记录，操作步骤如下：
- 单击数据区域中的任意一个单元格；
- 单击"数据"→"排序和筛选"→"筛选"命令；
- 单击数学右边的下拉箭头，并在弹出的列表框中选择"数字筛选"选项；
- 选择"大于或等于"选项，弹出"自定义筛选方式"对话框，如图 9.48 所示。
- 在第一行右边的文本框中输入 80；
- 单击"确定"按钮；
- 重复上述步骤，分别完成对其他科目的条件设置，如图 9.49 所示。

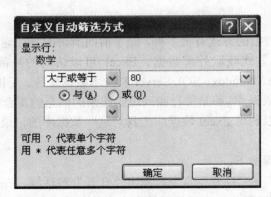

图 9.48 自定义自动筛选

	A	B	C	D	E
1	姓名	数学	语文	物理	总分
2	张 平	94	92	90	276
3	田 平	89	82	91	262
4	张单亮	81	92	88	261
6	陆军意	88	82	81	251
7	王 刚	83	85	82	250
12					

图 9.49 完成自动筛选

（3）使用高级筛选

使用自动筛选，可以在数据库表格中筛选出符合特定条件的值，但有时所设的条件较多，使用自动筛选就不方便了，因此有必要使用高级筛选功能来设置更复杂的筛选条件。

使用高级筛选，首先要建立条件区域。因此，用户至少要在数据库上方留出 3 个空行作为条件区域。在条件区域的第一行，输入包含待筛选数据的列的列标志，然后在列标志下面的一行中对应的列标志下输入所要进行筛选的条件，此时就可以使用高级筛选功能查询数据库了。

查询数据库中各科成绩在 80 分以上的学生记录。

操作步骤：

● 在数据库中建立条件区域，并输入列标志，如图 9.50 所示；

A	B	C	D	E
	数学	语文	物理	
	>=80	>=80	>80	
姓名	数学	语文	物理	总分
张 平	94	92	90	276
田 平	89	82	91	262
张单亮	81	92	88	261
王飞华	76	89	88	253
陆军意	88	82	81	251
王 刚	83	85	82	250
陈 磊	90	75	77	242
江 丽	75	88	73	236
吴天祥	74	79	82	235
吴 魏	80	70	72	222

图 9.50 建立条件区域

● 单击"数据"→"排序和筛选"→"高级"命令，屏幕会出现如图 9.51 所示的对话框。将"列表区域"和"条件区域"分别选定，再点击"确定"按钮，就会在原数据区域显示出符合条件的记录，如图 9.52 所示，"列表区域"和"条件区域"分别标识为黑色。

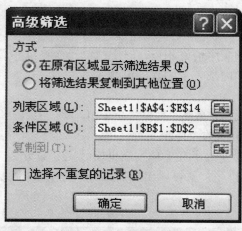

图 9.51　高级筛选对话框

	A	B	C	D	E
1		数学	语文	物理	
2		>=80	>=80	>80	
3					
4	姓名	数学	语文	物理	总分
5	张　平	94	92	90	276
6	田　平	89	82	91	262
7	张单亮	81	92	88	261
9	陆军意	88	82	81	251
10	王　刚	83	85	82	250

图 9.52　高级筛选结果

条件区域最好放在筛选区域的上方或者是下方，并至少留一个空行与之相隔。条件区域至少由 2 行组成，第 1 行是标题行，第 2 行和其他行是输入的筛选条件。条件区域的标题必须与筛选区域的标题保持一致。条件区域不必包括列表中的每个标题，不需要筛选的列可以不在条件区域内。

如果要保留原始的数据列表，需要将符合条件的记录复制到其他位置，在如图 9.51 所示的对话框中的"方式"选项中选择"将筛选结果复制到其他位置"，并在"复制到"框中输入欲复制的位置。

如果要撤销高级筛选的结果，单击"数据"→"排序和筛选"→"清除"命令。

2. 数据排序

在中文 Excel 中也可以根据现有的数据资料对数据值进行排序。按递增方式排序的数据类型及其数据的顺序为：

（1）数字，顺序是从小数到大数，从负数到正数。

(2）文字和包含数字的文字，其顺序是
0 1 2 3 4 5 6 7 8 9（空格）."#$%&'()*+,-./:;<=>?@[ ]^_ ' → ~ A B C D E F G H I J K L M N O P Q R S T U V W X Y Z。

（3）逻辑值，False 在 True 之前。

（4）错误值，所有的错误值的顺序都是相同的。

（5）空白（不是空格）单元格总是排在最后。

递减排序的顺序与递增顺序恰好相反，但空白单元格将排在最后。日期、时间和汉字也当做文字处理，是根据它们内部表示的基础值排序。

排序的步骤如下：

● 单击数据区任一单元格，激活"数据"命令组，单击"数据"→"排序和筛选"→"排序"命令，出现如图 9.53 所示的"排序"对话框。

● 在对话框中的"主要关键字"下拉列表框中选定"总分"，系统默认排序方向为"升序"，在本例中按"降序"排序，就可以出现如图 9.54 所示的根据"总分"降序排列的数据表。

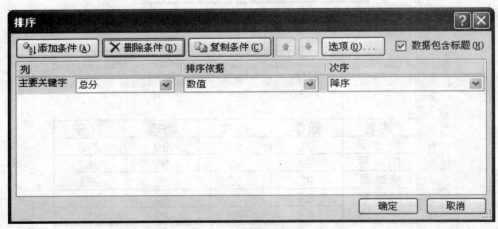

图 9.53　自定义排序

	A	B	C	D	E
1	姓名	数学	语文	物理	总分
2	张　平	94	92	90	276
3	田　平	89	82	91	262
4	张单亮	81	92	88	261
5	王飞华	76	89	88	253
6	陆军意	88	82	81	251
7	王　刚	83	85	82	250
8	陈　磊	90	75	77	242
9	江　丽	75	88	73	236
10	吴天祥	74	79	82	235
11	吴　巍	80	70	72	222
12					

图 9.54　自定义排序结果

3. 分类汇总

Excel 具备很强的分类汇总功能，分类汇总就是将数据分类进行统计。通过对 Excel 提供的汇总函数的使用，可以实现对分类汇总值的计算。

如图 9.55 所示，是一张学生期中和期末成绩汇总表，下面以该图为例说明分类汇总的操作步骤。

图 9.55 学生期中期末成绩汇总表

（1）首先将该表按照每个人的期中和期末成绩进行重新排序：选定数据区域，单击"数据"→"排序和筛选"→"排序"命令，在弹出的"排序"对话框中的"主要关键字"下拉列表框中选"姓名"，并选定"降序"单选按钮，单击"确定"按钮，排序后如图 9.56 所示。

图 9.56 成绩表重新排序

（2）根据以上的排序表进行每个人期中期末考试成绩的平均值汇总：选定数据区域 A3、F14，单击"数据"→"分级显示"→"分类汇总"命令，弹出如图 9.57 所示的消息框，单击"确定"按钮，弹出如图 9.58 所示的"分类汇总"对话框，根据汇总需要选项，单击"确定"按钮，汇总结果如图 9.59 所示。

图 9.57　分类汇总消息框

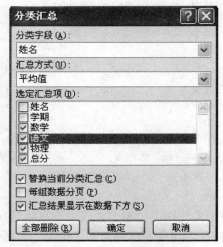

图 9.58　分类汇总对话框

1 2 3		A	B	C	D	E	F
	1			成绩单			
	2	姓名	学期	数学	语文	物理	总分
	3	张平	期中	94	92	90	276
	4	张平	期末	90	75	77	242
	5	**张平 平均值**		92	83.5	83.5	259
	6	张单亮	期中	81	92	88	261
	7	张单亮	期末	74	79	82	235
	8	**张单亮 平均值**		77.5	85.5	85	248
	9	王刚	期中	83	85	82	250
	10	王刚	期末	82	75	79	236
	11	**王刚 平均值**		82.5	80	80.5	243
	12	王飞华	期中	76	89	92	257
	13	王飞华	期末	80	70	72	222
	14	**王飞华 平均值**		78	79.5	82	239.5
	15	田平	期中	89	82	91	262
	16	田平	期末	75	88	73	236
	17	**田平 平均值**		82	85	82	249
	18	陆军意	期中	88	82	81	251
	19	陆军意	期末	72	69	68	209
	20	**陆军意 平均值**		80	75.5	74.5	230
	21	**总计平均值**		82	81.5	81.25	244.75
	22						

图 9.59　分类汇总成绩表

在分类汇总的数据清单中,选定一些数据后仍可进行分类汇总。要清除分类汇总的结果,单击"分类汇总"对话框中的"全部删除"按钮即可。

4. 数据透视表及数据透视图

数据透视表是一种可以对大量数据快速汇总和建立交叉列表的交互式表格,它能够对行和列进行转换以查看源数据的不同汇总结果,并显示不同页面以筛选数据,还可以根据需要显示区域中的明细数据。

(1)数据透视表的组成

数据透视表由下列部分组成:

- 页字段:是数据透视表中按页显示的源数据清单或表单中的字段。
- 页字段项:页字段所含的字段项,决定了数据按页筛选项。
- 行字段:在数据透视表中指定为换行方向进行显示该字段的字段项。
- 列字段:在数据透视表中指定为按列方向显示该字段的字段项。
- 数据区域:用来显示汇总结果的区域。

(2)建立数据透视表

- 单击"插入"→"表"→"数据透视表"→"数据透视表"命令,弹出"创建数据透视表"对话框,如图9.60所示。

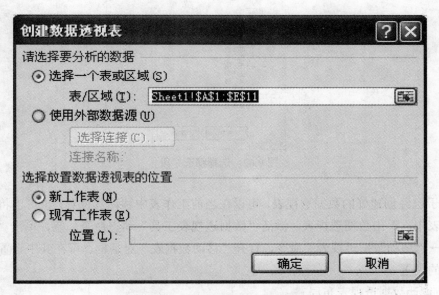

图9.60 创建数据透视表对话框

- 选中"新工作表"单选按钮,然后单击"确定"按钮,在新工作表中插入数据透视表,在"数据透视表字段列表"任务窗格中,将列表中的字段分别拖至所需的区域,以完成数据透视表的布局设计,如图9.61所示。
- 如果要统计某个学生的成绩,可展开"行标签"右侧的筛选字段,选中后单击"确定"按钮即可,如图9.62所示。

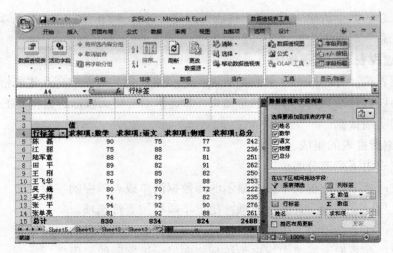

图 9.61 设计数据透视表布局

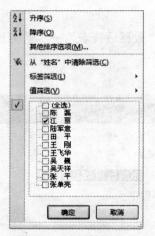

图 9.62 选择筛选字段

● 对于已经创建好的数据透视表，可以在当前工作表中移动其位置，也可以将其移动到其他工作表中，单击数据透视表，激活"数据透视表工具"动态命令标签，单击"选项"→"操作"→"移动数据透视表"命令，打开"移动数据表"对话框，可在其中设置要放置数据透视表的位置。

（3）设计数据透视表布局

选择"设计"→"布局"命令组，可以设计数据透视表的布局，如图 9.63 所示。

图 9.63 数据透视表布局设置工具

- 分类汇总：如果要在已分类汇总的行上方显示分类汇总，单击"在组的顶部显示所有分类汇总"菜单项；如果要在已分类汇总的行下方显示分类汇总，单击"在组的底部显示所有分类汇总"菜单项；如果希望隐藏分类汇总行，单击"不显示分类汇总"菜单项。
- 总计：可选择总计的方式，可以在列、行同时启用、禁用总计，也可以仅对行或列进行总计。
- 报表布局：如果希望使有关数据在屏幕上水平折叠并帮助最小化滚动，单击"以压缩形式显示"菜单项；如果希望以经典数据透视表样式显示数据大纲，单击"以大纲形式显示"菜单项；如果希望以传统的表格格式查看所有数据并且方便地将单元格复制到其他工作表，单击"以表格形式显示"菜单项。
- 空行：在项目插入或删除空行。

（4）设置数据透视表格式

步骤如下：
- 单击数据透视表的任一单元格；
- 右击单元格，在右键菜单中选择"数据透视表选项"；
- 弹出"数据透视表选项"对话框，如图 9.64 所示，根据要求设置数据透视表格式，单击"确定"按钮完成设置格式；

（5）数据透视图

数据透视图和数据透视表相关联，不仅具有 Excel 图表功能，而且具有数据透视表具有的几乎所有的数据汇总功能。这里不再详细介绍。

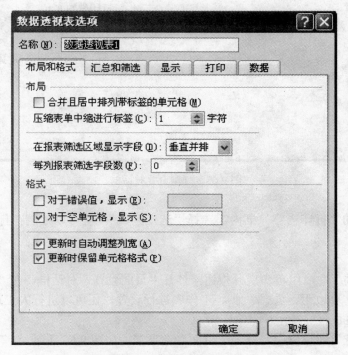

图 9.64　数据透视表格式

9.6 页面设置和打印

打印工作表的工作一般包括页面设置、打印预览、打印选项的设置和进行打印等操作。

1. 设置页面区域

在打印前，首先要对打印的区域进行设置，否则，系统默认将整个工作表作为打印区域。设置页面区域使用户可以只将工作表的某一部分打印出来。设置页面区域的方法有两种：

方法一：

选定打印区域所在的工作表，用鼠标先选定需要打印的区域，然后单击"页面布局"→"页面设置"→"打印区域"命令，在弹出菜单中选取"设置打印区域"菜单项。

方法二：

首先选定工作表，选择需要打印的区域，单击"Office 按钮"→"打印"命令，弹出如图 9.65 所示的打印设置对话框。

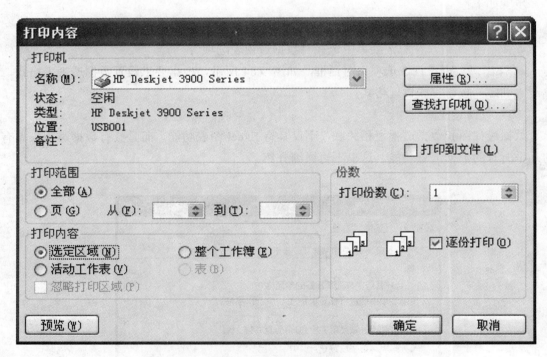

图 9.65 打印设置对话框

在该对话框的"打印内容"框内，选择"选定区域"，就可以控制在打印时只打印指定的区域。

2. 页面设置

在"页面布局"命令组单击展开按钮，打开"页面设置"对话框。在"页面设置"对话框中可以对页面、页边距、页眉/页脚、工作表进行设置，还可以进行人工加分页符等设置。

（1）设置页面

在"页面设置"对话框中，打开"页面"选项卡，如图 9.66 所示。

第9章 电子表格Excel应用

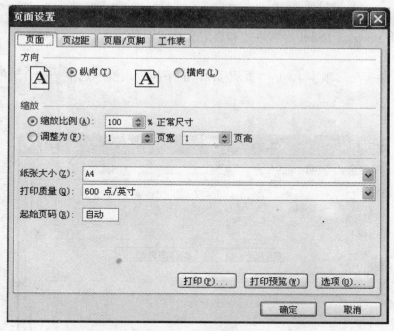

图 9.66 页面格式设置

(2) 页边距设置

在"页边距"选项卡中有上、下、左、右数字增减框,可以分别调整文档到上、下、左、右页边的距离,如图 9.67 所示。

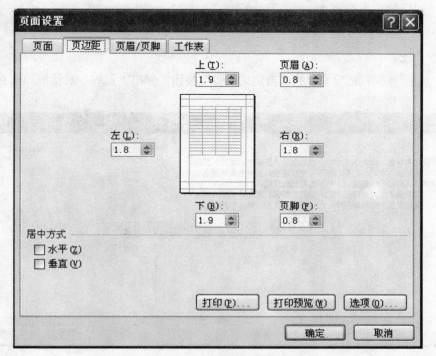

图 9.67 页边距设置

(3) 页眉/页脚设置

页眉/页脚格式包括 Excel 内部格式和自定义格式两种。

● 内部格式

在"页眉/页脚"选项卡上的"页眉/页脚"的下拉列表框中选中一种合适的格式即可，如图 9.68 所示。

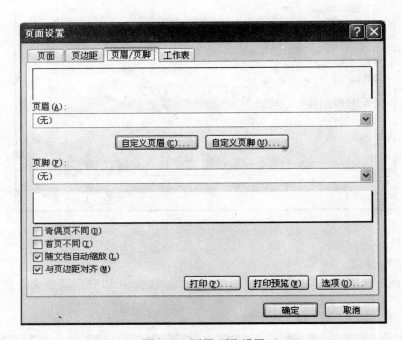

图 9.68　页眉/页脚设置

● 自定义格式

单击"页眉/页脚"选项卡中的"自定义页脚"按钮，弹出"页脚"对话框如图 9.69 所示。

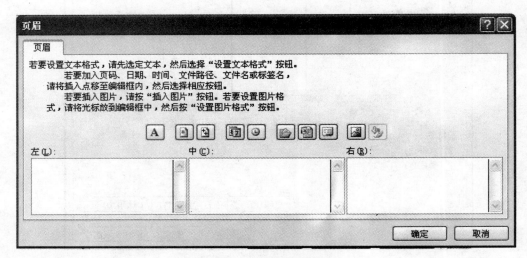

图 9.69　自定义页眉/页脚

(4) 工作表设置

在"工作表"选项卡中,可以设置工作表的打印区域、打印标题、打印内容以及打印顺序,如图 9.70 所示。

图 9.70　工作表设置

3. 分页

当 Excel 工作表很大时,对于超过一页信息的工作表,系统可以自动设置分页符,在分页符处将文件分页。如果用户需要对工作表中的某些内容进行强制分页,需要在工作表打印之前先对工作表进行分页。

对工作表进行人工分页,需要在工作表中插入分页符,分页符包括垂直人工分页符和水平人工分页符。

(1) 水平分页操作步骤

● 单击作为新页起始行的行号;

● 单击"页面布局"→"页面设置"→"分隔符"→"插入分页符",如图 9.71 所示,在新页起始行的上端将出现一条分页线。

(2) 垂直分页操作步骤

单击作为新页起始列的列标,其余同上。在新页起始行的左端将出现一条分页线。

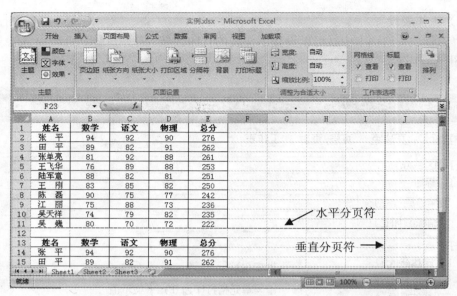

图 9.71　工作表分页

4. 打印预览

在打印工作表之前,用户可以使用打印预览来查看工作表的效果,这样既可以查看工作表是否满足要求,也可以直接在打印预览状态下修改页面设置,达到所要的目的,同时避免了重复打印的麻烦,如图 9.72 所示。

可以通过"Office 按钮"→"打印"→"打印预览"菜单项,它包括"打印"、"显示比例"、"预览"命令组。

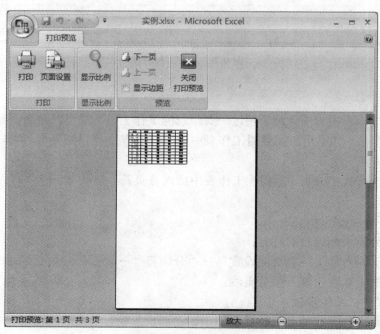

图 9.72　打印预览

5. 打印的设置

设置打印选项，单击"Office 按钮"→"打印"→"打印"命令，弹出"打印"对话框。如图 9.67 所示。

- 在"名称"下拉列表框中选择打印机；
- "属性"按钮改变所选打印机的属性；
- "打印到文件"复选框，使文档输出到文件而不是打印机；
- "全部"决定是否打印整张工作表；
- "页"可以打印工作表的部分页；
- 通过"选定区域"、"整个工作簿"、"活动工作表"单选按钮控制打印区域目标；
- "打印份数"数字增加框调整打印份数。

6. 视图管理器

如果用户需要把工作表以不同的视图形式打印，或者在工作表中对公式、批注、数据等内容进行选择性的打印，通常采用的办法是将不同工作表视图另存为多张工作表以满足要求。

视图管理器可以很灵活的实现选择性视图打印而不必将工作表不同的视图另存为多张工作表。使用视图管理器可以创建工作表的多个视图，创建一个新视图的步骤如下：

（1）在工作表中选择一个视图区域；

（2）单击"视图"→"工作簿视图"→"自定义视图"命令，弹出"视图管理器"对话框，如图 9.73 所示；

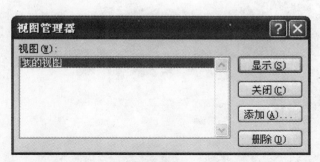

图 9.73　视图管理器对话框

（3）单击"添加"按钮，弹出"添加视图"对话框，如图 9.74 所示；

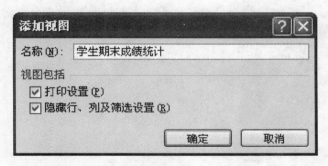

图 9.74　添加视图对话框

（4）在"名称"文本框中为视图键入一个名称，并重新设置"视图包括"选项卡内的复选框；

（5）单击"确定"按钮。

第 10 章　演示文稿制作软件 PowerPoint 应用

PowerPoint 由 Office 按钮、快速访问工具栏、功能区、备注栏和状态栏等组成，如图 10.1 所示。

图 10.1　PowerPoint 2007 工作界面

10.1　视图和演示文稿

10.1.1　演示文稿的种类

在 PowerPoint 中，建立用户与机器的交互工作环境是通过视图来实现的。在 PowerPoint 提供的每个视图中，都包含有该视图下的特定的工作区、工具栏、相关的按钮以及其他工具。

在不同的视图中，PowerPoint 显示文稿的方式是不同的，并可以对文稿进行不同的加工。无论是在哪一个视图中，对文稿的改动都会对编辑的文稿生效，所作的改动都会反映到其他视图中。

PowerPoint 提供了普通视图、大纲视图、幻灯片视图、幻灯片浏览视图、备注页视图和幻灯片放映视图。

下面逐个解释以上几种视图：

1. 普通视图

普通视图包含三种窗格：大纲窗格、幻灯片窗格和备注窗格。这些窗格使得用户可以在同一位置使用演示文稿的各种特征，拖动窗格边框可调整不同窗格的大小。

2. 幻灯片视图

在幻灯片窗格中，可以查看每张幻灯片中的文本外观。可以在单张幻灯片中添加图形、影片和声音，并创建超级链接以及向其中添加动画或是按照由大到小的顺序显示所有文稿中全部幻灯片的缩小图像。

3. 备注视图

备注窗格使得用户可以添加与观众共享的演说者备注或信息。如果需要在备注中添加图形，必须向备注页视图中添加备注。

在以 Web 页保存演示文稿时，也存在这三种窗格，唯一区别就是大纲窗格中显示有目录（如图 10.2 所示），这样用户可以在演示文稿之间漫游。

4. 大纲视图

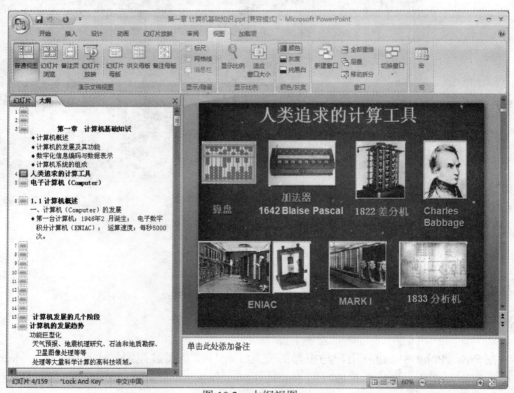

图 10.2　大纲视图

在大纲视图中只是显示文稿的文本内容。在该视图中，按序号由小到大的顺序和幻灯片的内容层次的关系，显示文稿中全部幻灯片的编号、标题和主体中的文本。

由于不显示图形和色彩，所以可以集中精力输入文本或编辑文稿中已经有的文本，能够周到地考虑怎样更好地表达观点。大纲视图为组织材料、编写大纲提供了良好的条件。

在大纲视图中，可以任意改变幻灯片在文稿中的位置顺序，还可以改变幻灯片中内容的层次关系，可将某个幻灯片中的内容转移到其他的幻灯片中并且可以控制文稿大纲的显示和打印方式等。

在该视图中，双击幻灯片图标或幻灯片编号就可以立刻进入幻灯片视图显示该幻灯片。

在 PowerPoint 的大纲视图中，一个大的改进就是兼有幻灯片和备注。这是为了方便用户在大纲视图操作下，同时综观全局，以更好地把握整体文稿的编辑，同时在备注页上，可以写一些提示。

5. 幻灯片浏览视图

在幻灯片浏览视图中，可以在屏幕上同时看到演示文稿中的所有幻灯片，这些幻灯片是以缩图显示的，这样就可以很容易地在幻灯片之间添加、删除和移动幻灯片以及选择动画切换，还可以预览多张幻灯片上的动画。方法是：选定要预览的幻灯片，然后单击"动画"→"预览"→"预览"命令。

在创建演示文稿的任何时候，可以通过单击"视图"→"演示文稿视图"→"幻灯片放映"命令启动幻灯片放映和预览演示文稿。

在幻灯片视图中，可以对所做的所有幻灯片一目了然，可以看到它们的过度、变化过程等。

10.1.2 创建演示文稿

在 PowerPoint 里创建一个演示文稿，就是建立一个新的以".pptx"为扩展名的 PowerPoint 文件。

在 PowerPoint 里创建一个新的演示文稿是非常方便的，它根据用户的不同需要，提供了多种新文稿的创建方式，常用的有创建"空白演示文稿"、使用"模板"创建等。

使用"模板"创建演示文稿，可以直接采用其中包含建议内容和设计风格的演示文稿。"模板"中提供了各个行业方向使用的多种不同主题的演示范本，例如公司会议活动计划以及用于 Internet 上的演示文稿等。如果选择了使用"模板"，那么模板上的所有设计、风格便应用于 PowerPoint 文稿之中，但是不包括模板的内容。

PowerPoint 兼容性广泛，可以从其他应用程序（比如 Microsoft 的 Word）导入的大纲来创建演示文稿，或者从不含内容和设计的完全空白的幻灯片来开始制作，创建心目中的演示文稿。

下面介绍通过"模板"创建新演示文稿的方法

单击"Office 按钮"→"新建"菜单项，打开"新建演示文稿"对话框。PowerPoint 提供了几乎可以满足用户任何需要的模板，这些模板可以是本地电脑上已经安装的、自定义的，或者是从 Microsoft Office Online 下载的，如图 10.3 所示。

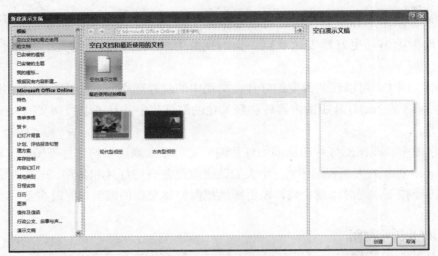

图 10.3　新建演示文稿界面

(1) 创建空白演示文稿

这一步骤的优点是,用户可以利用 PowerPoint 提供的某一现有的模板来自动快速创建理想的文档。从空白幻灯片创建演示文稿的方法:

如果 PowerPoint 已经被启动,则单击"开始"→"幻灯片"→"新建幻灯片"命令,如图 10.4 所示,选择一种合适的版式后,单击"确定"。于是操作界面上便出现了一个刚才定制的演示文稿。这样就可以在上面输入文字、图片以及其他内容来制作演示文稿。

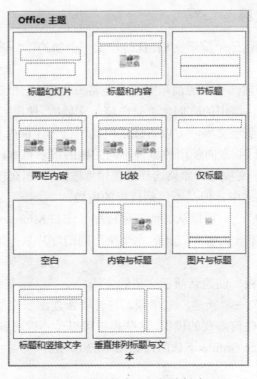

图 10.4　常用的空白幻灯片版式

（2）导入大纲创建文稿

PowerPoint 支持从其他文档（比如 Word、TXT 文档）导入已经设置好的标题样式，这样就可以在 PowerPoint 里创建理想中的幻灯片，达到高效快捷的目的。

在导入外部文档时，PowerPoint 会根据已经设置好的文档样式创建大纲。

第一个标题自动成为幻灯片标题，而第二个标题成为第一级文本，第三个标题便是第二级文本，如此类推。假如导入的文档未设置任何标题，PowerPoint 则按段落来设置新幻灯片文稿的大纲，也就是说，文档文本的每一个段落即为幻灯片的标题。在 TXT 文本文档中，幻灯片的大纲由在段落开始的制表来决定。

如何导入大纲创建演示文稿？
- 单击"Office 按钮"→"打开"菜单项，弹出打开对话框。
- 在"打开"对话框中的"文件类型"中选择"所有大纲"，找到要打开的文件，点击打开。这时回到操作界面，PowerPoint 便在大纲视图中显示刚打开的文档所创建的大纲。在 PowerPoint 中，原来文档的每一个段落变成单个幻灯片标题，原来文档的所有设置的各个部分也转成了 PowerPoint 文稿的正文。

10.1.3 设置演示文稿的外观

要使演示文稿的风格一致，可以通过设置它们的外观来实现。PowerPoint 所提供了配色方案、设置模板和母版功能，可方便地对演示文稿的外观进行调整和设置。

（1）幻灯片母版

幻灯片的母版类型包括幻灯片母版、标题母版、讲义母版和备注母版。幻灯片母版用来控制幻灯片上输入的标题和文本的格式与类型；标题母版用来控制标题幻灯片的格式和位置甚至还能控制指定为标题幻灯片的幻灯片。对母版所作的任何改动，将会应用于所有使用此母版的幻灯片上，要是想只改变单个幻灯片的版面，只要对该幻灯片作修改就可达到目的。

简单地说，"母版"主要是针对于同步更改所有幻灯片的文本及对象而定的，例如在母版上放入一张图片，那么所有的幻灯片的同一位置都将显示这张图片，如果想修改幻灯片的母版，那必须要将视图切换到"幻灯片母版"视图中才可以修改。

幻灯片母版包含文本占位符和页脚（如日期、时间和幻灯片编号）占位符。如果要修改多张幻灯片的外观，不必一张张幻灯片进行修改，而只需在幻灯片母版上进行一次修改即可，PowerPoint 将自动更新已有的幻灯片，并对以后新添加的幻灯片应用这些更改。如果要更改文本格式，可选择占位符中的文本并作更改。例如，将占位符文本的颜色改为蓝色，将使已有幻灯片和新添幻灯片的文本自动变为蓝色。

如果要让艺术图形或文本（如学校名称或徽标）出现在每张幻灯片上，可将其置于幻灯片母版上，幻灯片母版上的对象将出现在每张幻灯片的相同位置上。如果要在每张幻灯片上添加相同文本，可在幻灯片母版上添加，可进入"母版视图"模式，单击"插入"→"文本"→"文本框"命令（不要在文本占位符内键入文本）完成操作。

（2）设置幻灯片母版

幻灯片母版用来定义整个演示文稿的幻灯片页面格式，对幻灯片母版的任何更改，都将影响到基于这一母版的所有幻灯片格式。

设置幻灯片母版的方法：
- 单击"视图"→"演示文稿视图"→"幻灯片母版"命令，进入"母版视图"模式，如图 10.5 所示。

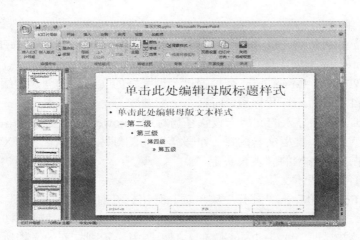

图 10.5　幻灯片母版视图

● 选择"幻灯片母版"→"编辑主题"命令组的相应命令，可以设置主题、字体、颜色以及效果等，还可以对母版进行美化，比如点击"插入"→"插图"→"图片"命令，可以在标题中插入图片；或者通过单击"开始"→"绘图"→"形状效果"→"阴影"命令，在弹出的阴影效果图中选择一个，可给标题添加阴影。

● 选中母版中的文字，在右键菜单中点击"设置文字效果格式"，在弹出的设置窗体中可以对选中的文本进行设置。

● 选择"幻灯片母版"→"母版版式"命令组，可以为母版添加"标题"及"页脚"。

● 单击"幻灯片母版"→"关闭"→"关闭母版视图"命令，关闭并保存设置的模板。

完成母版设置后，单击选中一张或按 Ctrl 单击选中多张幻灯片后，在右键菜单中点击"版式"，在弹出的"版式窗口"中，选择已经设置好的母版版式即可应用于该幻灯片。

（3）设置讲义母版

● 单击"视图"→"演示文稿视图"→"讲义母版"命令，进入讲义母版设置窗口，如图 10.6 所示。

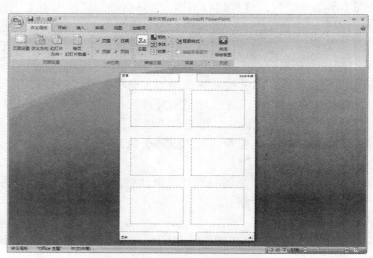

图 10.6　幻灯片讲义母版视图

● 单击"讲义母版"→"页面设置"→"每页幻灯片数量"命令,此时讲义上便显示出所要的幻灯片张数和排列样式。

● 选择"讲义母版"→"占位符"命令组的相应命令,可以进行页眉、页脚、日期、页码的有关设置。

● 单击"幻灯片母版"→"关闭"→"关闭母版视图",关闭并保存设置的模板。

(4)设置备注母版

● 单击"视图"→"演示文稿视图"→"备注母版"命令,进入备注母版设置窗口,如图 10.7 所示。

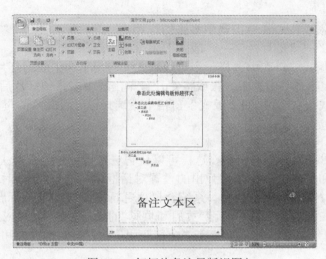

图 10.7　幻灯片备注母版视图

● 单击"备注文本区",此时"备注文本区"处于编辑状态。

● 这时可以对该文本框进行设置。当将鼠标置于文本区,鼠标指针变成十字形时,就可以通过拖动鼠标来改变备注框的位置;当将鼠标置于边框上的控制点,鼠标将指针变为双向箭头时,拖动鼠标可以改变备注页框的大小。

● 分别选中"备注文本区"中的各级文本,然后对它们进行字形、字体、字号以及效果、颜色等设置。

● 还可以根据需要,在备注页上添加其他图片及其他对象。

● 单击"幻灯片母版"→"关闭"→"关闭母版视图"命令,关闭并保存设置的母版。

(5)创建自定义母版版式

PowerPoint 在每个演示文稿中默认提供一套母版,母版包括"标题幻灯片"版式、"标题和内容"版式、"节标题"版式等。如果这些版式不满足需要,可以自定义母版版式,方法如下:

● 单击"视图"→"演示文稿视图"→"幻灯片母版"命令,进入幻灯片母版设置窗口;

● 单击"幻灯片母版"→"编辑母版"→"插入版式"命令;

● 对新插入的版式进行设置;

● 单击"幻灯片母版"→"关闭"→"关闭母版视图",关闭并保存设置的模板。

(6)创建自定义母版主题

PowerPoint 在每个演示文稿中默认提供一套母版,如果一个演示中有很多幻灯片,而又希望它们有不同的风格,可以在一个演示文稿中同时使用多个幻灯片母版,方法如下:
- 单击"视图"→"演示文稿视图"→"幻灯片母版"命令,进入幻灯片母版设置窗口;
- 单击"幻灯片母版"→"编辑母版"→"插入幻灯片母版"命令。
- 系统自动为新插入的母版添加多种默认版式。
- 对新插入的母版主题包含的版式分别设置。
- 单击"幻灯片母版"→"关闭"→"关闭母版视图",关闭并保存设置的模板。

(7) 应用幻灯片母版

PowerPoint 2007 将母版及版式结合在一起,母版中包含了多种版式。设置好幻灯片母版后,应用母版的方法如下:
- 单击选中一张或按 Ctrl 单击选中多张幻灯片;
- 单击"开始"→"幻灯片"→"版式"命令;
- 在弹出的"版式窗口"中选择一个母版版式并应用于选中的幻灯片。

还有一种方法,就是单击选中一张或按 Ctrl 键单击选中多张幻灯片后,单击右键在弹出的菜单中选择"版式",在弹出的"版式"窗格中,选择已经设置好的母版版式即可应用于该幻灯片。

(8) 自动更新日期与时间

在幻灯片上可以插入页眉与页脚,这样可以让它更有特征一点。方法是单击"插入"→"文本"→"页眉和页脚"命令,在弹出的设置对话框中勾选"日期与时间",选择"自动更新",如图 10.8 所示,则每次打开文件,系统会自动更新日期与时间。"标题幻灯片中不显示"选项也很有用,可在标题幻灯片中隐藏"页眉和页脚"的设定。点击 "应用"按钮,则将页眉和页脚设置应用于选中的幻灯片;点击"全部应用"按钮,则将页眉和页脚设置应用于所有的幻灯片。

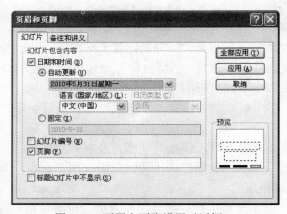

图 10.8　页眉和页脚设置对话框

10.2　Office 按钮菜单的操作

10.2.1　另存为 Web 页

"另存为 Web 页"是 Office 的通用命令,也是 Microsoft 为了适应网络化的发展而特别为 Office 添加的功能，可以在"Office 按钮"菜单中的"另存为"这条命令中找到这个功能。

首先，单击"Office 按钮"→"另存为"→"其他格式"菜单项，在"保存类型"中选择"网页"选项，如图 10.9 所示。点击"发布"按钮后，弹出如图 10.10 所示的"发布为网页"对话框。

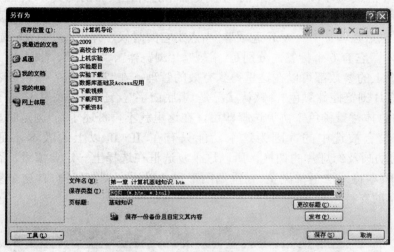

图 10.9　另存为网页对话框

在这个对话框中，首先看看"发布内容"有三个单选框。①"整个演示文稿"，就是说如果演示文稿有 10 页幻灯片，那么它另存为的网页也会有 10 张 Web 页，即从 1 到 10 的放映。②"幻灯片编号"，也就是说，保存这 10 页中的其中几页为 Web 页，③"自定义放映"，现在这个模板没有自定义的设置，所以它这里不能够被激活。在单选框的下面有一个复选框"显示演讲者备注"，如果将它选择为对钩，则在生成的 HTML 中将显示备注，否则备注栏将被隐藏，如图 10.10 所示。

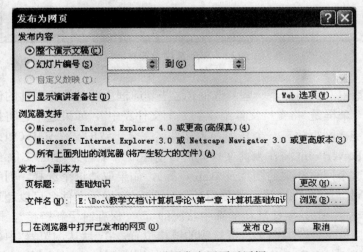

图 10.10　设置发布网页对话框

而在"浏览器支持"方面，PowerPoint 提供了三种选项，默认模式为支持 IE4.0 以上版本。

在"发布一个副本为"中有更改 Web 页标题的"更改"按钮，这个按钮的功能和图 10.9 所示的功能是完全一致的，在其下面的"文件名"中，显示的路径就是，要保存的网页发布的路径，这里显示的是本地硬盘的路径，当然也可以保存到网络的某个服务器中。

在图 10.10 的最下方有一个复选框"在浏览器中打开已发布的网页"，即当点击"发布"另存之后，自动打开生成 Web 页，以浏览器的方式查看刚刚生成的 PowerPoint 网页。在图 10.10 对话框中，需重点强调一下 " Web 选项"，当点击它的时候，弹出一个"Web 选项"对话框，如图 10.11 所示。它有 6 个标签，分别是"常规"、"浏览器"、"文件"、"图片"、"编码"、"字体"，所有网页上的参数都可以在这里得到有效的管理，在"常规"标签中可以看到三个复选框，"添加幻灯片浏览控件颜色"，默认状况是"黑底白字"，还有"白底黑字"等五个选项，可根据幻灯片的总体背景颜色来协调选择即可，在这里就不再赘述了；"浏览时显示幻灯片动画"默认则是没有被选中的，因为这个功能只有在 IE4.0 以上的版本才可以正常观看 PowerPoint 的动画及幻灯片的切换，所以这个复选框在选择上一定要慎重，否则如果使用 IE4.0 以下的版本将无法正常浏览。"重调图形尺寸以适应浏览器窗口"这个复选框也需要 IE4.0 以上版本的支持。

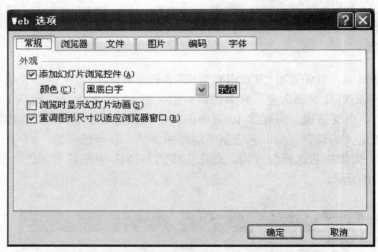

图 10.11 Web 选项设置对话框

在"文件"标签中看到同样是一些复选框。这些复选框主要是针对文件的保存位置链接方式来操作的，第一个框是"将支持文件组织到一个文件夹中"，如果选中它将把与这个网页有关的所有图片及链接网页放在一个与另存为文件名完全一致的文件夹中（如果另存文件名为"演示文稿"那么 PowerPoint 将在当前文件夹内自动生成一个名为"演示文稿.files"的文件夹，里面放着所有与这个网页有关的图片及 Web 页等），如果取消这个选择，则所有与网页相关的文件都将放在同一目录中；"尽可能使用长文件名"，选中后文件名可以超过八个字符，如果不是 DOS 用户，一般只要按默认的选中状况即可。"保存时更新链接"，即在保存文件时自动更新各种支持性文件，如图形、背景等的链接位置。在"默认浏览器"中建议：如果使用的是 FRONTPAGE 或 DREAMWEAVER 的更高级的网页制作软件，请取消这里的选择。

在"浏览器"标签里含有两种文件格式复选框，一种是"利用 VML 在浏览器中显示图形"

（VML 即向量标记语言，建议用于 IE5.0 以上的版本），这个选项如果被选中，将不生成图形文件，所以将大大提高网页访问速度。另一个就是"允许将 PNG 作为图形格式"（PNG 即便携式网络图形）选中它之前最好检查一下浏览器是否支持 PNG 格式的图形文件。

在"图片"标签的"屏幕尺寸"中，建议使用 800*600 的网页分辨率。

在"字体"标签中，只要是使用简体中文版的 Windows，那么请选中"简体中文字符集（GB2312）"。

10.2.2 页面设置和打印

单击"设计"→"页面设置"→"页面设置"命令，弹出"页面设置"对话框，如图 10.12 所示。这里采用从左到右、从上到下的方法来一一说明，在"幻灯片大小"中有多个选项供选择，如图 10.12 所示。如果按默认方式则是"全屏显示"，就是在显示器中显示，不作为打印机输出的一种页面模式；而"Letter 纸张"和"A4 纸张"是专为打印机准备的打印页面模式。

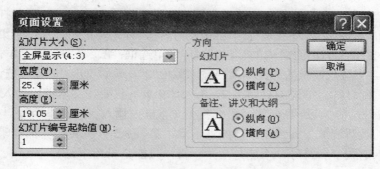

图 10.12　页面设置对话框

选择"35 毫米幻灯片"，则需要专业的设备辅助完成；如果采用的是"横向"页面设置，PowerPoint 将把这张幻灯片进行压缩变成一条横幅，但如果在这里显示的文字很多将会导致文字显示的重叠现象，所以这个选项一般只是放置文字很少的标题时采用，这一点请大家注意。最后来讨论如何使用"自定义"幻灯片大小这个选项，如果用"自定义"方法改变页面大小的话，不用点击"自定义"选项，只要直接改变第一幅图中的宽度和高度即可。

在图 10.13 所示的"幻灯片编号起始值"中默认为"1"，这一栏的意思就是：输入第一张幻灯片的起始页号；在方向栏中有"幻灯片"和"备注、讲义和大纲"两个部分，在"幻灯片"

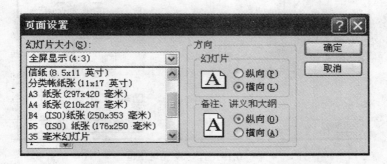

图 10.13　幻灯片大小选项

方向中默认为横向，即一般的显示模式，一个横向的矩形，如果选择"纵向"则是一个纵向的矩形，即原来的高度值变成宽度值，宽度值变为高度值；而"备注、讲义和大纲"在"页面设置"对话框中是无法显示的，只能在打印设置中设置了打印范围的时候才能正常使用。

接下来我们继续讨论如何使用 Office 按钮菜单中的"打印"功能（快捷键 Ctrl+ P）。单击"Office 按钮"→"打印"→"打印"菜单项，打开"打印"对话框，如图 10.14 所示。首先在"打印机"中可以选择一个打印机，当然机器上也可以安装不同的打印机驱动程序，那么在名称栏中将有很多可供选择的打印选项，如果机器上安装有调制解调器，也可以把 PowerPoint 文档直接打印到传真机中，再由本地机器中已经安装的传真软件将文档发送到别的传真机中。在打印机框内还有一个"属性"按钮，它将调用"打印机供应商"的打印属性对话框，因为各个供应商的不同，"属性"里的内容也不尽相同，所以在这里就不一一介绍了。在"属性"按钮下方有一个"打印到文件"的复选框，如果让它显示为选中状态，那么它会将 PowerPoint 文稿直接打印成文件后缀为"prn"的文档；在其下方的"打印范围"对话框内的默认方式为"全部"打印，即打印所有的演示文稿；如果只想打印第 2 页，而不打印其他页，那么有两种方法可以选择，一种就是打印"当前幻灯片"，首先要把幻灯片跳到第 2 页，然后选中"打印"对话框中的"打印范围"内的"当前幻灯片"单选框；第二个方法就是单击其下的"幻灯片"单选框按钮，然后在被激活的文本框内输入数值"2"，最后点击"确定"按钮，PowerPoint 将只打印第 2 页幻灯片。如果想打印第 2、3、5、9 页，只要在文本框内输入"2,3,5,9"即可，如果是连续从第 2 页打印到第 6 页，那么就在文本框内输入"2-6"即可，当然也可以将连续的和不连续的页数混放，如"2,4,6-8,10"表示除了第 1,3,5,9 页其他页都打印（注意：在这个文本框中输入的数字和符号，不能是全角字符，只能是半角字符）。

图 10.14　打印设置对话框

在打印范围内有两个单选框是没有被激活的，一个是"选定幻灯片"，还有一个是"自定义放映"。为什么没有被激活呢？首先讲一下"选定幻灯片"，如何来选定幻灯片呢？首先来改变一下查看视图的方式，将它变为"幻灯片浏览视图"。方法是：点击"视图"→"幻灯片浏览视图"命令。在"普通"视图中，只能看到一张幻灯片，而在"幻灯片浏览视图"按钮中，可以看到很多 PowerPoint 的页面缩小预览图，在这种视图中，可以十分方便的管理 PowerPoint 多页面，如果点击第二张视图，这时会在它的周围产生一个黄框，表示已经选中了第 2 页，还可以使用 Shift 或"Ctrl"+ 单击的方法选择多个页面，Shift + 单击为连续选择，Ctrl + 单击为跳选，例如使用 Ctrl+单击选择了第 2 页、第 4 页，然后单击"Office 按钮"→"打印"→"打印"命令后，这时会发现"选定幻灯片"的单选框已经被激活了，这表明已经选定了幻灯片并可以打印了。"自定义放映"需要在"幻灯片"放映中建立一个"自定义放映"，关于这项功能将在以后介绍。在打印份数中，可以选择打印的份数，例如需要打印 3 份文稿，就在添加项内输入"3"即可，在"逐份打印"复选框如果是选中状态，那么 PowerPoint 将提示打印机在打印完 1 份之后再打印第 2 份，而取消这个复选框则一页一页的打印，即第 1 页打印 3 张后，再打印第 2 页的 3 张直到打印结束。

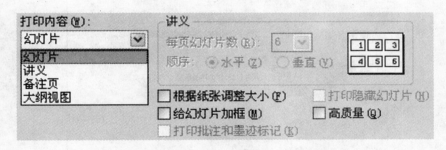

图 10.15　打印内容设置对话框

在如图 10.15 所示的"打印内容"中有四种选择："幻灯片"、"讲义"、"备注页"、"大纲视图"。这里着重讲解一下后面三种打印内容。打印"讲义"如图 10.15 所示，即按照"幻灯片浏览视图"的显示的样子来打印的，默认值是在一张打印纸中打印 6 张 PowerPoint 页面，PowerPoint 最多支持每页 9 张幻灯片数，水平及垂直顺序由自己掌握。打印"备注页"则是将每页的备注打印出来，同时在备注上打印一份当前幻灯片页的缩小图样。打印一份"大纲视图"页就是打印大纲栏内所有的内容，即打印每一页演示文稿的各种标题。如图 10.16 所示，在"颜色/灰度"下拉框中，"灰度"就是使单色打印机以最佳方式打印彩色幻灯片，而"纯黑白"则是将灰度以黑或白的方式打印出来。如果 PowerPoint 幻灯片的尺寸大于或小于打印纸张，可以选中"根据纸张调整大小"复选框，PowerPoint 自动将幻灯片调节到合适的尺寸然后打印，"幻灯片加框"只有在打印"幻灯片"、"备注页"和"大纲视图"的时候才能被激活，即添加一个细的边框线。"打印隐藏幻灯片"则需要在本幻灯片中有隐藏页面的时候才可以被激活，关于隐藏幻灯片问题将在后文中讨论。

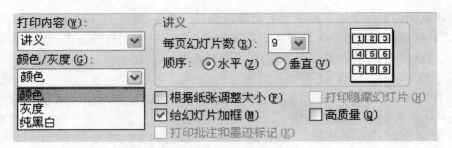

图 10.16　打印颜色设置对话框

10.2.3　Office 按钮的发送菜单

选择"Office 按钮"→"发送"菜单，里面包含了"电子邮件"及"Internet 传真"两个菜单项，如图 10.17 所示。点击"电子邮件"，弹出如图 10.18 所示的对话框。

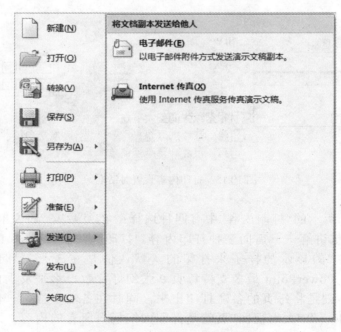

图 10.17　PowerPoint 发送菜单

点击图 10.18 中的"收件人"栏中的按钮，会弹出一个联系人的对话框，在这个对话框中选中一个或多个人的邮件，然后单击"确定"，在"收件人"后面的文本框中，将出现一个或多个要发送的邮件的收件人的 E-mail 地址，或者直接在收件人后面的文本框内输入一个 E-mail 地址，这时如果没有什么别的内容要填写的话，点击图 10.18 中的"发送"按钮即可将这张 PowerPoint 文稿发送出去。

第 10 章 演示文稿制作软件 PowerPoint 应用

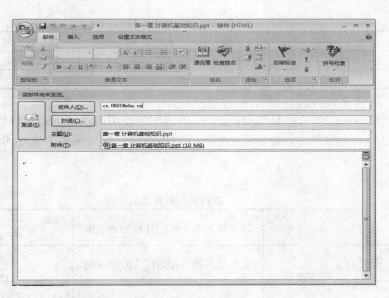

图 10.18 发送电子邮件窗口

10.2.4 Office 按钮的发布菜单

单击"Office 按钮"→"发布"→"使用 Microsoft Office Word 创建讲义"命令，弹出的对话框如图 10.19 所示。

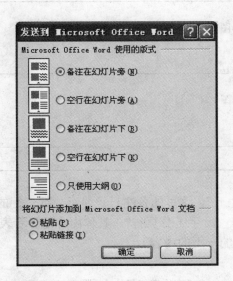

图 10.19 发送到 Word 设置对话框

在对话框的"Word 版式"中有以下 5 个单选框：

（1）"备注在幻灯片之后"。即在 Word 文档中生成一个表格，如果幻灯片有 3 页，那么这个表格将会自动产生 3 行，具体内容如表 10.1 所示。

计算机导论

表 10.1　　　　　　　　　　　"备注在幻灯片之后"

幻灯片 1	这里插入第一张幻灯片的缩小图	第一张幻灯片备注内的文字
幻灯片 2	这里插入第二张幻灯片的缩小图	第二张幻灯片备注内的文字
" "	" "	" "

（2）"空行在幻灯片之后"。与第一个单选框的使用方法基本是一样的，但是在备注栏中有所不同，这里的备注只是显示一行一行的横线即空行（供手工填写的），具体内容如表 10.2 所示。

表 10.2　　　　　　　　　　　"空行在幻灯片之后"

幻灯片 1	这里插入第一张幻灯片的缩小图	---------- ----------
幻灯片 2	这里插入第二张幻灯片的缩小图	---------- ----------
" "	" "	" "

（3）"备注在幻灯片之下"。产生的 Word 文档则不是表格而是一页一页的文档，每页幻灯片之后都有一个"手工分页符"，具体内容请参看表 10.3（注意：这个表格中的每个单元格代表 Word 中的一页的内容）。

表 10.3　　　　　　　　　　　"备注在幻灯片之下"

| 幻灯片 1
这里插入第一张幻灯片的缩小图
备注内的文字
————手工分页符———— |
| 幻灯片 2
这里插入第二张幻灯片的缩小图
备注内的文字
————手工分页符———— |
| " " |

（4）"空行在幻灯片之下"。这里的备注只是显示一行一行的横线即空行（供手工填写的），每页幻灯片之后都有一个"手工分页符"，具体内容请参看表 10.4（注意：这个表格中的每个单元格代表 Word 中的一页的内容）。

表 10.4　　　　　　　　　　　"空行在幻灯片之下"

| 幻灯片 1
这里插入第一张幻灯片的缩小图
备注

————手工分页符———— |

第 10 章 演示文稿制作软件 PowerPoint 应用

续表

幻灯片 2
这里插入第二张幻灯片的缩小图
备注

————手工分页符————
""

（5）"只使用大纲"，就是只输出大纲到 Word 中（一般来说是输出标题）。

在图 10.19 所示的界面中的"将幻灯片添加到 Microsoft Word"栏中，有两项选项，一是使用"粘贴"，二是使用"粘贴链接"。"粘贴"的含义就是将 PowerPoint 幻灯片嵌入到 Word 中，以后对 PowerPoint 文档的修改不会影响到 Word 中这个"粘贴"的文稿。如果选用"粘贴链接"的方式，那么每次对产生的 Word 或原 PowerPoint 文档进行修改后都会影响到对方，即在 Word 中修改 PowerPoint 文稿后，如果再打开 PowerPoint 文稿，那么 PowerPoint 也同样被修改了，这一点需要注意。

10.2.5 Office 按钮菜单中的其他命令

这一节共同学习"Office 按钮"菜单中的最后几项命令："准备"菜单中的"属性"菜单项和"关闭"菜单等。单击"Office 按钮"→"准备"→"属性"命令后，点击"高级属性"会弹出一个"属性"对话框如图 10.20 所示，这里使用"计算机基础知识"幻灯片为主题来制作这个幻灯片的属性，在"摘要信息"标签中可以填写"主题"、"作者"、"备注"等，主要还是根据个人的资料不同而定，如果选中这个对话框中的"保存预览图片"功能，这个幻灯片文稿将保存当前的 PowerPoint 文稿的第一张"幻灯片"的缩小图。

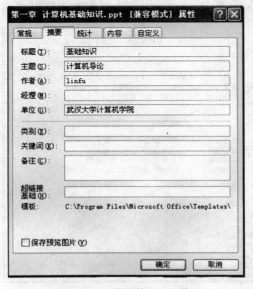

图 10.20 设置摘要对话框

当打开 PowerPoint 后，如果单击"Office 按钮"→"打开"命令或按快捷键 Ctrl+O 将会启动"打开"对话框，如图 10.21 所示。单击工具"视图"旁的下拉菜单，找到"预览"后单击，就可以看到结果了，如果"属性"对话框中的"保存预览图片"不选中，那么此时在"预览"视图中将无法察看略缩图。

图 10.21 打开对话框

在这里简要的将"属性"对话框内的其他几个选项卡的内容描述一下。"常规"属性选项卡内（如图 10.22 所示）有"类型"、"位置"、"大小"及"创建"、"修改"、"存取"时间等通用属性及 PowerPoint 文稿的"只读"、"隐藏"、"档案"及"系统"的属性，但是在 PowerPoint 中是无法修改文稿的四种属性，那么如何来修改这四种属性呢？可以在 Windows 98/2000/XP 的"资源管理器"中改变这个属性,方法是：打开 Windows 中的"资源管理器"找到这个文件的目录，如"E:\Doc\教学文档\计算机导论"，在文件"第一章 计算机基础知识.ppt"文件上单击右键，然后在下拉菜单中找到"属性"单击后，就可以修改这篇文稿的属性了。

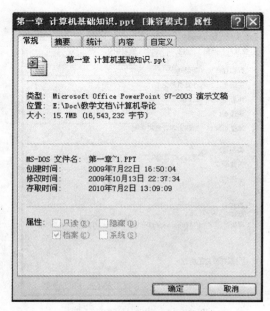

图 10.22 常规属性对话框

在"统计"属性选项卡中（如图 10.23 所示），可以看到"创建时间"、"修改时间"、"存取时间"、"打印时间"，还有"上次保存者"的姓名、"修订次数"及"编辑时间总计"，在最后一个"统计信息"清单框中，还可以看到一个清单列表，里面包括"幻灯片"、"字数"、"段落数"、"隐藏幻灯片"等统计信息。

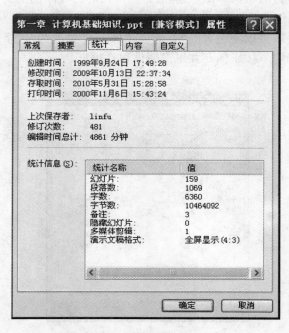

图 10.23 统计属性对话框

在"内容"选项卡中的内容如图 10.24 所示，可以看到这个文稿使用了多少种字体和字体的名称，在这里还可以了解到"幻灯片的标题"及出自何种模板。

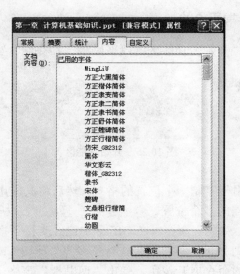

图 10.24 内容属性对话框

"自定义"选项卡的内容如图 10.25 所示，可以以 PowerPoint 的默认名称填写部门，也可以增加一个或多个部门，在"类型"中可以选择"文本"，也可以是其他的类型如"数字"、"日期"、"是或否"。添加完成后单击"添加"按钮，就可以添加一个"属性"到如图 10.25 所示的"属性"清单框内；如果这个自定义部门不需要了，也可以点击"删除"按钮将其删除，注意首先要选中需删除的项目然后再单击"删除"；还可以对已经添加的"自定义"属性进行更改，当单击"属性"列表框的已经添加的"自定义"属性时，并将"类型"更改为"数字"后，"更改"按钮就被激活了，单击它就可以将现有的"类型"名由"文本"型改为"数字"型了，所有的属性修改后，就可以单击"确定"按钮保存并退出属性对话框。

图 10.25　自定义属性对话框

10.3　开始工具集操作

10.3.1　开始工具集的常用命令

在这一节中主要介绍"开始"功能区的"剪贴板"命令组，如图 10.26 所示。

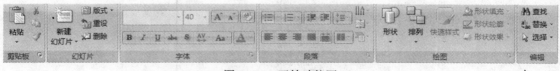

图 10.26　开始功能区

"格式刷"命令的作用是复制一个位置的格式，然后将其应用到另一个位置。双击此按钮可将相同格式应用到文档的多个位置。

"剪切"、"复制"和"粘贴"命令。在 Office 中已经支持了多次的"剪切"和"粘贴"，第一次打开 PowerPoint 幻灯片的时候，如果执行了多步"剪切"或"复制"操作后，可以单击"剪贴板"命令组旁边的命令展开按钮，弹出"剪贴板"窗格，如图 10.27 所示，在图中可以十分清楚地看到在 PowerPoint 幻灯片中，最多可以记住多达 24 次的"剪切"或"复制"命令，而且支持从别的程序复制内容到剪贴板。以图 10.27 为例，可以首先选中要插入的地方，然后单击"剪贴板"窗格中的"图形文件"图标，就会发现在 Photoshop 中复制的图形文件已经被粘贴到 PowerPoint 的文稿中了，如果单击"Word 文档"图标，在 Word 中复制的文档内容也被复制到 PowerPoint 中，如果要将图 10.27 中所有的剪贴内容都放置在 PowerPoint 文稿的某一部分中，也可以直接单击"全部粘贴"命令，那么剪贴板中的内容将全部被粘贴到 PowerPoint 文稿中。

注意：如果复制了大量的图形或文件，那么将导致系统运行速度的下降，这时也可以将这些剪贴板内容释放出去，方法是单击"剪贴板"窗口中的"全部清空"按钮。如果想隐藏"剪切板"工具也可以将它关闭，方法是单击该窗口的"关闭"按钮，如果下次需要打开"剪贴板"工具，可单击"开始"→"剪贴板"命令组旁边的"显示窗格"按钮，就可以调出"剪贴板"窗口了。

图 10.27　剪贴板窗格

"粘贴"的方法还有两种，一种是使用功能区中的"粘贴"命令，还有一种是使用右键快捷菜单命令，但是这两种方法的缺点是只能够粘贴上一步复制或剪切的内容，不能够粘贴多步内容。

单击"粘贴"命令，在弹出菜单中包含"选择性粘贴"菜单项，这个菜单项可以控制信息的粘贴方式，如图 10.28 所示。在这里讨论一下如何粘贴"无格式文本"，如果不使用这个命令直接粘贴的话，那么粘贴的内容将是带有原来格式的文本。例如，"剪切"了一段标题，它是字体为"隶书"，字号为"36 号"，颜色为红色的加粗文字，那么要将它"复制"后放在正文中，有两种方法将这个标题改变为正文，第一种方法是："复制"标题后，将这段标题直接粘贴到要插入文字的地方，然后将"I"字形光标移动到正文内并单击，使"插入"光标变为闪耀状态，然后使用"格式刷"命令，将标题格式刷为正文格式。还有一种方法就是使用"选择性粘贴"命令，当把光标移到了要插入文字的后面的时候，单击"选择性粘贴"后，在随后弹出的对话框中，如图 10.29 所示，可以看到"作为"栏中有"无格式文本"，单击它，最后单击"确定"按钮，这时粘贴的文本就是默认的文本。

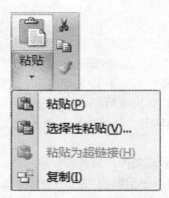

图 10.28　粘贴命令下拉菜单

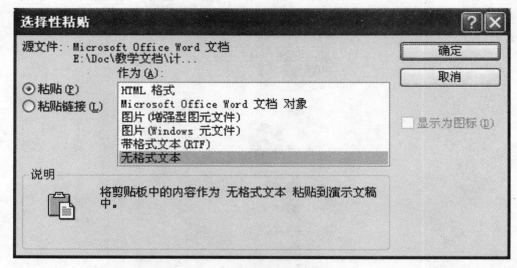

图 10.29　选择性粘贴对话框

10.3.2　开始工具集的其他命令

单击"开始"→"剪贴板"→"粘贴"命令后，在弹出菜单中包含"复制"菜单项，如图 10.28 所示。这条菜单项命令等同于"复制"和"粘贴"这两条命令的集合，首先要在"普通"视图中选中一张图片和一段文字，如图 10.30 所示，注意使用的鼠标操作，方法是将鼠标移到该幻灯片的左侧黑圈的位置，以这里为起点，然后按住鼠标左键不放，按照蓝色的箭头方向拖动鼠标到幻灯片右侧白圈附近后，就可以看到在拖动鼠标的时候，会产生一个矩形的虚线框，这是 PowerPoint 将要选中的范围，这时如果放手就会发现，在矩形框中所有被完全选中的对象如图片、文字框等都已被选中了。当选中对象之后，当点击这条命令或使用它的快捷键 Ctrl+D 后，这两个对象变成了四个对象，如图 10.31 所示。值得注意的是：这是在"普通"视图使用"制作副本"命令的结果，如果是在"幻灯片浏览"视图中使用这条命令，那么将是复制一个完全一致的 PowerPoint 页面，例如：选中了三张幻灯片第一张、第三张和第五张，那么如果使用"制作副本"命令后，将会在第五张幻灯片后面自动插入 3 张与第一张、第三张和第五张幻灯片完全一样的页面，而在"备注页"视图中的用法和"普通"视图基本一致。

图 10.30　选择对象进行复制

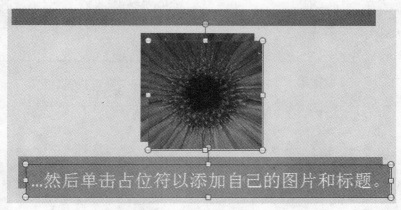

图 10.31　复制所选对象

单击"开始"→"幻灯片"→"删除"命令，在"普通"视图及"备注页"视图中删除的是当前显示页面，而在"幻灯片浏览"视图中则可以同时删除多张 PowerPoint 幻灯片页面，只此一点不同而已（注意：在"幻灯片浏览"视图中选择多张页面需要使用"Ctrl"或"Shift"加单击鼠标来实现）。

单击"开始"→"编辑"→"查找"命令，弹出"查找"窗口如图 10.32 所示，在 PowerPoint 中有三种形式的"查找"，一种是在大纲栏内进行查找，第二种是在 PowerPoint"页面"及"备注"内进行查找，第三种是在"幻灯片浏览"视图中使用该命令，将选中所有带有同样查找内容的页面。例如现在在"普通"视图方式下，要查找"公司"这个词，可以在如图 10.32 所示的"查找内容"里直接输入"公司"，然后单击"查找下一个"按钮，那么 PowerPoint 幻灯片将只是在"页面"和"备注"栏的文本中搜索；在"大纲"栏中使用"查找"命令，在这里制作一个表格代表 PowerPoint 的工作环境，每个单元格代表一个相应"栏目"的位置，现在把注意力放在如图 10.33 所示的页面上，当单击"PowerPoint 页面"或单击"备注"栏后，然后点击"开始"→"编辑"→"查找"命令，那么就只是在"PowerPoint 页面"和"备注"栏内查找，如果想同时在三个不同的栏目中查找某一段文字，必须先单击"大纲"栏，然后使用快捷键 Ctrl+F 命令调出"查找"对话框，这样就可以在三个不同的栏目中同时查找某段文字了。

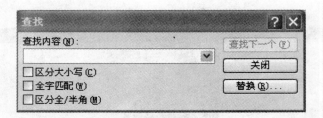

图 10.32 查找对话框

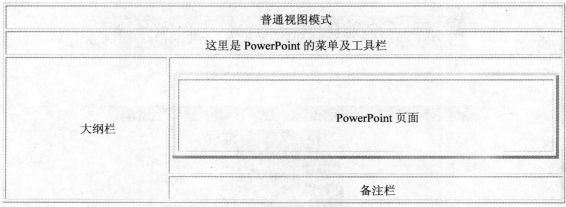

图 10.33 "普通"视图查找

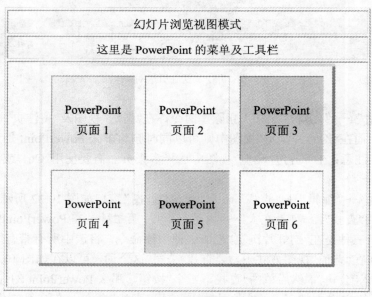

图 10.34 幻灯片浏览视图查找结果

　　再看看"幻灯片浏览"视图中的"查找"功能与"普通"视图中的"查找"功能的不同之处。如果在"幻灯片浏览"视图下使用"查找"命令，那么 PowerPoint 将只是选中所有带有查找文字的页面，"查找"结果如图 10.34 所示，浅色的"PowerPoint"页面就是带有"查找"文字的页面。从图 10.32 所示的界面中可以看到在"查找"对话框中，还有 "区分大小写"、"全字匹配"、"区分全/半角"三个复选框,首先讨论一下在何时使用"区分大小写"选项,这是一个针对于英文字母而设置的选项,如果 PowerPoint 文稿中都是中文,那么这个选项就可以不用,例如,要查找一个英文单词"Goods",在这个单词中"G"是英文大写,而其他字母为英文小写,首先选中这个选项,在"查找内容"中输入了一个英文大写的单词"GOODS",那么当执行"查找下一个"命令时,就不可能找到这个单词;"全字匹配"也是一个针对于英文字母的选项,例如当选中这个复选框后,同样"查找""Goods"这个单词,必须完整输入这个单词的所有字母,否则将不能找到这个单词;"区分全/半角"是一个针对于中文来查找的选项,首先是中文与英文字母的区分,中文文字是使用两个字节来表示一个字符的,而英文字母是使用一个字节来表示的,现在举出几个英文字母的全角和半角的例子大家就会理解这个复选框的意义了,ABCD(英文),ＡＢＣＤ(中文双字节)。当然以上三个复选框可以混合使用,这需要根据不同用户的要求来决定。

10.4 幻灯片的操作

10.4.1 在 Windows 下播放幻灯片

制作幻灯片的最终目的是向观众播放作品,达到宣传或教育的目的。但是,不同的场合,不同的观众以及制作幻灯片目的的不同,必须根据实际,了解制作的幻灯片的目的以及所面向的对象,然后根据这些来选择具体的播放方式。在 Windows 操作系统中,提供了三种不同的幻灯片播放方式,可以根据需要来选择。

1. 快速放映幻灯片

如果要播放幻灯片,那用不着打开 PowerPoint,在任何一个安装了 PowerPoint 的机器里,只要找到播放的演示文稿,便可以随时放映幻灯片。

在资源管理器中放映幻灯片的方法:

(1)利用"资源管理器"的浏览和搜索功能,找到演示文稿所在的驱动器进而在放置该演示文稿的文件夹里找到该演示文稿。

(2)将鼠标指针移向要放映的演示文稿文件,并单击鼠标右键,在弹出的快捷键中选择"显示"命令,即可放映演示文稿,如图 10.35 所示。

当此演示文稿放映完毕后,系统会自动退回到 Windows 资源管理器中,在这里又可以选择其他演示文稿来放映。

在放映演示文稿的方法中,这个方法算是比较麻烦的,用户必须打开"资源管理器",并要在"资源管理器"中找到该演示文稿才能放映。在下面将开始介绍一种方法,可以避免上述麻烦,直接点击便可以播放,但是必须先给要播放的演示文稿创建快捷方式。

2. 在桌面上放映幻灯片

(1)打开"资源管理器",找到要播放的演示文稿文件。

(2)在要放映的演示文稿文件上右击鼠标,在弹出的快捷菜单中点击"创建快捷方式",此时该文件夹内新增加一个此文件的快捷方式。

(3)选中此快捷方式,单击鼠标右键,选择"剪切",然后回到桌面,在桌面空白处点击鼠标右键,选择"粘贴",此时桌面上增加了该演示文稿的快捷方式,通过对此快捷方式进行上述操作即可快速放映幻灯片。

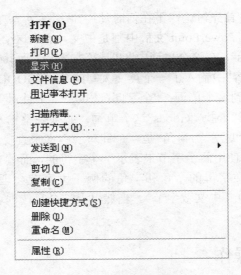

图 10.35　显示快捷菜单

3. 将演示文稿打包成 CD

在日常工作中，经常要带着磁盘，将一个演示文稿通过磁盘拷贝到另一个机器中，然后将这些演示文稿展示给别人看，如果另一台机器没有安装 PowerPoint 软件，那么将无法使用这个演示文稿。可以将演示文稿发布到 CD 数据包，这样在任何一台 Windows 操作系统的机器中都可以正常放映。

将一个演示文稿打包的方法如下：

（1）单击"Office 按钮"→"发布"→"CD 数据包"后，弹出"打包成 CD"对话框，如图 10.36 所示；

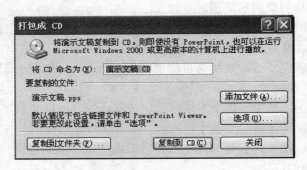

图 10.36　打包成 CD 对话框

（2）如果需要将多份演示文稿一并打包，则可以单击其中的"添加文件"按钮，打开"添加文件"对话框，将相应的文件添加即可；

（3）单击"选项"按钮，可以设置程序包的类型、密码等属性；

（4）单击"复制到文件夹"，可以将打包的数据复制到指定的文件夹中；

（5）单击"复制到 CD"，直接将打包的数据复制到 CD 中。

将上述打包后的文件夹复制到其他电脑中并进入该文件夹，打开文件夹中的程序"Pptview.exe"即可启动演示文稿查看器，选中需要放映的演示文稿即可进行演示放映，如图10.37所示。

图10.37　打包后播放演示文稿

10.4.2　控制幻灯片的放映过程

1. PowerPoint 中播放幻灯片

（1）启动"PowerPoint"应用程序；
（2）选择"幻灯片播放"→"开始放映幻灯片"命令组；
（3）单击"从头开始"命令，则从文稿第一页开始播放幻灯片；
（4）单击"从当前幻灯片开始"命令，则从当前选中的幻灯片开始播放；
（5）单击"自定义幻灯片播放"命令，则在弹出的"自定义放映窗口"中，点击"新建"按钮，弹出"定义自定义放映"窗口，可以自定义幻灯片播放的顺序，如图10.38所示。

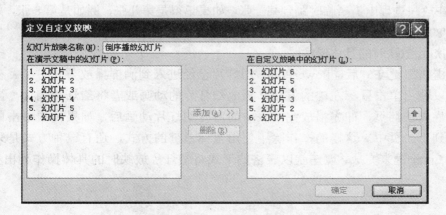

图10.38　自定义幻灯片放映顺序

2. 放映时在幻灯片上书写或绘图

（1）开始播放演示文稿；

（2）在放映屏幕上单击鼠标右键，在右键菜单中选择"指针选项"→"圆珠笔"；

（3）可以把鼠标当画笔，按住鼠标左键，便可以在幻灯片上书写或绘图。

3. 更改绘图笔的颜色

无论是演示文稿在播放中或是在播放前，都可以将记录幻灯片放映的绘图笔的颜色更改。并且这些更改都不会影响幻灯片的播放。

在幻灯片播放时更改绘图笔的颜色的方法：

（1）开始播放演示文稿；

（2）在幻灯片放映区域点击鼠标右键，在弹出的右键菜单中选择"指针选项"→"墨迹颜色"命令；

（3）在弹出的颜色窗口中，选择一种需要的颜色即可。

在幻灯片放映前更改绘图笔的颜色方法如下：

（1）单击"幻灯片放映"→"设置"→"设置幻灯片放映"命令；

（2）在"绘图笔颜色"方框中，点击下拉框，在出现的色单中选择一种需要的颜色；如果不满意这些颜色，还可以通过单击"其他颜色"从"颜色"对话框中选择一种满意的颜色即可。

4. 在幻灯片放映时隐藏绘图笔或指针

（1）播放演示文稿；

（2）在播放屏幕上单击右键，在系统弹出的快捷菜单中选择"指针选项"，在其子菜单"指针选项"中选择"永远隐藏"命令。

5. 在播放中途显示一张空白画面

有时，在演示时，会有人问一些问题，它可能与正在放的这张幻灯片无关，而想把注意力集中在问题上，或者只是因为听众需要休息一会儿，这时就需要让屏幕显示一个空屏。这很简单，按一下 B 键会显示黑屏，而 W 键则是一张空白画面，再按一次返回到刚才放映的那张幻灯片。

6. 放映时指定跳到某张幻灯片

如果在放映过程中需要临时跳到某一张，如果记得是第几张，例如是第 8 张，那么很简单，键入"8"然后回车，就会跳到第 8 张幻灯片。或者按鼠标右键，选择"定位"。

7. 幻灯片放映时的具体操作

当点击快捷键"F5"后，PowerPoint 幻灯片已经进入到满屏播放方式中了。在这种视图下，可以使用单击鼠标左键的方法，播放幻灯片的动画或者将幻灯片翻页，当前幻灯片的动画优先于翻页，即先播放完本页中的所有幻灯片动画后，如果再次单击鼠标左键那么将翻到下一页中。这样的操作除了使用鼠标左键的方式，还有一种方式是采用单击键盘中的 Enter 键来完成，现在就以表格的形式将幻灯片放映时的具体操作列出如下，见表 10.5。

表 10.5　　　　　　　　　　　　幻灯片放映时的具体操作

操作方法	鼠标操作	键盘操作
换到下一张幻灯片	直接在幻灯片上单击左键或点击右键在弹出的快捷菜单中单击"下一张"	空格、"N"、"ENTER"、"下箭头"、"右箭头"、"PAGE DOWN"
换到上一张幻灯片	单击右键在弹出的快捷菜单中单击"上一张"	"P"、"PAGE UP"、"BACKSPACE"、"上箭头"、"左箭头"
使屏幕变黑/还原	单击右键在弹出的快捷菜单中单击"屏幕"→"黑屏"/"还原屏幕"	"B"、"."
使屏幕变白/还原	无	"W"、","
直接切换到某个幻灯片	单击鼠标右键在弹出的快捷菜单中单击"定位"→"按标题"→找到一个想到达的幻灯片的页面单击,或者单击"幻灯片漫游"然后在弹出的对话框中单击一个想到达的幻灯片的页面后,点击"定位到"按钮	点击数字键后单击回车,如点击"11"后然后单击"回车"后到达第十一页。
显示和隐藏鼠标指针	单击鼠标右键找到"指针选项"→"永远隐藏"或"自动"	"A"、"="
停止/重新启动自动放映	无	"S"或"+"
无条件返回第一张幻灯片	同时按住鼠标左右键超过 2 秒钟后,放开鼠标	点击"1"后然后单击"回车"
停止幻灯片放映	单击鼠标右键在快捷菜单中点击"结束放映"	"ESC"、"CTRL+BREAK"、"-"
显示隐藏幻灯片	无	"H"
将鼠标切换为绘图笔	单击鼠标右键在快捷菜单中找到"指针选项"点击"绘图笔"	"CTRL+P"
将绘图笔切换为鼠标	单击鼠标右键在快捷菜单中找到"指针选项"点击"箭头"	"CTRL+A""CTRL+U"或"ESC"
隐藏指针和按钮	无	"CTRL+H"

10.4.3　设置幻灯片的放映方式

　　制作演示文稿,最终是要播放给观众看。通过幻灯片放映,可以将精心创建的演示文稿展示给观众或客户,以正确表达自己想要说明的问题。

　　为了所做的演示文稿更精彩,以使观众更好地观看并接受、理解演示文稿,那么在放映前,还必须对演示文稿的方式进行一定的设置。

　　选择"幻灯片放映"功能区,出现如图 10.39 所示的命令组,通过这些命令,可以放映幻灯片、设置幻灯片放映方式、设置放映幻灯片的监视器环境。

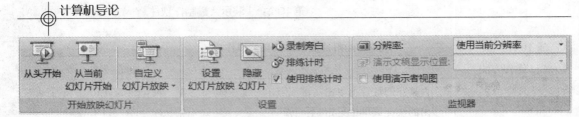

图 10.39　幻灯片放映功能区

1. 创建自动播放的演示文稿

自动运行的演示文稿是不需要专人播放幻灯片就可以沟通信息的绝佳方式。例如，可能需要在展览会场或者会议中的某个摊位或者展台上设置可自动运行的演示文稿，可使大多数控制都失效，这样用户就不能改动演示文稿。自动运行的演示文稿结束，或者某张人工操作的幻灯片已经闲置 5 分钟以上，它都会重新开始播放。

在设计自动运行的演示文稿时，需要考虑播放演示文稿的环境。例如，摊位或展台是否位于无人监视的公开场所。这些将决定将哪些组件添加到演示文稿中、为用户提供多少控制以及采用哪些步骤防止用户的误操作。

如果要设置自动演示，请打开演示文稿，单击"幻灯片放映"→"设置"→"设置幻灯片放映"命令，弹出设置窗口如图 10.40 所示，选择"在展台浏览（全屏幕）"，选定此选项后，"循环放映，按 Esc 键终止"命令会自动被选中，这样演示文稿就可以自动循环播放了。

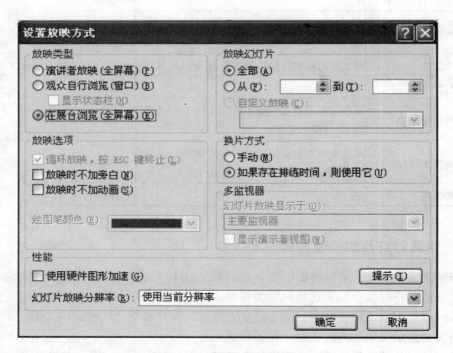

图 10.40　设置放映方式对话框

2. 录制声音旁白

在录制旁白之前必须准备一个话筒，然后进行以下操作：

（1）单击"幻灯片放映"→"设置"→"录制旁白"命令，弹出设置窗口，如图 10.41

所示。弹出的窗口屏幕上会出现对话框，显示可用磁盘空间以及可录制的时间。

（2）如果是首次录音，则请执行以下操作：单击"设置话筒级别"，并按照说明来设置话筒的级别。

（3）如果要作为嵌入对象在幻灯片上插入旁白并开始录制，请单击"确定"；如果要作为链接对象插入旁白，请选中"链接旁白"复选框，再单击"确定"开始录制。

（4）运行此幻灯片放映，并添加旁白。在幻灯片放映结束时，会出现一条信息。

（5）如果要保存时间及旁白，请单击"是"。如果只需保存旁白，请单击"否"。每张具有旁白的幻灯片右下角会出现一个声音图标。

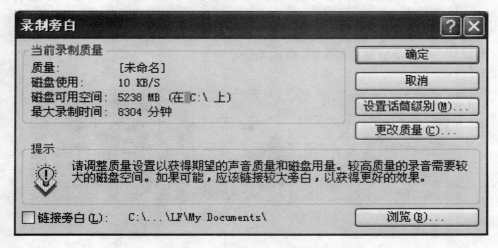

图 10.41　录制旁白对话框

3. 利用排练计时自动设置幻灯片放映时间间隔

（1）打开要设置时间的演示文稿。

（2）单击"幻灯片播放"→"设置"→"排练计时"命令，激活排练方式。此时幻灯片放映开始，同时计时系统启动，如图 10.42 所示。

（3）重新记时可以单击快捷按钮 ↻，暂停可以单击快捷按钮 ⏸，如果要继续就要再一次单击按钮 ⏸。

（4）当 PowerPoint 放完最后一张幻灯片后，系统会自动弹出一个提示框。如果选择"是"，那么上述操作所记录的时间就会保留下来，并在以后播放这一组幻灯片时，以此次记录下来的时间放映，同时弹出如图 10.38 所示的结果，在此界面中显示出了每张幻灯片放映的对应时间；点击"否"，那么所做的所有时间设置将取消。

图 10.42　排列计时

4. 已知放映所需时间后的排练计时时间间隔设置

如果已经知道幻灯片放映所需要的时间，那可以直接在"预演"对话框内输入该数值。

（1）单击"幻灯片播放"→"设置"→"排练计时"命令，激活排练方式。

（2）将要设置时间间隔的幻灯片选中。

（3）用鼠标单击"排练"对话框内的时间框,将光标定位于这里,在这个框里按照"小时：分：秒"的格式输入时间，完毕后按回车键，则所输入的时间便生效，将自动放映下一张幻灯片并继续记时。

（4）同理，只要在其他幻灯片上重复上述步骤，便可以将所有需要设置时间间隔的幻灯片处理完毕，只要在最后弹出的对话框里单击按钮"是"表示确认后，所设置的时间间隔便可以生效。

设置完毕后，可以在幻灯片浏览视图下，看到所有设置了时间的幻灯片下方都显示有该幻灯片在屏幕上停留的时间，如图 10.43 所示。

图 10.43　幻灯片浏览视图

10.4.4　设置幻灯片的切换方式

所谓切换方式，就是幻灯片放映时进入和离开屏幕时的方式，既可以为一组幻灯片设置一种切换方式，也能够设置每一张幻灯片都有不同的切换方式，但这样就必须一张张地对它进行设置。

切换是一些特殊效果，可用于在幻灯片放映中引入幻灯片。可以选择各种不同的切换并改变其速度，也可以改变切换效果以引出演示文稿新的部分或强调某张幻灯片。

动画是可以添加到文本或其他对象（如图表或图片）的特殊视听效果。如果观众使用的语言习惯是从左到右进行阅读，那么可以将动画幻灯片设计成从左边飞入。然后在强调重点时，改为从右边飞入，这种变换能吸引观众的注意力，并且加强重点。

1. 设置幻灯片切换方式

（1）切换到幻灯片或者幻灯片浏览视图中，将要设置切换方式的幻灯片选中；

（2）选择"动画"→"切换到此幻灯片"命令组，如图 10.44 所示；

（3）选择左边切换效果中的一种，并应用于目前的幻灯片；

（4）单击"切换声音"下拉框，选择一种音乐作为切换时的声音；

（5）单击"切换速度"下拉框，可以选择"慢速"、"中速"、"快速"三种速度；

（6）如果要将所作的设置应用于所有的幻灯片上，那么点击"全部应用"按钮；

（7）如果要设置每一张的幻灯片的切换方式都不相同，那就必须运用以上方法对每一张幻灯片的切换方式进行具体设置。

图 10.44 设置幻灯片切换方式命令组

2. 设置幻灯片切换的时间间距

（1）打开要设置放映时间的演示文稿；

（2）切换到幻灯片或者幻灯片浏览视图中，然后选择要设置时间的幻灯片；

（3）选择"动画"→"切换到此幻灯片"命令组，如图 10.44 所示；

（4）在该菜单中的"换片方式"可以选择单击鼠标或者自动间隔时间后切换，若选后者，只需在"在此之后自动设置动画效果"后的方框内点击三角按钮选择停留时间或直接输入希望幻灯片停留的时间（以秒为单位）；

（5）如果要将该设置应用于所有的幻灯片上，那么点击"全部应用"按钮；

（6）如果要设置每一张的幻灯片的放映时间都不相同，那就必须运用以上的方法对每一张幻灯片的放映时间进行具体设置；

（7）如果希望在单击鼠标和经过预定时间后都进行换页，并以较早发生的为准，则同时选中"单击鼠标时"和"在此之后自动设置动画效果"。

设置完毕后，可以在幻灯片浏览视图下，看到所有设置了时间的幻灯片下方都显示有该幻灯片在屏幕上停留的时间。

10.4.5 设置幻灯片的动画效果

在 PowerPoint 当中，也可以定制自己想要的动画效果。选择"动画"→"动画"命令组，便可以设置心目中的幻灯片上的动画效果。

1. 动态显示文本和对象

使文本及对象动态显示的方法：

（1）打开要设置的演示文稿。

（2）切换到幻灯片浏览视图，并将含有要动态显示的文本或者对象的幻灯片显示出来。

（3）点击"自定义动画"命令，弹出"自定义动画"对话框，如图 10.45 所示。

（4）在"开始"选项中，进行以下任一种操作：如果要通过单击此文本或者对象来激活动画，那么点击"单击鼠标时"单选按钮；如果要自动启动动画，那么单击"在前一事件后"单选按钮，然后在下面的框里输入前一动画到当前动画之间的等待时间。

（5）双击选中一个动画，在所弹出的对话框的"效果"选项卡里可选一种声音效果。

（6）在完成设置后，可通过点击"预览"按钮来观看所设置的效果，完成后点击"确定"按钮来完成操作。

注意，创建一些基本动画的快速方法是：在普通视图中选定需要动态显示的对象，单击

"动画"→"动画"→"动画",从下拉菜单中选择一种动画效果即可。

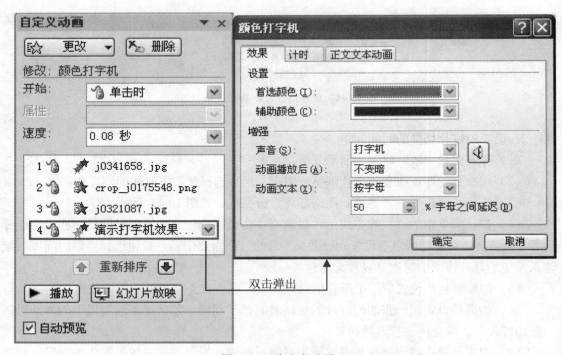

图10.45 自定义动画

2. 让文字闪烁不停

在 PowerPoint 中可以利用"自定义动画"来制作闪烁文字,但无论选择"中速"、"快速"还是"慢速",文字都是一闪而逝。要做一个连续闪烁的文字,可以这样做:

(1)创建文本框,设置好其中文字的格式和效果,并做成闪烁的动画效果。

(2)复制这个文本框,粘贴多个(根据想要闪烁的时间来确定粘贴的文本框个数),再将这些框的位置设为一致。

(3)把这些文本框都设置为在前一事件一秒后播放,文本框在动画播放后隐蔽。

3. 长时间闪烁字体的制作

在 PowerPoint 中也可制作闪烁文字,但 PowerPoint 中的闪烁效果也只是流星般地闪一次罢了。要做一个可吸引人注意的连续闪烁字,可以这样做:在文本框中填入所需字,处理好字的格式和效果,并做成快速或中速闪烁的图画效果,复制这个文本框,根据想要闪烁的时间来确定粘贴的文本框个数,再将这些框的位置设为一致,处理这些文本框为每隔一秒动作一次,设置文本框在动作后消失,这样就可以了。

4. 使图表的元素动态显示的方法

(1)选择要动态显示的包含图表的幻灯片。

(2)单击"自定义动画"命令,弹出"自定义动画"对话框。

(3)在"自定义动画"对话框添加动画效果后,双击添加的动画效果。

(4)在弹出对话框的"图表动画"选项卡中,单击"组合图表"下拉框,为图表选择一种动画方式,而列表中的有关选项会随着图表类型的变化而不同。

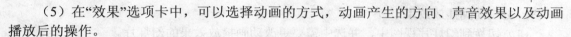

（5）在"效果"选项卡中，可以选择动画的方式，动画产生的方向、声音效果以及动画播放后的操作。

（6）在完成需要的设置后，点击"预览"命令来观看动画效果。

5. 制作特效字幕

大家在看电影时，有些电影字幕是从画面中的下部慢慢地出来，然后在画面的上部消失，也可以利用 PowerPoint 强大的演示功能制作出这样一张幻灯片，过程如下：

（1）单击"功能项"→"开始"→"幻灯片"→"新建幻灯片"命令，在弹出的版式窗口中选择"空白"版式的幻灯片进行创建。

（2）单击"插入"→"插图"→"图片"命令，选择已设计好背景图片的文件名，单击"插入"按钮，这时选择好的背景图片就出现在幻灯片上了。

（3）调整好图片的大小，选定图片框，单击"开始"→"剪贴板"→"复制"命令，将图片放入剪切板，因为后面的操作将反复使用到这张图片。

（4）选中图片，单击"格式"→"大小"→"裁剪"命令，用图片上的"裁剪"工具保留图片下部约 1/5 的部分，将保护的图片移出幻灯片外。

（5）单击"开始"→"剪贴板"→"粘贴"命令，重复操作第 4 步，保留约 3/5 的上部图片。

（6）单击"开始"→"剪贴板"→"粘贴"命令后，选中刚粘贴的图片，并单击"格式"→"排列"→"置于底层"命令，将刚粘贴的图片放在最下面。此时，灯片上有了三张图片：完整的背景图，上部图片和下部图片。

（7）首先将完整的背景图在幻灯片上放好，然后将上部图片和下部图片在背景图片上拼放好，注意要看上去就好像是一幅图似的。

（8）单击"插入"→"文本"→"文本框"命令，在文本框中输入要演示的文本。

（9）选中文本框，选择"格式"→"排列"命令组，单击执行"置于底层"命令，然后再单击执行"置于底层"→"上移一层"命令。

（10）选中文本框，单击"动画"→"动画"→"自定义动画"命令，在弹出的"自定义动画"对话框中，单击"添加效果"→"退出"→"缓慢移除"，修改选项"开始"为"单击时"，修改选项"方向"为"到顶部"，修改选项"速度"为"非常慢"。

（11）在放置文本框时，要注意将文本框的框底线放在背景图片的上部，如文本内容较长，尽管从幻灯片的上部伸出，多长都没有关系。

（12）现在就可以使用"幻灯片放映"的快捷键，查看刚才制作的字幕如何，如果满意的话，就设置文本的字体、字号、颜色及动画的循环放映和配音等内容。

这样，一张炫目的特效字幻灯片就完成了。

6. 更改动画播放顺序

在演示文稿中的动画播放顺序不是一成不变的，可以按顺序安排各个文字或对象出现的顺序，也可以随机设置动画。

更改动画播放顺序的方法：

（1）切换到幻灯片视图中，选中需要更改动画播放顺序的幻灯片。

（2）单击"自定义动画"命令，弹出"自定义动画"对话框，如图 10.42 所示。

（3）将需要更改动画播放顺序的对象选中，然后点击下方的"重新排序"移动箭头，便可以上下移动列表中的对象。

（4）在每一个要更改顺序的对象上重复这些操作。

7. 更改动画播放效果

（1）切换到幻灯片视图中，并选中需要更改动画播放效果的幻灯片。

（2）单击"自定义动画"命令，弹出"自定义动画"对话框，如图10.43所示。

（3）将需要更改动画播放效果的对象选中，然后点击左上角的"更改"按钮。

（4）在弹出的动画效果菜单中选择需要的效果进行更改，完成操作。

10.4.6 制作幻灯片插入插图

就像漂亮的网页少不了亮丽的图片一样，一张精彩的幻灯片也少不了生动多彩的图像。通过在PowerPoint文稿中使用图片，可使幻灯片的外形显得更加美观、更加生动，给人以赏心悦目的快感。

之所以要在PowerPoint幻灯片文稿中使用图片，目的在于美化幻灯片，避免只是单纯的文本和数字。在PowerPoint中，提供了类似Microsoft Office家族其他成员所共同拥有的绘图工具，能够绘制出所需的图形，从而使幻灯片更加美观、亮丽。

当然，PowerPoint所提供的绘图工具比不上专业的制图工具。要是想得到更好的图像，不妨利用其他专业绘图软件把图片做好，然后再导入到PowerPoint中。

选择"插入"→"插图"命令组，如图10.46所示。

图 10.46 插图命令组

"插图"工具栏中各工具功能如下：

- "图片"按钮：单击该按钮，可选择来自文件的图片。
- "剪切画"按钮：单击该按钮，可选择剪切画中的图片。
- "相册"按钮：单击该按钮，可选择在已建立的相册中的图片。
- "形状"按钮：单击该按钮，可以选择线条、矩形、基本形状、箭头汇总、公式形状、流程图、星与旗帜、标注和动作按钮进行绘图。
- "SmartArt"按钮：单击该按钮，可以选择列表、流程、循环、层次结构、关系、矩阵和棱锥图。
- "图表"按钮：单击该按钮，可以选择柱形图、折线图、饼图、条形图、面积图、XY（散点图）、股价图、曲面图、圆环图、气泡图和雷达图。

10.5 图表知识及操作

10.5.1 图表基本知识

在PowerPoint 2007中，提供了面向各个类型的11种不同的图表类型，包括柱形图、折线图、饼图、条形图、面积图、XY（散点图）、股价图、曲面图、圆环图、气泡图和雷达图，足以满足用户创建各种图表模块的需要。

在演示文稿中应用图表来表现数据信息，要比单纯的数字型信息更明确、更直观，让人一目了然。在演示文稿当中，任何数据所表达的信息都能够使用图表来表达。使用图表表现数据的直观性而产生的影响，要大大强于纯文字，因而建议用户多用 PowerPoint 的图表模块功能，将会收到意想不到的效果。

图表数据的添加与编辑可通过 Excel 来进行编辑。在 PowerPoint 2007 中，Excel 是当做一个嵌入的应用程序。如果创建一个插入 PowerPoint 演示文稿的图表对象，那么同时会打开 Excel 来编辑图表对象的数据。创建完图表对象后返回到演示文稿后，演示文稿中的所创建的图表对象与 Excel 之间还存在连接，可以随时再启动 Excel 来编辑图表对象的数据。

10.5.2 在幻灯片中创建图表

如果已经创建了幻灯片，且想在此幻灯片上插入图表，则可以点击"插入"→"插图"→"图表"命令来插入图表对象。具体方法如下：

（1）将鼠标定位在要插入图表的幻灯片上。
（2）点击"图表"命令，打开"插入图表"对话框，如图 10.47 所示。

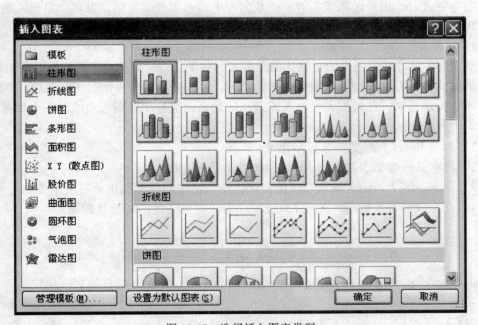

图 10.47　选择插入图表类型

（3）根据演示文稿的实际需要，先选中一种图表类型，然后再选中此图表类型下面的一种子图表类型，单击"确定"按钮进入图表编辑状态。此时将在幻灯片中插入的图表，同时会打开用于编辑图表数据的 Excel 程序，如图 10.48 所示。

（4）在右侧 Excel 2007 窗口中的工作表中，输入制作图表的数据，输入完成后，关闭该窗口，返回到演示文稿中，图表即制作完成。

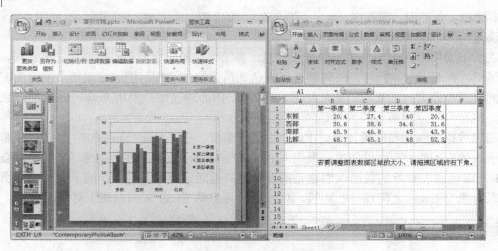

图 10.48　插入图表及图表数据

10.5.3　输入和编辑图表数据

当创建图表时，用户还需要在对应的数据表里输入需要的数据，以建立自己的数据表。在输入和编辑数据时，涉及的相关操作请参考 Excel 相关章节的介绍。

1. 输入数据

激活 Excel 后，显示出来的是默认的数据表，如图 10.49 所示。还需要往数据表里输入全新的数据或者是直接改动原来数据表里的数据。对数据表数据所作的任何改动，都会自动地在图表中反映出来。往数据表里输入或改动的数据，会被用在图表上绘制各个数据点。

输入数据的方法：

（1）激活 Excel 并使数据表显示出来；

（2）将默认的数据表数据修改为图 10.50 所示的数据；

（3）在图表区上，随着输入数字的变化，图表区中的柱形图也随着发生变化；

（4）在完成输入数据后，关闭 Excel 程序窗口，便可返回幻灯片视图。

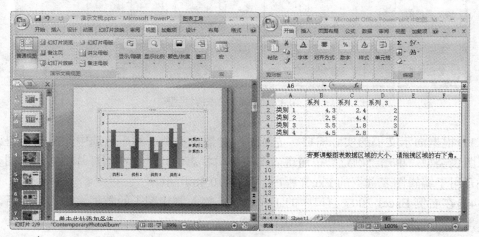

图 10.49　图表及对应数据表

第 10 章　演示文稿制作软件 PowerPoint 应用

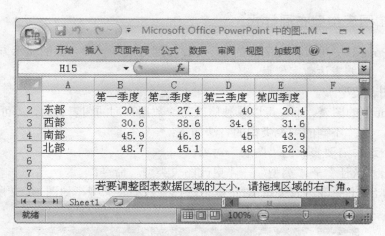

图 10.50　修改数据表

2. 修改数据

当对默认的数据表作全新的数据输入或修改后，发现其中有不符合要求的操作从而导致所创建的数据表中包含有错误，这时需要找到数据表中的错误的地方并修正，如图 10.51 所示。

修改数据的方法：

（1）单击选中需要修改数据的"图表"对象；

（2）单击"设计"→"数据"→"编辑数据"命令，即可打开 Excel 窗口；

（3）在 Excel 窗口中输入需要修改的数据；

（4）在完成输入数据后，关闭 Excel 程序窗口，便可返回幻灯片视图。

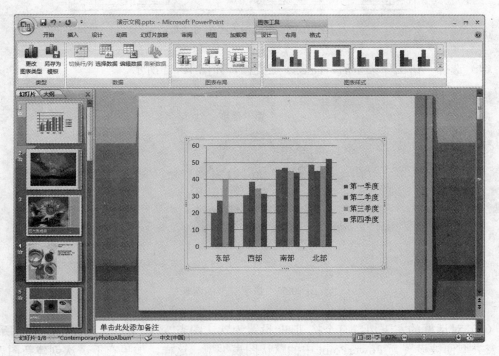

图 10.51　修改数据后生成的图表

10.5.4 编辑图表类型布局样式

在 PowerPoint 中,可以改变图表的显示方式。通过选择一种合适的显示方式,可以使图表更有说服力,更能表达数字信息。

1. 编辑图表类型

PowerPoint 中的图表,不仅可以单独修改某一数据系列的图表类型,还可以同时修改整张图表的类型。选择不同的图表类型的方法如下:

(1) 单击选中需要修改的"图表"对象;
(2) 单击"设计"→"类型"→"更改图表类型"命令;
(3) 在弹出的"更改图表类型"对话框中选择一种图表类型,如图 10.52 所示;

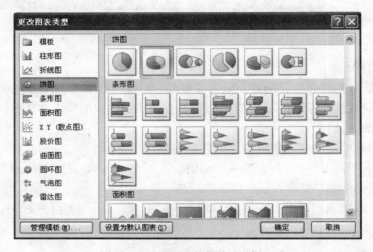

图 10.52 更改图表类型对话框

(4) 选择"饼图"类型后,图表发生变化,如图 10.53 所示。

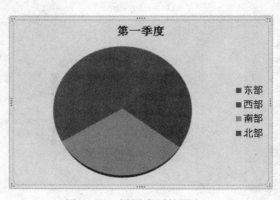

图 10.53 饼图类型的图表

(5) 对话框的左下边,有个按钮叫"设置为默认图表"。如果点选此按钮,那么所选择的图表类型便被设置为 PowerPoint 中的默认图表类型。这样,如果在下一次创建新图表时,将会使用这一次所选择的图表类型。

（6）当完成新的图表类型的选择后，可以点击"确定"按钮来完成这次操作。

2. 编辑图表布局

在 PowerPoint 中可以编辑图表布局，重新改变图表标题、图例项、水平轴、垂直轴的位置布局，具体方法如下：

（1）单击选中需要修改的"图表"对象；

（2）选择"设计"→"图表布局"命令组；

（3）在弹出图表布局范例中选择一种图表布局；

（4）改变图表布局后，如图 10.54 所示。

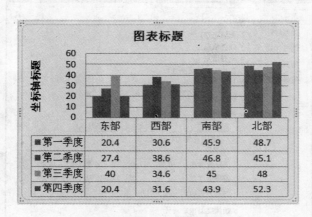

图 10.54　编辑图表布局

3. 编辑图表样式

选择图表类型及布局后，还可以选择图表的样式，改变图表样式的方法如下：

（1）单击选中需要修改的"图表"对象；

（2）选择"设计"→"图表样式"命令组；

（3）在弹出图表布局范例中选择一种图表样式；

（4）改变图表样式后，如图 10.55 所示。

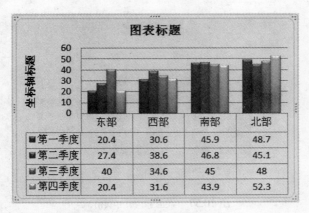

图 10.55　编辑图表样式

4. 设置图表区域格式

设置图表区域格式，可以对图表的所有元素，包括图表区、绘图区、水平轴、垂直轴、图表标题、图例等进行边框颜色、样式的设置以及背景的填充等操作。下面以填充图片为例，介绍设置图表区域格式的方法：

（1）单击选中需要修改的"图表"对象；

（2）单击"格式"→"当前所选内容"→"设置所选内容格式"命令；

（3）在弹出的"设置图表区域格式"中选择"填充"选项，如图10.56所示；

图 10.56　设置图表区格式对话框

（4）选择"图片或纹理填充"，通过"纹理"下拉选项指定填充的材质；

（5）在完成各种选择后，点击"关闭"按钮来结束操作，结果如图10.57所示。

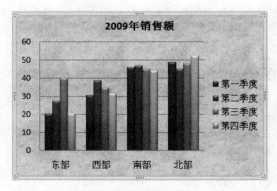

图 10.57　设置图表区域格式

10.6 设计幻灯片主题

主题是将配色方案、字形和效果集中到精美的设计包内，这些设计包可应用于多种类型的演示文稿。可以自定义主题，并在进行自定义时对所选内容进行实时预览。

1. 应用标准主题

新建一份演示文稿后，PowerPoint 会自动地为演示文稿中的幻灯片运用默认的主题。用户可以查看该文稿所使用的主题，如果对当前的主题不满意，还可以从 PowerPoint 中所提供的一系列标准主题中选择一种满意来代替当前的主题。

应用主题的方法：

（1）选择"设计"→"主题"命令组，如图 10.58 所示；

（2）选中某个主题，并停留片刻，当前幻灯片便会出现应用此主题后的演示效果；

（3）单击鼠标右键，在弹出的菜单中选择"应用于所有幻灯片"或"应用于选定幻灯片"；

（4）如果直接单击选中的主题，便会将此主题应用于所有幻灯片。

图 10.58 主题命令组

2. 新建主题颜色

如果需要更个性化的主题颜色，PowerPoint 中可以方便地对主题颜色进行个性定制，可以改变主题颜色中一种或多种颜色，或根据需要完全配置另外一套不同色彩的主题颜色，还可以将修改后的主题颜色保存下来，以便在其他演示文稿中应用。自定义主题颜色的方法如下：

（1）单击"设计"→"主题"→"颜色"命令；

（2）在弹出的"主题颜色"窗体中，单击"新建主题颜色"按钮，弹出的窗口如图 10.59 所示；

（3）在弹出的"新建主题颜色"对话框中选择各种满足要求的颜色，输入名称并保存；

（4）在"主题颜色"窗体中便会出现刚自定义的主题颜色。

3. 新建主题字体

PowerPoint 中可以方便地对主题字体作个性的定制，并且还可以将修改后的主题字体保存下来，以便在其他演示文稿中应用。自定义主题字体的方法如下：

（1）单击"设计"→"主题"→"字体"命令；

（2）在弹出的"主题字体"窗体中，单击"新建主题字体"按钮，弹出的窗口如图 10.60 所示；

（3）在弹出的"新建主题字体"对话框中选择各种满足要求的字体，输入名称并保存；

（4）然后在"主题字体"窗体中便会出现刚自定义的主题字体。

图 10.59　新建主题颜色对话框

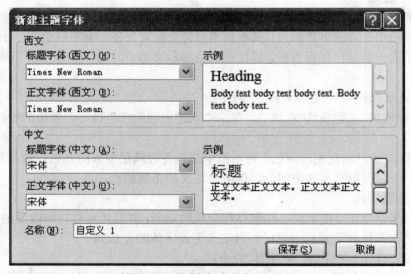

图 10.60　新建主题字体对话框

4. 新建幻灯片主题

PowerPoint 中可以方便地将当前编辑好的演示文稿主题保存下来,以便应用到其他演示文稿中。自定义主题保存并应用的方法如下:

(1) 选择"设计"→"主题"命令组；
(2) 单击"颜色"命令，选择某种定义好的主题颜色；
(3) 单击"字体"命令，选择某种定义好的主题字体；
(4) 单击"效果"命令，选择某种定义好的主题效果；
(5) 单击"主题"下拉按钮，如图 10.58 所示；
(6) 在弹出的"主题"窗口中，单击"保存当前主题"，弹出窗口如图 10.61 所示；

图 10.61　保存主题对话框

(7) 在弹出的"保存当前主题"窗体中输入文件名，并单击"保存"按钮；
(8) 打开一个新的演示文稿；
(9) 选择"设计"→"主题"命令组，单击"主题"下拉按钮；
(10) 在弹出的"主题"窗口中，单击"浏览主题"，弹出的窗口如图 10.62 所示；

图 10.62　选择主题对话框

（11）在弹出的"选择主题或主题文档"窗体中，选择某一种自定义主题；
（12）单击"应用"按钮即可完成自定义主题的应用。

第 11 章　数据库基础及 Access 应用

11.1　数据库基础

11.1.1　数据库的基本概念

数据在大多数人的头脑中的第一反应是数字，其实数字只是最简单的一种数据。描述事物的符号记录都可称为数据，它可以有数字、文字、图形、声音等多种表现形式，它们都可以经过数字化处理以后存入计算机中，这样人们收集大量的数据并保存在计算机中以便进一步加工处理，提取有用信息。为了有效地存储和管理存放在计算机中的大量数据，以便能充分而方便地使用这些信息资源，需要借助计算机和数据库管理技术。

简单地说，数据库（Database）就是数据的集合或仓库，只不过这个数据仓库是按照一定的格式组织起来存放在计算机中的。数据库是有组织的长期存放在计算机中的可共享的数据集合。

而为了科学的组织和存储数据，以及高效的获取和维护数据，需要一个专门的系统软件对数据库中的大量数据进行管理，这就是数据库管理系统（Database Management System，DBMS）。DBMS 是位于用户和操作系统之间的数据管理软件，第一，DBMS 提供数据定义功能，用户通过它可以对数据库中的数据对象进行定义。第二，DBMS 提供数据操纵功能，方便用户实现对数据的基本操作，如查询、插入新数据、删除和修改等。第三，DBMS 提供数据的运行管理功能，确保数据的安全性、完整性和故障后的系统恢复等。第四，DBMS 提供数据库的建立和维护功能，如数据的输入转换等。

但是，应当指出的是数据库的建立、使用和维护仅有 DBMS 是不够的，DBMS 是数据库系统（Database System，DBS）中的一个重要组成部分。数据库系统是指在计算机中引入数据库后的整个计算机系统，一般由数据库、数据库管理系统及其开发工具、应用系统、数据库管理员和普通用户构成。

11.1.2　数据管理技术的发展

数据库技术是应数据管理任务的需要而产生的，它经历了人工管理、文件系统和数据库系统三个阶段。

1. 人工管理阶段

20 世纪 50 年代中期之前，这个阶段的硬件只有纸带、卡片和磁带，没有磁盘等直接存取的设备，在软件方面，没有操作系统，没有数据管理的软件。计算机主要用于科学计算，此时的数据需要由应用程序自己来管理，无法长期保存，一组数据对应一个应用程序，数据不能共享，数据的处理方式是批处理。

2. 文件系统阶段

20 世纪 50 年代后期到 60 年代中期,硬件方面出现了磁盘等直接存储设备,软件方面出现了操作系统,可以利用文件存放大量数据,由专门的软件即文件系统对数据进行管理,这样数据可以长期保存。然而此时一个文件基本上独立于一个应用程序,如果不同的应用程序用到部分相同的数据时,也必须建立各自的数据文件,这样一方面造成数据的重复存放,另一方面如果数据的逻辑结构改变则必须修改应用程序。

3. 数据库系统阶段

20 世纪 60 年代后期以来,用计算机管理的数据量大增,同时各种应用、语言相互覆盖地共享数据的要求越来越强烈,处理方式上实时处理要求也更多,这时文件系统已不能满足应用的需求。于是为了满足多用户、多应用共享数据的需求,数据库技术应运而生,出现了统一管理数据的软件系统——数据库系统。

11.1.3 数据库领域中常用的数据模型

通俗来讲数据模型是现实世界的模拟,它应该真实的模拟现实世界,容易被人理解,并且便于在计算机上实现。数据模型是一组严格定义的概念的集合,它通常由数据结构、数据操作和完整性约束三部分组成。

数据结构所研究的是对象类型的集合,有相似特征的数据属于同一个对象类型。例如学校的学生管理系统中,关于学生信息有姓名、学号、年龄等多种属性,各个属性在计算机中表示为不同类型的数据。数据结构是对系统静态特性的描述。

数据操作是指对数据库中的数据允许进行的各种操作的集合,通常有检索和更新(插入、删除和修改)两大类操作。数据操作是对系统动态特性的描述。

完整性约束条件是指保证数据正确性的一组规则的集合,例如商品的价格不能是负数,人的性别只能取"男"或"女"两个值中的一个等。

数据模型是数据库系统的核心,它规范了数据库中数据的组织形式,表示了数据之间的联系。数据库领域中常用的数据模型有:层次模型、网状模型、关系模型。

1. 层次模型

层次模型是数据库系统中最早出现的数据模型,它采用树型结构来表示实体以及实体之间的联系,例如教员学生层次数据库模型可表示为如图 11.1 所示的有向图。

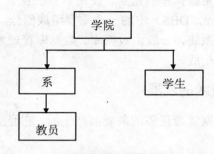

图 11.1 教员学生数据库模型

2. 网状模型

现实世界中,事物之间的联系是复杂的,例如 4 种零件可装配成 3 种不同的产品,这 3 种产品可销售给 2 个不同的用户,零件、产品和用户之间的网状结构图可用图 11.2 表示。

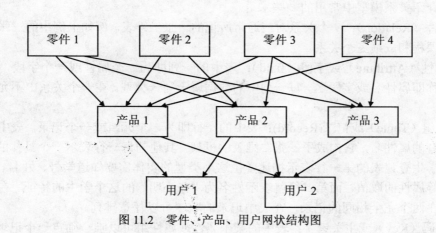

图 11.2 零件、产品、用户网状结构图

3. 关系模型

关系模型是目前最重要的数据模型,从 20 世纪 80 年代以来,计算机厂家推出的数据库管理系统几乎都支持关系模型。关系模型中的数据的逻辑结构是二维表,由行和列组成。例如对于学生成绩管理系统中的数据可用 3 张表来表示,分别为学生登记表、课程登记表、成绩登记表。

学生登记表

学号	姓名	性别	出生年月	系别
20081001	张小明	男	1990-5-28	计算机
20082002	何丽	女	1989-6-18	化学
20083003	李文秉	男	1989-7-20	法律
20084004	赵翼	男	1990-1-19	文学

课程登记表

课程号	课程名称	学分	开课院系	……
A1019	高等数学	5	数学	……
A2023	英语	4	英语	……
B1012	C 程序设计	3	计算机	……

成绩登记表

学号	课程号	成绩
20081001	A1019	85
20081001	A2023	64
20082002	B1012	55
20083003	B1012	93
20084004	A1019	73

下面介绍关系模型中常用的一些术语。

- 关系（Relation）：一个关系对应通常所说的一张二维表。例如上例中的三张表分别表示学生、课程和成绩三个关系。
- 属性（Attribute）或字段（field）：表中的一列即为一个属性或一个字段，每一列都有一个名称即属性名或字段名。每一列中的数据属于同一类型。在一个关系中不允许有相同的属性名。
- 元组（Tuple）或记录（Record）：表中的一行即为一个元组或一个记录。表中的第一行描述了所有的属性名，它构成了一张二维表的框架，其他的每一行表示一个具体的实体。如上例中的学生登记表的第一行表示描述学生这个类型的实体需要知道学号、姓名、年龄、性别和系别等属性的取值，而第二行就表示姓名为"张小明"的这个学生的特征。在一个关系中不能存在两个完全相同的记录，在表中记录的顺序可以任意排列。
- 主码（Key）或主关键字：表中的某个属性或属性组可以唯一确定一个记录，就称这个属性或属性组为码，在一个关系中码可能不止一个，选取其中的一个为主码。例如学生登记表中的"学号"，成绩登记表中的"学号"和"课程号"。
- 域（Domain）：属性的取值范围。
- 分量：元组中的一个属性值。关系中的每一个分量必须是不可再分的数据项，也就是说表中不可有表。
- 关系模式：对关系的描述，一般可表示为：

$$关系名（属性1，属性2，\cdots）$$

例如上例中的学生关系可描述为：学生（学号，姓名，出生年月，性别，系别）。

- 关系模型完整性规则

关系模型有三种完整性约束：实体完整性、参照完整性和用户定义的完整性，其中实体完整性和参照完整性是关系模型必须支持的完整性约束条件。

实体完整性：一个关系的主关键字不能取空值。所谓"空值"就是指"不知道"或"无意义"的值。例如成绩登记表中"学号"、"课程号"是主关键字，两个字段都不能取空值，但是"成绩"字段可以取空值，它表示该同学选了某门课程还没有考试，所以没有成绩。

参照完整性：表与表之间常常存在某种联系，如成绩登记表中只有学号，没有学生姓名，学生登记表和成绩登记表之间可以通过学号相等查找学生姓名等属性取值。成绩登记表中的学号必须是确实存在的学生的学号。成绩登记表中的"学号"字段和学生登记表中的"学号"字段相对应，而学生登记表中的"学号"字段是该表的主码，则称"学号"是成绩登记表的外码，成绩登记表称为参照关系，学生登记表称为被参照关系。关系模型的参照完整性是指一个表的外码要么取空值，要么和被参照关系中对应字段的某个值相同。

用户自定义的完整性：用户根据数据库系统的应用环境的不同自己设定的约束条件。

11.1.4 关系数据库

关系数据库是依照关系模型设计的数据库。一个关系数据库由若干表组成，一个表又由若干记录组成，而每个记录由若干数据项组成。

在关系数据库中，每个表都有相对的独立性，即每个表都有自己的表名，数据库中不允许有重名的表，因为对表中数据的访问依据表文件名实现。各个表之间又可以相互联系，表之间的联系通常依靠表的相同属性建立。如上节例中的成绩登记表可以按照"学号"属性与学生登记表的"学号"属性取值相同找到学生的基本情况,这样成绩登记表和学生登记表按照相同属性"学号"建立联系,同样成绩登记表与课程登记表按照相同属性"课程号"建立联系。由此可见,这些相互独立又相互联系的表反映出系统的更复杂、更全面的信息。

11.2 Access 简介

Microsoft Access 是 Microsoft 公司 20 世纪 90 年代推出的数据库管理系统软件,是 Office 系列中重要的组成部分,它主要依照关系模型设计数据结构。

11.2.1 运行环境

安装 Access 的软件和硬件环境要求如下:
(1) 中文 Windows 95 或 Windows NT 以上的操作系统;
(2) 80486、50MHz 以上的处理器;
(3) 鼠标;
(4) 32M 以上内存;
(5) 足够的硬盘空间。

11.2.2 Access 的系统界面

Access 系统界面和 Microsoft Office 的其他应用程序系统界面十分相似,同样包括 Office 按钮、功能区、工作区和状态栏,如图 11.3 所示。

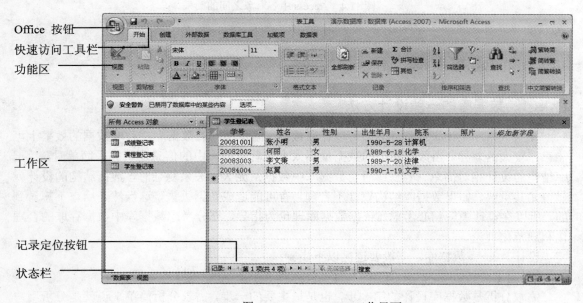

图 11.3 Access 2007 工作界面

11.2.3 Access 内部结构

Access 是一个功能强大、方便灵活的关系数据库管理系统,它为用户提供了丰富的数据库基本表的模板，内建有功能强大的操作向导。Access 不仅可用于处理 Access 建立的数据库文件，还可以处理其他一些数据库管理系统建立的数据库文件，如 Foxbase、Paradox 等。Access 不仅可用于单机管理小型数据库，还能与工作站、数据库服务器上的各种数据库相互链接。但是它只是一个小型数据库管理系统，在多于 30 台计算机组成的网络环境下设计数据时，最好不要选用 Access 作为后台数据库。

在 Access 中使用的对象包括表、查询、报表、窗体、宏、模块和 Web 页。Access 提供的这些对象都存放在同一个数据库文件中（.mdb 文件），方便对数据库文件管理，Access 中各个对象之间的关系如图 11.4 所示，表是数据库的核心和基础，它存放着数据库中的全部数据信息。报表、查询、窗体都从表中获取数据信息，实现用户的需要。而窗体提供一个良好的用户操作界面，可以直接或间接调用宏或模块，并执行查询、打印、预览、计算等功能，甚至对表进行编辑修改。

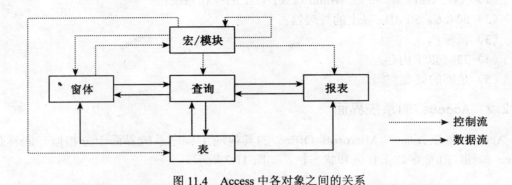

图 11.4 Access 中各对象之间的关系

11.3 创建数据库

11.3.1 数据库的一般设计方法

关系数据库无论设计好坏，都可以存取数据，但是不同的数据库在存取数据的效率上可能存在较大的差异。当数据库中的数据量不太大或者数据库中的信息逻辑关系简单时，数据库结构的设计相对简单、容易；而当数据库中数据量庞大、关系复杂时，数据结构的设计就显得尤其重要。如果数据库结构设计不合理，有可能造成数据丢失，这当然是用户不想看到的。所以在设计中应精心考虑，依据数据库理论为指导，充分考虑数据库中数据存取的合理化和规范化理论。

设计 Access 数据库，一般要遵循以下步骤：

1. 需求分析

需求分析是数据库设计的第一步，也是最主要的一步。需求分析简单来说就是分析用户的要求，需求分析的结果是否正确反映用户的实际要求，将直接影响到后面的设计以及最后的设计结果是否合理和实用。在需求分析过程中，要详细调查要处理的对象，充分了解原系统（手工或原计算机系统）的情况，明确用户的需求，在此基础上确定新系统的功能，同时要考虑以后可能的功能扩充和改变。

2. 建立数据库中的表

数据库中表的建立是整个数据库设计的关键，将直接影响到数据库中其他对象的设计和使用。当然数据库的设计不仅需要设计者的经验和对实际任务的分析与认识，还需要设计者掌握丰富的数据规范化和数据库理论的知识，这里由于篇幅的原因，简单介绍几条设计表时要注意的准则：

● 字段的唯一性和基础性。明确每个表中每个字段的数据类型，每个字段的数据类型是唯一的，即每个字段只能存放一种类型的数据。表中不要含有计算数据或推导数据的字段。

● 记录的唯一性。每一个表中没有完全相同的两个记录；要保证记录的唯一性，就必须尽量为每个表定义主关键字。主关键字中包含的字段称为主关键字段，任何一个记录中的主关键字段都必须有明确的取值，而非主关键字段则按需要来确定。

● 每一个字段都是不可再分的，对应的数据项是最小的单位。

● 字段的无关性，主关键字段唯一决定一个记录，也就是说所有非主关键字段都依赖于主关键字段。非主关键字段之间的关系应该是相互独立的，如果任何一个非主关键字段值的改变会决定另一个非主关键字段的值的改变，说明数据库中表的主关键字段的建立出现错误，需要重新建立。另一方面，非主关键字段的值要完全取决于主关键字段，如果知道主关键字段中一部分字段的值就可以唯一确定某一些非主关键字段的值，则这张表需要重新划分。这里以前面的学生成绩管理系统中的数据库中的表的划分为例做一个简单说明。

例如，在第 11.1 节中已经看到学生成绩管理系统中有三张表：学生登记表、成绩登记表、课程登记表。这里来看学生登记表和成绩登记表。如果将这两张表合二为一成为一张表，该表的关系模式可表示为：

学生（学号，姓名，性别，出生年月，系别，课程号，成绩）

这张表中显然主关键字应该为"学号"和"课程号"的组合，其中非主关键字段"姓名"、"性别"、"出生年月"、"系别"与主关键字段"课程号"无关，只依赖于"学号"；而非主关键字段"成绩"完全依赖于"学号"和"课程号"。这张表仅违背上面的第四条。

下面来看看不合理的表存在的问题：

● 插入异常：由于主关键字段是"学号"和"课程号"，那么这两个字段必须有明确的取值。如果一个新学生刚进学校还没有选任何课程，这样的学生记录由于无法确定"课程号"的取值而无法插入到表中。

● 删除异常：如果将某个学生所有选课数据都删除，则同时该表中就已经没有该学生的姓名、学号等基本数据了。

● 冗余太大：冗余太大指的是数据存放的重复度太大。如果每个学生选了 10 门课程，那么该学生的姓名、性别等基本数据在表中重复存放了 10 次，如果该学生换系，则字段"系别"就必须修改 10 个相关的记录。

将这张表重新划分为前面的学生登记表和成绩登记表，则上述存在的问题将都不再存在。

3. 创建其他数据库对象

在表设计完成的基础上设计其他的数据库对象，如查询、报表、窗体等对象。

11.3.2 创建数据库

在 Access 中可以直接创建空数据库、利用现有模板等方法来创建数据库。

1. 直接创建空数据库

启动 Access 后，单击"Office 按钮"→"新建"菜单项，出现如图 11.5 所示的"启动对话框"。也可以使用"快速访问工具栏"→"新建"按钮，或直接使用快捷键 **Ctrl+N** 来创建空数据库。

选择好保存位置和文件名后，单击"创建"按钮，进入创建的空白"数据库"窗口，如图 11.6 所示。

图 11.5　启动对话框

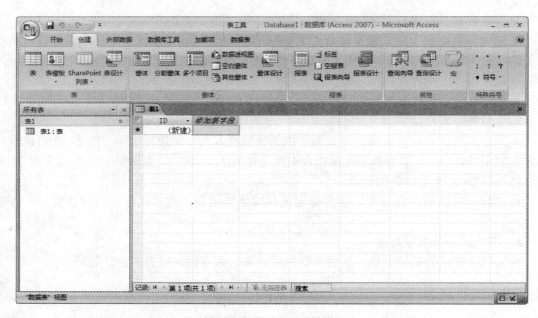

图 11.6　新建数据库窗口

2. 利用模板创建数据库

启动 Access 后，便可出现如图 11.7 所示的可以根据模板类别选择模板来创建数据库的功能界面。在选择一个模板后，系统会自动创建默认的数据库文件名及存放位置，在修改好默认的数据库文件名和存放位置以后，按"创建"按钮，进入如图 11.8 所示的利用模板创建的"数据库"窗口。

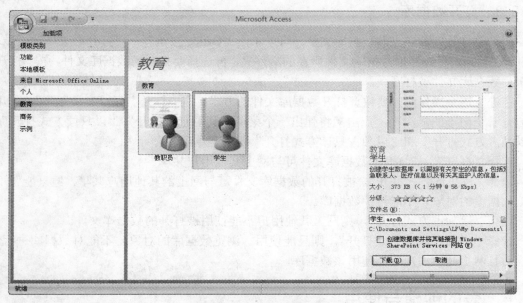

图 11.7 选择模板创建数据库

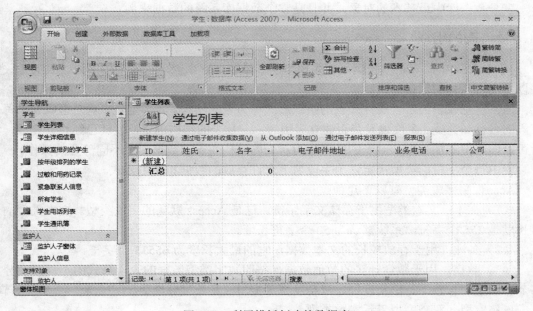

图 11.8 利用模板创建的数据库

需要说明的是，在这个窗口中显示的各种数据库类型的图标都是 Access 系统预先设计好为方便用户使用的常用的数据库模板,用户可根据需要直接选用,或选择保留其中的表中的部分字段使用。

无论使用以上哪种方法创建数据,当出现"数据库"窗口以后,可以马上创建表或查询等其他对象,或选择直接关闭该窗口,以后再创建其他对象。

Access 的数据库文件的扩展名为.accdb。

11.3.3 打开数据库

如果要打开以前建立的数据库文件。可以单击"Office 按钮"→"打开"菜单项,显示"打开"窗口,先选择好数据库文件所在的文件夹,再选择要打开的数据库文件,按"打开"按钮,数据库文件被打开。

在进行这个操作时,要注意打开数据库文件的方式。在"打开"窗口中"打开"按钮的右边有一个向下的箭头▼,点击▼将弹出一个菜单,其中有"打开"、"以只读方式打开"、"以独占方式打开"和"以独占只读方式打开"四个菜单项。

选择"打开",被打开的数据库文件可与网上其他用户共享。

选择"以只读方式打开",被打开的数据库文件可与网上的其他用户共享,但只能使用、浏览数据库的对象,不能维护数据库。

选择"以独占方式打开",则网上其他用户不能使用被打开的数据库文件。

选择"以独占只读方式打开",则只能使用、浏览数据库的对象,不能对数据库进行维护,而且网上其他用户不能使用该数据库。

11.4 表的创建与使用

表是数据库中最基本的对象,并且是整个数据库系统的数据来源。

11.4.1 表的组成

在 Access 中,表是一张满足关系模型的二维表,它由表名、表中的字段、表的主关键字以及表中具体的数据组成。

通常将组成表的字段属性即表的组织形式称为表的结构。具体地说,就是组成表的每个字段的名称、类型、宽度以及是否建立索引等。一旦表的结构确定,表就已经设计完成,然后可以向表中添加数据。对表的操作分为对表的结构和表的数据两个不同部分的操作。

表中每个字段的类型决定这个字段名下允许存放的数据和使用方式。

Access 中字段类型有以下几种:

(1) 文本:文本类型用于存储文字字符,这是 Access 默认的字段类型。文本类型的最大长度是 255 个字符,系统默认为 50 个字符长度。

(2) 备注:用于存放较长的文本数据,它的最大长度为 65535 个字符。

(3) 数字:用于数学计算的数值数据,按照数字类型数据的表现形式的不同,又分为字节、整型、长整型、单精度型、双精度型等类型,其长度分别为 1、2、4、4、8 个字节,其中单精度型、双精度型表示实数类型。

(4) 日期/时间:用于存储日期/时间类型的数据。按照日期/时间的数据形式格式不同,又分为常规日期、长日期、中日期、短日期、长时间、中时间、短时间等类型,其长度由系统设置为 8 个字节。

（5）货币：这种字段类型的整数部分不超过 15 位，小数部分不超过 4 位。输入时不必输入货币符号和千位分隔符。

（6）自动编号：用于存储递增数据和随机数据的字段类型。这个类型的数据无需也不能输入，每增加一个新记录，系统将自动编号类型的数据自动加 1 或随机编号。其字段长度由系统设置为 4 个字节。

（7）是/否：用于存储只包含两个数据值的字段类型（如 Yes/No、True/False、On/Off）。字段长度由系统设置为 1 个字节。

（8）OLE 对象：OLE 对象类型字段用于链接和嵌入其他应用程序所创建的对象的字段类型。它可嵌入的其他应用程序，所创建的对象可以是电子表格、文档、图片、声音等，其字段最大长度可以为 1GB。

（9）超级链接：用于存放超级链接地址的字段类型。

（10）附件：任何支持的文件类型，可以将图像、电子表格文件、文档、图表和其他类型的支持文件附加到数据库的记录。

（11）查阅向导：用于存放从其他表中查阅数据的字段类型，其长度由系统设置为 4 个字节。

11.4.2 创建表

创建一个表有多种方法，这里介绍几种常用的方法。

1. 通过输入数据创建表

（1）打开数据库；

（2）点击如图 11.9 所示的"功能区"→"创建"→"表"→"表"命令；

图 11.9 创建功能区

（3）在"表"窗口中，直接输入数据，系统根据输入的数据内容确定各字段类型、长度等表的结构；

（4）输入完毕后，关闭"表"窗口，系统弹出"另存为"窗口，输入表的名称，点击"确定"按钮，结束表的创建。

要注意的是采用这种方法创建的表中的字段名不能体现数据的内容，通常需要经过修改才能真正完成表的设计。

2. 使用表模板创建表

（1）打开数据库；

（2）点击如图 11.9 所示的"功能区"→"创建"→"表"→"表模板"命令；

（3）在弹出的"表模板"列表中，单击选中的"表模板"；

(4) 系统会根据选择的模板自动创建各个字段名称、类型、长度等表的结构;

(5) 关闭"表"窗口,系统弹出"另存为"窗口,输入表的名称,点击"确定"按钮,结束表的创建。

以上两种方法虽然简单,但是有时会限制设计者的思路,影响表的总体设计。

3. 使用表设计器创建表

(1) 打开数据库;

(2) 点击如图 11.9 所示的"功能区"→"创建"→"表"→"表设计"命令;

(3) 在系统弹出"表"的结构定义窗口中,逐一定义每个字段名称、类型、长度等;

(4) 创建完毕后,保存表,或直接关闭窗口,系统提示是否保存表,选择"是",输入表的名称即可。

例:利用表设计器创建表"学生登记表"、"课程登记表"和"成绩登记表"。

首先确定三张表的结构如下:

学生登记表

字段名	字段类型	字段大小
学号	文本	20
姓名	文本	20
性别	文本	2
出生日期	日期/时间	长日期格式
系别	文本	50
照片	OLE 对象	

课程登记表

字段名	字段类型	字段大小
课程号	文本	30
课程名	文本	20
学分	数字	整型
开课院系	文本	50

成绩登记表

字段名	字段类型	字段大小
学号	文本	20
课程号	文本	20
成绩	数字	整型

其次,创建三张表:

(1) 创建一个空数据库,保存为"演示数据库.accdb";

(2) 点击"功能区"→"创建"→"表"→"表设计"命令;

(3) 按照"学生登记表"的设计结构,定义该表的每个字段的基本属性,如图 11.10

所示；

（4）点击"快速访问工具栏"→"保存"按钮，系统弹出"另存为"窗口，输入表名"学生登记表"，点击"确定"按钮。

（5）关闭"表"结构定义窗口。

依照类似方法创建另外两个表。

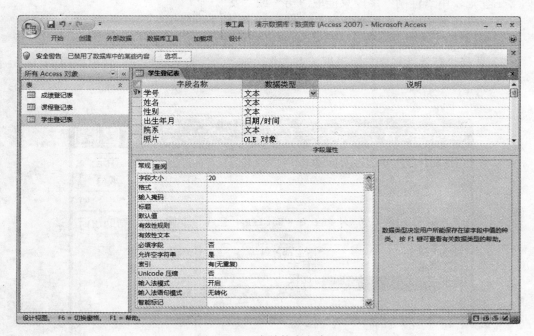

图 11.10　表结构定义窗口

11.4.3　表的属性设置

在创建表时，除了要定义每个字段的基本属性外，对字段的有效规则、默认值、显示格式等属性根据需要也应进行定义。

1. 表的结构修改

在表的结构确定以后，一般不要对结构进行修改，尤其是不对字段类型和字段大小的修改，原因是对字段类型或字段大小的修改可能造成已输入的数据不符合修改后的新的字段类型或字段大小，从而造成数据无法保存。但可以进行修改字段名、增加字段等操作。操作步骤如下：

（1）打开相应数据库文件。

（2）在"表"窗口中选择要修改的表，单击右键弹出功能菜单。

（3）在弹出的右键菜单中，点击"设计视图"菜单项。

（4）在"表"结构设计窗口中，进行相应修改后保存表。

2. 字段标题的设置

字段标题是字段的别名，在通过表、窗体、报表浏览数据时，系统自动将字段标题作为数据显示的标题，如果某表各字段没有设置标题，使用默认字段名为字段标题。

字段标题的设置参看图 11.10，在表结构定义窗口中，"常规"选项卡中"标题"一栏就是字段标题设置的位置。

3. 字段有效规则的设置

字段有效规则是给字段输入数据时的约束条件，当输入的数据不符合字段有效规则时，系统显示提示信息，并强迫光标停留在该字段处，直到输入的数据符合字段有效规则为止，例如学生登记表中"性别"字段只能取"男"或"女"。

定义字段有效规则的步骤如下：

（1）打开"表"结构定义窗口，选定"常规"选项卡；

（2）选择"有效性规则"编辑框，点击右边带"…"符号的按钮，弹出如图 11.11 所示的"表达式生成器"窗口。

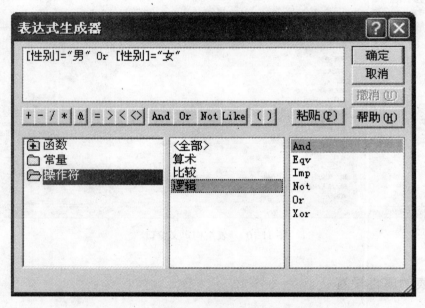

图 11.11　表达式生成器对话框

（3）输入有效规则，点击"确定"按钮；

以下是几个常见的条件表达式的例子：

[性别]＝"男" or [性别]＝"女"　　　　　　性别字段只能取"男"或"女"两种取值。
[成绩]>=0 and [成绩]<=100　　　　　　　成绩字段取值在 0 到 100 范围之内
[成绩] between 0 and 200　　　　　　　　成绩字段取值在 0 到 100 范围之内

4. 字段的输入/显示格式设置

在 Access 中，字段的输入/显示格式决定了该字段的数据输入和显示的格式，不影响字段的存储格式。系统中除了 OLE 字段类型外，为每种字段类型内部定义了许多种不同的输入/显示格式供用户使用。

用户也可根据需要自定义，但是要注意的是在自定义字段输入/显示格式时，应写出正确的格式符号串，在 Access 中，不同类型的数据有各自不同的字段格式符号。这里由于篇幅的原因，不一一列出，读者可参看有关资料。

修改字段输入/显示格式可先打开相应的"表"结构设计窗口，选择"常规"选项卡，在"格式"一栏中选择合适的项目。

5. 字段输入掩码的设置

平时有些数据的书写格式相对固定，如日期（2003年6月2日）、电话号码（027-12345678）等。字段输入掩码是在给字段输入数据时的特定输入格式，常用输入掩码的最大优点是减少重复性数据的输入，数据中的固定部分不必输入。

修改字段输入/显示格式可先打开相应的"表"结构设计窗口，选择"常规"选项卡，选择"输入掩码"编辑栏，单击右边带有"…"符号的按钮，出现"输入掩码向导"，按照提示定义字段的输入掩码。

6. 设置主关键字

主关键字唯一表示一个记录，即表中的一行，因此，一张表中的主关键字必须有明确的取值但不允许有重复值。定义表的主关键字的步骤如下：

（1）打开数据库，打开要设置主关键字的表。

（2）在"表"的结构设计窗口中，选定要作为主关键字的一个字段或多个字段，点击"功能区"→"设计"→"工具"→"主键"命令即可。

11.4.4 编辑数据

1. 添加数据

操作步骤如下：

（1）打开数据库，如打开前例中创建的"演示数据库.accdb"。

（2）在"表"窗口中，选择要添加数据的表，双击打开，出现"表"浏览窗口。

（3）在"表"浏览窗口中（如图11.12所示），在行前带"*"指示的记录中输入新的数据。

（4）保存已添加数据的表。

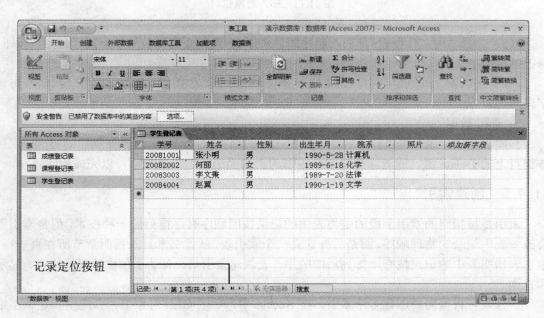

图11.12 "表"浏览窗口

2. 修改数据

按照添加数据操作的前两个步骤打开"表"浏览窗口，选择要修改的记录行及字段，直接修改数据，修改完成后，保存表。

这里要特别说明的是在修改 OLE 对象类型的字段时，应使用"插入"菜单中的"对象"选项。

例：修改"学生登记表"中的照片字段的值。

操作步骤如下：

（1）打开数据库"演示数据库.accdb"。

（2）在"表"窗口中，选择"学生登记表"，双击打开，进入"表"浏览窗口。

（3）选择要修改的记录行，选定照片字段。

（4）右键单击该字段，弹出右键菜单，点击"插入对象"菜单项，进入如图 11.13 所示的"插入对象"窗口。

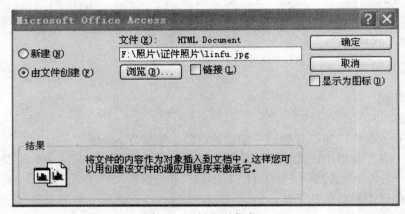

图 11.13 插入对象窗口

（5）选择"由文件创建"，输入照片图像（JPG）文件所在的位置，点击"确定"按钮，修改就完成了。

（6）在"表"浏览窗口中，如果想要查看 OLE 对象类型字段的数据内容，只需双击该字段即可。

3. 删除数据

删除表中的记录，可以打开要删除数据的表的浏览窗口，然后选择要删除的记录，直接按键盘上的 Delete 键，或者选择右键菜单中的"删除记录"菜单项都可以完成删除操作。

11.4.5 创建索引

索引是按指定的索引字段的值将表中的记录按照顺序有序排列的一种技术，但是索引不会改变表中记录的物理顺序，而是另外建立一个索引表。就像书本目录指明章节所在页一样，索引表指明表中的记录按有序排列后的顺序。表创建索引后，有助于加快数据的检索、显示和查询。

一张表可根据需要创建多个索引。在 Access 中，除了 OLE 对象型、备注型和逻辑型字段不能建立索引外，其余类型字段均可创建索引。

创建索引的步骤如下:
1. 创建单字段索引
(1) 打开数据库,打开要建立索引的表结构设计窗口。

(2) 选择要索引的字段,在"常规"选项卡上的窗口下部,单击"索引"属性框内部,然后单击"有(有重复)"或"有(无重复)"。单击"有(无重复)"选项,可以确保任何两个记录的这一字段没有重复值。

2. 创建多字段索引
(1) 打开数据库,打开要建立索引的表结构设计窗口。

(2) 单击"功能区"→"设计"→"显示/隐藏"→"索引"命令,打开创建索引字段窗口,如图11.14所示。

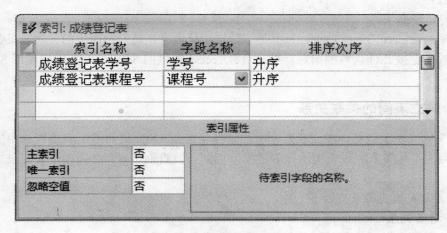

图11.14 创建字段索引窗口

(3) 在"索引名称"列的第一个空白行键入索引名称,可以使用索引字段的名称之一来命名索引,或使用其他合适的名称。

(4) 在"字段名称"列中,单击向下的"箭头",选择索引的第一个字段。

(5) 在"字段名称"列的下一行,选择索引的第二个字段(使该行的"索引名称"列为空)。重复该步骤直到选择了应包含在索引中的所有字段(最多为10个字段)。

11.5 查询的创建和使用

查询是用来进行数据检索和数据加工的一种数据库对象。查询通过从一个或多个表中提取数据创建而成,使用查询可以按照不同的方式查看、更改和分析数据。可以使用查询作为窗体、报表和数据访问页的记录源。

查询的结果总是和数据源表中的数据保持同步,也可以说查询的记录集实际上是不存在的,每次使用查询都是从创建查询时指定的数据源表中提取记录集。

11.5.1 查询的类型

在Access中,可以创建的查询类型主要有以下几种:

1. 选择查询

选择查询是最常见的查询类型，主要用于浏览、检索和统计数据库中的数据。

2. 参数查询

参数查询是这样一种查询，它在执行时显示自己的对话框以提示用户输入查询的参数，创建动态的查询结果。例如，可以设计它来提示输入两个日期，然后 Microsoft Access 检索在这两个日期之间的所有记录。

3. 交叉表查询

交叉表查询主要用于对数据表中的某个字段进行汇总，并将其分组。

4. 操作查询

操作查询主要用于对数据库中的数据的更新、删除、追加和生成新表，从而对数据库中的数据进行维护。

5. SQL 查询

SQL（Structured Query Language）是一种结构化语言，是一种通用的、功能极强的关系数据库语言，是被 ISO 认可的国际标准语言。Access 提供的 SQL 查询是用户使用 SQL 语句创建的查询。

11.5.2 建立表间的关联关系

查询的优点在于能将多个表或查询中的数据集合在一起，或对多个表或查询中的数据执行操作。当需要从多张表或查询中提取数据添加到当前查询中时，必须确定多张表之间的关联关系。

Access 中表间的关系有以下三种：

1. 一对多关系

一对多关系是关系中最常用的类型。在一对多关系中，A 表中的一个记录能与 B 表中的许多记录匹配，但是在 B 表中的一个记录仅能与 A 表中的一个记录匹配。例如上例中学生登记表和学生成绩表之间学号相同就表示同一个人的数据。

2. 多对多关系

在多对多关系中，A 表中的记录能与 B 表中的许多记录匹配，并且在 B 表中的记录也能与 A 表中的许多记录匹配。此关系的类型仅能通过定义第三个表（称作联结表）来达成。多对多关系实际上是使用第三个表的两个一对多关系。例如，"学生"表和"课程"表有一个多对多的关系，它是通过"成绩"表中两个一对多关系来创建的。

3. 一对一关系

在一对一关系中，在 A 表中的每一记录仅能在 B 表中有一个匹配的记录，并且在 B 表中的每一记录仅能在 A 表中有一个匹配记录。此关系类型并不常用，因为在表中的大多数信息即以此方式相关。

关系的定义方法和步骤为：

（1）打开数据库，确定要建立关系的两个表，它们要有同名字段，并且已分别建立索引；

（2）点击"功能区"→"数据库工具"→"显示/隐藏"→"关系"命令，数据库工具功能区如图 11.15 所示。

第 11 章 数据库基础及 Access 应用

图 11.15 数据库工具功能区

（3）将建立关联关系的表添加到"关系"窗口中。

（4）在"关系"窗口中，将一个表中的相关字段拖到另一表的相关字段的位置上，弹出"编辑关系"对话框，如图 11.16 所示。

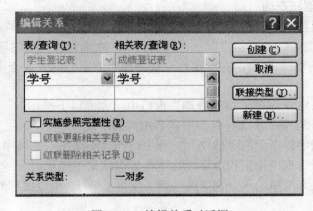

图 11.16 编辑关系对话框

（5）选择"实施参照完整性"，按"创建"按钮，则两表间的关联关系已经创建，数据库关系图如图 11.17 所示。

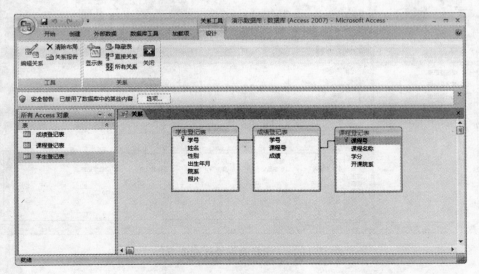

图 11.17 数据库关系图

11.5.3 创建选择查询

1. 使用向导创建查询

在 Access 中有"简单查询向导"、"交叉表查询向导"、"查找重复项查询向导"和"查找不匹配项查询向导"四个创建查询的向导，使用它们创建查询的方法基本相同，不同的是满足用户不同的需求。

使用查询向导的操作步骤如下：

（1）点击"功能区"→"创建"→"其他"→"查询向导"命令。

（2）进入"新建查询"窗口，选择要使用的查询向导。

（3）按查询向导的提示选择合适的信息。

（4）输入查询的名称，保存查询，结束查询的创建。

2. 使用设计器创建查询

使用查询设计器可以完全由用户自主创建和修改查询。其操作步骤如下：

（1）使用"功能区"→"创建"→"其他"→"查询设计"功能项。

（2）弹出"显示表"窗口，在此窗口中选择作为数据源的表或查询，将其添加到选择查询窗口中。

（3）在如图 11.18 所示的"选择查询"窗口中，完成以下操作：

● 在"字段"一行中依次选择查询中需要用到的字段。

● 在要求排序的字段下面的"排序"一行中选择"不排序"、"降序"或"升序"。

● 在"显示"复选框中指定相应字段是否在查询结果中显示。

● 在"条件"文本框中输入查询条件（或者使用 Ctrl+F2 组合键打开表达式生成器输入条件）。

● 保存查询。

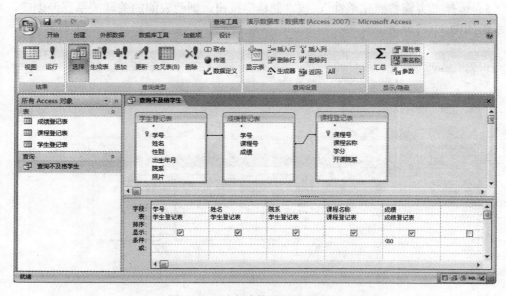

图 11.18 选择查询设计视图窗口

11.5.4 创建操作查询

操作查询是仅在一个操作中更改许多记录的查询，共有四种类型：删除、更新、追加与生成表。

删除查询：从一个或多个表中删除一组记录。

更新查询：对一个或多个表中的一组记录作全局更改。

追加查询：从一个或多个表中将一组记录追加到一个或多个表的尾部。

生成表查询：从一个或多个表中的全部或部分数据新建表。

1. 创建删除查询

（1）使用"设计视图"创建打开一个选择查询。

（2）点击"功能区"→"设计"→"查询类型"→"删除"命令，"选择查询"窗口变成"删除查询"窗口，在字段列表框中增加一个"删除"列表行。

（3）在相应字段下面的"条件"行内输入要删除记录的条件。

（4）保存查询或者点击"功能区"→"设计"→"结果"→"运行"命令执行该查询。

2. 创建追加查询

（1）使用"设计视图"创建打开一个选择查询。

（2）点击"功能区"→"设计"→"查询类型"→"追加"命令，"选择查询"窗口变成"追加查询"窗口，在字段列表框中增加一个"追加到"列表行。

（3）在"追加查询"窗口中确定对应的追加字段。

（4）保存查询或者点击"功能区"→"设计"→"结果"→"运行"命令执行该查询。

3. 创建更新查询

（1）使用"设计视图"创建打开一个选择查询。

（2）点击"功能区"→"设计"→"查询类型"→"更新"命令，"选择查询"窗口变成"更新查询"窗口，在字段列表框中增加一个"更新到"列表行。

（3）在"更新查询"窗口中的字段列表框的"更新到"对应行中输入更新的数据或算法，在"条件"行中输入更新范围的条件。

（4）保存查询或者点击"功能区"→"设计"→"结果"→"运行"命令执行该查询。

4. 创建生成表查询

（1）使用"设计视图"创建打开一个选择查询。

（2）点击"功能区"→"设计"→"查询类型"→"生成表"命令。

（3）弹出"生成表"窗口，在"生成表"窗口中输入新表的名称并选择新表属于哪一个数据库。

（4）保存查询或者点击"功能区"→"设计"→"结果"→"运行"命令执行该查询。

11.5.5 创建参数查询

参数查询是一种特殊的查询，在运行查询操作时由用户输入参数值，查询结果根据参数值而决定组成的记录集。这种查询使得查询结果具有很大的灵活性，因而参数查询常常成为窗体、报表、数据访问页的数据基础。

参数查询的创建可以建立在已经创建的查询的基础上，其创建步骤如下：

(1) 使用"设计视图"创建一个查询。

(2) 点击"功能区"→"设计"→"显示/隐藏"→"参数"命令，出现如图 11.19 所示的"查询参数"定义窗口。

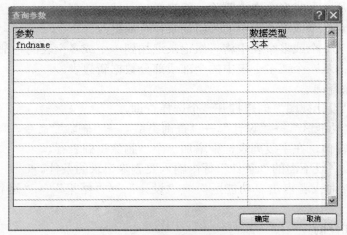

图 11.19　查询参数定义窗口

(3) 定义要用到的参数名称和数据类型，单击"确定"按钮。

(4) 在查询窗口中设计准则时使用刚定义的参数定义条件表达式。

(5) 在运行查询时，系统会首先提示相应参数的取值，然后提取符合条件的记录集。

11.5.6　创建 SQL 查询

SQL 查询是用户使用 SQL 语句创建的查询。创建 SQL 查询的步骤如下：

(1) 使用"设计视图"创建或打开一个选择查询。

(2) 点击"功能区"→"设计"→"结果"→"视图"命令，选择下拉菜单中的"SQL 视图"，选择查询 SQL 视图窗口如图 11.20 所示。

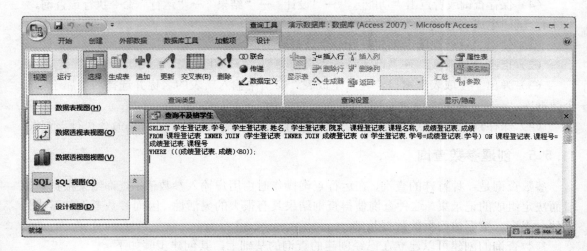

图 11.20　选择查询 SQL 视图窗口

（3）在"SQL 视图"窗口中输入相应的 SQL 语句后关闭窗口，保存查询。

当然这种查询的创建要求用户非常熟悉 SQL 语言，这里由于篇幅的原因，不详细介绍 SQL 语言，感兴趣的读者可以参考其他资料。

11.6 窗体的创建和使用

窗体是 Access 数据库中一个常用的对象，提供人机交互的界面，通常用于输入数据。按照窗体的功能不同，窗体可分为数据入口窗体、切换面板窗体和自定义对话框三种。其中数据入口窗体可用于向表中输入数据，切换面板窗体可用于打开其他窗体或报表，而自定义对话框可接受用户输入并按照输入执行某个操作。

11.6.1 窗体的组成

窗体由主体、窗体页眉、窗体页脚、页面页眉、页面页脚 5 节组成，所有窗体都有主体节，其余 4 节可根据需要设置，如图 11.21 所示。

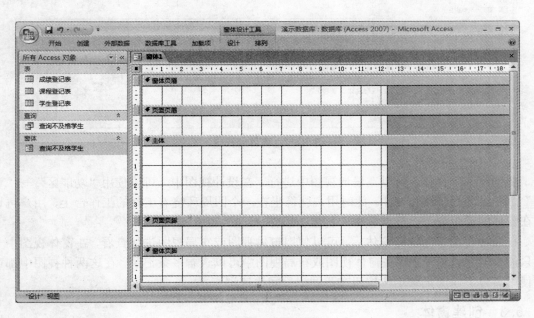

图 11.21 窗体组成

窗体页眉对每个记录而言显示的信息是一样的，主要显示窗体标题，在"窗体"视图中出现在屏幕的最上方。在打印的窗体中，窗体页眉出现在第一页的顶部。

页面页眉出现在每张打印页的顶部，显示主标题或列标题等信息，页面页眉出现在打印窗体中。

主体节位于窗体的中心，是窗体的核心部分，通常由多种控件组成。

页面页脚出现在每张打印页的底部，显示如日期或页号等信息。页面页脚同样只出现在打印窗体中。

窗体页脚位于窗体的底部，显示的信息对于每个记录是一样的，通常包含命令按钮或者窗体的使用说明等。

11.6.2 窗体的视图

窗体主要有三种视图：设计视图、窗体视图和数据表视图。在显示窗体的某一种视图的情况下，可以使用 Access 的"功能区"→"开始"→"视图"命令，在三种视图之间进行切换，或点击右下角的视图快捷方式进行切换，如图 11.22 所示。

图 11.22　窗体的视图

要创建一个窗体，可以在设计视图中进行。在设计视图中，可以使用"功能区"→"设计"命令组进行窗体的设计。此时用户就像坐在一个四周环绕着工具的工作台上，用户可设计在窗体的哪个位置具体放置哪一种窗体控件。

在设计视图中创建好窗体后，可以使用窗体视图或布局视图进行查看，在窗体视图中一次只能查看一条记录，而在窗体视图或布局视图中可以查看多条记录。在这两种视图中都可以使用窗体下面的记录定位按钮在不同记录间快速浏览。

11.6.3 创建窗体

创建窗体命令组如图 11.23 所示。

图 11.23　创建窗体命令组

1. 使用自动窗体创建窗体

使用自动窗体可以创建显示表或查询中所有字段或记录的窗体。采用这种方法创建的窗体，由系统自动设计窗体格式，设计者只需确定数据来源就可以完成窗体的设计。

使用自动窗体创建窗体的操作步骤如下：

（1）打开数据库，在"表"或"查询"窗口中，选中表或查询中的某个对象。

（2）单击"功能区"→"创建"。

（3）在"窗体"命令组中选择其一：

- "窗体"：每个字段都显示在一个独立的行上，旁边有一个标签。
- "分割窗体"：上部区域显示一个窗体，下部区域显示一个数据表。
- "多个项目"：每个记录的字段以行和列的格式显示，即每个记录显示为一行，每个字段显示为一列。字段的名称显示在每一列的顶端。

（4）保存窗体。

2. 使用窗体向导创建窗体

使用窗体向导创建窗体的操作步骤如下：

（1）打开数据库，选中表或查询中的某个对象。

（2）单击"功能区"→"创建"→"窗体"→"其他窗体"→"窗体向导"菜单项。

（3）在窗体向导窗口中，选择窗体中需要用到的字段、窗体布局以及窗体样式。

（4）保存窗体。

3. 使用图表创建窗体

使用图表向导可以创建图表窗体，其操作步骤如下：

（1）打开数据库，选中表或查询中的某个对象。

（2）单击"功能区"→"创建"→"窗体"→"数据透视图"命令。

（3）在"数据透视图"中，对图表样式进行修改。

（4）保存窗体。

4. 使用窗体设计器创建窗体

使用窗体设计器，设计者可以自主地设计窗体，最大限度地满足用户需求。具体操作步骤如下：

（1）打开数据库，选中表或查询中的某个对象。

（2）单击"功能区"→"创建"→"窗体"→"窗体设计"命令。

（3）在"设计视图"中，单击"功能区"→"设计"→"工具"→"添加现有字段"命令，可选择数据来源。

（4）在"设计视图"中，设计者可为窗体添加控件，设计窗体的布局。

（5）保存窗体。

通过以上几种方法创建的窗体数据来源只能是一个表或查询，设计者如果想要使用多个表作为数据来源，一个简单的方法是首先利用多表创建一个查询，然后将此查询作为窗体的数据来源，即可创建一个多表窗体。

11.6.4 设置窗体属性

窗体的属性决定了窗体的外观、结构以及数据来源。只有通过设置窗体的多种属性，才能全面地设计窗体的整体结构。

在"设计视图"中，单击"功能区"→"设计"→"工具"→"属性表"命令，即可弹出窗体的属性窗口，如图 11.24 所示。

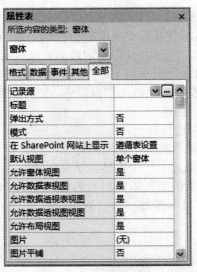

图 11.24　窗体属性窗口

设置窗体属性实际上是设计窗体的主体的性能，一般要考虑以下内容：
- 窗体的高度、宽度、背景颜色、背景图片；
- 窗体的边框样式；
- 窗体是否居中；
- 窗体的数据来源；
- 窗体是否含有关闭按钮；
- 窗体的标题；
- 窗体是否有菜单栏；
- 窗体是否有工具栏；
- 窗体是否有浏览按钮。

11.6.5　窗体控件的使用

窗体设计命令组如图 11.25 所示。

图 11.25　窗体设计命令组

1. 添加窗体控件

选择"功能区"→"设计"→"控件"命令组，将"控件"中的任意一个按钮拖到正在设计的窗体中，窗体将添加一个新的控件。不同的控件的功能和作用是不同的，需要对控件的属性及事件进行定义。要对控件属性进行设置，先选择要修改属性的控件，然后使用"功能区"→"设计"→"工具"→"属性表"命令，或右击控件，在弹出的快捷菜单中选择"属性"菜单项，即可显示"属性表"窗口。

2. 常用控件及其属性定义

　　[Aa] 控件：是标签控件，用于学生窗体中各种提示信息或说明。最重要的属性是标签的标题即标签显示的文本，其他主要属性有标签距离窗体上边界、左边界的距离，标签的高度、宽度，标签的背景样式、背景颜色，标签的特殊效果，标签的文本字体及字体大小、字体颜色等。

　　[ab] 控件：是文本框控件，主要用于表或窗体中非备注型字段和通用型字段的输入、输出等操作，它的数据来源于表、查询或键盘输入等的信息，其主要属性有文本框的数据来源、文本框的高度宽度、文本框的样式等。

　　如果要添加的控件是文本框控件，可以根据需要将其创建成为计算控件，用于任何可计算的值，例如总和、部分和等。首先创建文本框控件，点击"设计"→"工具"→"属性表"功能项，在弹出的"属性表"对话框中选择"数据"标签，在"控件来源"文本框中单击右边的表达式生成器…按钮；在弹出的"表达式生成器"对话框中输入相应的表达式，单击"确定"按钮即可。

　　[□] 命令按钮控件：主要用于程序的控制执行过程及对窗体中数据的操作。它的主要属性有命令按钮的标题、高度宽度、字体等，但是更重要的属性是命令按钮的响应动作，命令按钮的响应动作由命令按钮的事件中代码来决定，主要事件有单击事件和双击事件等。

　　[xyz] 选项组控件：用于控制在多个选项中选择其中的一个选项。在窗体中选择一个选项组控件，系统自动取得"选项组向导"，设计者要确定多个"参数"即该控件中的多个选项的具体内容，以完成该控件的定义。

　　[⊙] 选项控件：用于显示数据源中"是/否"字段的值。如果选择了该控件其值就是"是"，否则就是"否"。

　　[≡] 列表框控件：是以一种表格式的方式显示输入、输出数据。表格分为若干行和列，可以从列表中选择一个值，作为新记录或更改记录的字段值。

　　[⛬] 绑定对象框控件：主要用于绑定的 OLE 对象的输出。

　　[⛭] 图像控件：又称"未绑定"控件，主要用于显示一个静止的图形文件。

　　[▦] 子窗体控件：在主窗体中显示与其数据来源相关的子数据表中数据的窗体。

11.7　报表创建与使用

　　报表是以打印的格式表现用户的数据的一种有效的方式。因为用户控制了报表上每个对象的大小和外观，所以可以按照所需的方式显示信息以便查看。在 Access 中创建报表的方法有很多，创建的方法与创建窗体很相似。

11.7.1　报表的组成

　　报表的信息可以分在多个节中，每个节在页面上和报表中具有特定的目的并按照预期次序打印。报表通常由报表页眉、报表页脚、页面页眉、页面页脚及主体 5 个部分组成。

　　报表页眉是整个报表的页眉，只在报表的首页头部打印输出，主要用于打印报表标题、制作时间、制作单位等信息。

页面页眉的内容在报表的每一页的头部打印输出，主要用于定义报表输出的每一列的标题。主体是报表数据的主体部分。

页面页脚的内容在报表的每一页的底部打印输出，主要用于打印报表页号、制作人和审核人等信息。

报表页脚是整个报表的页脚，内容只在报表的最后一页底部打印输出，主要用于打印数据的统计结果信息。

11.7.2 报表的视图

每个报表均有下列四种视图："报表视图"、"打印预览"、"布局视图"和"设计视图"。"布局视图"和"设计视图"是两个可用于对报表进行更改的视图。使用"布局视图"可以设置列宽、添加分组级别或执行几乎所有其他影响报表的外观和可读性的任务；使用"设计视图"可以创建报表或更改已有报表的结构，可以更改某些在布局视图中没有的属性。

使用"报表视图"可以无需打印或预览报表，便可将报表内容丰富、精确的呈现；而使用"打印预览"可以预览报表，并进行页面设置等操作。

在报表的视图之间进行切换的步骤如下：

（1）在任意视图中打开所需的报表；

（2）单击"功能区"→"开始"→"视图"→"视图"命令；

（3）在弹出的下拉菜单中选择相应的视图即可进行切换。

11.7.3 创建报表

1. 使用自动创建报表创建报表

使用自动创建报表创建的报表有纵栏式和表格式报表两种。其操作步骤如下：

（1）打开数据库，选中表或查询中的某个对象；

（2）单击"功能区"→"创建"→"报表"→"报表"命令；

（3）系统自动创建以选中对象为数据来源的报表；

（4）保存报表。

2. 使用报表向导创建报表

使用报表向导时将提示输入有关记录源、字段、版面以及所需格式并根据用户的回答来创建报表。其操作步骤如下：

（1）打开数据库，选中表或查询中的某个对象；

（2）单击"功能区"→"创建"→"报表"→"报表向导"命令；

（3）在"报表向导"窗口中确定报表所需的字段、报表分组级别、报表中数据的排列顺序、报表的布局方式、报表的样式、报表的标题。

（4）保存报表。

3. 使用报表设计器创建报表

使用报表设计器，设计者可以自主地设计报表，最大限度地满足用户个性的需求。其操作步骤如下：

（1）打开数据库，选中表或查询中的某个对象；

（2）单击"功能区"→"创建"→"报表"→"报表设计"命令；

（3）在"设计视图"中，单击"功能区"→"设计"→"工具"→"添加现有字段"命令，可选择数据来源；

（4）在"报表"窗口中，设计者可为报表添加控件，设计报表的布局；

(5) 保存报表。

4. 将窗体转换为报表

从上面的叙述中可以看出窗体和报表有很多类似的地方，在 Access 中也可以利用窗体创建报表。将窗体转换为报表的步骤如下：

（1）打开数据库，双击打开窗体中的某个对象。
（2）单击"Office 按钮"→"另存为"→"对象另存为"菜单项。
（3）在"另存为"窗口中，确定保存类型为"报表"并输入报表名称。
（4）单击"确定"按钮。

11.7.4 设计报表

1. 在报表中使用报表控件

报表中的每一项如字段名、字段值都是一个控件，报表设计中主要用到的控件是标签和文本框控件，但有时为了更全面地显示报表内容，也会在报表中添加其他控件。

2. 页面设置

设置报表的页面主要是绘制页面的大小、页眉页脚的样式等。在"报表"窗口中打开"文件"菜单，选择"页面设置"选项，即可打开"页面设置"窗口，如图 11.26 所示。

图 11.26　页面设置对话框

11.8　宏的创建与使用

在 Access 中除了表、查询、窗体及报表外，还有一个重要的操作对象——宏。

11.8.1　宏的定义

宏是一个或多个操作的集合，其中每个操作执行特定的功能，例如打开某个窗体或打印某个报表。宏可以使某些普通的任务自动完成，例如，可设置某个宏，在用户单击某个命令按钮时运行该宏，以打印某个报表。如果用户需要频繁地重复一系列操作，也就可以创建宏来执行这些操作。

宏也可以定义成宏组。如果有许许多多的宏，那么将相关的宏分组到不同的宏组可以有助于方便地对数据库进行管理。

为了在宏组中运行宏,可以使用这样的格式调用宏:

宏组名+"."+宏名

11.8.2 创建宏

1. 宏设计的基础知识

宏设计命令组如图 11.27 所示,下面简单介绍其中几个特殊的命令:

图 11.27　宏设计命令组

"运行":单击此命令,可以运行宏。
"单步":单击此命令,单步运行宏。
"插入行":单击此命令,在宏定义表中当前行前面增加一空白行。
"删除行":单击此命令,删除当前行。
"显示所有操作":单击此命令,决定"操作"列中下拉列表是否包含未受信任的操作。
"宏名":单击此命令,在宏的定义窗口中会出现"宏名"列,再次单击,该列消失。
"条件":单击此命令,在宏的定义窗口中会出现"条件"列,再次单击,该列消失。
"参数":单击此命令,在宏的定义窗口中会出现"参数"列,再次单击,该列消失。

宏的定义窗口如图 11.28 所示,整个窗口分为两个部分,上半部分列表框用于设置操作,下半部分用于设置操作参数。

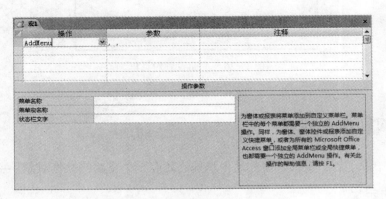

图 11.28　宏定义窗口

一般情况下,上半部的列表框由"操作"和"注释"两列组成,可以根据需要使用宏设计工具栏上的相应按钮显示"宏名"、"条件"、"参数"等列,各列功能如下:

"操作":此列中定义宏中的所有操作,运行时按照先后顺序执行。
"注释":此列中输入一个操作的注释,以便用户清楚这个操作的功能。

"宏名"：在多个操作的宏组中，这一列是必选的。

"条件"：此列中输入条件表达式，在某些情况下，可能希望仅当特定条件为真时才在宏中执行一个或多个操作。

"参数"：这些操作参数提供执行宏的附加信息。

2. 创建宏

创建一个宏的操作步骤如下：

（1）单击"功能区"→"创建"→"其他"→"宏"命令，弹出如图 11.28 所示的宏定义窗口；

（2）在"操作"一列中选择要定义的操作名称，并设置相应操作参数；

（3）如果需要，使用"功能区"→"设计"命令组显示宏名、条件等列并进行设置；

（4）定义好宏后保存宏，可单击宏设计工具栏上的运行按钮查看宏运行的效果。

11.8.3 使用宏或宏组

宏定义好以后，只有运行宏或宏组才能产生宏操作。常见的使用宏或宏组的方法有：直接运行宏或宏组；通过定义窗体、报表控件事件属性并触发控件事件；通过宏命令间接运行宏或宏组。

直接运行宏或宏组的一种方法就是在创建宏时单击"功能区"→"设计"→"工具"→"运行"命令；另外一种方法是在数据库窗口中选择"宏"为操作对象后，双击即可运行；或在右键弹出菜单中选择"运行"菜单项。

1. 触发事件运行宏或宏组

例如想要再运行某个窗体时，单击或双击其中的某个按钮时触发之前已定义的宏，利用触发事件运行宏的操作步骤如下：

（1）打开包含控件的对象如窗体、报表等，在"设计视图"模式下，先选中某个空间，再单击"功能区"→"设计"→"工具"→"属性表"命令打开相应控件的属性窗口，选择"事件"选项卡，如图 11.29 所示；

（2）选择触发宏的事件（单击或双击），再选择宏的名称；

（3）保存修改以后的对象。

图 11.29 命令控件的属性窗口

2. 利用宏命令间接运行宏或宏组

利用宏命令间接运行宏或宏组，首先应创建一个宏，然后在该宏中有调用另一个宏的操作命令。具体操作步骤如下：

（1）单击"功能区"→"创建"→"其他"→"宏"命令，进入宏定义窗口；

（2）在操作一列中选择 RunMacro，在操作参数中选择要运行的宏名，如图 11.30 所示。

（3）保存宏，运行刚定义的宏。

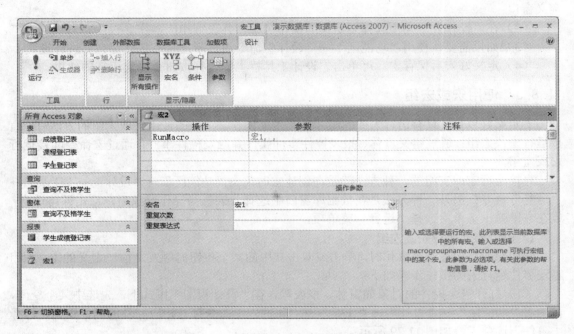

图 11.30　利用宏命令间接运行宏或宏组

11.9　Web 发布

在 Access 中，可以在数据库中添加超级链接，以显示对象、另一个文件、Web 页或电子邮件窗口等，也可以将数据导出成一个 HTML 文件。如果用户想要修改数据，可以创建一个数据访问页。

11.9.1　创建超级链接

为了在数据库中添加超级链接，首先必须设置使用超级链接的字段的数据类型为"超级链接"类型，然后在数据表或窗体视图中，指定用户通过单击超级链接可查看的 Web 地址、文件或数据库对象。

（1）首先打开数据库，打开相应表的结构定义窗口，在此窗口中设定相应的字段数据类型为超级链接，关闭表结构定义窗口。

（2）在数据库窗口，双击要修改数据的表，打开表浏览窗口，在该窗口中某个记录的已设定为超级链接类型的字段内右键单击。

第 11 章 数据库基础及 Access 应用

（3）单击右键菜单"超链接"→"编辑超链接"菜单项，弹出"插入超链接"对话框，如图 11.31 所示。

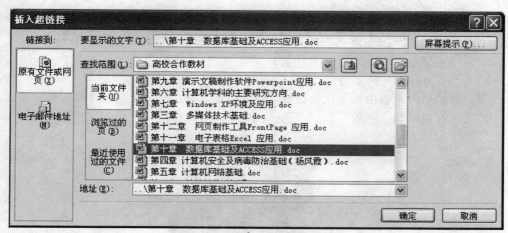

图 11.31 插入超链接窗口

（4）在"链接到"选项组中选择要链接的对象类型，选择要链接的对象，单击"确定"按钮。

11.9.2 将窗体导出 HTML 文件

将数据库对象以另一种文件格式（如 HTML）保存称为导出。当把表、窗体、报表及查询导出 HTML 文件时，用户可以查看文件内容但不能修改数据，通常将窗体导出为 HTML 文件。下面介绍将一个窗体导出为 HTML 文件的步骤：

（1）打开数据库，选择某个需要导出的表、查询、窗体、报表为操作对象；
（2）右键弹出菜单中选择"导出"→"HTML 文档"；
（3）在弹出的"导出"窗体中选择需要保存的位置及 HTML 文件名；
（4）单击"确定"按钮即可。

附录一　典型微型计算机配置及特性

微型计算机系统一般由以下设备组成,即监视器、键盘、含有微处理器的系统单元、打印机,通常还有鼠标器(图附1.1)。

图附1.1

(一)键盘(图附1.2)和显示器(图附1.3)

图附1.2　键盘

图附1.3　显示器(液晶显示器)

输入指令到微型计算机中有两种方法:

第一种方法是在类似打字机的键盘(Keyboard)上输入指令。所有的微型计算机都有一个键盘和一个监视器(Monitor)或显示器(Display Unit),监视器显示输入的信息。

指令也能启动软件的运行。如果软件已在运行并且正在生成文本或文件,监视器就显示这些输入信息。

由于分辨率不同,从而有许多种不同类型的监视器。这些监视器的硬件和软件规格不同,当然价格也各不相同。按分辨率从低到高排列,监视器有彩色图形适配器(CGA)、增强图形适配器(EGA)、视频图形阵列(VGA)和超级视频图形阵列(SVGA)。在选择一个合适的监视器时,需要考虑许多技术上的问题。例如,如果你需要经常用到计算机图形,那么有一个具有高分辨率的监视器,如超级视频图形阵列。另外,一些专门的应用程序需要使用触摸屏幕,即通过触摸屏幕的一个区域就能达到输入信息的目的。在任何情况下,用户应该使用硬件和软件联合检测的方法来检验显示器的质量。

附录一 典型微型计算机配置及特性

（二）鼠标器

图附 1.4

给计算机输入指令的第二种方法是使用鼠标器（Mouse）（图附 1.4）。现在的微型计算机都连着一个鼠标器。鼠标器是一个手握的小塑料盒子，顶部有一个或多个键，由一根电缆连接到系统单元上，有时是连接到键盘上。如果不用电缆，可以用无线电信号连接。

当鼠标器在键盘附近的平面上移动时，在屏幕上有一个指针相应地移动，这个指针通常是一个箭头。把指针指向显示在屏幕上的目标，轻敲鼠标器，并牵动目标，这样就可发出指令。现在没有鼠标器将很难操作图形程序。

（三）系统部件

系统部件主要是指系统主机箱内的部件，包括系统主板和连接的设备。

一般而言，主板上有以下部件：**CPU** 插座、内存插槽、**ISA** 插槽、**PCI** 插槽、**AGP** 插槽、**CMOS** 和 **BIOS** 芯片、锂电池、主控芯片、外设控制芯片、缓存、跳线、各类接口（包括连接硬盘、光驱、软驱的接口等）（图附 1.5）。以上这些东西通过总线（Bus）连接在一起，再通过各种排线电缆把机箱内各种部件以及电脑外部设备（包括显示器、键盘、鼠标）连接在一起组成一个完整的电脑系统！（图附 1.6）

机箱

系统主板

CPU

内存条

图附 1.5

显示卡

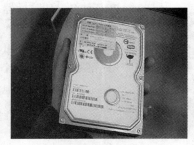
硬盘

光盘驱动器

软盘驱动器（图示为 USB 接口软驱）

打印机

扫描仪

图附 1.6

（四）其他设备

可选择一些其他设备连接到计算机上，这样能够增强计算机的操作能力和用途。

1. 不间断电源（Uninterruptable Power Supply）（图附 1.7）

电源中断是计算机工作人员担心的一个问题，因为当电源中断后，所做的工作就会丢失，文件和数据都会遭到破坏。使用一个不间断电源可以保护用户的计算机系统免遭电源中断的影响。

UPS 用作计算机和主电源之间的接口。当 UPS 探测到电源下降或电源损失时，它立刻着手从自备的电池中提供电源。

UPS 虽然不能无限地提供电源，但足以让用户能够存储当前的工作文件并退出正在使用的应用软件。如果在用户工作的地方，

图附 1.7

电源时有中断,UPS 是一个理想的选择。

2. 稳压器（Voltage Regulator）（图附 1.8）

稳压器（Voltage Regulator)用于保护系统免受电源波动的影响,如电压的突然上升或下降。这种波动可能产生各种破坏性的影响,从设备的不规律行为（导致数据丢失）到对系统大范围的、不可维修的损坏。当建筑物遭到电击时,后者的损害就可能发生。如果在用户工作的地方,电压波动确实存在的话,就应使用稳压器。用户通常可以买到 UPS 和稳压器合为一体的部件。

图附 1.8

3. 调制解调器（MODEM）、ISDN 或 ADSL 设备（图附 1.9）

这些设备都是将计算机产生的信号转换成适合于在电话线上传输的形式,在接收端把信号转成适用于接收端计算机的信号,因此设备允许计算机之间进行通信。这些设备通常用于连接 Internet 上网访问远程计算机的大型数据库（如文献数据库）或专用软件（如分子生物学软件）。

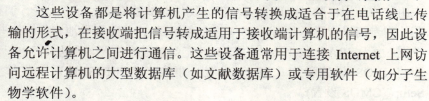

图附 1.9

4. 笔输入设备（Pen Input Device）（图附 1.10）

笔输入设备是用手动的方式把数据或图像直接输入计算机。一个通用的方法是用图形输入板（Graphic Tablet）,这是一个平板,画有图像的纸放在这块板上；用一支特殊的笔,标记纸上的一系列位置,然后这些位置值直接被送入计算机,这个过程称为数字化(Digitization)。当处理地图数据时,它有很大的用途。

另一种广泛应用的笔输入设备是利用光笔（或叫条形码阅读器）从条形码中输入数据,条形码正广泛地应用于基因库的资料管理。

图附 1.10

5. 辅助存储设备（图附 1.11）

移动硬盘　　　　　　　　　　　U 盘

图附 1.11

附录二 BIOS（CMOS）设置

BIOS 是"基本输入输出系统"（Basic Input and Output System）的英语缩写，BIOS 实际上是主板设计者为使主板能正确管理和控制计算机硬件系统而预置的管理程序。考虑到用户在组装或使用电脑时可能需要对部分硬件的参数以及运行方式进行调整，所以厂家在 BIOS 芯片中专门设置了一片 SRAM（静态存储器），并配备电池来保存这些可能经常需要更改的数据，由于 SRAM 采用传统的 CMOS 半导体技术生产，所以人们也习惯地将其称为 CMOS，而将 BIOS 设置称为 CMOS 设置，事实上在 BIOS 设置主菜单上显示的也是"CMOS Setup"(CMOS 设置)。

只要用户使用计算机，那 CMOS 设置是免不了的，修改时间、密码，或添加一些额外的设置，都不能离开 CMOS。

（一）进入 CMOS 设置界面

开启计算机或重新启动计算机后，在屏幕显示"Waiting…"时，按下 Del 键就可以进入 CMOS 的设置界面(见图附 2.1)。要注意的是，如果按得太晚，计算机将会启动系统，这时只有重新启动计算机了。可在开机后立刻按住 Del 键直到进入 CMOS。进入后，用户可以用方向键移动光标选择 CMOS 设置界面上的选项，然后按 Enter 键进入副选单。

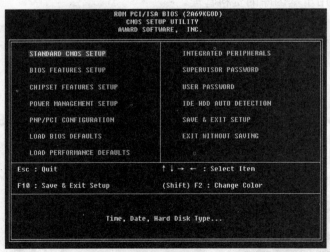

图附 2.1　CMOS 主菜单

（二）设置日期

我们可以通过修改 CMOS 设置来修改计算机时间。选择第一个选项"标准 CMOS 设定"(Standard CMOS Setup)，按 Enter 键进入标准设定界面(见图附 2.2)。

CMOS 中的日期的格式为<星期><月份><日期><年份>，除星期是由计算机根据日期来计算以外，其他的可以依次移动光标用数字键输入，假如今天是 4 月 26 日，则可以将它改为 4 月 26 日，你也可以用 Page Up/Page Down 来修改。

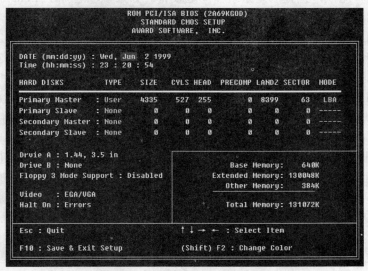

图附 2.2　CMOS 标准设置界面

（三）设置启动顺序

如果我们要安装新的操作系统，一般情况下要将计算机的启动顺序改为先由软盘(A)或光盘(CD-ROM)启动。选择 CMOS 主界面中的第二个选项"BIOS 特性设定"(BIOS Features Setup)，将光标移到启动顺序项(Boot Sequence)(如图附 2.3 所示)，然后用 PageUp 或 PageDown 选择修改，其中 A 表示从软盘启动，C 表示从硬盘启动，CD-ROM 表示从光盘启动，SCSI 表示从 SCSI 设备启动，启动顺序按照它的排列来决定，谁在前，就从谁最先启动。如 C，CDROM，A，表示最先从硬盘启动，如果硬盘启动不了则从光盘启动，如果硬盘和光盘都无法启动则从软盘启动。

图附 2.3　CMOS 高级设置界面

在 BIOS 特性设定中，还有几个重要选项需要说明：

（1）Quick Power On Self Test (快速开机自检)，当电脑加电开机的时候，主板 BIOS 会执行一连串的检查测试，检查的是系统和周边设备。如果该项选择了 Enabled，则 BIOS 将精简自检的步骤，以加快开机的速度。

（2）Boot Up Floppy Seek (开机软驱检查)，当电脑加电开机时，BIOS 会检查软驱是否存在。选择 Enabled 时，如果 BIOS 不能检查到软驱，则会提示软驱错误。选择 Disabled 则 BIOS 将会跳过这项测试。

（3）Boot UP NumLock Status (启动数字键状态)，一般情况下，小键盘(键盘右部)是作为数字键用的(默认为 ON，启用小键盘为数字键)，如果有特殊需要，只要将 ON 改成 OFF，小键盘就变为方向键。

（4）安全选择(Security Option)，有两个选项，如果设置为 Setup 时，开机时不需要密码，进入 CMOS 时就需要密码（当然事先要设置密码）了，但只有超级用户的密码才能对 CMOS 的各种参数进行更改，普通用户的密码不行。如果设为 System 时，则开机时就需要密码（超级用户与普通用户密码都可以），到 CMOS 修改时，也只有超级用户的密码才有修改权。

（四）设置 CPU

CPU 作为电脑的核心，在 CMOS 中有专项的设置。在主界面中用方向键移动到"<<< CPU PLUG & PLAY >>>"，此时我们就可以设置 CPU 的各种参数了。在"Adjust CPU Voltage"中，设置 CPU 的核心电压。如果要更改此值，用方向键移动到该项目，再用"Page UP/Page Down"或"+/-"来选择合适的核心电压。然后用方向键移到"CPU Speed"，再用"Page UP/Page Down"或"+/-"来选择适用的倍频与外频。注意，如果没有特殊需要，最好不要随便更改 CPU 相关选项。

（五）设置密码

自己的计算机岂能无安全措施？怎么办，设个密码不就解决了。CMOS 中为用户提供了两种密码设置，即超级用户/普通用户口令设定(SUPERVISOR/USER PASSWORD)。口令设定方式如下：

（1）选择主界面中的"SUPERVISOR PASSWORD"，按下 Enter 键后，出现 Enter Password：(输入口令)的提示。

（2）用户输入的口令不能超过 8 个字符，屏幕不会显示输入的口令，输入完成按 Enter 键。

（3）这时出现让用户确认口令"Confirm Password"(确认口令)的提示，输入刚才输入的口令进行确认，然后按 Enter 键就设置好了。

普通用户口令与这个设置方法一样，就不再多说了，如果需要删除先前设定的口令，只需选择此口令然后按 Enter 键即可(不要输入任何字符)，这样将删除先前所设的口令了。超级用户与普通用户的密码的区别在于进入 CMOS 时，输入超级用户的密码可以对 CMOS 所有选项进行修改，而普通用户只能更改普通用户密码，不能修改 CMOS 中的其他参数，但当安全选择(Security Option)设置为 SYSTEM 时，输入它们中的任一个都可以开机。

（六）设置硬盘参数

如果需要更换硬盘，安装好硬盘后，需要在 CMOS 中对硬盘参数进行设置。CMOS 中有自动检测硬盘参数的选项。在主界面中选择"IDE HDD AUTO DETECTION"选项，然后按 Enter 键，CMOS 将自动寻找硬盘参数并显示在屏幕上（见图附 2.4），其中 SIZE 为硬盘容量，单位是 MB；MODE 为硬盘参数，第 1 种为 NORMAL，第 2 种为 LBA，第 3 种为 LARGE。在键盘上键入"Y"并回车确认。接着，系统检测其余的三个 IDE 接口，如果检测到就会显示出来，用户只要选择就可以了。检测以后自动回到主界面，这时硬盘的信息会被自动写入主界面的第一个选项——标准 CMOS 设定 (STANDARD CMOS SETUP)中。

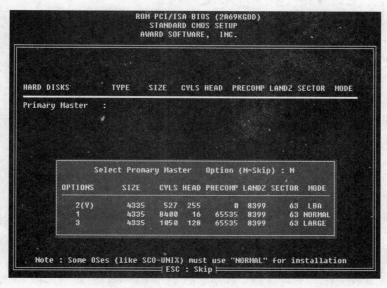

图附 2.4　硬盘参数的设置

（七）保存设置

用户所做的修改工作要保存才能生效，要不然就会前功尽弃。设置完成后，按 ESC 键返回主界面，将光标移动到"SAVE & EXIT SETUP"(存储并结束设定)来保存(或按 F10 键)，按 Enter 键后，选择"Y"保存（见图附 2.5）。

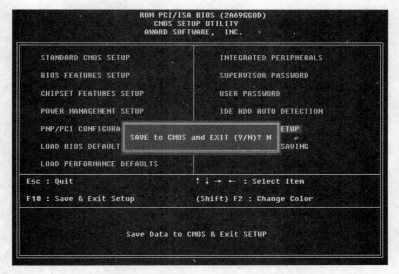

图附 2.5　保存修改后的 CMOS 设置

主要参考文献

[1] [美]Roberta Baber, Marilyn Meyer 著, 汪嘉旻译. 计算机导论. 北京: 清华大学出版社, 2000

[2] 钟珞主编. 计算机科学导论. 武汉: 武汉理工大学出版社, 2003

[3] 胡立栓, 王育平, 夏明萍编著. 操作系统原理与应用. 北京: 清华大学出版社, 北京交通大学出版社, 2008

[4] 金宁, 夏斌等著. UNIX入门教程. 北京: 电子工业出版社, 2004

[5] 谭成予主编, 梁意文主审. C程序设计导论. 武汉: 武汉大学出版社, 2005

[6] 王珊, 萨师煊著. 数据库系统概论. 北京: 高等教育出版社, 2007

[7] 曹加恒, 李晶主编. 新一代多媒体技术与应用. 武汉: 武汉大学出版社, 2006

[8] [美]詹尼斯著. Access2007应用大全. 北京: 人民邮电出版社, 2009

[9] 朱少民著. 软件工程导论. 北京: 清华大学出版社, 2008

[10] 张泊平主编. 现代软件工程. 北京: 清华大学出版社, 北京交通大学出版社, 2009

[11] 杨芙清. 软件工程技术发展思索. 软件学报, Vol.16, 2005, No.1

[12] 谢希仁编著. 计算机网络. 北京: 电子工业出版社, 2008

[13] 周学君主编. 计算机基础教程. 武汉: 华中科技大学出版社, 2009